普通高等教育数学与物理类基础课程系列教材

工程数学学习指导

主　编　宋玉坤
副主编　周美涛　宓　颖　陈晓红
参　编　徐美进　刘秀娟　阚永志　徐洪香
主　审　佟绍成

北京理工大学出版社
BEIJING INSTITUTE OF TECHNOLOGY PRESS

内 容 简 介

本书分为“线性代数”和“概率论与数理统计”两部分，全书共十三章，每一章的主要内容包括教学基本要求、内容提要、典型题解析、测试题及参考解答. 章节顺序为行列式、矩阵及其运算、矩阵的初等变换与线性方程组、向量组的线性相关性、相似矩阵及二次型、概率论的基本概念、随机变量及其分布、多维随机变量及其分布、随机变量的数字特征、大数定律及中心极限定理、样本及抽样分布、参数估计、假设检验. 本书可供高等院校非数学专业本科生使用，也可作为教师的教学参考书.

图书在版编目（CIP）数据

工程数学学习指导 / 宋玉坤主编. --北京：北京理工大学出版社，2023.1

ISBN 978-7-5763-2065-7

Ⅰ.①工… Ⅱ.①宋… Ⅲ.①工程数学-高等学校-教学参考资料 Ⅳ.①TB11

中国国家版本馆 CIP 数据核字（2023）第 004790 号

出版发行 / 北京理工大学出版社有限责任公司
社　　址 / 北京市海淀区中关村南大街 5 号
邮　　编 / 100081
电　　话 / (010) 68914775（总编室）
(010) 82562903（教材售后服务热线）
(010) 68944723（其他图书服务热线）
网　　址 / http://www.bitpress.com.cn
经　　销 / 全国各地新华书店
印　　刷 / 河北盛世彩捷印刷有限公司
开　　本 / 787 毫米×1092 毫米　1/16
印　　张 / 15.75
字　　数 / 367 千字
版　　次 / 2023 年 1 月第 1 版　2023 年 1 月第 1 次印刷
定　　价 / 39.80 元

责任编辑 / 李　薇
文案编辑 / 李　硕
责任校对 / 刘亚男
责任印制 / 李志强

前言

线性代数、概率论与数理统计（通常合称为工程数学）是理工科高等院校普遍开设的两门重要的数学基础课程，也是工学、经济学硕士研究生统一招生考试中的必考科目.

党的二十大报告明确指出“加强基础学科建设”“深入实施人才强国战略”. 作为重要的数学基础课程，工程数学在提高人才培养质量过程中起到了重要的推动作用. 初学者在学习线性代数时，常感到内容抽象，较难理解基本概念及定理结论，缺少解题的思路和方法；在学习概率论与数理统计时，常感到内容难懂，习题难做. 为了帮助初学者夯实数学基础，我们根据多年教学实践经验编写了此书，可满足广大读者学习和复习需要，进一步培养学生的逻辑思维能力、分析和解决专业实际问题的能力，提高人才综合能力的培养.

本书由两大部分组成：线性代数部分按照同济大学数学系编写的《线性代数》（第六版）的自然章编写；概率论与数理统计部分按照浙江大学编写的《概率论与数理统计》（第四版）的自然章编写.

本书共有十三章，每章由以下四项内容构成：

教学基本要求——使读者掌握本章的教学重点、明确学习和考试的要求及应掌握的程度. 本项内容编写中参考了《线性代数课程教学基本要求》《概率论与数理统计课程教学基本要求》《全国硕士研究生入学统一考试数学考试大纲》.

内容提要——将相应章节的基本概念、基本理论和基本方法等主要内容进行叙述、归纳和总结，以使读者能对本部分的理论全貌有一个整体的了解和掌握.

典型题解析——精选了线性代数、概率论与数理统计中具有代表性的部分典型例题，通过对典型例题的解析，归纳总结出一些问题的解题方法和技巧，以使读者能举一反三，融会贯通.

测验题及参考解答——根据本章的教学基本要求，精选了适量的测验题，并附有参考解答. 读者可通过自测，检测其学习效果，以进一步巩固和加深对“三基”的理解和运用.

每部分最后都提供了一套模拟试题及参考解答.

本书内容编写具体分工如下：线性代数部分，第一、二章由阚永志编写，第三、四章由周美涛编写，第五章由宋玉坤编写，线性代数模拟试题及参考解答由宋玉坤编写；概率论与数理统计部分，第六章由宓颖编写，第七章由徐洪香编写，第八、十一章由陈晓红编写，第九、十章由刘秀娟编写，第十二、十三章由徐美进编写，概率论与数理统计模拟试题及参考解答由宓颖编写. 本书由宋玉坤统稿，佟绍成教授主审.

本书由辽宁工业大学教材出版立项资助出版，在编写过程中得到了辽宁工业大学理学院领导及其他老师的大力支持和帮助，在此表示衷心的感谢.

限于编者水平，加之编写时间仓促，书中难免有不妥和疏漏之处，敬请读者批评指正.

编　者

2023 年 1 月

目 录

第一部分 线性代数

第二部分 概率论与数理统计

第一部分

线性代数

第一章

行列式

行列式来源于线性方程组，同时又是求解线性方程组的有力工具．行列式在线性代数中具有多方面重要的应用，如求逆矩阵、判断向量组的线性相关性、判断线性方程组解的情况、求矩阵的特征值、判断二次型的正定性等.

本章主要讨论两个方面的内容，一是行列式的计算，这也是本章的重点；二是行列式的应用——克莱姆法则的应用．本章的基础知识和基本理论包括：二阶与三阶行列式；全排列及其逆序数；n 阶行列式的定义；对换；行列式的性质；行列式按行(列)展开；克莱姆法则.

一、教学基本要求

(1)会用对角线法则计算二阶与三阶行列式.

(2)理解 n 阶行列式的定义，会利用定义计算 n 阶行列式.

(3)熟练掌握行列式的性质，利用行列式的性质和按行或按列展开公式计算行列式.

二、内容提要

(一)二阶与三阶行列式

1. 二阶行列式

定义 1　$D=\begin{vmatrix} a_{11} & a_{12} \\ a_{21} & a_{22} \end{vmatrix}=a_{11}a_{22}-a_{12}a_{21}$. 其中 $a_{11}a_{22}$ 表示主对角线上两个元素之积，$a_{12}a_{21}$ 表示副对角线上两个元素之积.

2. 三阶行列式

定义 2 $D=\begin{vmatrix} a_{11} & a_{12} & a_{13} \\ a_{21} & a_{22} & a_{23} \\ a_{31} & a_{32} & a_{33} \end{vmatrix}=a_{11}a_{22}a_{33}+a_{12}a_{23}a_{31}+a_{13}a_{21}a_{32}$

$-a_{11}a_{23}a_{32}-a_{12}a_{21}a_{33}-a_{13}a_{22}a_{31}.$

注 二阶与三阶行列式定义可用对角线法则来记忆.

(二) 全排列及其逆序数

1. 全排列

定义 3 把 n 个不同的元素排成一列叫作这 n 个元素的**全排列**，简称**排列**.

2. 逆序数

1) 逆序的定义

对于 n 个不同的元素，先规定各元素之间有一个标准次序，那么在这 n 个元素的任一排列中，当某两个元素的先后次序与标准次序不同时，就说有一个**逆序**.

2) 逆序数定义

一个排列中所有逆序的总数叫这个排列的逆序数.

3) 逆序数的计算方法

设 $p_1p_2\cdots p_n$ 为自然数 1，2，…，n 的任一排列，并规定由小到大为标准次序，考察元素 $p_i(i=1, 2, \cdots, n)$，如果比 p_i 大的且排在 p_i 前面的元素有 t_i 个，那么 p_i 这个元素的逆序数为 t_i；全体元素的逆序数之和 $t=\sum\limits_{i=1}^{n}t_i$ 即是这个排列的逆序数.

3. 排列的奇偶性

逆序数为奇数的排列称为奇排列；逆序数为偶数的排列称为偶排列.

(三) n 阶行列式

1. 定义

n 阶行列式的计算公式为

$$\begin{vmatrix} a_{11} & a_{12} & \cdots & a_{1n} \\ a_{21} & a_{22} & \cdots & a_{2n} \\ \vdots & \vdots & & \vdots \\ a_{n1} & a_{n2} & \cdots & a_{nn} \end{vmatrix}=\sum(-1)^{t}a_{1p_1}a_{2p_2}\cdots a_{np_n}.$$

其中 $p_1p_2\cdots p_n$ 为自然数 1，2，…，n 的一个排列，t 为这个排列的逆序数. 由于这样的排列共有 $n!$ 个，故 n 阶行列式是 $n!$ 项的代数和.

2. 特殊的行列式

1) 对角行列式

$$\begin{vmatrix} \lambda_1 & & & \\ & \lambda_2 & & \\ & & \ddots & \\ & & & \lambda_n \end{vmatrix}=\lambda_1\lambda_2\cdots\lambda_n,\quad \begin{vmatrix} & & & \lambda_1 \\ & & \lambda_2 & \\ & \iddots & & \\ \lambda_n & & & \end{vmatrix}=(-1)^{\frac{n(n-1)}{2}}\lambda_1\lambda_2\cdots\lambda_n.$$

2)三角形行列式

(1)上三角形行列式：$\begin{vmatrix} a_{11} & a_{12} & \cdots & a_{1n} \\ & a_{22} & \cdots & a_{2n} \\ & & \ddots & \vdots \\ 0 & & & a_{nn} \end{vmatrix} = a_{11}a_{22}\cdots a_{nn}$；

$$\begin{vmatrix} a_{11} & \cdots & a_{1,\ n-1} & a_{1n} \\ a_{21} & \cdots & a_{2,\ n-1} & \\ \vdots & \iddots & & \\ a_{n1} & & & 0 \end{vmatrix} = (-1)^{\frac{n(n-1)}{2}} a_{1n}a_{2,\ n-1}\cdots a_{n1}.$$

(2)下三角形行列式：$\begin{vmatrix} a_{11} & & & 0 \\ a_{21} & a_{22} & & \\ \vdots & \vdots & \ddots & \\ a_{n1} & a_{n2} & \cdots & a_{nn} \end{vmatrix} = a_{11}a_{22}\cdots a_{nn}$；

$$\begin{vmatrix} 0 & & & a_{1n} \\ & & a_{2,\ n-1} & a_{2n} \\ & \iddots & \vdots & \vdots \\ a_{n1} & \cdots & a_{n,\ n-1} & a_{nn} \end{vmatrix} = (-1)^{\frac{n(n-1)}{2}} a_{1n}a_{2,\ n-1}\cdots a_{n1}.$$

3)特殊分块三角形行列式

设 $D_1 = \det(a_{ij})$，$D_2 = \det(b_{ij})$，则

$$\begin{vmatrix} a_{11} & \cdots & a_{1k} & & & \\ \vdots & & \vdots & & 0 & \\ a_{k1} & \cdots & a_{kk} & & & \\ c_{11} & \cdots & c_{1k} & b_{11} & \cdots & b_{1n} \\ \vdots & & \vdots & \vdots & & \vdots \\ c_{n1} & \cdots & c_{nk} & b_{n1} & \cdots & b_{nn} \end{vmatrix} = \begin{vmatrix} a_{11} & \cdots & a_{1k} & c_{11} & \cdots & c_{1n} \\ \vdots & & \vdots & \vdots & & \vdots \\ a_{k1} & \cdots & a_{kk} & c_{k1} & \cdots & c_{kn} \\ & & & b_{11} & \cdots & b_{1n} \\ & 0 & & \vdots & & \vdots \\ & & & b_{n1} & \cdots & b_{nn} \end{vmatrix} = D_1D_2;$$

$$\begin{vmatrix} & & & a_{11} & \cdots & a_{1k} \\ & 0 & & \vdots & & \vdots \\ & & & a_{k1} & \cdots & a_{kk} \\ b_{11} & \cdots & b_{1n} & c_{11} & \cdots & c_{1k} \\ \vdots & & \vdots & \vdots & & \vdots \\ b_{n1} & \cdots & b_{nn} & c_{n1} & \cdots & c_{nk} \end{vmatrix} = \begin{vmatrix} c_{11} & \cdots & c_{1n} & a_{11} & \cdots & a_{1k} \\ \vdots & & \vdots & \vdots & & \vdots \\ c_{k1} & \cdots & c_{kn} & a_{k1} & \cdots & a_{kk} \\ b_{11} & \cdots & b_{1n} & & & \\ \vdots & & \vdots & & 0 & \\ b_{n1} & \cdots & b_{nn} & & & \end{vmatrix} = (-1)^{kn}D_1D_2.$$

4)范德蒙德(Vandermonde)行列式

$$\begin{vmatrix} 1 & 1 & 1 & \cdots & 1 \\ x_1 & x_2 & x_3 & \cdots & x_n \\ x_1^2 & x_2^2 & x_3^2 & \cdots & x_n^2 \\ \vdots & \vdots & \vdots & & \vdots \\ x_1^{n-1} & x_2^{n-1} & x_3^{n-1} & \cdots & x_n^{n-1} \end{vmatrix} = \prod_{n \geqslant i > j \geqslant 1} (x_i - x_j).$$

(四)对换

定义 4 在排列中，将任意两个元素对调，其余的元素不动，这种作出新排列的手续叫作对换．特别地，将相邻两个元素对换，叫作**相邻对换**.

定理 1 一个排列中的任意两个元素对换，排列改变奇偶性.

定理 2 奇排列调成标准排列的对换次数为奇数，偶排列调成标准排列的对换次数为偶数.

定理 3 当 $n>1$ 时，n 级排列中奇排列与偶排列的个数各占一半，都是 $\frac{n!}{2}$.

(五)行列式的性质

(1)行列式与它的转置行列式相等.

注 设 $D=\det(a_{ij})$，则 $D^{\mathrm{T}}=\det(a_{ji})$ 称为 D 的**转置行列式**.

(2)互换行列式的两行(列)，行列式变号；特别地，若行列式有两行(列)完全相同，则此行列式等于零.

(3)行列式的某一行(列)中所有的元素都乘以同一数 k，等于用数 k 乘此行列式．因此，行列式中某一行(列)的所有元素的公因子可以提到行列式符号的外面．特别地，若行列式的某一行(列)的元素均等于零，则该行列式等于零.

(4)行列式中如果有两行(列)元素成比例，则此行列式等于零.

(5)若行列式的某一行(列)的元素都是两数之和，则这行列式可拆成两个行列式的和，这两个行列式分别以这两组数作为行(列)，其余各行(列)与原行列式相同.

(6)把行列式的某一行(列)的各元素乘以同一数，然后加到另一行(列)对应元素上去，行列式不变.

(六)行列式按行(列)展开

定义 5 在 n 阶行列式中，把元素 a_{ij} 所在的第 i 行和第 j 列划去后留下来的 $n-1$ 阶行列式叫作元素 a_{ij} 的余子式，记作 M_{ij}；称 $A_{ij}=(-1)^{i+j}M_{ij}$ 为元素 a_{ij} 的代数余子式.

引理 一个 n 阶行列式，如果其中第 i 行所有元素除 a_{ij} 外都为零，那么这行列式等于 a_{ij} 与它的代数余子式的乘积，即 $D=a_{ij}A_{ij}$.

定理 4 (行列式按行(列)展开法则)设 $D=\det(a_{ij})$，则 $D=a_{i1}A_{i1}+a_{i2}A_{i2}+\cdots+a_{in}A_{in}(i=1,2,\cdots,n)$，或 $D=a_{1j}A_{1j}+a_{2j}A_{2j}+\cdots+a_{nj}A_{nj}(j=1,2,\cdots,n)$．其中 A_{ij} 表示元素 a_{ij} 的代数余子式.

推论 $a_{i1}A_{j1}+a_{i2}A_{j2}+\cdots+a_{in}A_{jn}=0(i\neq j)$,

$a_{1i}A_{1j}+a_{2i}A_{2j}+\cdots+a_{ni}A_{nj}=0(i\neq j)$.

三、典型题解析

(一)填空题

【例 1】设 $D_1=\begin{vmatrix}2a_1&0&0&0\\0&2a_2&0&0\\0&0&2a_3&0\\0&0&0&2a_4\end{vmatrix}$，$D_2=\begin{vmatrix}0&0&0&a_1\\0&0&a_2&0\\0&a_3&0&0\\a_4&0&0&0\end{vmatrix}$，其中 $a_1a_2a_3a_4\neq0$，则

D_1 与 D_2 满足关系式________.

分析　D_1 与 D_2 均为对角行列式，欲求 D_1 与 D_2 之间的关系式，只需依对角行列式的结果分别计算 D_1 与 D_2，再进行比较即可.

因 $D_1 = 2a_1 \cdot 2a_2 \cdot 2a_3 \cdot 2a_4 = 16a_1a_2a_3a_4$，$D_2 = (-1)^{\frac{4(4-1)}{2}} a_1a_2a_3a_4 = a_1a_2a_3a_4$，故 $D_1 = 16D_2$.

也可以这样来分析，把 D_2 按逆时针旋转 90° 后各行再分别乘以 2 即得 D_1，即

$$D_1 = 2^4 \cdot (-1)^{\frac{4(4-1)}{2}} D_2 = 16D_2.$$

解　应填 $\underline{D_1 = 16D_2}$.

【例 2】方程 $\begin{vmatrix} 1 & 1 & 2 & 3 \\ 1 & 2-x^2 & 2 & 3 \\ 2 & 3 & 1 & 5 \\ 2 & 3 & 1 & 9-x^2 \end{vmatrix} = 0$ 的根为________.

分析　根据方程左端行列式特点，令 $2 - x^2 = 1$，则此行列式中第 1、2 两行完全相同．从而此行列式为 0，故 $x = \pm 1$. 同理，令 $9 - x^2 = 5$，解得 $x = \pm 2$.

解　应填 $\underline{\pm 1,\ \pm 2}$.

【例 3】方程 $\begin{vmatrix} 1 & -1 & 1 & 1 \\ 1 & 2 & 4 & 8 \\ 1 & -3 & 9 & -27 \\ 1 & x & x^2 & x^3 \end{vmatrix} = 0$ 的根为________.

解　应填 $\underline{-3,\ -1,\ 2}$.

【例 4】设行列式 $D = \begin{vmatrix} 1 & 1 & 1 & 1 \\ 1 & 2 & 3 & 4 \\ 1 & 4 & 9 & 16 \\ -7 & -8 & -9 & -10 \end{vmatrix}$，则 $A_{41} + 8A_{42} + 27A_{43} + 64A_{44} =$ ________，其中 A_{ij} 为元素 a_{ij} 的代数余子式.

分析　依范德蒙德行列式的特点和行列式按行(列)展开公式，有

$$A_{41} + 8A_{42} + 27A_{43} + 64A_{44} = \begin{vmatrix} 1 & 1 & 1 & 1 \\ 1 & 2 & 3 & 4 \\ 1 & 4 & 9 & 16 \\ 1 & 8 & 27 & 64 \end{vmatrix}$$

$$= (2-1)(3-1)(4-1)(3-2)(4-2)(4-3) = 12.$$

解　应填 $\underline{12}$.

【例 5】已知 $D = \begin{vmatrix} 1 & 2 & -3 & 6 \\ 4 & 2 & 1 & 7 \\ 5 & 2 & 3 & 8 \\ -9 & 2 & 7 & -2 \end{vmatrix}$，则 $A_{13} + A_{23} + A_{33} + A_{43} =$ ________.

解　应填 $\underline{0}$.

【例 6】设行列式 $D=\begin{vmatrix}2&0&3&0\\3&3&3&3\\0&-2&0&0\\7&8&9&10\end{vmatrix}$，则第 4 行各元素余子式之和为________.

解　应填$\underline{-12}$.

(二)计算题

【例 1】$D=\begin{vmatrix}4&1&2&4\\1&2&0&2\\10&5&2&0\\0&1&1&7\end{vmatrix}$.

分析　此四阶行列式不具备任何特殊的特点，因此可利用展开法则(可采用引理)或利用行列式的性质化行列式为上(下)三角形行列式.

解　方法一　$D\xlongequal{r_3-r_1}\begin{vmatrix}4&1&2&4\\1&2&0&2\\6&4&0&-4\\0&1&1&7\end{vmatrix}\xlongequal{r_1-2r_4}\begin{vmatrix}4&-1&0&-10\\1&2&0&2\\6&4&0&-4\\0&1&1&7\end{vmatrix}$

$$=1\times(-1)^7\begin{vmatrix}4&-1&-10\\1&2&2\\6&4&-4\end{vmatrix}\xlongequal[c_2-2c_1]{c_3-c_2}-\begin{vmatrix}4&-9&-9\\1&0&0\\6&-8&-8\end{vmatrix}=\begin{vmatrix}-9&-9\\-8&-8\end{vmatrix}=0.$$

方法二　$D=-\begin{vmatrix}1&2&0&2\\4&1&2&4\\10&5&2&0\\0&1&1&7\end{vmatrix}=-\begin{vmatrix}1&2&0&2\\0&-7&2&-4\\0&-15&2&-20\\0&1&1&7\end{vmatrix}=\begin{vmatrix}1&2&0&2\\0&1&1&7\\0&-15&2&-20\\0&-7&2&-4\end{vmatrix}$

$$=\begin{vmatrix}1&2&0&2\\0&1&1&7\\0&0&17&85\\0&0&9&45\end{vmatrix}=17\times9\begin{vmatrix}1&2&0&2\\0&1&1&7\\0&0&1&5\\0&0&1&5\end{vmatrix}=17\times9\times0=0.$$

【例 2】$D=\begin{vmatrix}a&0&-1&1\\0&a&1&-1\\-1&1&a&0\\1&-1&0&a\end{vmatrix}$.

分析　由于该行列式的各行(列)元素之和都等于 a，所以将第 2、3、4 列(行)各元素都加到第 1 列(行)对应的元素上去，则可简化计算.

解　$D=a\begin{vmatrix}1&1&1&1\\0&a&1&-1\\-1&1&a&0\\1&-1&0&a\end{vmatrix}=a\begin{vmatrix}1&1&1&1\\0&a&1&-1\\0&2&a+1&1\\0&-2&-1&a-1\end{vmatrix}=a\begin{vmatrix}a&1&-1\\2&a+1&1\\-2&-1&a-1\end{vmatrix}$

$$=a\begin{vmatrix}a&1&-1\\2&a+1&1\\0&a&a\end{vmatrix}=a\begin{vmatrix}a&2&-1\\2&a&1\\0&0&a\end{vmatrix}=a^2\begin{vmatrix}a&2\\2&a\end{vmatrix}=a^4-4a^2.$$

【例 3】$D_n = \begin{vmatrix} 1 & 1 & \cdots & 1 \\ 2 & 2^2 & \cdots & 2^n \\ 3 & 3^2 & \cdots & 3^n \\ \vdots & \vdots & & \vdots \\ n & n^2 & \cdots & n^n \end{vmatrix}$.

分析　D_n 中各行元素都是同一数的不同方幂，因此各行元素的公因子可提到行列式符号的外面去，然后利用范德蒙德行列式的结果计算 D_n.

解　$$D_n = 1\cdot 2\cdot 3\cdot \cdots \cdot n\begin{vmatrix} 1 & 1 & \cdots & 1 \\ 1 & 2 & \cdots & 2^{n-1} \\ 1 & 3 & \cdots & 3^{n-1} \\ \vdots & \vdots & & \vdots \\ 1 & n & \cdots & n^{n-1} \end{vmatrix} = n!\begin{vmatrix} 1 & 1 & 1 & \cdots & 1 \\ 1 & 2 & 3 & \cdots & n \\ 1 & 2^2 & 3^2 & \cdots & n^2 \\ \vdots & \vdots & \vdots & & \vdots \\ 1 & 2^{n-1} & 3^{n-1} & \cdots & n^{n-1} \end{vmatrix}$$

$$= n!\prod_{n\geqslant i>j\geqslant 1}(i-j) = n!\cdot(n-1)!\cdot(n-2)!\cdot\cdots\cdot 2!\cdot 1! = \prod_{k=1}^{n}k!.$$

【例 4】$D_n = \begin{vmatrix} a & & 1 \\ & \ddots & \\ 1 & & a \end{vmatrix}$，其中对角线上的元素都是 a，未写出的元素都是 0.

解　方法一　按第 1 行展开得

$$D_n = a\begin{vmatrix} a & & \\ & \ddots & \\ & & a \end{vmatrix}_{n-1} + (-1)^{n+1}\begin{vmatrix} 0 & a & & \\ & 0 & \ddots & \\ & & \ddots & a \\ 1 & & & 0 \end{vmatrix}_{n-1}$$

$$= a^n + (-1)^{n+1+n}a^{n-2} = a^{n-2}(a^2-1).$$

方法二　将第 n 列加到第 1 列，然后再将第 n 行减去第 1 行得

$$D_n = \begin{vmatrix} a+1 & & 1 \\ & \ddots & \\ 1+a & & a \end{vmatrix} = \begin{vmatrix} a+1 & & & & \\ & a & & & \\ & & \ddots & & \\ & & & a & \\ & & & & a-1 \end{vmatrix} = a^{n-2}(a^2-1).$$

方法三　将第 2 行与第 n 行互换，再将第 2 列与第 n 列互换得

$$D_n = \begin{vmatrix} a & 0 & & & & 1 \\ 1 & 0 & & & & a \\ & & a & & & \\ & & & \ddots & & \\ & & & & a & \\ 0 & a & & & & 0 \end{vmatrix} = \begin{vmatrix} a & 1 & & & \\ 1 & a & & & \\ & & a & & \\ & & & \ddots & \\ & & & & a \end{vmatrix} = \begin{vmatrix} a & 1 \\ 1 & a \end{vmatrix}\cdot\begin{vmatrix} a & & \\ & \ddots & \\ & & a \end{vmatrix}_{n-2}$$

$$= a^{n-2}(a^2-1).$$

【例 5】已知五阶行列式 $D=\begin{vmatrix}4&4&4&1&1\\3&2&1&4&5\\3&3&3&2&2\\2&3&5&4&2\\4&5&6&1&3\end{vmatrix}$，试求 $A_{21}+A_{22}+A_{23}$；$A_{24}+A_{25}$. 其中 A_{2j} 是 D 中元素 $a_{2j}(j=1, 2, 3, 4, 5)$ 的代数余子式.

解 $\begin{cases}4A_{21}+4A_{22}+4A_{23}+1A_{24}+1A_{25}=0\\3A_{21}+3A_{22}+3A_{23}+2A_{24}+2A_{25}=0\end{cases}$，即

$$\begin{cases}4(A_{21}+A_{22}+A_{23})+(A_{24}+A_{25})=0\\3(A_{21}+A_{22}+A_{23})+2(A_{24}+A_{25})=0\end{cases},$$

解上述方程组得 $\begin{cases}A_{21}+A_{22}+A_{23}=0\\A_{24}+A_{25}=0\end{cases}$.

【例 6】设 $D=\begin{vmatrix}1&-1&0&0\\-2&1&-1&1\\3&-2&2&-1\\0&0&3&4\end{vmatrix}$，$A_{ij}$ 表示 D 中 (i, j) 元的代数余子式，求 $A_{11}-A_{12}$.

分析 根据所求问题，若按展开法则，则所求的结果恰好就是行列式 D 的值.

解 $A_{11}-A_{12}=D=\begin{vmatrix}1&0&0&0\\-2&-1&-1&1\\3&1&2&-1\\0&0&3&4\end{vmatrix}=1\times(-1)^2\begin{vmatrix}-1&-1&1\\1&2&-1\\0&3&4\end{vmatrix}$

$$=\begin{vmatrix}-1&-1&1\\0&1&0\\0&3&4\end{vmatrix}=(-1)\times(-1)^2\begin{vmatrix}1&0\\3&4\end{vmatrix}=-4.$$

四、测验题及参考解答

测验题

(一) 填空题

1. 若 $D=\begin{vmatrix}a_{11}&a_{12}&a_{13}\\a_{21}&a_{22}&a_{23}\\a_{31}&a_{32}&a_{33}\end{vmatrix}$，则 $D_1=\begin{vmatrix}6a_{11}&2a_{11}+3a_{12}&a_{13}\\6a_{21}&2a_{21}+3a_{22}&a_{23}\\6a_{31}&2a_{31}+3a_{32}&a_{33}\end{vmatrix}=$________.

2. 若行列式 $\begin{vmatrix}1&0&0\\0&a+1&-1\\0&-1&1\end{vmatrix}>0$，则要求 a 满足条件________.

3. 设 $D=\begin{vmatrix} 2 & 1 & 3 \\ 4 & -1 & 2 \\ 1 & 2 & -1 \end{vmatrix}$，则 D 的元素 a_{23} 的代数余子式 $A_{23}=$________.

4. n 阶行列式 $D=\begin{vmatrix} 0 & 1 & 1 & \cdots & 1 & 1 \\ 1 & 0 & 1 & \cdots & 1 & 1 \\ \vdots & \vdots & \vdots & & \vdots & \vdots \\ 1 & 1 & 1 & \cdots & 0 & 1 \\ 1 & 1 & 1 & \cdots & 1 & 0 \end{vmatrix}=$________.

5. 设 $D=\begin{vmatrix} 1 & 1 & 1 & 1 \\ 2 & 3 & 4 & 5 \\ 4 & 9 & 16 & 25 \\ 1 & 1 & 1 & 1 \end{vmatrix}$，则 $8A_{41}+27A_{42}+64A_{43}+125A_{44}=$________.

6. 设 $A_{i3}(i=1, 2, 3, 4)$ 是行列式 $\begin{vmatrix} 1 & 2 & 3 & 4 \\ 5 & 6 & 7 & 8 \\ 2 & 3 & 4 & 8 \\ 6 & 7 & 8 & 9 \end{vmatrix}$ 中元素 a_{i3} 的代数余子式，则 $A_{13}+5A_{23}+2A_{33}+6A_{43}=$________.

(二)计算题

1. $D=\begin{vmatrix} x+1 & -1 & 1 & -1 \\ 1 & x-1 & 1 & -1 \\ 1 & -1 & x+1 & -1 \\ 1 & -1 & 1 & x-1 \end{vmatrix}$，求 D.

2. $D_n=\begin{vmatrix} x & a & \cdots & a \\ a & x & \cdots & a \\ \vdots & \vdots & & \vdots \\ a & a & \cdots & x \end{vmatrix}$，求 D_n.

3. 求解方程 $\begin{vmatrix} x+1 & 2 & -1 \\ 2 & x+1 & 1 \\ -1 & 1 & x+1 \end{vmatrix}=0$.

4. 设 $D=\begin{vmatrix} 3 & 1 & -1 & 2 \\ -5 & 1 & 3 & -4 \\ 2 & 0 & 1 & -1 \\ 1 & -5 & 3 & -3 \end{vmatrix}$，$D$ 的 (i, j) 元的代数余子式记作 A_{ij}，求 $A_{31}+3A_{32}-2A_{33}+2A_{34}$.

5. 设行列式 $D=\begin{vmatrix} 3 & 0 & 4 & 0 \\ 2 & 2 & 2 & 2 \\ 0 & -7 & 0 & 0 \\ 5 & 3 & -2 & 2 \end{vmatrix}$，求第 4 行各元素余子式之和的值.

参考解答

(一)填空题

1. 分析 该行列式的第二列元素都是两个数之和，则按照行列式的拆的性质，有

$$D_1=\begin{vmatrix}6a_{11} & 2a_{11}+3a_{12} & a_{13}\\ 6a_{21} & 2a_{21}+3a_{22} & a_{23}\\ 6a_{31} & 2a_{31}+3a_{32} & a_{33}\end{vmatrix}=\begin{vmatrix}6a_{11} & 2a_{11} & a_{13}\\ 6a_{21} & 2a_{21} & a_{23}\\ 6a_{31} & 2a_{31} & a_{33}\end{vmatrix}+\begin{vmatrix}6a_{11} & 3a_{12} & a_{13}\\ 6a_{21} & 3a_{22} & a_{23}\\ 6a_{31} & 3a_{32} & a_{33}\end{vmatrix}$$

$$=0+6\times 3\begin{vmatrix}a_{11} & a_{12} & a_{13}\\ a_{21} & a_{22} & a_{23}\\ a_{31} & a_{32} & a_{33}\end{vmatrix}=18D.$$

解 应填 $\underline{18D}$.

2. 分析 不等式左端行列式为分块三角形行列式，直接利用公式，得

$$\begin{vmatrix}1 & 0 & 0\\ 0 & a+1 & -1\\ 0 & -1 & 1\end{vmatrix}=|1|\times\begin{vmatrix}a+1 & -1\\ -1 & 1\end{vmatrix}=1\times a=a>0.$$

或直接利用引理展开，得

$$\begin{vmatrix}1 & 0 & 0\\ 0 & a+1 & -1\\ 0 & -1 & 1\end{vmatrix}=1\times(-1)^{1+1}\begin{vmatrix}a+1 & -1\\ -1 & 1\end{vmatrix}=1\times a=a>0.$$

解 应填 $\underline{a>0}$.

3. 分析 根据代数余子式与余子式之间的关系 $A_{ij}=(-1)^{i+j}M_{ij}$，得

$$A_{23}=(-1)^{2+3}\begin{vmatrix}2 & 1\\ 1 & 2\end{vmatrix}=-3.$$

解 应填 $\underline{-3}$.

4. 分析 该行列式各行或各列元素之和相等，都为 $n-1$，因此把 D 的第 2，3，⋯，n 行加到第 1 行，之后从第 1 行提出 $n-1$，得

$$D=(n-1)\begin{vmatrix}1 & 1 & 1 & \cdots & 1 & 1\\ 1 & 0 & 1 & \cdots & 1 & 1\\ \vdots & \vdots & \vdots & & \vdots & \vdots\\ 1 & 1 & 1 & \cdots & 0 & 1\\ 1 & 1 & 1 & \cdots & 1 & 0\end{vmatrix}=(n-1)\begin{vmatrix}1 & 1 & 1 & \cdots & 1 & 1\\ 0 & -1 & 0 & \cdots & 0 & 0\\ 0 & 0 & -1 & \cdots & 0 & 0\\ \vdots & \vdots & \vdots & & \vdots & \vdots\\ 0 & 0 & 0 & \cdots & 0 & -1\end{vmatrix}$$

$$=(-1)^{n-1}(n-1).$$

解 应填 $\underline{(-1)^{n-1}(n-1)}$.

5. 分析 显然本题并不是求行列式 D 的值，而若把 D 的第 4 行各元素分别换成 8，27，64，125，则根据行列式按行展开公式，我们所求的是下列行列式 D_1 的值：

$$D_1=\begin{vmatrix}1 & 1 & 1 & 1\\ 2 & 3 & 4 & 5\\ 4 & 9 & 16 & 25\\ 8 & 27 & 64 & 125\end{vmatrix},$$

而 D_1 恰好为四阶范德蒙德行列式，故 $D_1=(3-2)(4-2)(5-2)(4-3)(5-3)(5-4)=12$.

解　应填 $\underline{12}$.

6. 分析　已知行列式的第 1 列元素为 1，5，2，6，根据所求及行列式按行(列)展开法则的推论，有 $A_{13}+5A_{23}+2A_{33}+6A_{43}=0$.

解　应填 $\underline{0}$.

(二)计算题

1. 解

$$D=\begin{vmatrix} x & -1 & 1 & -1 \\ x & x-1 & 1 & -1 \\ x & -1 & x+1 & -1 \\ x & -1 & 1 & x-1 \end{vmatrix}=x\cdot\begin{vmatrix} 1 & -1 & 1 & -1 \\ 1 & x-1 & 1 & -1 \\ 1 & -1 & x+1 & -1 \\ 1 & -1 & 1 & x-1 \end{vmatrix}$$

$$=x\cdot\begin{vmatrix} 1 & -1 & 1 & -1 \\ 0 & x & 0 & 0 \\ 0 & 0 & x & 0 \\ 0 & 0 & 0 & x \end{vmatrix}=x^4.$$

2. 解

$$D_n=\begin{vmatrix} x+(n-1)a & a & \cdots & a \\ x+(n-1)a & x & \cdots & a \\ \vdots & \vdots & & \vdots \\ x+(n-1)a & a & \cdots & x \end{vmatrix}=[x+(n-1)a]\begin{vmatrix} 1 & a & \cdots & a \\ 1 & x & \cdots & a \\ \vdots & \vdots & & \vdots \\ 1 & a & \cdots & x \end{vmatrix}$$

$$=[x+(n-1)a]\begin{vmatrix} 1 & a & \cdots & a \\ 0 & x-a & \cdots & 0 \\ \vdots & \vdots & & \vdots \\ 0 & 0 & \cdots & x-a \end{vmatrix}=[x+(n-1)a](x-a)^{n-1}.$$

3. 解

$$\text{左式}\xlongequal{r_1+r_2}\begin{vmatrix} x+3 & x+3 & 0 \\ 2 & x+1 & 1 \\ -1 & 1 & x+1 \end{vmatrix}\xlongequal{c_2-c_1}\begin{vmatrix} x+3 & 0 & 0 \\ 2 & x-1 & 1 \\ -1 & 2 & x+1 \end{vmatrix}$$

$$=(x+3)\begin{vmatrix} x-1 & 1 \\ 2 & x+1 \end{vmatrix}=(x+3)(x^2-3).$$

即原方程为 $(x+3)(x^2-3)=0$，从而方程的解为 $x_1=-3$，$x_2=-\sqrt{3}$，$x_3=\sqrt{3}$.

4. 解　$A_{31}+3A_{32}-2A_{33}+2A_{34}$ 等于用 1，3，-2，2 替换 D 的第 3 行对应元素所得行列式，即

$$A_{31}+3A_{32}-2A_{33}+2A_{34}=\begin{vmatrix} 3 & 1 & -1 & 2 \\ -5 & 1 & 3 & -4 \\ 1 & 3 & -2 & 2 \\ 1 & -5 & 3 & -3 \end{vmatrix}\xlongequal{c_4+c_3}\begin{vmatrix} 3 & 1 & -1 & 1 \\ -5 & 1 & 3 & -1 \\ 1 & 3 & -2 & 0 \\ 1 & -5 & 3 & 0 \end{vmatrix}$$

$$\xlongequal{r_2+r_1}\begin{vmatrix} 3 & 1 & -1 & 1 \\ -2 & 2 & 2 & 0 \\ 1 & 3 & -2 & 0 \\ 1 & -5 & 3 & 0 \end{vmatrix}=2\begin{vmatrix} 1 & -1 & -1 \\ 1 & 3 & -2 \\ 1 & -5 & 3 \end{vmatrix}$$

$$=2\begin{vmatrix}1&-1&-1\\0&4&-1\\0&-4&4\end{vmatrix}=2\begin{vmatrix}1&-1&-1\\0&4&-1\\0&0&3\end{vmatrix}=24.$$

5. 解 $M_{41}+M_{42}+M_{43}+M_{44}=-A_{41}+A_{42}-A_{43}+A_{44}=\begin{vmatrix}3&0&4&0\\2&2&2&2\\0&-7&0&0\\-1&1&-1&1\end{vmatrix}$

$$=7\begin{vmatrix}3&4&0\\2&2&2\\-1&-1&1\end{vmatrix}=7\begin{vmatrix}3&4&0\\4&4&2\\0&0&1\end{vmatrix}=-28.$$

注 本题也可直接写出第 4 行各元素的余子式再相加.

第二章

矩阵及其运算

矩阵是线性代数全部内容的纽带，是其他各章节内容的桥梁，它在数学领域的很多分支及许多科学领域中有着广泛的应用．因此，它是线性代数的主要研究对象之一．矩阵可以进行运算，如矩阵可进行乘法运算，而且乘法有其独特之处，很多实际问题的应用就是由矩阵的乘法而来；不仅如此，矩阵还可以进行一些变换，如初等变换、合同变换、相似变换等，而这些变换在解决很多实际问题中得到了广泛的应用.

第二章
典型题解析

本章的主要内容有：矩阵的定义及其有关的一些概念(如同型矩阵、方阵、线性变换、单位矩阵、对角矩阵等)；矩阵的运算(如加法、减法、乘法及数乘等)及其所满足的一些运算规律；关于逆矩阵和分块矩阵的内容.

矩阵由于可以进行运算和变换，使得矩阵成为一个强有力的数学工具.

一、教学基本要求

(1)理解矩阵的概念，了解一些特殊矩阵(方阵、零矩阵、单位矩阵、对角矩阵、三角矩阵、对称矩阵与反对称矩阵等)的定义及其性质.

(2)理解线性变换的概念.

(3)掌握矩阵的线性运算(加、减、数乘)、乘法、转置，方阵的行列式及其运算规律；理解方阵的幂.

(4)深刻理解逆矩阵的定义，掌握逆矩阵的性质(或运算规律)和矩阵可逆的充要条件；理解伴随矩阵的概念，掌握有关伴随矩阵的结论，会用逆阵公式求矩阵的逆矩阵.

(5)了解分块矩阵及其运算，尤其掌握分块对角矩阵的性质.

二、内容提要

(一)矩阵的概念及一些特殊矩阵

1. 矩阵的概念

定义 1　由 $m\times n$ 个数 $a_{ij}(i=1, 2, \cdots, m;\ j=1, 2, \cdots, n)$ 排成 m 行 n 列的数表

$$A=\begin{pmatrix} a_{11} & a_{12} & \cdots & a_{1n} \\ a_{21} & a_{22} & \cdots & a_{2n} \\ \vdots & \vdots & & \vdots \\ a_{m1} & a_{m2} & \cdots & a_{mn} \end{pmatrix}$$

叫作**m行n列矩阵**，简称**$m\times n$矩阵**，记为$A=(a_{ij})_{m\times n}$或$A=(a_{ij})$，简记为$A_{m\times n}$.

注 (1) a_{ij}称矩阵A的第i行第j列元素或矩阵A的(i,j)元.

(2) a_{ij}为实数时，称A为**实矩阵**；a_{ij}为复数时，称A为**复矩阵**.

(3) 当$m=n$时，称A为**n阶矩阵**或**n阶方阵**，记为A_n.

(4) 只有一行的矩阵$A=(a_1, a_2, \cdots, a_n)$叫作**行矩阵**或**行向量**；只有一列的矩阵$A=\begin{pmatrix} b_1 \\ b_2 \\ \vdots \\ b_m \end{pmatrix}$叫作**列矩阵**或**列向量**.

(5) $a_{ij}=0(i=1, 2, \cdots, m; j=1, 2, \cdots, n)$时，称$A$为**零矩阵**，记作$O$.

2. 同型矩阵

设$A=(a_{ij})_{m\times n}$，$B=(b_{ij})_{m\times n}$，则称A与B为**同型矩阵**.

3. 矩阵的相等

设$A=(a_{ij})_{m\times n}$，$B=(b_{ij})_{m\times n}$，且$a_{ij}=b_{ij}(i=1, 2, \cdots, m; j=1, 2, \cdots, n)$，则称$A$与$B$**相等**，记作$A=B$.

4. 一些特殊矩阵

1) 单位矩阵

定义 2 主对角线上的元素都是1，其他元素都是0的n阶方阵

$$E=\begin{pmatrix} 1 & 0 & \cdots & 0 \\ 0 & 1 & \cdots & 0 \\ \vdots & \vdots & & \vdots \\ 0 & 0 & \cdots & 1 \end{pmatrix}$$

称为**n阶单位矩阵**，可记为$E=(\delta_{ij})$，其中$\delta_{ij}=\begin{cases} 1, & i=j \\ 0, & i\neq j \end{cases}$.

2) 对角矩阵

定义 3 不在主对角线上的元素都是0的方阵

$$\Lambda=\begin{pmatrix} \lambda_1 & 0 & \cdots & 0 \\ 0 & \lambda_2 & \cdots & 0 \\ \vdots & \vdots & & \vdots \\ 0 & 0 & \cdots & \lambda_n \end{pmatrix}$$

称为**对角矩阵**，也记作$\Lambda=\mathrm{diag}(\lambda_1, \lambda_2, \cdots, \lambda_n)$.

注 单位矩阵是对角矩阵，但对角矩阵不一定是单位矩阵.

3)对称矩阵

定义 4　设 $\boldsymbol{A}$ 为 n 阶方阵，若满足 $\boldsymbol{A}^{\mathrm{T}}=\boldsymbol{A}$，则 $\boldsymbol{A}$ 称为**对称矩阵**. 该矩阵的特点是：它的元素以主对角线为对称轴对应相等，即 $a_{ij}=a_{ji}(i,\ j=1,\ 2,\ \cdots,\ n)$.

4)反对称矩阵

定义 5　设 $\boldsymbol{A}$ 为 n 阶方阵，若满足 $\boldsymbol{A}=-\boldsymbol{A}^{\mathrm{T}}$，则 $\boldsymbol{A}$ 称为**反对称矩阵**. 该矩阵的特点是：主对线上的元素为 0，其余元素关于主对角线互为相反数，即 $a_{ij}=-a_{ji}(i,\ j=1,\ 2,\ \cdots,\ n)$.

(二)线性变换

定义 6　n 个变量 $x_1,\ x_2,\ \cdots,\ x_n$ 与 m 个变量 $y_1,\ y_2,\ \cdots,\ y_m$ 之间的关系式

$$\begin{cases} y_1=a_{11}x_1+a_{12}x_2+\cdots+a_{1n}x_n \\ y_2=a_{21}x_1+a_{22}x_2+\cdots+a_{2n}x_n \\ \vdots \\ y_m=a_{m1}x_1+a_{m2}x_2+\cdots+a_{mn}x_n \end{cases}$$

称为从变量 $x_1,\ x_2,\ \cdots,\ x_n$ 到变量 $y_1,\ y_2,\ \cdots,\ y_m$ 的**线性变换**，其中 a_{ij} 为常数.

注　上述线性变换的系数 a_{ij} 构成的矩阵 $\boldsymbol{A}=(a_{ij})_{m\times n}$ 称为系数矩阵. 线性变换与矩阵之间存在着一一对应的关系.

(三)矩阵的运算

1. 加法与减法

1)定义

设 $\boldsymbol{A}=(a_{ij})_{m\times n}$，$\boldsymbol{B}=(b_{ij})_{m\times n}$（即 $\boldsymbol{A}$ 与 $\boldsymbol{B}$ 为同型矩阵），则规定 $\boldsymbol{A}$ 与 $\boldsymbol{B}$ 的**和**与**差**为

$$\boldsymbol{A}+\boldsymbol{B}=\begin{pmatrix} a_{11}+b_{11} & a_{12}+b_{12} & \cdots & a_{1n}+b_{1n} \\ a_{21}+b_{21} & a_{22}+b_{22} & \cdots & a_{2n}+b_{2n} \\ \vdots & \vdots & & \vdots \\ a_{m1}+b_{m1} & a_{m2}+b_{m2} & \cdots & a_{mn}+b_{mn} \end{pmatrix}$$

$$\boldsymbol{A}-\boldsymbol{B}=\boldsymbol{A}+(-\boldsymbol{B})=\begin{pmatrix} a_{11}-b_{11} & a_{12}-b_{12} & \cdots & a_{1n}-b_{1n} \\ a_{21}-b_{21} & a_{22}-b_{22} & \cdots & a_{2n}-b_{2n} \\ \vdots & \vdots & & \vdots \\ a_{m1}-b_{m1} & a_{m2}-b_{m2} & \cdots & a_{mn}-b_{mn} \end{pmatrix}$$

其中 $-\boldsymbol{B}=(-b_{ij})_{m\times n}$ 称为 $\boldsymbol{B}$ 的**负矩阵**.

2)运算律

（ⅰ）$\boldsymbol{A}+\boldsymbol{B}=\boldsymbol{B}+\boldsymbol{A}$；（ⅱ）$(\boldsymbol{A}+\boldsymbol{B})+\boldsymbol{C}=\boldsymbol{A}+(\boldsymbol{B}+\boldsymbol{C})$（其中 $\boldsymbol{A}$，$\boldsymbol{B}$，$\boldsymbol{C}$ 为 $m\times n$ 矩阵）.

2. 数乘矩阵

1)定义

设 $\boldsymbol{A}=(a_{ij})_{m\times n}$，则数 $\boldsymbol{\lambda}$ 与 $\boldsymbol{A}$ 的**乘积**规定为

$$\lambda\boldsymbol{A}=\boldsymbol{A}\lambda=\begin{pmatrix} \lambda a_{11} & \lambda a_{12} & \cdots & \lambda a_{1n} \\ \lambda a_{21} & \lambda a_{22} & \cdots & \lambda a_{2n} \\ \vdots & \vdots & & \vdots \\ \lambda a_{m1} & \lambda a_{m2} & \cdots & \lambda a_{mn} \end{pmatrix},$$

可简记为 $\lambda\boldsymbol{A}=\boldsymbol{A}\lambda=(\lambda a_{ij})_{m\times n}$.

注 数与矩阵的乘积和数与行列式的乘积是有区别的.

2)运算律

(ⅰ) $(\lambda\mu)\boldsymbol{A}=\lambda(\mu\boldsymbol{A})$;

(ⅱ) $(\lambda+\mu)\boldsymbol{A}=\lambda\boldsymbol{A}+\mu\boldsymbol{A}$;

(ⅲ) $\lambda(\boldsymbol{A}+\boldsymbol{B})=\lambda\boldsymbol{A}+\lambda\boldsymbol{B}$(其中 $\boldsymbol{A}$, $\boldsymbol{B}$ 为 $m\times n$ 矩阵; λ, μ 为数).

3. 矩阵与矩阵相乘

1)定义

设 $\boldsymbol{A}=(a_{ij})_{m\times s}$, $\boldsymbol{B}=(b_{ij})_{s\times n}$, 则规定 $\boldsymbol{A}$ 与 $\boldsymbol{B}$ 的**乘积**为 $\boldsymbol{AB}=\boldsymbol{C}=(c_{ij})_{m\times n}$, 其中 $c_{ij}=\sum_{k=1}^{s}a_{ik}b_{kj}(i=1, 2, \cdots, m; j=1, 2, \cdots, n)$.

2)运算律

(ⅰ) $(\boldsymbol{AB})\boldsymbol{C}=\boldsymbol{A}(\boldsymbol{BC})$;

(ⅱ) $\lambda(\boldsymbol{AB})=(\lambda\boldsymbol{A})\boldsymbol{B}=\boldsymbol{A}(\lambda\boldsymbol{B})$; (其中 λ 为数)

(ⅲ) $\boldsymbol{A}(\boldsymbol{B}+\boldsymbol{C})=\boldsymbol{AB}+\boldsymbol{AC}$, $(\boldsymbol{B}+\boldsymbol{C})\boldsymbol{A}=\boldsymbol{BA}+\boldsymbol{CA}$;

(ⅳ) $\boldsymbol{EA}=\boldsymbol{AE}=\boldsymbol{A}$;

(ⅴ) $\boldsymbol{M}^k\boldsymbol{M}^l=\boldsymbol{M}^{k+l}$, $(\boldsymbol{M}^k)^l=\boldsymbol{M}^{kl}$; (其中 $\boldsymbol{M}$ 为 n 阶方阵, $\boldsymbol{M}^k$ 表示 k 个 $\boldsymbol{M}$ 连乘, k, l 为正整数);

(ⅵ) $\boldsymbol{A}^2-\boldsymbol{E}^2=(\boldsymbol{A}+\boldsymbol{E})(\boldsymbol{A}-\boldsymbol{E})=(\boldsymbol{A}-\boldsymbol{E})(\boldsymbol{A}+\boldsymbol{E})$, $\boldsymbol{E}^2-\boldsymbol{A}^2=(\boldsymbol{E}+\boldsymbol{A})(\boldsymbol{E}-\boldsymbol{A})=(\boldsymbol{E}-\boldsymbol{A})(\boldsymbol{E}+\boldsymbol{A})$, $(\boldsymbol{A}\pm\boldsymbol{E})^2=\boldsymbol{A}^2\pm2\boldsymbol{A}+\boldsymbol{E}$;

(ⅶ)设 $\varphi(\boldsymbol{A})$, $f(\boldsymbol{A})$ 为方阵 $\boldsymbol{A}$ 的两个多项式, 则 $\varphi(\boldsymbol{A})f(\boldsymbol{A})=f(\boldsymbol{A})\varphi(\boldsymbol{A})$.

注 在一般情况下, $\boldsymbol{AB}\neq\boldsymbol{BA}$. 因此, 一般说来 $(\boldsymbol{AB})^k\neq\boldsymbol{A}^k\boldsymbol{B}^k$, $(\boldsymbol{A}\pm\boldsymbol{B})^2\neq\boldsymbol{A}^2\pm2\boldsymbol{AB}+\boldsymbol{B}^2$; $\boldsymbol{A}^2-\boldsymbol{B}^2\neq(\boldsymbol{A}+\boldsymbol{B})(\boldsymbol{A}-\boldsymbol{B})$.

4. 矩阵的转置

1)定义

设 $\boldsymbol{A}=(a_{ij})_{m\times n}$, 则 $\boldsymbol{A}^{\mathrm{T}}=(a_{ji})_{n\times m}$ 称为 $\boldsymbol{A}$ 的**转置矩阵**.

2)运算律

(ⅰ) $(\boldsymbol{A}^{\mathrm{T}})^{\mathrm{T}}=\boldsymbol{A}$; (ⅱ) $(\boldsymbol{A}+\boldsymbol{B})^{\mathrm{T}}=\boldsymbol{A}^{\mathrm{T}}+\boldsymbol{B}^{\mathrm{T}}$; (ⅲ) $(\lambda\boldsymbol{A})^{\mathrm{T}}=\lambda\boldsymbol{A}^{\mathrm{T}}$; (ⅳ) $(\boldsymbol{AB})^{\mathrm{T}}=\boldsymbol{B}^{\mathrm{T}}\boldsymbol{A}^{\mathrm{T}}$; (ⅴ) $\boldsymbol{A}^{\mathrm{T}}\boldsymbol{A}=\boldsymbol{O}\Leftrightarrow\boldsymbol{A}\boldsymbol{A}^{\mathrm{T}}=\boldsymbol{O}\Leftrightarrow\boldsymbol{A}=\boldsymbol{O}$.

5. 方阵的行列式

1)定义

由 n 阶方阵 $\boldsymbol{A}$ 的元素所构成的行列式称为方阵 $\boldsymbol{A}$ 的行列式, 记作 $|\boldsymbol{A}|$ 或 $\det\boldsymbol{A}$.

注 n 阶方阵 $\boldsymbol{A}$ 表示 n 行 n 列的数表, 而 $|\boldsymbol{A}|$ 表示由 $\boldsymbol{A}$ 按一定的运算法则所确定的一个数.

2)运算律

(ⅰ) $|\boldsymbol{A}^{\mathrm{T}}|=|\boldsymbol{A}|$; (ⅱ) $|\lambda\boldsymbol{A}|=\lambda^n|\boldsymbol{A}|$; (ⅲ) $|\boldsymbol{AB}|=|\boldsymbol{A}||\boldsymbol{B}|$;

(ⅳ) $|\boldsymbol{A}^k|=|\boldsymbol{A}|^k$; (ⅴ) $|\boldsymbol{A}^{-1}|=\dfrac{1}{|\boldsymbol{A}|}$.(其中 $\boldsymbol{A}$, $\boldsymbol{B}$ 为 n 阶方阵, λ 为数)

(四)逆矩阵

1. 定义

对于 n 阶矩阵 $\boldsymbol{A}$，如果存在一个 n 阶矩阵 $\boldsymbol{B}$，使 $\boldsymbol{AB}=\boldsymbol{BA}=\boldsymbol{E}$，则称 $\boldsymbol{A}$ 可逆，并把 $\boldsymbol{B}$ 称为 $\boldsymbol{A}$ 的**逆矩阵**，记作 $\boldsymbol{B}=\boldsymbol{A}^{-1}$.

2. 结论

(1)若方阵 $\boldsymbol{A}$ 可逆，则 $\boldsymbol{A}$ 的逆矩阵是唯一的.

(2)方阵 $\boldsymbol{A}$ 可逆 $\Leftrightarrow|\boldsymbol{A}|\neq 0\Leftrightarrow$ 有方阵 $\boldsymbol{B}$，使 $\boldsymbol{AB}=\boldsymbol{E}$ 或 $\boldsymbol{BA}=\boldsymbol{E}$.

注 结论(2)是判定某一方阵可逆并求某一方阵的逆矩阵的常用方法.

3. 逆矩阵的运算规律

(i) $\boldsymbol{A}$ 可逆 $\Rightarrow\boldsymbol{A}^{-1}$ 可逆，且 $(\boldsymbol{A}^{-1})^{-1}=\boldsymbol{A}$;

(ii) $\boldsymbol{A}$ 可逆 $\Rightarrow\boldsymbol{A}^{\mathrm{T}}$ 可逆，且 $(\boldsymbol{A}^{\mathrm{T}})^{-1}=(\boldsymbol{A}^{-1})^{\mathrm{T}}$;

(iii) $\boldsymbol{A}$ 可逆，数 $\lambda\neq 0\Rightarrow\lambda\boldsymbol{A}$ 可逆，且 $(\lambda\boldsymbol{A})^{-1}=\dfrac{1}{\lambda}\boldsymbol{A}^{-1}$;

(iv) $\boldsymbol{A}$，$\boldsymbol{B}$ 同阶可逆 $\Rightarrow\boldsymbol{AB}$ 可逆，且 $(\boldsymbol{AB})^{-1}=\boldsymbol{B}^{-1}\boldsymbol{A}^{-1}$;

(v) $\boldsymbol{A}$ 可逆 $\Rightarrow\boldsymbol{A}^{0}=\boldsymbol{E}$，$\boldsymbol{A}^{-k}=(\boldsymbol{A}^{-1})^{k}$，$\boldsymbol{A}^{\lambda}\boldsymbol{A}^{\mu}=\boldsymbol{A}^{\lambda+\mu}$，$(\boldsymbol{A}^{\lambda})^{\mu}=\boldsymbol{A}^{\lambda\mu}$.(其中 k 为正整数，λ，μ 为整数)

注 (1)若 $\boldsymbol{A}$ 可逆，则 $|\boldsymbol{A}^{-1}|=\dfrac{1}{|\boldsymbol{A}|}$;

(2)设 $\boldsymbol{AB}=\boldsymbol{O}$，若 $\boldsymbol{A}$(或 $\boldsymbol{B}$)可逆，则 $\boldsymbol{B}=\boldsymbol{O}$(或 $\boldsymbol{A}=\boldsymbol{O}$).

(五)伴随矩阵

1. 定义

设 $\boldsymbol{A}$ 为 n 阶方阵，则

$$\boldsymbol{A}^{*}=\begin{pmatrix}A_{11}&A_{21}&\cdots&A_{n1}\\A_{12}&A_{22}&\cdots&A_{n2}\\\vdots&\vdots&&\vdots\\A_{1n}&A_{2n}&\cdots&A_{nn}\end{pmatrix}$$

称为 $\boldsymbol{A}$ 的**伴随矩阵**(其中 A_{ij} 为 $|\boldsymbol{A}|$ 中元素 a_{ij} 的代数余子式).

2. 结论(性质)

(1) $\boldsymbol{AA}^{*}=\boldsymbol{A}^{*}\boldsymbol{A}=|\boldsymbol{A}|\boldsymbol{E}$; (2)若 $|\boldsymbol{A}|\neq 0$，则 $\boldsymbol{A}^{-1}=\dfrac{1}{|\boldsymbol{A}|}\boldsymbol{A}^{*}$，$\boldsymbol{A}^{*}=|\boldsymbol{A}|\boldsymbol{A}^{-1}$;

(3)若 $|\boldsymbol{A}|\neq 0$，$|\boldsymbol{B}|\neq 0$，则 $(\boldsymbol{A}^{*})^{-1}=(\boldsymbol{A}^{-1})^{*}=\dfrac{1}{|\boldsymbol{A}|}\boldsymbol{A}$，$(\boldsymbol{AB})^{*}=\boldsymbol{B}^{*}\boldsymbol{A}^{*}$;

(4) $(\boldsymbol{A}^{\mathrm{T}})^{*}=(\boldsymbol{A}^{*})^{\mathrm{T}}$; (5) $(\boldsymbol{A}^{*})^{*}=|\boldsymbol{A}|^{n-2}\boldsymbol{A}$; (6) $(k\boldsymbol{A})^{*}=k^{n-1}\boldsymbol{A}^{*}$.

(六)分块矩阵

1. 定义

用一些横线和纵线把矩阵分成许多小子块，以子块为元素的矩阵称为分块矩阵.

2. 运算规则

1)加法和减法

设$A=\begin{pmatrix}A_{11} & \cdots & A_{1r}\\ \vdots & & \vdots\\ A_{s1} & \cdots & A_{sr}\end{pmatrix}$，$B=\begin{pmatrix}B_{11} & \cdots & B_{1r}\\ \vdots & & \vdots\\ B_{s1} & \cdots & B_{sr}\end{pmatrix}$，则$A\pm B=\begin{pmatrix}A_{11}\pm B_{11} & \cdots & A_{1r}\pm B_{1r}\\ \vdots & & \vdots\\ A_{s1}\pm B_{s1} & \cdots & A_{sr}\pm B_{sr}\end{pmatrix}$.

2)数乘分块矩阵

设$A=\begin{pmatrix}A_{11} & \cdots & A_{1r}\\ \vdots & & \vdots\\ A_{s1} & \cdots & A_{sr}\end{pmatrix}$，$\lambda$ 为数，则$\lambda A=A\lambda=\begin{pmatrix}\lambda A_{11} & \cdots & \lambda A_{1r}\\ \vdots & & \vdots\\ \lambda A_{s1} & \cdots & \lambda A_{sr}\end{pmatrix}$.

3)分块矩阵与分块矩阵相乘

设$A=\begin{pmatrix}A_{11} & \cdots & A_{1t}\\ \vdots & & \vdots\\ A_{s1} & \cdots & A_{st}\end{pmatrix}$，$B=\begin{pmatrix}B_{11} & \cdots & B_{1r}\\ \vdots & & \vdots\\ B_{t1} & \cdots & B_{tr}\end{pmatrix}$，则$AB=C=(C_{ij})_{s\times r}$，其中$C_{ij}=\sum\limits_{k=1}^{t}A_{ik}B_{kj}$

$(i=1, 2, \cdots, s; j=1, 2, \cdots, r)$.

4)分块矩阵的转置

设$A=\begin{pmatrix}A_{11} & \cdots & A_{1r}\\ \vdots & & \vdots\\ A_{s1} & \cdots & A_{sr}\end{pmatrix}$，则$A^{\mathrm T}=\begin{pmatrix}A_{11}^{\mathrm T} & \cdots & A_{s1}^{\mathrm T}\\ \vdots & & \vdots\\ A_{1r}^{\mathrm T} & \cdots & A_{st}^{\mathrm T}\end{pmatrix}$.

5)分块对角矩阵

$A=\begin{pmatrix}A_1 & & & \\ & A_2 & & \\ & & \ddots & \\ & & & A_s\end{pmatrix}$，其中$A_i(i=1, 2, \cdots, s)$为非零方阵.

性质　(1) $|A|=|A_1||A_2|\cdots|A_s|$；

(2)若$|A_i|\neq 0(i=1, 2, \cdots, s)$，则$|A|\neq 0$，且$A^{-1}=\begin{pmatrix}A_1^{-1} & & & \\ & A_2^{-1} & & \\ & & \ddots & \\ & & & A_s^{-1}\end{pmatrix}$；

(3) $\begin{pmatrix}A_1 & & & \\ & A_2 & & \\ & & \ddots & \\ & & & A_s\end{pmatrix}^n=\begin{pmatrix}A_1^n & & & \\ & A_2^n & & \\ & & \ddots & \\ & & & A_s^n\end{pmatrix}$.

3. 特殊分块矩阵的逆阵公式

设A，B均可逆，则

(1) $\begin{pmatrix}O & A\\ B & O\end{pmatrix}^{-1}=\begin{pmatrix}O & B^{-1}\\ A^{-1} & O\end{pmatrix}$；

(2) $\begin{pmatrix} A & C \\ O & B \end{pmatrix}^{-1} = \begin{pmatrix} A^{-1} & A^{-1}CB^{-1} \\ O & B^{-1} \end{pmatrix}$；

(3) $\begin{pmatrix} A & O \\ C & B \end{pmatrix}^{-1} = \begin{pmatrix} A^{-1} & O \\ -B^{-1}CA^{-1} & B^{-1} \end{pmatrix}$.

注　对公式(1)可推广到一般情形：$\begin{pmatrix} & & & A_1 \\ & & A_2 & \\ & \therefore & & \\ A_s & & & \end{pmatrix}^{-1} = \begin{pmatrix} & & & A_s^{-1} \\ & & A_{s-1}^{-1} & \\ & \therefore & & \\ A_1^{-1} & & & \end{pmatrix}$.

4. 关于分块矩阵的两点注意

(1) 含有 m 个方程、n 个未知数的齐次线性方程组和非齐次线性方程组可分别记为 $A_{m\times n}x=0$ 和 $A_{m\times n}x=b$，或

$$\begin{pmatrix} \alpha_1^{\mathrm{T}} \\ \alpha_2^{\mathrm{T}} \\ \vdots \\ \alpha_m^{\mathrm{T}} \end{pmatrix} x = 0 \text{ 和 } \begin{pmatrix} \alpha_1^{\mathrm{T}} \\ \alpha_2^{\mathrm{T}} \\ \vdots \\ \alpha_m^{\mathrm{T}} \end{pmatrix} x = b,$$

或
$$x_1a_1+x_2a_2+\cdots+x_na_n=0 \text{ 和 } x_1a_1+x_2a_2+\cdots+x_na_n=b.$$

其中 α_i^{T} 为 $A_{m\times n}$ 的第 i 个行向量，a_j 为 $A_{m\times n}$ 的第 j 个列向量，$i=1, 2, \cdots, m$；$j=1, 2, \cdots, n$，且每个行向量中分量的个数为 n，每个列向量中分量的个数为 m.

(2) $$\begin{pmatrix} \lambda_1 & & & \\ & \lambda_2 & & \\ & & \ddots & \\ & & & \lambda_m \end{pmatrix} A_{m\times n} = \begin{pmatrix} \lambda_1 & & & \\ & \lambda_2 & & \\ & & \ddots & \\ & & & \lambda_m \end{pmatrix} \begin{pmatrix} \alpha_1^{\mathrm{T}} \\ \alpha_2^{\mathrm{T}} \\ \vdots \\ \alpha_m^{\mathrm{T}} \end{pmatrix} = \begin{pmatrix} \lambda_1\alpha_1^{\mathrm{T}} \\ \lambda_2\alpha_2^{\mathrm{T}} \\ \vdots \\ \lambda_m\alpha_m^{\mathrm{T}} \end{pmatrix};$$

$$A_{m\times n}\begin{pmatrix} \lambda_1 & & & \\ & \lambda_2 & & \\ & & \ddots & \\ & & & \lambda_n \end{pmatrix} = (a_1, a_2, \cdots, a_n)\begin{pmatrix} \lambda_1 & & & \\ & \lambda_2 & & \\ & & \ddots & \\ & & & \lambda_n \end{pmatrix}$$
$$= (\lambda_1a_1, \lambda_2a_2, \cdots, \lambda_na_n).$$

三、典型题解析

(一) 填空题

【例 1】设 A，B 均为三阶方阵，且 $|A|=5$，$|B|=2$，则 $|2[(A^{-1}B)^{\mathrm{T}}]^2|=$________.

分析　显然 $2[(A^{-1}B)^{\mathrm{T}}]^2$ 为三阶方阵，那么

原式 $=2^3|[(A^{-1}B)^{\mathrm{T}}]^2|=8|(A^{-1}B)^{\mathrm{T}}|^2=8|A^{-1}B|^2=8(|A^{-1}||B|)^2$

$$=8\cdot\frac{1}{|A|^2}\cdot|B|^2=8\cdot\frac{1}{25}\cdot4=\frac{32}{25}.$$

注 $|A^{\mathrm{T}}|=|A|$，$|A^{-1}|=\dfrac{1}{|A|}$，$|A^k|=|A|^k$.

解 应填$\underline{\dfrac{32}{25}}$.

【**例2**】设A，B均为n阶矩阵，$|A|=2$，$|B|=-3$，则$|(2A^*)^{-1}B|=$________.

解 应填$\underline{-\dfrac{3}{2^{2n-1}}}$.

【**例3**】已知A是三阶矩阵，满足$A^{\mathrm{T}}A=AA^{\mathrm{T}}=E$，$|A|>0$，$B$是三阶矩阵，$|A+2B|=5$，则$\left|\dfrac{1}{2}E+AB^{\mathrm{T}}\right|=$________.

分析 由$A^{\mathrm{T}}A=E$，得$|A^{\mathrm{T}}A|=|A^{\mathrm{T}}|\cdot|A|=|A|\cdot|A|=|A|^2=|E|=1$，$|A|=\pm1$. 又$|A|>0$，则$|A|=1$. 从而

$$\left|\frac{1}{2}E+AB^{\mathrm{T}}\right|=\left|\frac{1}{2}AA^{\mathrm{T}}+AB^{\mathrm{T}}\right|=\left|\frac{1}{2}A(A^{\mathrm{T}}+2B^{\mathrm{T}})\right|=\left(\frac{1}{2}\right)^3|A|\cdot|(A+2B)^{\mathrm{T}}|$$
$$=\frac{1}{8}\times1\times|A+2B|=\frac{5}{8}.$$

解 应填$\underline{\dfrac{5}{8}}$.

【**例4**】设$A=\begin{pmatrix}1&0&0\\2&2&0\\3&3&3\end{pmatrix}$的伴随矩阵为$A^*$，则$(A^{-1})^*=$________.

解 应填$\underline{\begin{pmatrix}1/6&0&0\\1/3&1/3&0\\1/2&1/2&1/2\end{pmatrix}}$.

【**例5**】设A为三阶矩阵，$|A|=\dfrac{1}{2}$，则$|(2A)^{-1}-5A^*|=$________.

分析 因$|A|=\dfrac{1}{2}\neq0$，故A可逆，于是由

$$A^*=|A|A^{-1}=\frac{1}{2}A^{-1}\text{ 及 }(2A)^{-1}=\frac{1}{2}A^{-1},$$

得$(2A)^{-1}-5A^*=\dfrac{1}{2}A^{-1}-\dfrac{5}{2}A^{-1}=-2A^{-1}$，两端取行列式得$|(2A)^{-1}-5A^*|=|-2A^{-1}|=(-2)^3|A^{-1}|=(-2)^3|A|^{-1}=-16$.

解 应填$\underline{-16}$.

【**例6**】设$A=\begin{pmatrix}1&0&1\\0&2&0\\0&0&1\end{pmatrix}$，矩阵$X$满足$AX+9E=A^2+3X$，则$X=$________.

解 应填$\underline{\begin{pmatrix}4&0&1\\0&5&0\\0&0&4\end{pmatrix}}$.

【例7】设 $\boldsymbol{A}=\begin{pmatrix}2&4&6\\1&2&3\\3&6&9\end{pmatrix}$，则 $\boldsymbol{A}^n=$________.

解　应填 $13^{n-1}\begin{pmatrix}2&4&6\\1&2&3\\3&6&9\end{pmatrix}$.

【例8】设 $\boldsymbol{\alpha}$ 为三维列向量，$\boldsymbol{\alpha}^{\mathrm{T}}$ 是 $\boldsymbol{\alpha}$ 的转置，若 $\boldsymbol{\alpha}\boldsymbol{\alpha}^{\mathrm{T}}=\begin{pmatrix}1&-1&1\\-1&1&-1\\1&-1&1\end{pmatrix}$，则 $\boldsymbol{\alpha}^{\mathrm{T}}\boldsymbol{\alpha}=$________.

解　应填3.

【例9】设 n 阶方阵 $\boldsymbol{A}$，$\boldsymbol{B}$ 满足 $\boldsymbol{A}^*\boldsymbol{B}\boldsymbol{A}=4\boldsymbol{B}\boldsymbol{A}-2\boldsymbol{E}$，且 $|\boldsymbol{A}|=2$，$|\boldsymbol{E}-2\boldsymbol{A}|\neq 0$，则 $\boldsymbol{B}=$________.

解　应填 $-(\boldsymbol{E}-2\boldsymbol{A})^{-1}$.

【例10】设 $\boldsymbol{A}=\begin{pmatrix}1&0&0\\4&3&8\\6&0&5\end{pmatrix}$，$\boldsymbol{E}$ 为三阶单位矩阵，且 $\boldsymbol{B}=(\boldsymbol{E}+\boldsymbol{A})^{-1}(\boldsymbol{E}-\boldsymbol{A})$，则 $(\boldsymbol{E}+\boldsymbol{B})^{-1}=$________.

解　应填 $\begin{pmatrix}1&0&0\\2&2&4\\3&0&3\end{pmatrix}$.

(二)单项选择题

【例1】设 $\boldsymbol{A}$，$\boldsymbol{B}$ 为 n 阶矩阵，则下列运算正确的是(　　).

(A) $\boldsymbol{A}^2-\boldsymbol{B}^2=(\boldsymbol{A}-\boldsymbol{B})(\boldsymbol{A}+\boldsymbol{B})$　　(B) $(\boldsymbol{A}\pm\boldsymbol{B})^2=\boldsymbol{A}^2\pm 2\boldsymbol{A}\boldsymbol{B}+\boldsymbol{B}^2$

(C) $|-\boldsymbol{A}|=|\boldsymbol{A}|$　　(D) 若 $\boldsymbol{A}$ 可逆，$k\neq 0$，则 $(k\boldsymbol{A})^{-1}=\frac{1}{k}\boldsymbol{A}^{-1}$

分析　对于(A)和(B)，此二式成立的充要条件是 $\boldsymbol{A}\boldsymbol{B}=\boldsymbol{B}\boldsymbol{A}$，但一般来说 $\boldsymbol{A}\boldsymbol{B}\neq\boldsymbol{B}\boldsymbol{A}$. 对于(C)，$-\boldsymbol{A}$ 可看成实数 (-1) 乘以方阵 $\boldsymbol{A}$. 则根据方阵行列式的运算律可知 $|-\boldsymbol{A}|=(-1)^n|\boldsymbol{A}|$；而根据逆矩阵的运算律易知，(D)是正确的.

解　应选(D).

【例2】设 $\boldsymbol{A}$，$\boldsymbol{B}$ 均为 n 阶矩阵，且 $\boldsymbol{A}(\boldsymbol{B}-\boldsymbol{E})=\boldsymbol{O}$，则下列结论中不正确的是(　　).

(A) $\boldsymbol{A}=\boldsymbol{O}$ 或 $\boldsymbol{B}=\boldsymbol{E}$　　(B) $|\boldsymbol{A}|=0$ 或 $|\boldsymbol{B}-\boldsymbol{E}|=0$

(C) 若 $(\boldsymbol{B}-\boldsymbol{E})^{-1}$ 存在，则 $\boldsymbol{A}=\boldsymbol{O}$　　(D) 若 $\boldsymbol{A}$ 可逆，则 $\boldsymbol{B}=\boldsymbol{E}$

分析　由于两个矩阵乘积为零矩阵，这两个矩阵不一定是零矩阵，故(A)不正确.

解　应选(A).

注　请读者仔细分析(B)、(C)、(D)的正确性.

【例3】设 $\boldsymbol{A}$，$\boldsymbol{B}$ 都是 n 阶可逆矩阵，则 $\left|(-3)\begin{pmatrix}\boldsymbol{A}^{\mathrm{T}}&0\\0&\boldsymbol{B}^{-1}\end{pmatrix}\right|=($　　$)$.

(A) $(-3)^n|\boldsymbol{A}||\boldsymbol{B}|^{-1}$　　(B) $-3|\boldsymbol{A}|^{\mathrm{T}}|\boldsymbol{B}|^{\mathrm{T}}$

(C) $-3|A^{\mathrm{T}}||B|^{-1}$ (D) $(-3)^{2n}|A||B|^{-1}$

解 应选(D).

【例4】设行向量 $\boldsymbol{\alpha}=\left(\frac{1}{2}, 0, \cdots, 0, \frac{1}{2}\right)$，矩阵 $\boldsymbol{A}=\boldsymbol{E}-\boldsymbol{\alpha}^{\mathrm{T}}\alpha$，$\boldsymbol{B}=\boldsymbol{E}+2\boldsymbol{\alpha}^{\mathrm{T}}\boldsymbol{\alpha}$，其中 $\boldsymbol{E}$ 为 n 阶单位矩阵，则 $\boldsymbol{AB}$ 等于(　　).

(A) $\boldsymbol{O}$ (B) $-\boldsymbol{E}$

(C) $\boldsymbol{E}$ (D) $\boldsymbol{E}+\boldsymbol{\alpha}^{\mathrm{T}}\boldsymbol{\alpha}$

解 应选(C).

【例5】若 n 阶方阵 $\boldsymbol{A}$，$\boldsymbol{B}$ 都可逆，且 $\boldsymbol{AB}=\boldsymbol{BA}$，则下列结论中正确的是(　　).

(A) $\boldsymbol{A}^{-1}\boldsymbol{B}=\boldsymbol{B}\boldsymbol{A}^{-1}$ (B) $\boldsymbol{A}\boldsymbol{B}^{-1}=\boldsymbol{B}^{-1}\boldsymbol{A}$

(C) $\boldsymbol{A}^{-1}\boldsymbol{B}^{-1}=\boldsymbol{B}^{-1}\boldsymbol{A}^{-1}$ (D) $\boldsymbol{B}\boldsymbol{A}^{-1}=\boldsymbol{A}\boldsymbol{B}^{-1}$

分析 本题涉及的知识点仍是逆矩阵的定义．由题设 $\boldsymbol{AB}=\boldsymbol{BA}$，对此式两端右乘 $\boldsymbol{A}^{-1}$，得 $\boldsymbol{ABA}^{-1}=\boldsymbol{BAA}^{-1}=\boldsymbol{B}$，再左乘 $\boldsymbol{A}^{-1}$，得 $\boldsymbol{A}^{-1}\boldsymbol{ABA}^{-1}=\boldsymbol{A}^{-1}\boldsymbol{B}$，即 $\boldsymbol{BA}^{-1}=\boldsymbol{A}^{-1}\boldsymbol{B}$. 故(A)正确.

解 应选(A).

【例6】设 $\boldsymbol{A}$ 是任一 $n(n\geqslant 3)$ 阶方阵，$\boldsymbol{A}^*$ 是其伴随矩阵，又 k 为常数，且 $k\neq 0$，± 1，则 $(k\boldsymbol{A})^*=$(　　).

(A) $k\boldsymbol{A}^*$ (B) $k^{n-1}\boldsymbol{A}^*$

(C) $k^n\boldsymbol{A}^*$ (D) $k^{n-2}\boldsymbol{A}^*$

解 应选(B).

(三)计算题

【例1】设 $\boldsymbol{a}=(2, 1, 3)^{\mathrm{T}}$，$\boldsymbol{b}=(-1, 2)^{\mathrm{T}}$，求 $\boldsymbol{ab}^{\mathrm{T}}$.

分析 根据矩阵乘积的定义，即可求出.

解 $$\boldsymbol{ab}^{\mathrm{T}}=\begin{pmatrix}2\\1\\3\end{pmatrix}(-1, 2)=\begin{pmatrix}2\times(-1) & 2\times 2\\1\times(-1) & 1\times 2\\3\times(-1) & 3\times 2\end{pmatrix}=\begin{pmatrix}-2 & 4\\-1 & 2\\-3 & 6\end{pmatrix}.$$

【例2】设 $\boldsymbol{A}=\begin{pmatrix}\lambda & 1 & 0\\0 & \lambda & 1\\0 & 0 & \lambda\end{pmatrix}$，求 $\boldsymbol{A}^4$.

解

$$\boldsymbol{A}^2=\begin{pmatrix}\lambda & 1 & 0\\0 & \lambda & 1\\0 & 0 & \lambda\end{pmatrix}\begin{pmatrix}\lambda & 1 & 0\\0 & \lambda & 1\\0 & 0 & \lambda\end{pmatrix}=\begin{pmatrix}\lambda^2 & 2\lambda & 1\\0 & \lambda^2 & 2\lambda\\0 & 0 & \lambda^2\end{pmatrix},$$

$$\boldsymbol{A}^4=\boldsymbol{A}^2\boldsymbol{A}^2=\begin{pmatrix}\lambda^2 & 2\lambda & 1\\0 & \lambda^2 & 2\lambda\\0 & 0 & \lambda^2\end{pmatrix}\begin{pmatrix}\lambda^2 & 2\lambda & 1\\0 & \lambda^2 & 2\lambda\\0 & 0 & \lambda^2\end{pmatrix}=\begin{pmatrix}\lambda^4 & 4\lambda^3 & 6\lambda^2\\0 & \lambda^4 & 4\lambda^3\\0 & 0 & \lambda^4\end{pmatrix}.$$

【例3】设 $\boldsymbol{A}=\begin{pmatrix}0 & 3 & 3\\1 & 1 & 0\\-1 & 2 & 3\end{pmatrix}$，$\boldsymbol{AB}=\boldsymbol{A}+2\boldsymbol{B}$，求 $\boldsymbol{B}$.

解 由 $\boldsymbol{AB}=\boldsymbol{A}+2\boldsymbol{B}$，得 $\boldsymbol{AB}-2\boldsymbol{B}=\boldsymbol{A}$，即 $(\boldsymbol{A}-2\boldsymbol{E})\boldsymbol{B}=\boldsymbol{A}$. 这里

$$A-2E=\begin{pmatrix}0&3&3\\1&1&0\\-1&2&3\end{pmatrix}-2\begin{pmatrix}1&0&0\\0&1&0\\0&0&1\end{pmatrix}=\begin{pmatrix}-2&3&3\\1&-1&0\\-1&2&1\end{pmatrix}.$$

由 $|A-2E|=\begin{vmatrix}-2&3&3\\1&-1&0\\-1&2&1\end{vmatrix}=2\neq0$，知 $(A-2E)^{-1}$ 存在，则 $B=(A-2E)^{-1}A$. 又

$(A-2E)^*=\begin{pmatrix}-1&3&3\\-1&1&3\\1&1&-1\end{pmatrix}$，所以 $(A-2E)^{-1}=\dfrac{1}{|A-2E|}(A-2E)^*=\dfrac{1}{2}\begin{pmatrix}-1&3&3\\-1&1&3\\1&1&-1\end{pmatrix}$.

故 $B=\dfrac{1}{2}\begin{pmatrix}-1&3&3\\-1&1&3\\1&1&-1\end{pmatrix}\begin{pmatrix}0&3&3\\1&1&0\\-1&2&3\end{pmatrix}=\begin{pmatrix}0&3&3\\-1&2&3\\1&1&0\end{pmatrix}$.

注　(1)“$XA=B$”型矩阵方程的解法为：先判定 A^{-1} 存在，并求 A^{-1}；然后对 $XA=B$ 两端同时右乘 A^{-1}，得 $X=BA^{-1}$.

(2)“$AXB=C$”型矩阵方程的解法为：先判定 A^{-1}、B^{-1} 存在，并求 A^{-1}、B^{-1}；然后对 $AXB=C$ 两端同时左乘 A^{-1}、右乘 B^{-1}，得 $X=A^{-1}CB^{-1}$.

【例 4】设矩阵 A，B 满足 $A^*BA=2BA-8E$，其中 $A=\begin{pmatrix}1&0&0\\0&-2&0\\0&0&1\end{pmatrix}$，$E$ 为单位矩阵，A^* 为 A 的伴随矩阵，求 B.

解　由 $|A|=\begin{vmatrix}1&0&0\\0&-2&0\\0&0&1\end{vmatrix}=-2\neq0$，知 A^{-1} 存在，则 $AA^*BAA^{-1}=2ABA^{-1}-8E$，即 $|A|B=2AB-8E$，亦即 $-2B=2AB-8E$，因此 $(A+E)B=4E$. 又

$(A+E)^{-1}=\begin{pmatrix}2&0&0\\0&-1&0\\0&0&2\end{pmatrix}^{-1}=\begin{pmatrix}1/2&0&0\\0&-1&0\\0&0&1/2\end{pmatrix}$，故 $B=4(A+E)^{-1}=\begin{pmatrix}2&0&0\\0&-4&0\\0&0&2\end{pmatrix}$.

【例 5】设三阶方阵 A 和 B 满足 $A^{-1}BA=6A+BA$，其中 $A=\begin{pmatrix}1/3&&\\&1/4&\\&&1/7\end{pmatrix}$，求 B.

解　对 $A^{-1}BA=6A+BA$ 两端同时右乘 A^{-1}，得 $A^{-1}B=6E+B$，亦即 $(A^{-1}-E)B=6E$，从而 $B=6(A^{-1}-E)^{-1}$. 而 $A^{-1}=\begin{pmatrix}3&&\\&4&\\&&7\end{pmatrix}$，故 $A^{-1}-E=\begin{pmatrix}2&&\\&3&\\&&6\end{pmatrix}$，因而 $B=6\begin{pmatrix}2&&\\&3&\\&&6\end{pmatrix}^{-1}=6\begin{pmatrix}1/2&&\\&1/3&\\&&1/6\end{pmatrix}=\begin{pmatrix}3&&\\&2&\\&&1\end{pmatrix}$.

【例 6】设 $A=\begin{pmatrix}5&2&0&0\\2&1&0&0\\0&0&8&3\\0&0&5&2\end{pmatrix}$，求 A^{-1} 及 $|A|$.

分析 若将 $\boldsymbol{A}$ 分块成分块对角矩阵，则可按分块对角矩阵的性质求得.

解 令 $\boldsymbol{A}_1=\begin{pmatrix}5&2\\2&1\end{pmatrix}$，$\boldsymbol{A}_2=\begin{pmatrix}8&3\\5&2\end{pmatrix}$. 则 $|\boldsymbol{A}_1|=1$，$\boldsymbol{A}_1^{-1}=\dfrac{1}{|\boldsymbol{A}_1|}\boldsymbol{A}_1^*=\begin{pmatrix}1&-2\\-2&5\end{pmatrix}$； $|\boldsymbol{A}_2|=1$，$\boldsymbol{A}_2^{-1}=\dfrac{1}{|\boldsymbol{A}_2|}\boldsymbol{A}_2^*=\begin{pmatrix}2&-3\\-5&8\end{pmatrix}$. 于是

$$\boldsymbol{A}^{-1}=\begin{pmatrix}\boldsymbol{A}_1&\\&\boldsymbol{A}_2\end{pmatrix}^{-1}=\begin{pmatrix}\boldsymbol{A}_1^{-1}&\\&\boldsymbol{A}_2^{-1}\end{pmatrix}=\begin{pmatrix}1&-2&0&0\\-2&5&0&0\\0&0&2&-3\\0&0&-5&8\end{pmatrix}.$$

$$|\boldsymbol{A}|=|\boldsymbol{A}_1|\cdot|\boldsymbol{A}_2|=1\times1=1.$$

(四)证明题

【例1】设 $\boldsymbol{A}$ 为 n 阶可逆矩阵，证明：

(1) $|\boldsymbol{A}^*|=|\boldsymbol{A}|^{n-1}$； (2) $(\boldsymbol{A}^*)^*=|\boldsymbol{A}|^{n-2}\boldsymbol{A}$； (3) $(\boldsymbol{A}^*)^{-1}=(\boldsymbol{A}^{-1})^*=\dfrac{1}{|\boldsymbol{A}|}\boldsymbol{A}$.

证明 (1)方法一 对 $\boldsymbol{A}\boldsymbol{A}^*=|\boldsymbol{A}|\boldsymbol{E}$ 两端取行列式，得 $|\boldsymbol{A}||\boldsymbol{A}^*|=|\boldsymbol{A}|^n$，又由 $\boldsymbol{A}$ 可逆知 $|\boldsymbol{A}|\neq0$，故 $|\boldsymbol{A}^*|=|\boldsymbol{A}|^{n-1}$.

方法二 由 $\boldsymbol{A}^{-1}=\dfrac{1}{|\boldsymbol{A}|}\boldsymbol{A}^*$，得 $\boldsymbol{A}^*=|\boldsymbol{A}|\boldsymbol{A}^{-1}$，从而 $|\boldsymbol{A}^*|=||\boldsymbol{A}|\boldsymbol{A}^{-1}|=|\boldsymbol{A}|^n|\boldsymbol{A}^{-1}|=|\boldsymbol{A}|^n\dfrac{1}{|\boldsymbol{A}|}=|\boldsymbol{A}|^{n-1}$.

注 当 $\boldsymbol{A}$ 不可逆时，$|\boldsymbol{A}^*|=|\boldsymbol{A}|^{n-1}$ 仍成立.

(2)由(1)的方法二知，$\boldsymbol{A}^*=|\boldsymbol{A}|\boldsymbol{A}^{-1}$，从而

$$(\boldsymbol{A}^*)^*=|\boldsymbol{A}^*|(\boldsymbol{A}^*)^{-1}=|\boldsymbol{A}|^{n-1}(|\boldsymbol{A}|\boldsymbol{A}^{-1})^{-1}=|\boldsymbol{A}|^{n-1}\frac{1}{|\boldsymbol{A}|}\boldsymbol{A}=|\boldsymbol{A}|^{n-2}\boldsymbol{A}.$$

(3)由 $\boldsymbol{A}^*=|\boldsymbol{A}|\boldsymbol{A}^{-1}$，得 $(\boldsymbol{A}^*)^{-1}=(|\boldsymbol{A}|\boldsymbol{A}^{-1})^{-1}=\dfrac{1}{|\boldsymbol{A}|}\boldsymbol{A}$；而 $(\boldsymbol{A}^{-1})^*=|\boldsymbol{A}^{-1}|(\boldsymbol{A}^{-1})^{-1}=\dfrac{1}{|\boldsymbol{A}|}\boldsymbol{A}$，故 $(\boldsymbol{A}^*)^{-1}=(\boldsymbol{A}^{-1})^*=\dfrac{1}{|\boldsymbol{A}|}\boldsymbol{A}$.

【例2】设 $\boldsymbol{A}^k=\boldsymbol{O}$ (k 为正整数)，证明：$(\boldsymbol{E}-\boldsymbol{A})^{-1}=\boldsymbol{E}+\boldsymbol{A}+\boldsymbol{A}^2+\cdots+\boldsymbol{A}^{k-1}$.

证明 因

$$\begin{aligned}&(\boldsymbol{E}-\boldsymbol{A})(\boldsymbol{E}+\boldsymbol{A}+\boldsymbol{A}^2+\cdots+\boldsymbol{A}^{k-1})\\=&\boldsymbol{E}+\boldsymbol{A}+\boldsymbol{A}^2+\cdots+\boldsymbol{A}^{k-1}-\boldsymbol{A}-\boldsymbol{A}^2-\cdots-\boldsymbol{A}^k\\=&\boldsymbol{E}-\boldsymbol{A}^k=\boldsymbol{E}-\boldsymbol{O}=\boldsymbol{E},\end{aligned}$$

故 $(\boldsymbol{E}-\boldsymbol{A})^{-1}$ 存在，且 $(\boldsymbol{E}-\boldsymbol{A})^{-1}=\boldsymbol{E}+\boldsymbol{A}+\boldsymbol{A}^2+\cdots+\boldsymbol{A}^{k-1}$.

【例3】设方阵 $\boldsymbol{A}$ 满足 $\boldsymbol{A}^2-\boldsymbol{A}-2\boldsymbol{E}=\boldsymbol{O}$，证明 $\boldsymbol{A}$ 及 $\boldsymbol{A}+2\boldsymbol{E}$ 都可逆，并求 $\boldsymbol{A}^{-1}$ 及 $(\boldsymbol{A}+2\boldsymbol{E})^{-1}$.

分析 题设给出关于 $\boldsymbol{A}$ 的矩阵方程. 欲证明 $\boldsymbol{A}$ 或有关 $\boldsymbol{A}$ 的矩阵可逆，并求其逆矩阵，其证明方法一般采用逆矩阵的定义. 即想办法构造出另一个矩阵与所证明可逆的矩阵乘积为单位矩阵的形式即可. 另外，由于原矩阵方程等式左端为关于 A 的二次多项式，也可采用类似于因式分解的方法证明.

证明 由 $\boldsymbol{A}^2-\boldsymbol{A}-2\boldsymbol{E}=\boldsymbol{O}$，得 $\boldsymbol{A}^2-\boldsymbol{A}=2\boldsymbol{E}$，即 $\dfrac{1}{2}(\boldsymbol{A}-\boldsymbol{E})\boldsymbol{A}=\boldsymbol{E}$. 因此 $\boldsymbol{A}$ 可逆，且 $\boldsymbol{A}^{-1}=$

$\frac{1}{2}(\boldsymbol{A}-\boldsymbol{E})$.

下面证明 $\boldsymbol{A}+2\boldsymbol{E}$ 可逆，并求 $(\boldsymbol{A}+2\boldsymbol{E})^{-1}$.

对 $\boldsymbol{A}^2-\boldsymbol{A}-2\boldsymbol{E}=\boldsymbol{O}$ 变形，得 $\boldsymbol{A}^2+2\boldsymbol{A}-3\boldsymbol{A}-6\boldsymbol{E}=-4\boldsymbol{E}$，即 $\boldsymbol{A}(\boldsymbol{A}+2\boldsymbol{E})-3(\boldsymbol{A}+2\boldsymbol{E})=-4\boldsymbol{E}$，从而 $(\boldsymbol{A}-3\boldsymbol{E})(\boldsymbol{A}+2\boldsymbol{E})=-4\boldsymbol{E}$，亦即 $\left[-\frac{1}{4}(\boldsymbol{A}-3\boldsymbol{E})\right](\boldsymbol{A}+2\boldsymbol{E})=\boldsymbol{E}$，故 $\boldsymbol{A}+2\boldsymbol{E}$ 可逆，且 $(\boldsymbol{A}+2\boldsymbol{E})^{-1}=-\frac{1}{4}(\boldsymbol{A}-3\boldsymbol{E})$.

四、测验题及参考解答

测验题

(一)填空题

1. 设 $\boldsymbol{A}$ 为四阶矩阵，$|\boldsymbol{A}|=\frac{1}{3}$，则 $|3\boldsymbol{A}^*-4\boldsymbol{A}^{-1}|=$ ________.

2. 若 $\boldsymbol{A}$，$\boldsymbol{B}$ 是两个三阶矩阵，且 $|\boldsymbol{A}|=-1$，$|\boldsymbol{B}|=2$，则 $|2(\boldsymbol{A}^{\mathrm{T}}\boldsymbol{B}^{-1})^2|=$ ________.

3. 设 $\boldsymbol{A}$ 是三阶方阵，且 $\boldsymbol{AB}=2\boldsymbol{E}$，$|\boldsymbol{A}|=1$，则 $|\boldsymbol{B}|=$ ________.

4. 设 $\boldsymbol{A}$，$\boldsymbol{B}$ 均为 n 阶矩阵，$|\boldsymbol{A}|=2$，$|\boldsymbol{B}|=-3$，则 $|2\boldsymbol{A}^*\boldsymbol{B}^{-1}|=$ ________.

5. 设 $\boldsymbol{A}=\begin{pmatrix}2&0&0\\0&2&0\\1&0&2\end{pmatrix}$，矩阵 $\boldsymbol{X}$ 满足 $\boldsymbol{AX}+\boldsymbol{E}=\boldsymbol{A}^2+\boldsymbol{X}$，则 $\boldsymbol{X}=$ ________.

6. 设矩阵 $\boldsymbol{A}$ 满足 $\boldsymbol{A}^2+\boldsymbol{A}-4\boldsymbol{E}=\boldsymbol{O}$，其中 $\boldsymbol{E}$ 为单位矩阵，则 $(\boldsymbol{A}-\boldsymbol{E})^{-1}=$ ________.

7. 设四阶方阵 $\boldsymbol{A}=\begin{pmatrix}5&2&0&0\\2&1&0&0\\0&0&1&-2\\0&0&1&1\end{pmatrix}$，则 $\boldsymbol{A}^{-1}=$ ________；$|\boldsymbol{A}|=$ ________.

(二)单项选择题

1. 设 n 阶方阵 $\boldsymbol{A}$，$\boldsymbol{B}$，$\boldsymbol{C}$ 满足 $\boldsymbol{ABC}=\boldsymbol{E}$，其中 $\boldsymbol{E}$ 为 n 阶单位矩阵，则(　　).

(A) $|\boldsymbol{A}|=1$　　(B) $|\boldsymbol{AB}|=1$

(C) $|\boldsymbol{BA}|=\frac{1}{|\boldsymbol{C}|}$　　(D) $|\boldsymbol{A}|=|\boldsymbol{B}|$

2. 设 $\boldsymbol{A}$ 为 n 阶方阵，则下列方阵中为对称矩阵的是(　　).

(A) $\boldsymbol{A}-\boldsymbol{A}^{\mathrm{T}}$　　(B) $\boldsymbol{CAC}^{\mathrm{T}}$($\boldsymbol{C}$ 为任意 n 阶方阵)

(C) $\boldsymbol{AA}^{\mathrm{T}}$　　(D) $(\boldsymbol{AA}^{\mathrm{T}})\boldsymbol{B}$($\boldsymbol{B}$ 为 n 阶方阵)

3. 设 $\boldsymbol{A}$，$\boldsymbol{B}$ 是两个 n 阶方阵，则下列结论中正确的是(　　).

(A) $(\boldsymbol{AB})^k=\boldsymbol{A}^k\boldsymbol{B}^k$　　(B) $|-\boldsymbol{A}|=|\boldsymbol{A}|$

(C) $(\boldsymbol{BA})^{\mathrm{T}}=\boldsymbol{B}^{\mathrm{T}}\boldsymbol{A}^{\mathrm{T}}$　　(D) $\boldsymbol{E}^2-\boldsymbol{A}^2=(\boldsymbol{E}-\boldsymbol{A})(\boldsymbol{E}+\boldsymbol{A})$

4. 设 n 阶方阵 $\boldsymbol{A}$，$\boldsymbol{B}$，$\boldsymbol{C}$ 满足 $\boldsymbol{ABC}=\boldsymbol{E}$，其中 $\boldsymbol{E}$ 为 n 阶单位矩阵，则(　　).

(A) $ACB=E$　　(B) $BCA=E$

(C) $CBA=E$　　(D) $BAC=E$

5. 若 n 阶矩阵 A 满足 $A^2-2A-3E=O$，则 A 可逆，且 A^{-1} 为(　).

(A) $A-2E$　　(B) $2E-A$

(C) $\frac{1}{2}(A-2E)$　　(D) $\frac{1}{3}(A-2E)$

(三)计算题

1. 设 B 为三阶矩阵，且满足 $AB=A+2B$，又 $A=\begin{pmatrix}3&0&1\\0&3&0\\-1&0&3\end{pmatrix}$，求矩阵 B.

2. 若 n 阶方阵 A 满足 $A^2=A$，证明：矩阵 $A+E$ 可逆，并求 $(A+E)^{-1}$.

3. 设方阵 X 满足 $X^2-2X-3E=O$，证明 X 及 $X+3E$ 可逆，并求 X^{-1}，$(X+3E)^{-1}$.

4. 设 A 是可逆矩阵，且 $A^2=|A|E$. 证明 A 的伴随矩阵 $A^*=A$.

5. 已知 A，B 为三阶矩阵，且满足 $2A^{-1}B=B-4E$，其中 E 为三阶单位矩阵.

(1)证明：$A-2E$ 可逆；(2)若 $B=\begin{pmatrix}1&-2&0\\1&2&0\\0&0&2\end{pmatrix}$，求矩阵 A.

参考解答

(一)填空题

1. **分析**　由 $A^{-1}=\frac{1}{|A|}A^*$，得 $A^*=|A|A^{-1}=\frac{1}{3}A^{-1}$，故

$$|3A^*-4A^{-1}|=\left|3\cdot\frac{1}{3}A^{-1}-4A^{-1}\right|=|-3A^{-1}|=(-3)^4|A^{-1}|=3^4\cdot\frac{1}{|A|}=3^5.$$

解　应填 $\underline{3^5}$.

2. **分析**

$$\begin{aligned}|2(A^{\mathrm T}B^{-1})^2|&=2^3|(A^{\mathrm T}B^{-1})^2|=8|A^{\mathrm T}|^2|B^{-1}|^2\\&=8\cdot|A|^2\cdot\frac{1}{|B|^2}=8\cdot(-1)^2\cdot\frac{1}{2^2}=2.\end{aligned}$$

解　应填 $\underline{2}$.

3. **分析**　对等式 $AB=2E$ 两边取行列式，得 $|A|\cdot|B|=|2E|=2^3|E|=8\times1=8$，而由题设 $|A|=1$，得 $|B|=8$.

解　应填 $\underline{8}$.

4. **分析**　$|2A^*B^{-1}|=2^n|A^*|\cdot|B^{-1}|=2^n\cdot|A|^{n-1}\cdot\frac{1}{|B|}=2^n\cdot2^{n-1}\cdot\left(-\frac{1}{3}\right)=-\frac{2^{2n-1}}{3}.$

解　应填 $\underline{-\frac{2^{2n-1}}{3}}$.

5. **分析**　类似于“因式分解”的方法，将原矩阵方程化为 $(A-E)(A+2E)=2E$，即 $(A-E)\left[\frac{1}{2}(A+2E)\right]=E$，故由逆矩阵的定义，可知 $(A-E)^{-1}=\frac{1}{2}(A+2E)$.

解　应填 $\underline{\frac{1}{2}(A+2E)}$.

6. **分析**　设 $A=\begin{pmatrix}A_1 & O\\ O & A_2\end{pmatrix}$，其中 $A_1=\begin{pmatrix}5 & 2\\ 2 & 1\end{pmatrix}$，$A_2=\begin{pmatrix}1 & -2\\ 1 & 1\end{pmatrix}$. 则 $A^{-1}=\begin{pmatrix}A_1^{-1} & O\\ O & A_2^{-1}\end{pmatrix}$，

而 $A_1^{-1}=\begin{pmatrix}1 & -2\\ -2 & 5\end{pmatrix}$，$A_2^{-1}=\dfrac{1}{3}\begin{pmatrix}1 & 2\\ -1 & 1\end{pmatrix}$，故 $A^{-1}=\begin{pmatrix}1 & -2 & 0 & 0\\ -2 & 5 & 0 & 0\\ 0 & 0 & 1/3 & 2/3\\ 0 & 0 & -1/3 & 1/3\end{pmatrix}$.

$$|A|=\begin{vmatrix}5 & 2\\ 2 & 1\end{vmatrix}\cdot\begin{vmatrix}1 & -2\\ 1 & 1\end{vmatrix}=1\times 3=3.$$

解　应填 $\begin{pmatrix}1 & -2 & 0 & 0\\ -2 & 5 & 0 & 0\\ 0 & 0 & 1/3 & 2/3\\ 0 & 0 & -1/3 & 1/3\end{pmatrix}$；3.

(二)单项选择题

1. **分析**　$|ABC|=|E|=1$，$|A|\cdot|BC|=1$，$|A|\cdot|B|\cdot|C|=1$，知选项(A)，(B)，(D)都未必成立．对于选项(C)，由 $|ABC|=1$，得 $|AB|\cdot|C|=1$，又 $|AB|=|BA|$，因此 $|BA|\cdot|C|=1$，即 $|BA|=\dfrac{1}{|C|}$.

解　应选(C).

2. **分析**　根据对称矩阵的定义，逐个验证即可.

对于(A)，$(A-A^{\mathrm T})^{\mathrm T}=A^{\mathrm T}-(A^{\mathrm T})^{\mathrm T}=A^{\mathrm T}-A\neq A-A^{\mathrm T}$，知 $A-A^{\mathrm T}$ 不是对称矩阵.

对于(B)，$(CAC^{\mathrm T})^{\mathrm T}=(C^{\mathrm T})^{\mathrm T}A^{\mathrm T}C^{\mathrm T}=CA^{\mathrm T}C^{\mathrm T}$ 未必等于 $CAC^{\mathrm T}$，知 $CAC^{\mathrm T}$ 未必是对称矩阵.

对于(C)，$(AA^{\mathrm T})^{\mathrm T}=(A^{\mathrm T})^{\mathrm T}A^{\mathrm T}=AA^{\mathrm T}$，知 $AA^{\mathrm T}$ 是对称矩阵.

对于(D)，$[(AA^{\mathrm T})B]^{\mathrm T}=B^{\mathrm T}(AA^{\mathrm T})^{\mathrm T}=B^{\mathrm T}AA^{\mathrm T}\neq(AA^{\mathrm T})B$，知 $(AA^{\mathrm T})B$ 不是对称矩阵.

解　应选(C).

3. **分析**　对于(A)，$(AB)^k=\overbrace{(AB)\cdot(AB)\cdot\cdots\cdot(AB)}^{k个}$ 未必等于 A^kB^k.

对于(B)，$|-A|=(-1)^n|A|$ 未必等于 $|A|$.

对于(C)，$(BA)^{\mathrm T}=A^{\mathrm T}B^{\mathrm T}$ 未必等于 $B^{\mathrm T}A^{\mathrm T}$.

对于(D)，$(E-A)(E+A)=E(E+A)-A(E+A)=E+A-A-A^2=E-A^2$.

解　应选(D).

4. **分析**　由 $ABC=E$，可知 $A=(BC)^{-1}$，$BC=A^{-1}$，$AB=C^{-1}$ 及 $C=(AB)^{-1}$.

解　应选(B).

5. **分析**　由 $A^2-2A-3E=O$，得 $A^2-2A=3E$，$(A-2E)A=3E$，即

$$\frac{1}{3}(A-2E)A=E.$$

故根据逆矩阵的性质，$A^{-1}=\dfrac{1}{3}(A-2E)$.

解　应选(D).

(三)计算题

1. **解** 由题设，得 $\boldsymbol{AB}-2\boldsymbol{B}=\boldsymbol{A}$，即 $(\boldsymbol{A}-2\boldsymbol{E})\boldsymbol{B}=\boldsymbol{A}$，其中 $\boldsymbol{A}-2\boldsymbol{E}=\begin{pmatrix}1&0&1\\0&1&0\\-1&0&1\end{pmatrix}$，$|\boldsymbol{A}-2\boldsymbol{E}|=2\neq 0$，知 $(\boldsymbol{A}-2\boldsymbol{E})^{-1}$ 存在，则 $\boldsymbol{B}=(\boldsymbol{A}-2\boldsymbol{E})^{-1}\boldsymbol{A}$. 又 $(\boldsymbol{A}-2\boldsymbol{E})^{*}=\begin{pmatrix}1&0&-1\\0&2&0\\1&0&1\end{pmatrix}$，从而 $(\boldsymbol{A}-2\boldsymbol{E})^{-1}=\dfrac{1}{|\boldsymbol{A}-2\boldsymbol{E}|}(\boldsymbol{A}-2\boldsymbol{E})^{*}=\dfrac{1}{2}\begin{pmatrix}1&0&-1\\0&2&0\\1&0&1\end{pmatrix}$. 故

$$\boldsymbol{B}=\frac{1}{2}\begin{pmatrix}1&0&-1\\0&2&0\\1&0&1\end{pmatrix}\begin{pmatrix}3&0&1\\0&3&0\\-1&0&3\end{pmatrix}=\begin{pmatrix}2&0&-1\\0&3&0\\1&0&2\end{pmatrix}.$$

2. **证明** 由 $\boldsymbol{A}^2=\boldsymbol{A}$，得 $\boldsymbol{A}^2-\boldsymbol{A}=0$，即 $(\boldsymbol{A}+\boldsymbol{E})(\boldsymbol{A}-2\boldsymbol{E})+2\boldsymbol{E}=\boldsymbol{O}$，$(\boldsymbol{A}+\boldsymbol{E})\left(-\dfrac{1}{2}\right)(\boldsymbol{A}-2\boldsymbol{E})=\boldsymbol{E}$，故 $\boldsymbol{A}+\boldsymbol{E}$ 可逆，且 $(\boldsymbol{A}+\boldsymbol{E})^{-1}=-\dfrac{1}{2}(\boldsymbol{A}-2\boldsymbol{E})$.

3. **证明** 由 $\boldsymbol{X}^2-2\boldsymbol{X}-3\boldsymbol{E}=\boldsymbol{O}$，得 $\boldsymbol{X}(\boldsymbol{X}-2\boldsymbol{E})=3\boldsymbol{E}$，即 $\boldsymbol{X}\left[\dfrac{1}{3}(\boldsymbol{X}-2\boldsymbol{E})\right]=\boldsymbol{E}$. 故由逆矩阵的定义，知 $\boldsymbol{X}$ 可逆，且 $\boldsymbol{X}^{-1}=\dfrac{1}{3}(\boldsymbol{X}-2\boldsymbol{E})$.

又由 $\boldsymbol{X}^2-2\boldsymbol{X}-3\boldsymbol{E}=0$，得 $(\boldsymbol{X}+3\boldsymbol{E})(\boldsymbol{X}-5\boldsymbol{E})=12\boldsymbol{E}$，$(\boldsymbol{X}+3\boldsymbol{E})\left[\dfrac{1}{12}(\boldsymbol{X}-5\boldsymbol{E})\right]=\boldsymbol{E}$.

故由逆矩阵的定义，知 $\boldsymbol{X}+3\boldsymbol{E}$ 可逆，且 $(\boldsymbol{X}+3\boldsymbol{E})^{-1}=\dfrac{1}{12}(\boldsymbol{X}-5\boldsymbol{E})$.

4. **证明** 因 $\boldsymbol{AA}^{*}=\boldsymbol{A}^{*}\boldsymbol{A}=|\boldsymbol{A}|\boldsymbol{E}$，$\boldsymbol{A}^2=|\boldsymbol{A}|\boldsymbol{E}$. 所以 $\boldsymbol{AA}^{*}=\boldsymbol{A}^2$，又 $\boldsymbol{A}$ 为可逆矩阵，故 $\boldsymbol{A}^{-1}\boldsymbol{AA}^{*}=\boldsymbol{A}^{-1}\boldsymbol{A}^2$，即 $\boldsymbol{A}^{*}=\boldsymbol{A}$.

5. **解** (1)证明 原方程可化为 $\boldsymbol{AB}-2\boldsymbol{B}-4\boldsymbol{A}=\boldsymbol{O}$，即 $\boldsymbol{AB}-2\boldsymbol{B}-4\boldsymbol{A}+8\boldsymbol{E}=8\boldsymbol{E}$，$(\boldsymbol{A}-2\boldsymbol{E})\boldsymbol{B}-4(\boldsymbol{A}-2\boldsymbol{E})=8\boldsymbol{E}$. 于是原方程化为 $(\boldsymbol{A}-2\boldsymbol{E})(\boldsymbol{B}-4\boldsymbol{E})=8\boldsymbol{E}$，即 $(\boldsymbol{A}-2\boldsymbol{E})\left[\dfrac{1}{8}(\boldsymbol{B}-4\boldsymbol{E})\right]=\boldsymbol{E}$，故由逆矩阵的定义，可知 $\boldsymbol{A}-2\boldsymbol{E}$ 可逆.

(2)由(1)知 $(\boldsymbol{A}-2\boldsymbol{E})(\boldsymbol{B}-4\boldsymbol{E})=8\boldsymbol{E}$，因此 $\boldsymbol{A}=2\boldsymbol{E}+8(\boldsymbol{B}-4\boldsymbol{E})^{-1}$，而

$$(\boldsymbol{B}-4\boldsymbol{E})^{-1}=\begin{pmatrix}-3&-2&0\\1&-2&0\\0&0&-2\end{pmatrix}^{-1}=\begin{pmatrix}-1/4&1/4&0\\-1/8&-3/8&0\\0&0&-1/2\end{pmatrix},$$

$$故\ \boldsymbol{A}=2\begin{pmatrix}1&0&0\\0&1&0\\0&0&1\end{pmatrix}+8\begin{pmatrix}-1/4&1/4&0\\-1/8&-3/8&0\\0&0&-1/2\end{pmatrix}=\begin{pmatrix}0&2&0\\-1&-1&0\\0&0&-2\end{pmatrix}.$$

第三章

矩阵的初等变换与线性方程组

本章首先引入矩阵的初等变换，建立矩阵秩的概念；然后利用矩阵的秩讨论齐次线性方程组有非零解的充分必要条件和齐次线性方程组有解的充分必要条件，并介绍用初等行变换解线性方程组的方法.

第三章
典型题解析

一、教学基本要求

(1) 掌握矩阵的初等变换，了解矩阵等价的概念及性质，知道矩阵在初等变换下的标准型.

(2) 理解矩阵秩的概念，掌握用初等变换求矩阵秩的方法.

(3) 理解齐次线性方程组有非零解的充分必要条件及非齐次线性方程组有解的充分必要条件，掌握用初等变换求线性方程组通解的方法.

(4) 了解初等矩阵的性质，掌握用初等变换求逆矩阵的方法.

二、内容提要

(一) 矩阵的初等变换

1. 初等变换

定义 1 下面三种变换称为矩阵的初等行变换：

(1) 对调两行(对调 i，j 两行，记作 $r_i \leftrightarrow r_j$)；

(2) 以数 $k \neq 0$ 乘某一行中的所有元素(第 i 行乘 k，记作 $r_i \times k$)；

(3) 把某一行所有元素的 k 倍加到另一行对应的元素上去(第 j 行的 k 倍加到第 i 行上，记作 $r_i + kr_j$).

注 (1) 将定义中“行”改为“列”，称为矩阵的初等列变换；(记号：“r”换为“c”)

(2) 初等行变换与初等列变换统称为初等变换；

(3)三种初等变换均可逆，且逆变换为同型的初等变换.

如：$r_i \leftrightarrow r_j$，（逆变换）$r_i \leftrightarrow r_j$；

$r_i \times k$，（逆变换）$r_i \times \frac{1}{k}$（或 $r_i \div k$）；

$r_i + kr_j$，（逆变换）$r_i + (-k)r_j$（或 $r_i - kr_j$）.

2. 等价矩阵

定义 2　若矩阵 $\boldsymbol{A}$ 经过有限次初等行变换变成矩阵 $\boldsymbol{B}$，则称矩阵 $\boldsymbol{A}$ 与 $\boldsymbol{B}$ 行等价；记作 $\boldsymbol{A} \overset{r}{\sim} \boldsymbol{B}$；若矩阵 $\boldsymbol{A}$ 经过有限次初等列变换变成矩阵 $\boldsymbol{B}$，则称矩阵 $\boldsymbol{A}$ 与 $\boldsymbol{B}$ 列等价；记作 $\boldsymbol{A} \overset{c}{\sim} \boldsymbol{B}$；若矩阵 $\boldsymbol{A}$ 经过有限次初等变换变成矩阵 $\boldsymbol{B}$，则称矩阵 $\boldsymbol{A}$ 与 $\boldsymbol{B}$ 等价；记作 $\boldsymbol{A} \sim \boldsymbol{B}$.

矩阵具有下列性质：

(1)反身性：$\boldsymbol{A} \sim \boldsymbol{A}$；

(2)对称性：若 $\boldsymbol{A} \sim \boldsymbol{B}$，则 $\boldsymbol{B} \sim \boldsymbol{A}$；

(3)传递性：若 $\boldsymbol{A} \sim \boldsymbol{B}$，$\boldsymbol{B} \sim \boldsymbol{C}$，则 $\boldsymbol{A} \sim \boldsymbol{C}$.

3. 初等矩阵

本部分介绍：初等变换与矩阵运算的关系，并给出了一个求逆矩阵的重要方法——初等行变换法.

定义 3　由单位矩阵 $\boldsymbol{E}$ 经过一次初等变换得到的矩阵称为初等矩阵.

三种初等变换 ⟶ 三种初等矩阵.

(1)对调两行或对调两列．将 $\boldsymbol{E}$ 中第 i，j 两行对调（$r_i \leftrightarrow r_j$），得

$$\boldsymbol{E}(i,j)=\begin{pmatrix}1&&&&&&&&\\&\ddots&&&&&&&\\&&1&&&&&&\\&&&0&\cdots&1&&&\\&&&&1&&&&\\&&&\vdots&\ddots&\vdots&&&\\&&&&&1&&&\\&&&1&\cdots&0&&&\\&&&&&&1&&\\&&&&&&&\ddots&\\&&&&&&&&1\end{pmatrix}.$$

注　用 $\boldsymbol{E}(i,j)$ 左乘 $\boldsymbol{A}=(a_{ij})_{m\times n}$，得 $\boldsymbol{E}_m(i,j)\boldsymbol{A}=\begin{pmatrix}a_{11}&a_{12}&\cdots&a_{1n}\\\vdots&\vdots&&\vdots\\a_{j1}&a_{j2}&\cdots&a_{jn}\\\vdots&\vdots&&\vdots\\a_{i1}&a_{i2}&\cdots&a_{in}\\\vdots&\vdots&&\vdots\\a_{m1}&a_{m2}&\cdots&a_{mn}\end{pmatrix}$

左乘：$\boldsymbol{E}_m(i,j)\boldsymbol{A}$ ⟶ 对调 $\boldsymbol{A}$ 的 i，j 两行(即 $r_i \leftrightarrow r_j$).

右乘：$\boldsymbol{AE}_n(i, j)\longrightarrow$ 对调 $\boldsymbol{A}$ 的 i, j 两列（即 $c_i\leftrightarrow c_j$）.

(2) 以数 $k\neq 0$ 乘某行或某列．以数 $k\neq 0$ 乘 $\boldsymbol{E}$ 的第 i 行 $(r_i\times k)$，得

$$\boldsymbol{E}(i(k))=\begin{pmatrix}1&&&&&&\\&\ddots&&&&&\\&&1&&&&\\&&&k&&&\\&&&&1&&\\&&&&&\ddots&\\&&&&&&1\end{pmatrix}.$$

注　左乘：$\boldsymbol{E}_m(i(k))\boldsymbol{A}\longrightarrow$ 以数 k 乘 $\boldsymbol{A}$ 的第 i 行（即 $r_i\times k$）.

右乘：$\boldsymbol{AE}_n(i(k))\longrightarrow$ 以数 k 乘 $\boldsymbol{A}$ 的第 i 列（即 $c_i\times k$）.

(3) 以数 k 乘某行（列）加到另一行（列）上去.

以 k 乘 $\boldsymbol{E}$ 的第 j 行加到第 i 行上去 (r_i+kr_j)（或：以 k 乘 $\boldsymbol{E}$ 的第 i 列加到第 j 列上去 (c_j+kc_i)），得

$$\boldsymbol{E}(i, j(k))=\begin{pmatrix}1&&&&&&\\&\ddots&&&&&\\&&1&\cdots&k&&\\&&&\ddots&\vdots&&\\&&&&1&&\\&&&&&\ddots&\\&&&&&&1\end{pmatrix}.$$

注　左乘：$\boldsymbol{E}_m(i, j(k))\boldsymbol{A}\longrightarrow$ 把 $\boldsymbol{A}$ 的第 j 行乘 k 加到第 i 行上（即 r_i+kr_j）.

右乘：$\boldsymbol{AE}_n(i, j(k))\longrightarrow$ 把 $\boldsymbol{A}$ 的第 i 列乘 k 加到第 j 列上（即 c_j+kc_i）.

性质 1　设 $\boldsymbol{A}=(a_{ij})_{m\times n}$. 对 $\boldsymbol{A}$ 施行一次初等行变换，相当于在 $\boldsymbol{A}$ 的左边乘以相应的 m 阶初等矩阵；对 $\boldsymbol{A}$ 施行一次初等列变换，相当于在 $\boldsymbol{A}$ 的右边乘以相应的 n 阶初等矩阵．（即：左乘变行，右乘变列）

注　$|\boldsymbol{E}(i, j)|=-1$，$[\boldsymbol{E}(i, j)]^{-1}=\boldsymbol{E}(i, j)$；

$|\boldsymbol{E}[i(k)]|=k$，$\{\boldsymbol{E}[i(k)]\}^{-1}=\boldsymbol{E}[i(1/k)]$；

$|\boldsymbol{E}[i, j(k)]|=1$，$\{\boldsymbol{E}[i, j(k)]\}^{-1}=\boldsymbol{E}[i, j(-k)]$.

（即：初等矩阵均可逆，且逆矩阵仍为同类初等矩阵）

性质 2　$\boldsymbol{A}$ 可逆 $\Leftrightarrow$ 存在有限个初等矩阵 $\boldsymbol{P}_1, \boldsymbol{P}_2, \cdots, \boldsymbol{P}_l$，使 $\boldsymbol{A}=\boldsymbol{P}_1\boldsymbol{P}_2\cdots\boldsymbol{P}_l$.

定理 1　设 $\boldsymbol{A}$ 与 $\boldsymbol{B}$ 为 $m\times n$ 矩阵，则：

(1) $\boldsymbol{A}\overset{r}{\sim}\boldsymbol{B}\Leftrightarrow$ 存在 m 阶可逆矩阵 $\boldsymbol{P}$，使 $\boldsymbol{PA}=\boldsymbol{B}$；

(2) $\boldsymbol{A}\overset{c}{\sim}\boldsymbol{B}\Leftrightarrow$ 存在 n 阶可逆矩阵 $\boldsymbol{Q}$，使 $\boldsymbol{AQ}=\boldsymbol{B}$；

(3) $\boldsymbol{A}\sim\boldsymbol{B}\Leftrightarrow$ 存在 m 阶可逆矩阵 $\boldsymbol{P}$ 及 n 阶可逆矩阵 $\boldsymbol{Q}$，使 $\boldsymbol{PAQ}=\boldsymbol{B}$.

推论 1　$\boldsymbol{A}$ 可逆 $\Leftrightarrow\boldsymbol{A}\overset{r}{\sim}\boldsymbol{E}$.

注　求逆矩阵的重要方法——初等行变换法：当 $|\boldsymbol{A}|\neq 0$ 时，由 $\boldsymbol{A}=\boldsymbol{P}_1\boldsymbol{P}_2\cdots\boldsymbol{P}_l$ 得：

$$\boldsymbol{P}_l^{-1}\cdots\boldsymbol{P}_2^{-1}\boldsymbol{P}_1^{-1}\boldsymbol{A}=\boldsymbol{E}\text{ 及 }\boldsymbol{P}_l^{-1}\cdots\boldsymbol{P}_2^{-1}\boldsymbol{P}_1^{-1}\boldsymbol{E}=\boldsymbol{A}^{-1},$$

或 $$P_l^{-1}\cdots P_2^{-1}P_1^{-1}(A,\ E)=(E,\ A^{-1}),$$

即 $$(A,\ E)\xrightarrow{\text{初等行变换}}(E,\ A^{-1})$$

亦即对 $(A,\ E)$ 作初等行变换，当 A 化为 E 时，则 E 变为 A^{-1}.

(二)矩阵的秩

定义 4 在 $m\times n$ 矩阵 A 中，任取 k 行与 k 列 $(k\leqslant m,\ k\leqslant n)$，位于这些行列交叉处的 k^2 个元素，不改变它们在 A 中所处的位置次序而得的 k 阶行列式，称为矩阵 A 的 k 阶子式.

注 $A_{m\times n}$ 中 k 阶子式共有 $C_m^k\cdot C_n^k$ 个.

定义 5 设矩阵 A 中有一个不等于 0 的 r 阶子式 D，且所有 $r+1$ 阶子式(如果存在的话)全为 0，则 D 称为 A 的最高阶非零子式. 数 r 称为矩阵 A 的秩，记为 $R(A)$.

规定：零矩阵的秩为 0.

注 (1) $R(A)=r$ 为 A 中不等于 0 的子式的最高阶数；

(2) $0\leqslant R(A_{m\times n})\leqslant\min\{m,\ n\}$；

(3) $R(A^{\mathrm{T}})=R(A)$；

(4)若 A_n 可逆，则 $|A|\neq 0\Rightarrow R(A)=n$ (n 为 A 的阶数)，故又称可逆矩阵为满秩矩阵. 即：A 可逆 $\Leftrightarrow A$ 非奇异 $\Leftrightarrow A$ 满秩. 而奇异矩阵又称为降秩矩阵.

定理 2 若 $A\sim B$，则 $R(A)=R(B)$.

推论 2 若可逆矩阵 P，Q 使 $PAQ=B$，则 $R(A)=R(B)$.

注 由定理 2 可知：初等变换不改变矩阵的秩. 从而得求矩阵秩的另一个重要方法——用初等变换将 A 化为行阶梯形矩阵，则非零行的行数即为 $R(A)$.

秩的性质 ① $0\leqslant R(A_{m\times n})\leqslant\min\{m,\ n\}$.

② $R(A^{\mathrm{T}})=R(A)$.

③若 $A\sim B$，则 $R(A)=R(B)$.

④若 P，Q 可逆，则 $R(PAQ)=R(A)$.

⑤ $\max\{R(A),\ R(B)\}\leqslant R(A,\ B)\leqslant R(A)+R(B)$；

特别地，当 $B=b$ 为非零列向量时，有 $R(A)\leqslant R(A,\ b)\leqslant R(A)+1$.

⑥ $R(A+B)\leqslant R(A)+R(B)$.

⑦ $R(AB)\leqslant\min\{R(A),\ R(B)\}$.

⑧ 若 $A_{m\times n}B_{n\times l}=O$，则 $R(A)+R(B)\leqslant n$.

(三)线性方程组的解

设有 n 个未知数、m 个方程的线性方程组：

$$\begin{cases}a_{11}x_1+a_{12}x_2+\cdots+a_{1n}x_n=b_1\\a_{21}x_1+a_{22}x_2+\cdots+a_{2n}x_n=b_2\\\qquad\vdots\\a_{m1}x_1+a_{m2}x_2+\cdots+a_{mn}x_n=b_m\end{cases},\tag{3-1}$$

式(3-1)的向量方程为 $Ax=b$.

若线性方程组(3-1)有解，称它是相容的；若无解，称它是不相容的.

定理 3 n 元线性方程组 $Ax=b$：

(1)无解 $\Leftrightarrow R(A)<R(A,\ b)$；

(2)有唯一解 $\Leftrightarrow R(\boldsymbol{A})=R(\boldsymbol{A},\ \boldsymbol{b})=n$;

(3)有无限多解 $\Leftrightarrow R(\boldsymbol{A})=R(\boldsymbol{A},\ \boldsymbol{b})=r<n$.

注　当 $R(\boldsymbol{A})=R(\boldsymbol{A},\ \boldsymbol{b})=r<n$ 时，式(3-1)的解中含 $n-r$ 个参数，此解称为线性方程组(3-1)的通解.

定理 4　n 元齐次线性方程组 $\boldsymbol{Ax}=\boldsymbol{0}$ 有非零解 $\Leftrightarrow R(\boldsymbol{A})<n$.

定理 5　n 元非齐次线性方程组 $\boldsymbol{Ax}=\boldsymbol{b}$ 有解 $\Leftrightarrow R(\boldsymbol{A})=R(\boldsymbol{A},\ \boldsymbol{b})$.

线性方程组的解法:

(1)对 $\boldsymbol{Ax}=\boldsymbol{0}$，系数矩阵 $\boldsymbol{A}\xrightarrow{\text{初等行变换}}$ 行最简形矩阵，由此得通解；

(2)对 $\boldsymbol{Ax}=\boldsymbol{b}$，增广矩阵 $(\boldsymbol{A},\ \boldsymbol{b})\xrightarrow{\text{初等行变换}}$ 行最简形矩阵，由此得通解.

定理 6*　矩阵方程 $\boldsymbol{AX}=\boldsymbol{B}$ 有解 $\Leftrightarrow R(\boldsymbol{A})=R(\boldsymbol{A},\ \boldsymbol{B})$.

定理 7*　设 $\boldsymbol{AB}=\boldsymbol{C}$，则 $R(\boldsymbol{C})\leqslant\min\{R(\boldsymbol{A}),\ R(\boldsymbol{B})\}$.

三、典型题解析

(一)填空题

【例 1】设 $\boldsymbol{A}=\begin{pmatrix}1&0&1\\0&2&0\\1&0&2\end{pmatrix}$，且 $\boldsymbol{AX}+\boldsymbol{E}=\boldsymbol{A}^2+\boldsymbol{X}$，则 $\boldsymbol{X}=$________.

分析　把矩阵方程: $\boldsymbol{AX}+\boldsymbol{E}=\boldsymbol{A}^2+\boldsymbol{X}$ 变形为 $(\boldsymbol{A}-\boldsymbol{E})\boldsymbol{X}=\boldsymbol{A}^2-\boldsymbol{E}$，$(\boldsymbol{A}-\boldsymbol{E})\boldsymbol{X}=(\boldsymbol{A}-\boldsymbol{E})(\boldsymbol{A}+\boldsymbol{E})$，由于 $\boldsymbol{A}-\boldsymbol{E}=\begin{pmatrix}0&0&1\\0&1&0\\1&0&0\end{pmatrix}$ 可逆，故有

$$\boldsymbol{X}=\boldsymbol{A}+\boldsymbol{E}=\begin{pmatrix}2&0&1\\0&3&0\\1&0&2\end{pmatrix}.$$

解　应填 $\begin{pmatrix}2&0&1\\0&3&0\\1&0&2\end{pmatrix}$.

【例 2】设 $\boldsymbol{A}=\begin{pmatrix}1&0&0\\-1&2&0\\1&4&3\end{pmatrix}$，则 $\boldsymbol{A}^{-1}=$________；$|(\boldsymbol{A}+3\boldsymbol{E})^{-1}(\boldsymbol{A}^2-9\boldsymbol{E})|=$________.

分析　用初等变换法或伴随矩阵法求得 $\boldsymbol{A}^{-1}=\begin{pmatrix}1&0&0\\1/2&1/2&0\\-1&-2/3&1/3\end{pmatrix}$；

$$|(\boldsymbol{A}+3\boldsymbol{E})^{-1}(\boldsymbol{A}^2-9\boldsymbol{E})|=|(\boldsymbol{A}+3\boldsymbol{E})^{-1}(\boldsymbol{A}+3\boldsymbol{E})(\boldsymbol{A}-3\boldsymbol{E})|=|\boldsymbol{A}-3\boldsymbol{E}|=\begin{vmatrix}-2&0&0\\-1&-1&0\\1&4&0\end{vmatrix}=0.$$

解　应填 $\begin{pmatrix} 1 & 0 & 0 \\ \frac{1}{2} & 1/2 & 0 \\ -1 & -2/3 & 1/3 \end{pmatrix}$；0.

【例 3】设 A，B，C 都是五阶方阵，$R(B)=2$，$R(C)=5$，$A=BC$，则齐次线性方程组 $Ax=0$ 必有 ________.

分析　由于 $|A|=|B|=|C|=0$，故齐次线性方程组 $Ax=0$ 必有非零解.

解　应填 非零解.

【例 4】给 $m\times n$ 矩阵 A 左乘一个初等方阵，相当于对 A 施行一次相应的________；给 $m\times n$ 矩阵 A 右乘一个初等方阵，相当于对 A 施行一次相应的________.

分析　本题是考查初等方阵的性质.

解　应填初等行变换；初等列变换.

【例 5】$[E(i,j)]^2=$ ________，$[E(i,j(k))]^2=$ ________，$[E(i(k))]^2=$ ________.

分析　本题是考查初等方阵的定义及性质.

解　应填 E；$E[i,j(2k)]$；$E[i(k^2)]$.

(二)单项选择题

【例 1】若 $A=\begin{pmatrix} 1 & 2 & 4 \\ 2 & \lambda & 1 \\ 1 & 1 & 0 \end{pmatrix}$，为使矩阵 A 的秩有最小值，则 λ 应为(　　).

(A)2　　(B)−1　　(C)$\frac{9}{4}$　　(D)$\frac{1}{2}$

分析　为使矩阵 A 的秩有最小值，必须 $|A|=\begin{vmatrix} 1 & 1 & 4 \\ 2 & \lambda-2 & 1 \\ 1 & 0 & 0 \end{vmatrix}=9-4\lambda=0$，即 $\lambda=\frac{9}{4}$.

解　应选(C).

【例 2】设 n 阶 $(n\geqslant 3)$ 矩阵 $A=\begin{pmatrix} 1 & a & a & \cdots & a \\ a & 1 & a & \cdots & a \\ a & a & 1 & \cdots & a \\ \vdots & \vdots & \vdots & & \vdots \\ a & a & a & \cdots & 1 \end{pmatrix}$，若 A 的秩为 $n-1$，则 a 必为(　　).

(A)1　　(B)$\frac{1}{1-n}$　　(C)−1　　(D)$\frac{1}{n-1}$

解　应选(B).

【例 3】已知有 3 个方程、4 个未知数的非齐次线性方程组 $Ax=b$，若该方程组一定有解，则(　　).

(A) $R(A)=1$　　(B) $R(A)=2$　　(C) $R(A)=3$　　(D) $R(A,b)=3$

分析　只有当 $R(A)=3$ 时，才能保证 $R(A)=R(A,b)$.

解　应选(C).

(三)计算题

【例 1】(1) 设 $\boldsymbol{A}=\begin{pmatrix}1&-1&0\\-1&2&1\\2&2&3\end{pmatrix}$，$\boldsymbol{B}=\begin{pmatrix}1&0\\0&-1\\3&2\end{pmatrix}$，解矩阵方程 $\boldsymbol{Ax}=\boldsymbol{B}$；求 $|(\boldsymbol{A}-\boldsymbol{E})(\boldsymbol{A}-\boldsymbol{E})|$. (2) 设 $\boldsymbol{B}=\begin{pmatrix}1&-1&0\\0&1&-1\\0&0&1\end{pmatrix}$；$\boldsymbol{C}=\begin{pmatrix}2&1&3\\0&2&1\\0&0&2\end{pmatrix}$，化简等式 $\boldsymbol{A}(\boldsymbol{E}-\boldsymbol{C}^{-1}\boldsymbol{B})^{\mathrm{T}}\boldsymbol{C}^{\mathrm{T}}=\boldsymbol{E}$；求矩阵 $\boldsymbol{A}$.

解　(1)首先用初等变换法求 $\boldsymbol{A}^{-1}$.

① $(\boldsymbol{A},\boldsymbol{E})=\left(\begin{array}{ccc|ccc}1&-1&0&1&0&0\\-1&2&1&0&1&0\\2&2&3&0&0&1\end{array}\right)\sim\left(\begin{array}{ccc|ccc}1&-1&0&1&0&0\\0&1&1&1&1&0\\0&4&3&-2&0&1\end{array}\right)$

$\sim\left(\begin{array}{ccc|ccc}1&0&2&2&1&0\\0&1&1&1&1&0\\0&0&-1&-6&-4&1\end{array}\right)\sim\left(\begin{array}{ccc|ccc}1&0&0&-4&-3&1\\0&1&1&-5&-3&1\\0&0&1&6&4&-1\end{array}\right)$，

故 $\boldsymbol{A}^{-1}=\begin{pmatrix}-4&-3&1\\-5&-3&1\\6&4&-1\end{pmatrix}$.

注　还可以用伴随矩阵法求 $\boldsymbol{A}^{-1}$：因为 $|\boldsymbol{A}|=-1\neq0$，所以 $\boldsymbol{A}$ 可逆．又 $A_{11}=4$，$A_{21}=3$，$A_{31}=-1$，$A_{12}=5$，$A_{22}=3$，$A_{32}=-1$，$A_{13}=-6$，$A_{23}=-4$，$A_{33}=1$，所以

$\boldsymbol{A}^{*}=\begin{pmatrix}4&3&-1\\5&3&-1\\-6&-4&1\end{pmatrix}$，从而 $\boldsymbol{A}^{-1}=\dfrac{1}{|\boldsymbol{A}|}\boldsymbol{A}^{*}=\dfrac{1}{-1}\begin{pmatrix}4&3&-1\\5&3&-1\\-6&-4&1\end{pmatrix}=\begin{pmatrix}-4&-3&1\\-5&-3&1\\6&4&-1\end{pmatrix}$. 故 $\boldsymbol{X}=\boldsymbol{A}^{-1}\boldsymbol{B}=\begin{pmatrix}-4&-3&1\\-5&-3&1\\6&4&-1\end{pmatrix}\begin{pmatrix}1&0\\0&-1\\3&2\end{pmatrix}=\begin{pmatrix}-1&5\\-2&5\\3&-6\end{pmatrix}$.

②因 $|\boldsymbol{A}-\boldsymbol{E}|=\begin{vmatrix}0&-1&0\\-1&1&1\\2&2&2\end{vmatrix}=(-1)(-1)^{1+2}\begin{vmatrix}-1&1\\2&2\end{vmatrix}=-4$，所以 $|(\boldsymbol{A}-\boldsymbol{E})(\boldsymbol{A}-\boldsymbol{E})|=|\boldsymbol{A}-\boldsymbol{E}||\boldsymbol{A}-\boldsymbol{E}|=|\boldsymbol{A}-\boldsymbol{E}|^2=(-4)^2=16$.

(2)原式即 $\boldsymbol{A}[\boldsymbol{C}(\boldsymbol{E}-\boldsymbol{C}^{-1}\boldsymbol{B})]^{\mathrm{T}}=\boldsymbol{E}$，或 $\boldsymbol{A}(\boldsymbol{C}-\boldsymbol{B})^{\mathrm{T}}=\boldsymbol{E}$，亦即 $\boldsymbol{A}=[(\boldsymbol{C}-\boldsymbol{B})^{\mathrm{T}}]^{-1}$，故

$$\boldsymbol{A}=\left[\begin{pmatrix}1&2&3\\0&1&2\\0&0&1\end{pmatrix}^{\mathrm{T}}\right]^{-1}=\begin{pmatrix}1&0&0\\2&1&0\\3&2&1\end{pmatrix}^{-1}=\frac{1}{1}\begin{pmatrix}1&0&0\\2&1&0\\3&2&1\end{pmatrix}^{*}=\begin{pmatrix}1&0&0\\-2&1&0\\1&-2&1\end{pmatrix}.$$

【例 2】设矩阵 $\boldsymbol{A}$ 与 $\boldsymbol{X}$ 满足 $\boldsymbol{AX}=\boldsymbol{A}+2\boldsymbol{X}$，其中 $\boldsymbol{A}=\begin{pmatrix}3&0&1\\1&3&0\\0&0&3\end{pmatrix}$，求 $\boldsymbol{X}$，$R(\boldsymbol{X})$.

解　由 $\boldsymbol{AX}=\boldsymbol{A}+2\boldsymbol{X}$，可得 $\boldsymbol{AX}-2\boldsymbol{X}=\boldsymbol{A}$，即 $(\boldsymbol{A}-2\boldsymbol{E})\boldsymbol{X}=\boldsymbol{A}$，从而 $\boldsymbol{X}=(\boldsymbol{A}-2\boldsymbol{E})^{-1}\boldsymbol{A}$，

由于$A-2E=\begin{pmatrix}1&0&1\\1&1&0\\0&0&1\end{pmatrix}$，又$|A-2E|=\begin{vmatrix}1&0&1\\1&1&0\\0&0&1\end{vmatrix}=1\neq 0$，所以$(A-2E)^{-1}=\dfrac{1}{|A-2E|}$

$(A-2E)^*=\dfrac{1}{1}\begin{pmatrix}1&0&1\\-1&1&1\\0&0&1\end{pmatrix}=\begin{pmatrix}1&0&1\\-1&1&1\\0&0&1\end{pmatrix}$.

故$X=\begin{pmatrix}1&0&1\\-1&1&1\\0&0&1\end{pmatrix}\begin{pmatrix}3&0&1\\1&3&0\\0&0&3\end{pmatrix}=\begin{pmatrix}3&0&-2\\-2&3&2\\0&0&3\end{pmatrix}$.

或用初等行变换法直接求：$(A-2E, A)\sim(E, (A-2E)^{-1}A)$，$X=(A-2E)^{-1}A$.（略）

注 求矩阵秩的基本方法：

(1) **定义法**：计算各阶子式，由于运算较大，一般不用；

(2) **初等变换法**：用初等变换法将矩阵化为行阶梯形矩阵，行阶梯形矩阵中非零行的行数就是矩阵的秩；

(3) **转化为求向量组的秩**（见第四章）.

本题采用初等变换法．因

$$X=\begin{pmatrix}3&0&-2\\-2&3&2\\0&0&3\end{pmatrix}\sim\begin{pmatrix}1&3&0\\-2&3&2\\0&0&3\end{pmatrix}\sim\begin{pmatrix}1&3&0\\0&9&2\\0&0&3\end{pmatrix}，所以 R(X)=3.$$

【例 3】 求方程组$\begin{cases}x_1+x_2-3x_3-x_4=0\\3x_1-x_2+3x_3+4x_4=0\\x_1+5x_2-9x_3-8x_4=0\end{cases}$的通解.

分析 求齐次线性方程组$A_{m\times n}x=0$的通解的方法：

(1) 写出系数矩阵A，并用初等行变换将其化为行最简式；

(2) 根据行最简式写出同解方程组，由同解方程组写出一般解；

(3) 将一般解写成通解形式.

解 对系数矩阵A作初等变换

$$A=\begin{pmatrix}1&1&-3&-1\\3&-1&3&4\\1&5&-9&-8\end{pmatrix}\sim\begin{pmatrix}1&1&-3&-1\\0&-4&6&7\\0&4&-6&-7\end{pmatrix}$$

$$\sim\begin{pmatrix}1&1&-3&-1\\0&1&-3/2&-7/4\\0&0&0&0\end{pmatrix}\sim\begin{pmatrix}1&0&-3/2&3/4\\0&1&-3/2&-7/4\\0&0&0&0\end{pmatrix}.$$

得同解方程组$\begin{cases}x_1-\dfrac{3}{2}x_3+\dfrac{3}{4}x_4=0\\x_2-\dfrac{3}{2}x_3-\dfrac{7}{4}x_4=0\end{cases}$，或$\begin{cases}x_1=\dfrac{3}{2}x_3-\dfrac{3}{4}x_4\\x_2=\dfrac{3}{2}x_3+\dfrac{7}{4}x_4,\\x_3=x_3\\x_4=x_4\end{cases}$故通解为

$$\begin{pmatrix}x_1\\x_2\\x_3\\x_4\end{pmatrix}=k_1\begin{pmatrix}\frac{3}{2}\\\frac{3}{2}\\1\\0\end{pmatrix}+k_2\begin{pmatrix}-\frac{3}{4}\\\frac{7}{4}\\0\\1\end{pmatrix}\quad(k_1,\ k_2\in\mathbf{R}).$$

【例 4】 求解 $\begin{cases}x_1-x_2-x_3+x_4=1\\x_1-x_2+x_3-3x_4=2\\x_1-x_2-2x_3+3x_4=\frac{1}{2}\end{cases}$.

分析　求非齐次线性方程组 $\boldsymbol{A}_{m\times n}\boldsymbol{x}=\boldsymbol{b}$ 通解的一般步骤：

(1)写出增广矩阵 $\boldsymbol{B}=(\boldsymbol{A},\ \boldsymbol{b})$，用初等行变换将其化为行最简形；

(2)判断 $R(\boldsymbol{A})$ 与 $R(\boldsymbol{B})$ 是否相等，若相等则转下一步；否则方程组无解，计算结束；

(3)由行最简形写出对应的同解方程组，求出一般解；

(4)将一般解写成通解形式.

注　(1)只能用初等行变换对增广矩阵化简，如果用初等列变换化简，则不能保证变换后的两个方程组同解.

(2)解的结果表达形式不唯一，可以逐个代入原方程组验证.

解　对增广矩阵作初等行变换，判别是否有解.

$$\boldsymbol{B}=(\boldsymbol{A},\ \boldsymbol{B})=\begin{pmatrix}1&-1&-1&1&1\\1&-1&1&-3&2\\1&-1&-2&3&1/2\end{pmatrix}\sim\begin{pmatrix}1&-1&0&-1&3/2\\0&0&1&-2&1/2\\0&0&0&0&0\end{pmatrix}.$$

由于系数矩阵的秩等于增广矩阵的秩，即 $R(\boldsymbol{A})=R(\boldsymbol{B})=2<4$，故线性方程组有无穷多解.

同解方程组为 $\begin{cases}x_1-x_2-x_4=\frac{3}{2}\\x_3-2x_4=\frac{1}{2}\end{cases}$，或 $\begin{cases}x_1=x_2+x_4+\frac{3}{2}\\x_2=x_2\\x_3=2x_4+\frac{1}{2}\\x_4=x_4\end{cases}$，故通解为

$$\begin{pmatrix}x_1\\x_2\\x_3\\x_4\end{pmatrix}=k_1\begin{pmatrix}1\\1\\0\\0\end{pmatrix}+k_2\begin{pmatrix}1\\0\\2\\1\end{pmatrix}+\begin{pmatrix}\frac{3}{2}\\0\\\frac{1}{2}\\0\end{pmatrix},\ (k_1,\ k_2\in\mathbf{R}).$$

注　关于含参数的非线性方程组 $\boldsymbol{A}_{m\times n}\boldsymbol{x}=\boldsymbol{b}$ 讨论题的解题思路：

(1)当方程个数等于未知量个数，且系数矩阵 $\boldsymbol{A}$ 中含有参数时，有两种解法：

方法一　行列式法．一般是计算出方程组的系数行列式 D，它是关于参数的函数式.

①当参数取值使 $D \neq 0$ 时，由克莱姆法则可求出方程组的唯一解；

②对于使 $D = 0$ 的参数值，将之逐个代入增广矩阵 $\boldsymbol{B}$，当 $R(\boldsymbol{A}) \neq R(\boldsymbol{B})$ 时，原方程组无解；当 $R(\boldsymbol{A}) = R(\boldsymbol{B})$ 时，原方程组有无穷多解.

方法二 初等变换法．一般先用初等行变换将增广矩阵 $\boldsymbol{B}$ 化为行阶梯形矩阵.

①当参数取值使 $R(\boldsymbol{A}) \neq R(\boldsymbol{B})$ 时，原方程组无解；

②当参数取值使 $R(\boldsymbol{A}) = R(\boldsymbol{B}) = r$ 时，原方程组有解；当 $r = n$ 时，方程组有唯一的解；当 $r < n$ 时，原方程组有无穷多解.

(2) 当方程个数不等于未知量个数，或方程个数等于未知量个数，但系数矩阵 $\boldsymbol{A}$ 中不含有参数时，只能用(1)中的方法二分析讨论.

【例5】 λ 取何值时，非线性方程组 $\begin{cases} x_1 - x_2 - 2x_3 + 3x_4 = 1 \\ 2x_1 - x_2 - x_3 + 4x_4 = 3 \\ 3x_1 - 2x_2 - 3x_3 + 7x_4 = 4 \\ x_1 + x_3 + x_4 = \lambda \end{cases}$ 有解，并求出其通解.

解 $\boldsymbol{B} = \begin{pmatrix} 1 & -1 & -2 & 3 & 1 \\ 2 & -1 & -1 & 4 & 3 \\ 3 & -2 & -3 & 7 & 4 \\ 1 & 0 & 1 & 1 & \lambda \end{pmatrix} \sim \begin{pmatrix} 1 & -1 & -2 & 3 & 1 \\ 0 & 1 & 3 & -2 & 1 \\ 0 & 1 & 3 & -2 & 1 \\ 0 & 1 & 3 & -2 & \lambda - 1 \end{pmatrix}$

$$\sim \begin{pmatrix} 1 & 0 & 1 & 1 & 2 \\ 0 & 1 & 3 & -2 & 1 \\ 0 & 0 & 0 & 0 & 0 \\ 0 & 0 & 0 & 0 & \lambda - 2 \end{pmatrix} \sim \begin{pmatrix} 1 & 0 & 1 & 1 & 2 \\ 0 & 1 & 3 & -2 & 1 \\ 0 & 0 & 0 & 0 & \lambda - 2 \\ 0 & 0 & 0 & 0 & 0 \end{pmatrix},$$

易见，仅当 $\lambda - 2 = 0$ 时，即 $\lambda = 2$ 时，$R(\boldsymbol{A}) = R(\boldsymbol{B}) = 2 < 4$，方程组有解．此时，同解方程组为 $\begin{cases} x_1 + x_3 + x_4 = 2 \\ x_2 + 3x_3 - 2x_4 = 1 \end{cases}$，即：$\begin{cases} x_1 = -x_3 - x_4 + 2 \\ x_2 = -3x_3 + 2x_4 + 1 \\ x_3 = x_3 \\ x_4 = x_4 \end{cases}$，故通解为 $\begin{pmatrix} x_1 \\ x_2 \\ x_3 \\ x_4 \end{pmatrix} = k_1 \begin{pmatrix} -1 \\ -3 \\ 1 \\ 0 \end{pmatrix} + k_2 \begin{pmatrix} -1 \\ 2 \\ 0 \\ 1 \end{pmatrix} + \begin{pmatrix} 2 \\ 1 \\ 0 \\ 0 \end{pmatrix}$，$(k_1, k_2 \in \mathbf{R})$.

【例6】 λ 取何值时，非线性方程组 $\begin{cases} \lambda x_1 + x_2 + x_3 = 1 \\ x_1 + \lambda x_2 + x_3 = \lambda \\ x_1 + x_2 + \lambda x_3 = \lambda^2 \end{cases}$ (1)有唯一解；(2)无解；(3)有无穷多个解？

分析 这是一个只有方程右端含参数的讨论计算题．应先化简增广矩阵，再考察系数矩阵的秩与增广矩阵的秩.

解 方法一 $\boldsymbol{B} = (\boldsymbol{A}, \boldsymbol{b}) = \begin{pmatrix} \lambda & 1 & 1 & 1 \\ 1 & \lambda & 1 & \lambda \\ 1 & 1 & \lambda & \lambda^2 \end{pmatrix} \overset{r_1 \leftrightarrow r_3}{\sim} \begin{pmatrix} 1 & 1 & \lambda & \lambda^2 \\ 1 & \lambda & 1 & \lambda \\ \lambda & 1 & 1 & 1 \end{pmatrix}$

$$\overset{r_2-r_1}{\underset{r_3-\lambda r_1}{\sim}}\begin{pmatrix}1 & 1 & \lambda & \lambda^2\\0 & \lambda-1 & 1-\lambda & \lambda-\lambda^2\\0 & 1-\lambda & 1-\lambda^2 & 1-\lambda^3\end{pmatrix}\overset{r_3+r_2}{\sim}\begin{pmatrix}1 & 1 & \lambda & 1-\lambda^3\\0 & \lambda-1 & 1-\lambda & \lambda-\lambda^2\\0 & 0 & (2+\lambda)(1-\lambda) & (\lambda+1)^2(1-\lambda)\end{pmatrix}.$$

可见(1)当 $\lambda\neq-2$ 且 $\lambda\neq1$ 时, $R(\boldsymbol{A})=R(\boldsymbol{B})=3$，此时方程组有唯一解.

(2)当 $\lambda=-2$ 时, $R(\boldsymbol{A})=2$，$R(\boldsymbol{B})=3$，$R(\boldsymbol{A})\neq R(\boldsymbol{B})$，此时方程组无解.

(3)当 $\lambda=1$ 时, $R(\boldsymbol{A})=R(\boldsymbol{B})=1<3$，此时方程组有无穷多解.

由于此时 $\boldsymbol{B}\sim\begin{pmatrix}1 & 1 & 1 & 1\\0 & 0 & 0 & 0\\0 & 0 & 0 & 0\end{pmatrix}$，则同解方程组为 $x_1+x_2+x_3=1$，通解为 $\begin{pmatrix}x_1\\x_2\\x_3\end{pmatrix}=c_1\begin{pmatrix}-1\\1\\0\end{pmatrix}+c_2\begin{pmatrix}-1\\0\\1\end{pmatrix}+\begin{pmatrix}1\\0\\0\end{pmatrix}$，$(c_1, c_2\in\mathbf{R})$.

方法二　因系数矩阵为方阵，故可用行列式法讨论．系数矩阵 $\boldsymbol{A}$ 行列式为

$$|\boldsymbol{A}|=\begin{vmatrix}\lambda & 1 & 1\\1 & \lambda & 1\\1 & 1 & \lambda\end{vmatrix}=\begin{vmatrix}\lambda+2 & 1 & 1\\\lambda+2 & \lambda & 1\\\lambda+2 & 1 & \lambda\end{vmatrix}=(\lambda+2)\begin{vmatrix}1 & 1 & 1\\1 & \lambda & 1\\1 & 1 & \lambda\end{vmatrix}$$

$$=(\lambda+2)\begin{vmatrix}1 & 1 & 1\\0 & \lambda-1 & 0\\0 & 0 & \lambda-1\end{vmatrix}=(\lambda-1)^2(\lambda+2).$$

(1)当 $|\boldsymbol{A}|\neq0$，即 $\lambda\neq1$ 且 $\lambda\neq-2$ 时, $R(\boldsymbol{A})=R(\boldsymbol{B})=3$，此时方程组有唯一解.

(2)当 $\lambda=1$ 时，增广矩阵成为 $\boldsymbol{B}=\begin{pmatrix}1 & 1 & 1 & 1\\1 & 1 & 1 & 1\\1 & 1 & 1 & 1\end{pmatrix}\sim\begin{pmatrix}1 & 1 & 1 & 1\\0 & 0 & 0 & 0\\0 & 0 & 0 & 0\end{pmatrix}$，可见 $R(\boldsymbol{A})=R(\boldsymbol{B})=1<3$，此时方程组有无穷多解.

(3)当 $\lambda=-2$ 时，增广矩阵成为

$$\boldsymbol{B}=\begin{pmatrix}-2 & 1 & 1 & 1\\1 & -2 & 1 & -2\\1 & 1 & -2 & 4\end{pmatrix}\sim\begin{pmatrix}1 & 1 & -2 & 4\\0 & -3 & 3 & -6\\0 & 3 & -3 & 9\end{pmatrix}\sim\begin{pmatrix}1 & 1 & -2 & 4\\0 & -3 & 3 & -6\\0 & 0 & 0 & 3\end{pmatrix},$$

可见 $R(\boldsymbol{A})=2$，$R(\boldsymbol{B})=3$，$R(\boldsymbol{A})\neq R(\boldsymbol{B})$，此时方程组无解.

(四)证明题

【例 1】证明：若 $\boldsymbol{A}^2=\boldsymbol{A}$ 且 $\boldsymbol{A}\neq\boldsymbol{E}$，则 $\boldsymbol{A}$ 必为降秩矩阵.

证明　假设 $\boldsymbol{A}$ 为满秩矩阵，则 $\boldsymbol{A}^{-1}$ 存在，在 $\boldsymbol{A}^2=\boldsymbol{A}$ 的两端同时左乘 $\boldsymbol{A}^{-1}$ 可得: $\boldsymbol{A}^{-1}\boldsymbol{A}^2=\boldsymbol{A}^{-1}\boldsymbol{A}\Rightarrow\boldsymbol{A}=\boldsymbol{E}$，这与 $\boldsymbol{A}\neq\boldsymbol{E}$ 矛盾，故假设不成立，即 $\boldsymbol{A}$ 为降秩矩阵.

【例 2】设 $\boldsymbol{A}$ 为 n 阶可逆方阵，将 $\boldsymbol{A}$ 的第 i 行和第 j 行对换后得到的矩阵计作 $\boldsymbol{B}$.

(1)证明 $\boldsymbol{B}$ 可逆；(2)求 $\boldsymbol{A}\boldsymbol{B}^{-1}$.

证明　(1)由题可得 $\boldsymbol{B}=\boldsymbol{E}(i, j)\boldsymbol{A}\Rightarrow|\boldsymbol{B}|=|\boldsymbol{E}(i, j)||\boldsymbol{A}|\Rightarrow|\boldsymbol{B}|=-|\boldsymbol{A}|$，因为 $\boldsymbol{A}$ 可逆，所以 $|\boldsymbol{A}|\neq0\Rightarrow|\boldsymbol{B}|\neq0$，即 $\boldsymbol{B}$ 可逆.

(2) $\boldsymbol{A}\boldsymbol{B}^{-1}=\boldsymbol{A}[\boldsymbol{E}(i, j)\boldsymbol{A}]^{-1}=\boldsymbol{A}\boldsymbol{A}^{-1}\boldsymbol{E}(i, j)^{-1}=\boldsymbol{E}(i, j)^{-1}=\boldsymbol{E}(i, j)$.

四、测验题及参考解答

测验题

(一)填空题

1. 设矩阵 $A=\begin{pmatrix}3&0&0\\1&4&0\\0&0&3\end{pmatrix}$，$E=\begin{pmatrix}1&0&0\\0&1&0\\0&0&1\end{pmatrix}$，则逆矩阵 $(A-2E)^{-1}=$________.

2. 设四阶方阵 A 的秩为 2，则其伴随矩阵 A^* 的秩为________.

3. 设 A 是 4×3 矩阵，且 A 的秩 $R(A)=2$，而 $B=\begin{pmatrix}1&0&2\\0&2&0\\-1&0&3\end{pmatrix}$，则 $R(AB)$ =________.

4. 已知 $m\times1$ 矩阵 A 的秩为 1，$1\times m$ 矩阵 Q 的秩为 1，则 AQ 的秩为________.

(二)单项选择题

1. 设 A 是 n 阶方阵，则下列各式中正确的是(　　).

(A)$A\,[E(1,2(8))]^2=A$　　(B)$[E(1,2(6))]\,[E(1,2(-6))]A=A$

(C)$A[E(i(3))]\,[E(i(-3))]=A$　　(D)$[E(i(-3))]^2A=A$

2. 设 $F=\begin{pmatrix}1&2&3\\0&1&4\\2&3&0\end{pmatrix}$，$E[3(2)]$ 是三阶初等方阵，则 $E[3(2)]F$ 等于(　　).

(A)$\begin{pmatrix}1&2&3\\0&1&4\\4&6&0\end{pmatrix}$　　(B)$\begin{pmatrix}1&2&3\\2&3&0\\0&1&4\end{pmatrix}$　　(C)$\begin{pmatrix}1&3&2\\0&4&1\\2&0&3\end{pmatrix}$　　(D)$\begin{pmatrix}1&2&6\\0&1&8\\2&3&0\end{pmatrix}$

3. 设线性方程组 $A_{5\times5}x_{5\times1}=b$ 有唯一解，则必有(　　).

(A)$R(A)=1$　　(B)$R(A)=2$　　(C)$R(A)=5$　　(D)$R(A)=4$

4. 设 A 为 5×4 矩阵，b 为 5×1 矩阵，若方程组 $Ax=b$ 有无穷多解，则必有(　　).

(A)$R(A)<1$　　(B)$R(A)<2$　　(C)$R(A)<4$　　(D)$R(A)<5$

(三)计算题

1. 求矩阵 $A=\begin{pmatrix}4&1&-2\\2&2&1\\3&1&-1\end{pmatrix}$ 的逆矩阵.

2. 求矩阵 $A=\begin{pmatrix}25&31&17&43\\75&94&53&132\\75&94&54&134\\25&32&20&48\end{pmatrix}$ 的秩，并求一最高阶的非零子式.

3. 设矩阵 $\boldsymbol{A}$ 与 $\boldsymbol{X}$ 满足 $\boldsymbol{AX}=\boldsymbol{A}+2\boldsymbol{X}$，其中 $\boldsymbol{A}=\begin{pmatrix}4&3&0\\1&4&0\\0&0&3\end{pmatrix}$. (1)求 $\boldsymbol{X}$；(2)求 $R(\boldsymbol{X})$.

4. 求解齐次线性方程组 $\begin{cases}x_1+2x_2+x_3-x_4=0\\3x_1+6x_2-x_3-3x_4=0\\5x_1+10x_2+x_3-5x_4=0\end{cases}$.

5. 求解非齐次线性方程组 $\begin{cases}2x_1+x_2-x_3+x_4=1\\4x_1+2x_2-2x_3+x_4=2\\2x_1+x_2-x_3-x_4=1\end{cases}$.

6. 设非齐次线性方程组 $\begin{cases}x_1+x_2+x_3+x_4=1\\2x_1+3x_2+x_3+x_4=t\\-x_2+x_3+x_4=3\end{cases}$. 问 t 取何值时，方程组有解；在方程组有解时，求出其通解.

参考解答

(一) 填空题

1. 分析　本题可利用初等行变换法求逆矩阵.

解　应填 $\begin{pmatrix}1&0&0\\-1/2&1/2&0\\0&0&1\end{pmatrix}$.

2. 分析　本题考查矩阵和伴随矩阵秩之间的关系．由 $R(\boldsymbol{A})=2$ 可知，$\boldsymbol{A}$ 的任何三阶子式均为 0，故此时 $\boldsymbol{A}^*=\boldsymbol{O}$，所以 $R(\boldsymbol{A}^*)=0$.

解　应填 $\underline{0}$.

注　$\boldsymbol{A}$ 与 $\boldsymbol{A}^*$ 的秩的一般关系是 $R(\boldsymbol{A}^*)=\begin{cases}n, & R(\boldsymbol{A})=n\\1, & R(\boldsymbol{A})=n-1\\0, & R(\boldsymbol{A})<n-1\end{cases}$.

3. 分析　本题考查矩阵秩的性质．因 $|\boldsymbol{B}|=10\neq 0$，所以 $\boldsymbol{B}$ 可逆，从而 $R(\boldsymbol{AB})=R(\boldsymbol{A})=2$.

解　应填 $\underline{2}$.

4. 分析　本题考查列乘行形式的矩阵秩的性质．因 $R(\boldsymbol{A})=1$，$R(\boldsymbol{Q})=1$，故 $\boldsymbol{A}$ 与 $\boldsymbol{Q}$ 均至少有一个非零元素，所以 $\boldsymbol{AQ}$ 也至少有一个非零元素，从而 $R(\boldsymbol{AQ})\geqslant 1$；又 $\boldsymbol{AQ}$ 的各行元素对应成比例，所以 $\boldsymbol{AQ}$ 的任何二阶子式均为 0，故 $R(\boldsymbol{AQ})\leqslant 1$. 可见 $R(\boldsymbol{AQ})=1$.

解　应填 $\underline{1}$.

注　一般结论：设 $\boldsymbol{\alpha}$，$\boldsymbol{\beta}$ 均为非零列矩阵，则 $\boldsymbol{A}=\boldsymbol{\alpha\beta}^{\mathrm{T}}\Leftrightarrow R(\boldsymbol{A})=1$.

(二) 单项选择题

1. 分析　本题考查初等方阵的性质及逆．由于 $\boldsymbol{E}(1,2(-6))$ 与 $\boldsymbol{E}(1,2(6))$ 互为逆矩阵，所以 $[\boldsymbol{E}(1,2(6))][\boldsymbol{E}(1,2(-6))]\boldsymbol{A}=\boldsymbol{EA}=\boldsymbol{A}$，故应选 (B).

解　应选 (B).

2. 分析　本题考查初等方阵的性质．由于 $\boldsymbol{E}[3(2)]\boldsymbol{F}$ 为用 2 乘矩阵 $\boldsymbol{F}$ 的第三行，故应选 (A)．

解　应选 (A)．

3. 分析　本题考查线性方程组有唯一解的条件．由 $R(\boldsymbol{A})=R(\boldsymbol{B})=n=5$，故应选 (C)．

解　应选 (C)．

4. 分析　本题考查线性方程组有无穷多解的条件．由：$R(A)=R(B)<n=4$，故应选 (C)．

解　应选 (C)．

(三) 计算题

1. 分析　本题中 $\boldsymbol{A}$ 为具体的矩阵，故可采用初等行变换法求逆矩阵：$(\boldsymbol{A},\boldsymbol{E})\overset{r}{\sim}(\boldsymbol{E},\boldsymbol{A}^{-1})$

解　$$(A,E)=\begin{pmatrix}4&1&-2&1&0&0\\2&2&1&0&1&0\\3&1&-1&0&0&1\end{pmatrix}\underset{r_3-r_2}{\overset{r_1-2r_2}{\sim}}\begin{pmatrix}0&-3&-4&1&-2&0\\2&2&1&0&1&0\\1&-1&-2&0&-1&1\end{pmatrix}$$

$$\underset{r_2-2r_1}{\overset{r_3\leftrightarrow r_1}{\sim}}\begin{pmatrix}1&-1&-2&0&-1&1\\0&4&5&0&3&-2\\0&-3&-4&1&-2&0\end{pmatrix}\overset{r_2+r_3}{\sim}\begin{pmatrix}1&-1&-2&0&-1&1\\0&1&1&1&1&-2\\0&-3&-4&1&-2&0\end{pmatrix}$$

$$\underset{r_3+3r_2}{\overset{r_1+r_2}{\sim}}\begin{pmatrix}1&0&-1&1&0&-1\\0&1&1&1&1&-2\\0&0&-1&4&1&-6\end{pmatrix}\sim\begin{pmatrix}1&0&0&-3&-1&5\\0&1&0&5&2&-8\\0&0&1&-4&-1&6\end{pmatrix},$$

所以 $\boldsymbol{A}^{-1}=\begin{pmatrix}-3&-1&5\\5&2&-8\\-4&-1&6\end{pmatrix}$．

2. 分析　本题中 $\boldsymbol{A}$ 为具体的矩阵，故可采用初等行变换法求秩，将 $\boldsymbol{A}$ 化为行阶梯形矩阵，则与之等价的行阶梯形矩阵的非零行的行数就是 $\boldsymbol{A}$ 的秩．另外，可在行阶梯形矩阵中非零行非零首元所在列的原矩阵中寻找 $\boldsymbol{A}$ 的最高阶非零子式．

解　因 $\boldsymbol{A}\sim\begin{pmatrix}25&31&17&43\\0&1&2&3\\0&1&3&5\\0&1&3&5\end{pmatrix}\sim\begin{pmatrix}25&31&17&43\\0&1&2&3\\0&0&1&2\\0&0&0&0\end{pmatrix}$，所以 $R(\boldsymbol{A})=3$，因 $\begin{vmatrix}25&31&17\\75&94&53\\75&94&54\end{vmatrix}=25\neq0$，所以 $\begin{vmatrix}25&31&17\\75&94&53\\75&94&54\end{vmatrix}$ 即为一个最高阶的非零子式．

3. 分析　本题为常规题型．一般方法是先将矩阵方程化为基本型，再用初等行变换法求未知矩阵．

解　(1) 由 $\boldsymbol{AX}=\boldsymbol{A}+2\boldsymbol{X}$，得 $(\boldsymbol{A}-2\boldsymbol{E})\boldsymbol{X}=\boldsymbol{A}$．因

$$(\boldsymbol{A}-2\boldsymbol{E},\boldsymbol{A})=\begin{pmatrix}2&3&0&4&3&0\\1&2&0&1&4&0\\0&0&1&0&0&3\end{pmatrix}\underset{r_2-2r_1}{\overset{r_1\leftrightarrow r_2}{\sim}}\begin{pmatrix}1&2&0&1&4&0\\0&-1&0&2&-5&0\\0&0&1&0&0&3\end{pmatrix}$$

$$\sim\begin{pmatrix}1&0&0&5&-6&0\\0&1&0&-2&5&0\\0&0&1&0&0&3\end{pmatrix},\ \text{所以}\ \boldsymbol{X}=\begin{pmatrix}5&-6&0\\-2&5&0\\0&0&3\end{pmatrix}.$$

(2)因 $|\boldsymbol{X}|=39\neq 0$，所以 $R(\boldsymbol{X})=3$.

4. 分析　本题为解齐次线性方程组题型．一般方法：

(1)将系数矩阵作初等行变换化为行最简形矩阵；

(2)由 $R(\boldsymbol{A})$ 判断解的情况；

(3)由行最简形矩阵得同解方程组；

(4)选择非自由未知数，写出通解.

解　因 $\boldsymbol{A}=\begin{pmatrix}1&2&1&-1\\3&6&-1&-3\\5&10&1&-5\end{pmatrix}\sim\begin{pmatrix}1&2&1&-1\\0&0&-4&0\\0&0&-4&0\end{pmatrix}\sim\begin{pmatrix}1&2&0&-1\\0&0&1&0\\0&0&0&0\end{pmatrix}$，

所以同解方程组为 $\begin{cases}x_1+2x_2-x_4=0\\x_3=0\end{cases}$，即 $\begin{cases}x_1=-2x_2+x_4\\x_3=0\end{cases}$.

令 $x_2=c_1$，$x_4=c_2$，代入解得：$\begin{cases}x_1=-2c_1+c_2\\x_2=c_1\\x_3=0\\x_4=c_2\end{cases}$.

通解为 $\begin{pmatrix}x_1\\x_2\\x_3\\x_4\end{pmatrix}=c_1\begin{pmatrix}-2\\1\\0\\0\end{pmatrix}+c_2\begin{pmatrix}1\\0\\0\\1\end{pmatrix}$，$(c_1,\ c_2\in\mathbf{R})$.

5. 分析　本题为解非齐次线性方程组，是个很重要的典型题．一般方法：

(1)将增广矩阵 $\boldsymbol{B}=(\boldsymbol{A},\ \boldsymbol{b})$ 作初等行变换化为行最简形矩阵；

(2)由 $R(\boldsymbol{A})$ 与 $R(\boldsymbol{B})$ 的关系判断解的情况，由此得相应的取值；

(3)由行最简形矩阵得同解方程组；

(4)选择非自由未知量，写出通解.

解　因 $\boldsymbol{B}=(\boldsymbol{A},\ \boldsymbol{b})=\begin{pmatrix}2&1&-1&1&1\\4&2&-2&1&2\\2&2&-1&-1&1\end{pmatrix}\sim\begin{pmatrix}2&1&-1&1&1\\0&0&0&-1&0\\0&0&0&-2&0\end{pmatrix}$

$$\sim\begin{pmatrix}2&1&-1&0&1\\0&0&0&1&0\\0&0&0&0&0\end{pmatrix}\sim\begin{pmatrix}1&1/2&-1/2&0&1/2\\0&0&0&1&0\\0&0&0&0&0\end{pmatrix},$$

所以 $R(\boldsymbol{A})=R(\boldsymbol{B})=2<4$，故原方程组有无穷多解.

所以同解方程组为 $\begin{cases}x_1+\dfrac{1}{2}x_2-\dfrac{1}{2}x_3=\dfrac{1}{2}\\x_4=0\end{cases}$，即 $\begin{cases}x_1=-\dfrac{1}{2}x_2+\dfrac{1}{2}x_3+\dfrac{1}{2}\\x_4=0\end{cases}$.

令 $x_2=c_1$，$x_3=c_2$，代入解得：$\begin{cases}x_1=-\dfrac{1}{2}c_1+\dfrac{1}{2}c_2+\dfrac{1}{2}\\x_2=c_1\\x_3=c_2\\x_4=0\end{cases}$.

通解为 $\begin{pmatrix}x_1\\x_2\\x_3\\x_4\end{pmatrix}=c_1\begin{pmatrix}-\dfrac{1}{2}\\1\\0\\0\end{pmatrix}+c_2\begin{pmatrix}\dfrac{1}{2}\\0\\1\\0\end{pmatrix}+\begin{pmatrix}\dfrac{1}{2}\\0\\0\\0\end{pmatrix}$，$(c_1,\ c_2\in\mathbf{R})$.

6. 分析 本题为解含参数的非齐次线性方程组，是个很重要的典型题．一般方法：
(1)将增广矩阵 $\boldsymbol{B}=(\boldsymbol{A},\ \boldsymbol{b})$ 作初等行变换化为行最简形矩阵；
(2)由 $R(\boldsymbol{A})$ 与 $R(\boldsymbol{B})$ 的关系判断解的情况，由此得相应的取值；
(3)由行最简形矩阵得同解方程组；
(4)选择非自由未知量，写出通解.

解 因 $\boldsymbol{B}=(\boldsymbol{A},\ \boldsymbol{b})=\begin{pmatrix}1&1&1&1&1\\2&3&1&1&t\\0&-1&1&1&3\end{pmatrix}\sim\begin{pmatrix}1&1&1&1&1\\0&1&-1&-1&t-2\\0&-1&1&1&3\end{pmatrix}$

$$\sim\begin{pmatrix}1&1&1&1&1\\0&1&-1&-1&t-2\\0&0&0&0&t+1\end{pmatrix},$$

所以，当 $t+1=0$，即 $t=-1$ 时，方程组才有解，此时

$$B\sim\begin{pmatrix}1&1&1&1&1\\0&1&-1&-1&-3\\0&0&0&0&0\end{pmatrix}\sim\begin{pmatrix}1&0&2&2&4\\0&1&-1&-1&-3\\0&0&0&0&0\end{pmatrix},$$

同解方程组为 $\begin{cases}x_1+2x_3+2x_4=4\\x_2-x_3-x_4=-3\end{cases}$，即 $\begin{cases}x_1=-2x_3-2x_4+4\\x_2=x_3+x_4-3\end{cases}$.

令 $x_3=c_1$，$x_4=c_2$，代入解得：$\begin{cases}x_1=-2c_1-2c_2+4\\x_2=c_1+c_2-3\\x_3=c_1\\x_4=c_2\end{cases}$.

通解为 $\begin{pmatrix}x_1\\x_2\\x_3\\x_4\end{pmatrix}=c_1\begin{pmatrix}-2\\1\\1\\0\end{pmatrix}+c_2\begin{pmatrix}-2\\1\\0\\1\end{pmatrix}+\begin{pmatrix}4\\-3\\0\\0\end{pmatrix}$，$(c_1,\ c_2\in\mathbf{R})$.

第四章

向量组的线性相关性

向量线性相关性是线性代数的重点和难点，本章从研究向量的线性关系出发，讨论向量组的最大无关组和秩，进而扩展到向量空间的基、维数、坐标等．最后，应用向量空间的理论研究线性方程组解的结构.

深刻理解基本概念是学习本章的关键，搞清其相互间的关联，学会用定义作推导论证；特别在计算过程中要注意知识点的转化，如将求向量组的秩转化为求矩阵的秩等.

一、教学基本要求

(1) 理解 n 维向量的概念.

(2) 理解向量的线性组合与线性表示，理解向量组线性相关、线性无关的定义，了解并会用向量组线性相关、线性无关的有关性质及判别法.

(3) 了解向量组的最大无关组和向量组的秩的概念，会求向量组的最大无关组和秩．了解向量组等价的概念，了解向量组的秩与矩阵的秩的关系.

(4) 了解 n 维向量空间、子空间、基、维数、坐标等概念.

(5) 理解线性方程组的基础解系、通解等概念及解的结构.

二、内容提要

(一) n 维向量

定义 1　n 个有顺序的数 a_1，a_2，…，a_n 构成的 n 元数组称为 **n 维向量**，记作 $\alpha=(a_1, a_2, \cdots, a_n)$，其中 $a_j\ (1\leqslant j\leqslant n)$ 称为向量 $\boldsymbol{\alpha}$ 的第 j 个分量，此时 $\boldsymbol{\alpha}$ 也叫 **n 维行向量**；n 维向量也可写成 $\boldsymbol{\alpha}=\begin{pmatrix} a_1 \\ a_2 \\ \vdots \\ a_n \end{pmatrix}$，叫作 **$n$ 维列向量**.

注 如按矩阵的记号，n 维行向量就是 $1\times n$ 矩阵，n 维列向量就是 $n\times 1$ 矩阵．因此对 n 维向量所定义的向量加法及数乘向量的运算与矩阵相应的运算是一样的.

定义 2 对于向量组 $\boldsymbol{\alpha}_1$，$\boldsymbol{\alpha}_2$，…，$\boldsymbol{\alpha}_m$，若存在数组 k_1，k_2，…，k_m，使得

$$\boldsymbol{\alpha}=k_1\boldsymbol{\alpha}_1+k_2\boldsymbol{\alpha}_2+\cdots+k_m\boldsymbol{\alpha}_m,$$

则称 $\boldsymbol{\alpha}$ 可由 $\boldsymbol{\alpha}_1$，$\boldsymbol{\alpha}_2$，…，$\boldsymbol{\alpha}_m$ **线性表示**，或称 $\boldsymbol{\alpha}$ 是 $\boldsymbol{\alpha}_1$，$\boldsymbol{\alpha}_2$，…，$\boldsymbol{\alpha}_m$ 的**线性组合**.

定义 3 若向量组 $\boldsymbol{A}$ 的每个向量都可由向量组 $\boldsymbol{B}$ 的向量线性表出，则称向量组 $\boldsymbol{A}$ 可由向量组 $\boldsymbol{B}$ 线性表示；若 $\boldsymbol{A}$ 与 $\boldsymbol{B}$ 可互相线性表示，则称 $\boldsymbol{A}$ 与 $\boldsymbol{B}$ 等价.

(二) 向量的线性相关性

1. 定义

对向量组 $\boldsymbol{\alpha}_1$，$\boldsymbol{\alpha}_2$，…，$\boldsymbol{\alpha}_m$，若存在一组不全为 0 的数 k_1，k_2，…，k_m，使得

$$k_1\boldsymbol{\alpha}_1+k_2\boldsymbol{\alpha}_2+\cdots+k_m\boldsymbol{\alpha}_m=\boldsymbol{0},$$

则称向量组 $\boldsymbol{\alpha}_1$，$\boldsymbol{\alpha}_2$，…，$\boldsymbol{\alpha}_m$ 是**线性相关**的，否则称它是**线性无关**的．即若不存在不全为 0 的数 k_1，k_2，…，k_m，使得

$$k_1\boldsymbol{\alpha}_1+k_2\boldsymbol{\alpha}_2+\cdots+k_m\boldsymbol{\alpha}_m=\boldsymbol{0},$$

则称向量组 $\boldsymbol{\alpha}_1$，$\boldsymbol{\alpha}_2$，…，$\boldsymbol{\alpha}_m$ 线性无关；或者说向量组 $\boldsymbol{\alpha}_1$，$\boldsymbol{\alpha}_2$，…，$\boldsymbol{\alpha}_m$ 线性无关当且仅当 k_1，k_2，…，k_m 全为 0 时，$k_1\boldsymbol{\alpha}_1+k_2\boldsymbol{\alpha}_2+\cdots+k_m\boldsymbol{\alpha}_m=\boldsymbol{0}$ 才能成立.

注 由以上定义知，在证明向量组 $\boldsymbol{\alpha}_1$，$\boldsymbol{\alpha}_2$，…，$\boldsymbol{\alpha}_m$ 线性无关时，先设

$$k_1\boldsymbol{\alpha}_1+k_2\boldsymbol{\alpha}_2+\cdots+k_m\boldsymbol{\alpha}_m=\boldsymbol{0},$$

再推出 k_1，k_2，…，k_m 必须全部为 0.

2. 有关结论

(1) 向量组 $\boldsymbol{\alpha}_1$，$\boldsymbol{\alpha}_2$，…，$\boldsymbol{\alpha}_m(m\geqslant 2)$ 线性相关(无关)$\Leftrightarrow$其中至少有一个(任一个)向量(不)可由其余 $m-1$ 个向量线性表示.

(2) 向量组 $\boldsymbol{\alpha}_1$，$\boldsymbol{\alpha}_2$，…，$\boldsymbol{\alpha}_m$ 线性相关(无关)$\Leftrightarrow$齐次方程组 $\boldsymbol{Ax}=\boldsymbol{0}$ 有非零解(只有零解)，其中 $\boldsymbol{A}$ 由列向量组 $\boldsymbol{\alpha}_1$，$\boldsymbol{\alpha}_2$，…，$\boldsymbol{\alpha}_m$ 组成，即 $\boldsymbol{A}=(\boldsymbol{\alpha}_1,\boldsymbol{\alpha}_2,\cdots,\boldsymbol{\alpha}_m)$.

注 当向量个数 m 大于向量维数 n 时，向量组必线性相关.

(3) 若向量组 $\boldsymbol{\alpha}_1$，$\boldsymbol{\alpha}_2$，…，$\boldsymbol{\alpha}_r$ 线性无关，向量组 $\boldsymbol{\beta}$，$\boldsymbol{\alpha}_1$，$\boldsymbol{\alpha}_2$，…，$\boldsymbol{\alpha}_r$ 线性相关，则 $\boldsymbol{\beta}$ 可由 $\boldsymbol{\alpha}_1$，$\boldsymbol{\alpha}_2$，…，$\boldsymbol{\alpha}_r$ 线性表示，且表示法唯一.

(4) 部分相关，整体必相关；整体无关，部分必无关；线性相关向量组减少对应位置的分量得到的向量组仍线性相关；线性无关向量组增加对应位置的分量得到的向量组仍线性无关.

(5) 向量 $\boldsymbol{b}$ 能由向量组 $\boldsymbol{A}$：$\boldsymbol{a}_1$，$\boldsymbol{a}_2$，…，$\boldsymbol{a}_m$ 线性表示$\Leftrightarrow$方程组 $x_1\boldsymbol{a}_1+x_2\boldsymbol{a}_2+\cdots+x_m\boldsymbol{a}_m=\boldsymbol{b}$ 有解；因而有：

向量 $\boldsymbol{b}$ 能由向量组 $\boldsymbol{A}$：$\boldsymbol{a}_1$，$\boldsymbol{a}_2$，…，$\boldsymbol{a}_m$ 线性表示$\Leftrightarrow$矩阵 $\boldsymbol{A}=(\boldsymbol{a}_1,\boldsymbol{a}_2,\cdots,\boldsymbol{a}_m)$ 的秩等于矩阵 $\boldsymbol{B}=(\boldsymbol{a}_1,\boldsymbol{a}_2,\cdots,\boldsymbol{a}_m,\boldsymbol{b})$ 的秩.

(6) 向量组 $\boldsymbol{A}$：$\boldsymbol{a}_1$，$\boldsymbol{a}_2$，…，$\boldsymbol{a}_m$ 线性相关$\Leftrightarrow$齐次线性方程组 $x_1\boldsymbol{a}_1+x_2\boldsymbol{a}_2+\cdots+x_m\boldsymbol{a}_m=\boldsymbol{0}$ 有非零解；因而有：

向量组 $\boldsymbol{A}$：$\boldsymbol{a}_1$，$\boldsymbol{a}_2$，…，$\boldsymbol{a}_m$ 线性相关$\Leftrightarrow$矩阵 $\boldsymbol{A}=(\boldsymbol{a}_1,\boldsymbol{a}_2,\cdots,\boldsymbol{a}_m)$ 的秩小于向量的个数 m；向量组 $\boldsymbol{A}$：$\boldsymbol{a}_1$，$\boldsymbol{a}_2$，…，$\boldsymbol{a}_m$ 线性无关$\Leftrightarrow R(\boldsymbol{A})=m$.

(三) 向量组的秩

1. 最大无关组

定义 4　设 $\boldsymbol{T}$ 是一个 n 维向量组，$\boldsymbol{\alpha}_1$，$\boldsymbol{\alpha}_2$，…，$\boldsymbol{\alpha}_r$ 是 $\boldsymbol{T}$ 中的 r 个向量，若它们满足：

(1) $\boldsymbol{\alpha}_1$，$\boldsymbol{\alpha}_2$，…，$\boldsymbol{\alpha}_r$ 线性无关；

(2) $\boldsymbol{T}$ 中任意 $r+1$ 个向量必线性相关；

则称向量组 $\boldsymbol{\alpha}_1$，$\boldsymbol{\alpha}_2$，…，$\boldsymbol{\alpha}_r$ 是 $\boldsymbol{T}$ 的一个**最大无关组**.

定义 4 的**等价定义**　设向量组 $\boldsymbol{B}$ 是向量组 $\boldsymbol{A}$ 的部分组，若向量组 $\boldsymbol{B}$ 线性无关，且向量组 $\boldsymbol{A}$ 能由向量组 $\boldsymbol{B}$ 线性表示，则向量组 $\boldsymbol{B}$ 是向量组 $\boldsymbol{A}$ 的一个**最大无关组**.

注　一个向量组的最大无关组可能不止一个，但这些最大无关组是等价的且每个最大无关组所包含向量的个数是相同的.

2. 向量组的秩

定义 5　向量组的最大无关组所包含向量的个数称为该**向量组的秩**.

注　(1) 向量组 $\boldsymbol{B}$ 能由向量组 $\boldsymbol{A}$ 线性表示，则向量组 $\boldsymbol{B}$ 的秩不大于向量组 $\boldsymbol{A}$ 的秩；等价向量组的秩相等.

(2) 一个向量组线性无关⇔该向量组的秩等于其所含向量的个数.

(3) 矩阵 $\boldsymbol{A}$ 的行(列)向量组的秩称为**矩阵行(列)秩**；矩阵的行秩与列秩必是相等的，它就是矩阵 $\boldsymbol{A}$ 的秩.

(4) 求向量组的秩和最大无关组时，可把此向量组作为行(列)向量组构成一个矩阵，再用求矩阵秩的方法. 注意向量组的最大无关组，应该是由此向量组构成的矩阵的等价阶梯形矩阵的非零行(列)所对应的原向量组成.

(四) 向量空间

1. 向量空间

定义 6　设 V 是由 n 维向量构成的非空集合，若 V 对于向量的加法与数乘向量两种运算是封闭的，则称集合 V 是**向量空间**.

2. 基与维数

定义 7　设 V 是向量空间，若其中 r 个向量 $\boldsymbol{\alpha}_1$，$\boldsymbol{\alpha}_2$，…，$\boldsymbol{\alpha}_r$ 满足条件：

(1) $\boldsymbol{\alpha}_1$，$\boldsymbol{\alpha}_2$，…，$\boldsymbol{\alpha}_r$ 线性无关；

(2) V 中任一向量都可由 $\boldsymbol{\alpha}_1$，$\boldsymbol{\alpha}_2$，…，$\boldsymbol{\alpha}_r$ 线性表示；

则称 $\boldsymbol{\alpha}_1$，$\boldsymbol{\alpha}_2$，…，$\boldsymbol{\alpha}_r$ 是 V 的一个**基**. 数 r 称为 V 的**维数**，并说 V 是 r **维向量空间**.

规定　只包含一个零向量的向量空间的维数为 0.

定义 8　设 V 是 r 维向量空间，$\boldsymbol{\alpha}_1$，$\boldsymbol{\alpha}_2$，…，$\boldsymbol{\alpha}_r$ 是它的一个基；对于任一 $\boldsymbol{\alpha}\in V$，若存在数组 x_1，x_2，…，x_r，使

$$\boldsymbol{\alpha}=x_1\boldsymbol{\alpha}_1+x_2\boldsymbol{\alpha}_2+\cdots+x_r\boldsymbol{\alpha}_r,$$

则称数 x_1，x_2，…，x_r 为向量 $\boldsymbol{\alpha}$ 在基 $\boldsymbol{\alpha}_1$，$\boldsymbol{\alpha}_2$，…，$\boldsymbol{\alpha}_r$ 下的**坐标**.

(五) 线性方程组解的结构

1. 齐次线性方程组 $\boldsymbol{Ax}=\boldsymbol{0}$

1) 解的性质

(1) 如果 $\boldsymbol{\xi}_1$，$\boldsymbol{\xi}_2$ 是 $\boldsymbol{Ax}=\boldsymbol{0}$ 的解，则 $\boldsymbol{\xi}_1+\boldsymbol{\xi}_2$ 也是 $\boldsymbol{Ax}=\boldsymbol{0}$ 的解.

(2)如果$\boldsymbol{\xi}$是$\boldsymbol{Ax}=\boldsymbol{0}$的解，$k\in\mathbf{R}$，则$k\boldsymbol{\xi}$也是$\boldsymbol{Ax}=\boldsymbol{0}$的解.

齐次线性方程组的全部解向量集合构成一个向量空间，称之为**解空间**；解空间的基称为基础解系.

2)解的结构

易知$\boldsymbol{Ax}=\boldsymbol{0}$一定有零解．因此，在任何情况下$\boldsymbol{Ax}=\boldsymbol{0}$一定有解.

(1)当$R(\boldsymbol{A})=n$(未知量的个数)时，方程组只有零解(或有唯一解).

(2)当$R(\boldsymbol{A})=r<n$时，方程组有无穷多解(或有非零解)．此时，方程组有$n-r$个自由未知量，基础解系包含$n-r$个解向量，其通解为

$$\boldsymbol{x}=k_1\boldsymbol{\xi}_1+k_2\boldsymbol{\xi}_2+\cdots+k_{n-r}\boldsymbol{\xi}_{n-r}.$$

其中，k_1，k_2，⋯，k_{n-r}为任意实数；$\boldsymbol{\xi}_1$，$\boldsymbol{\xi}_2$，⋯，$\boldsymbol{\xi}_{n-r}$为基础解系.

(3)特别地，当$\boldsymbol{A}$为方阵时，方程组有非零解的充要条件是$|\boldsymbol{A}|=0$.

2. 非齐次线性方程组$\boldsymbol{Ax}=\boldsymbol{b}$

1)解的性质

(1)如果$\boldsymbol{\eta}_1$，$\boldsymbol{\eta}_2$是$\boldsymbol{Ax}=\boldsymbol{b}$的解，则$\boldsymbol{\eta}_1-\boldsymbol{\eta}_2$是对应的齐次线性方程组$\boldsymbol{Ax}=\boldsymbol{0}$的解.

(2)如果$\boldsymbol{\eta}$是$\boldsymbol{Ax}=\boldsymbol{b}$的解，$\boldsymbol{\xi}$是对应的齐次线性方程组$\boldsymbol{Ax}=\boldsymbol{0}$的解，则$\boldsymbol{\xi}+\boldsymbol{\eta}$是$\boldsymbol{Ax}=\boldsymbol{b}$的解.

2)解的结构

非齐次线性方程组$\boldsymbol{Ax}=\boldsymbol{b}$不是在任何情况下都有解；方程组有解的充要条件是系数矩阵的秩等于增广矩阵的秩，即$R(\boldsymbol{A})=R(\boldsymbol{B})$，$\boldsymbol{B}=(\boldsymbol{A},\ \boldsymbol{b})$.

在方程组有解时，称方程组是**相容**的，否则称为**不相容**.

(1)当$R(\boldsymbol{A})=R(\boldsymbol{B})=n$(未知量的个数)时，方程组有唯一解.

(2)当$R(\boldsymbol{A})=R(\boldsymbol{B})=r<n$时，方程组有无穷多解．其通解形式为

$$\boldsymbol{x}=k_1\boldsymbol{\xi}_1+k_2\boldsymbol{\xi}_2+\cdots+k_{n-r}\boldsymbol{\xi}_{n-r}+\boldsymbol{\eta}^*.$$

其中，$\boldsymbol{\eta}^*$是方程组$\boldsymbol{Ax}=\boldsymbol{b}$的一个特解；$\boldsymbol{\xi}_1$，$\boldsymbol{\xi}_2$，⋯，$\boldsymbol{\xi}_{n-r}$是对应的齐次线性方程组$\boldsymbol{Ax}=\boldsymbol{0}$的基础解系；$k_1$，$k_2$，⋯，$k_{n-r}$为任意实数.

(3)当$\boldsymbol{A}$为方阵时，方程组有唯一解的充要条件是$|\boldsymbol{A}|\neq 0$.

三、典型题解析

(一)填空题

【例1】 若$\boldsymbol{\alpha}_1$，$\boldsymbol{\alpha}_2$线性相关，$\boldsymbol{\alpha}_3$，$\boldsymbol{\alpha}_4$线性无关，则$\boldsymbol{\alpha}_1$，$\boldsymbol{\alpha}_2$，$\boldsymbol{\alpha}_3$，$\boldsymbol{\alpha}_4$________.

分析 由“部分相关，整体必相关”知，$\boldsymbol{\alpha}_1$，$\boldsymbol{\alpha}_2$，$\boldsymbol{\alpha}_3$，$\boldsymbol{\alpha}_4$必线性相关.

解 应填线性相关.

【例2】 已知$\boldsymbol{\alpha}_1=\begin{pmatrix}0\\1\\2\end{pmatrix}$，$\boldsymbol{\alpha}_2=\begin{pmatrix}1\\0\\3\end{pmatrix}$，$\boldsymbol{\alpha}_3=\begin{pmatrix}0\\-1\\k\end{pmatrix}$；当$k$满足________时，$\boldsymbol{\alpha}_1$，$\boldsymbol{\alpha}_2$，$\boldsymbol{\alpha}_3$是$\mathbf{R}^3$的一个基.

分析 由$\boldsymbol{\alpha}_1$，$\boldsymbol{\alpha}_2$，$\boldsymbol{\alpha}_3$线性无关，知$|\boldsymbol{\alpha}_1,\ \boldsymbol{\alpha}_2,\ \boldsymbol{\alpha}_3|\neq 0$，故$k\neq -2$.

解　应填 $\underline{k \neq -2}$.

【例 3】 设有齐次线性方程组 $\boldsymbol{AX}=\boldsymbol{0}$，若 A 经初等行变换化为 $\begin{pmatrix}1&0&0&3\\0&1&0&1\\0&0&1&2\\0&0&0&0\end{pmatrix}$，则方程组的基础解系中含有________个解向量.

分析　根据题设知，方程组未知量个数为 4，$R(\boldsymbol{A})=3$，故基础解系中含 $4-3=1$ 个解向量.

解　应填 $\underline{1}$.

(二) 单项选择题

【例 1】 若向量组 $\boldsymbol{\alpha}_1=(1,\ 0,\ 0)^{\mathrm{T}}$，$\boldsymbol{\alpha}_2=(1,\ 1,\ 0)^{\mathrm{T}}$，$\boldsymbol{\alpha}_3=(a,\ b,\ c)^{\mathrm{T}}$ 线性无关，则(　　).

(A) $a=b=c$　　(B) $b=c=0$　　(C) $c=0$　　(D) $c\neq 0$

分析　因向量组 $\boldsymbol{\alpha}_1,\ \boldsymbol{\alpha}_2,\ \cdots,\ \boldsymbol{\alpha}_r$ 线性无关，故 $\boldsymbol{\alpha}_1,\ \boldsymbol{\alpha}_2,\ \boldsymbol{\alpha}_3$ 的秩为 3，故有

$$|\boldsymbol{\alpha}_1,\ \boldsymbol{\alpha}_2,\ \boldsymbol{\alpha}_3|=\begin{vmatrix}1&1&a\\0&1&b\\0&0&c\end{vmatrix}=c\neq 0,$$

由此可知 $c\neq 0$.

解　应选 (D).

【例 2】 n 维向量组 $\boldsymbol{A}$：$\boldsymbol{\alpha}_1,\ \boldsymbol{\alpha}_2,\ \cdots,\ \boldsymbol{\alpha}_r$ ($3\leqslant r\leqslant n$) 线性无关的充要条件是(　　).

(A) $\boldsymbol{A}$ 中有两个向量线性无关

(B) $\boldsymbol{A}$ 中不含零向量

(C) $\boldsymbol{A}$ 中有一个向量不能用其余向量线性表示

(D) $\boldsymbol{A}$ 中任一向量不能用其余向量线性表示

分析　易见 (A)、(B)、(C) 均为向量组线性无关的必要条件，而非充分条件．只有 (D) 为充要条件.

解　应选 (D).

【例 3】 设 $\boldsymbol{A}$ 为四阶矩阵，$\boldsymbol{A}^*$ 为 $\boldsymbol{A}$ 的伴随矩阵，若方程组 $\boldsymbol{Ax}=\boldsymbol{0}$ 的基础解系中只有 2 个解向量，则 $R(\boldsymbol{A}^*)=$(　　).

(A) 0　　(B) 1　　(C) 2　　(D) 3

分析　因为方程组 $\boldsymbol{Ax}=\boldsymbol{0}$ 的基础解系中含有 2 个解向量，可知 $4-R(\boldsymbol{A})=2$，即 $R(\boldsymbol{A})=2<4-1$，则 $R(\boldsymbol{A}^*)=0$. 故应选 (A).

解　应选 (A).

【例 4】 设 $\boldsymbol{A}=(\boldsymbol{\alpha}_1,\ \boldsymbol{\alpha}_2,\ \boldsymbol{\alpha}_3,\ \boldsymbol{\alpha}_4)$ 是四阶矩阵，$\boldsymbol{A}^*$ 为 $\boldsymbol{A}$ 的伴随矩阵，若 $(1,\ 0,\ 1,\ 0)^{\mathrm{T}}$ 是方程组 $\boldsymbol{Ax}=\boldsymbol{0}$ 的一个基础解系，则 $\boldsymbol{A}^*\boldsymbol{x}=\boldsymbol{0}$ 的基础解系可为(　　).

(A) $\boldsymbol{\alpha}_1,\ \boldsymbol{\alpha}_3$　　(B) $\boldsymbol{\alpha}_1,\ \boldsymbol{\alpha}_2$

(C) $\boldsymbol{\alpha}_1,\ \boldsymbol{\alpha}_2,\ \boldsymbol{\alpha}_3$　　(D) $\boldsymbol{\alpha}_2,\ \boldsymbol{\alpha}_3,\ \boldsymbol{\alpha}_4$

解 应选(D).

【例5】 设 n 阶矩阵 $\boldsymbol{A}$ 的伴随矩阵 $\boldsymbol{A}^* \neq \boldsymbol{O}$，若 $\boldsymbol{\xi}_1$，$\boldsymbol{\xi}_2$，$\boldsymbol{\xi}_3$，$\boldsymbol{\xi}_4$ 是非齐次线性方程组 $\boldsymbol{Ax}=\boldsymbol{b}$ 的互不相等的解，则对应的齐次线性方程组 $\boldsymbol{Ax}=\boldsymbol{0}$ 的基础解系(　　).

(A) 不存在　　　　(B) 仅含有一个非零解向量

(C) 含有两个线性无关的解向量　　　　(D) 含有两个线性无关的解向量

分析 本题的关键是确定系数矩阵 $\boldsymbol{A}$ 的秩．因为 $\boldsymbol{\xi}_1 \neq \boldsymbol{\xi}_2$，知 $\boldsymbol{\xi}_1-\boldsymbol{\xi}_2$ 是 $\boldsymbol{Ax}=\boldsymbol{0}$ 的非零解，故 $R(\boldsymbol{A})<n$. 又因伴随矩阵 $\boldsymbol{A}^* \neq \boldsymbol{O}$，说明至少有一个代数余子式 $A_{ij}\neq 0$，即 $|\boldsymbol{A}|$ 中至少有一个 $n-1$ 阶子式非零，因此 $R(\boldsymbol{A})=n-1$. 那么 $n-R(\boldsymbol{A})=1$，即 $\boldsymbol{Ax}=\boldsymbol{0}$ 的基础解系中仅含有一个非零解向量，故应选(B).

解 应选(B).

(三)计算题

【例1】 设 $\boldsymbol{\alpha}_1=\begin{pmatrix}1\\0\\3\end{pmatrix}$，$\boldsymbol{\alpha}_2=\begin{pmatrix}1\\1\\4\end{pmatrix}$，$\boldsymbol{\alpha}_3=\begin{pmatrix}0\\1\\0\end{pmatrix}$. 判断向量组 $\boldsymbol{\alpha}_1$，$\boldsymbol{\alpha}_2$，$\boldsymbol{\alpha}_3$ 的线性相关性，并求一个最大无关组.

解 因由向量组所构成的矩阵 $\boldsymbol{A}=\begin{pmatrix}1&1&0\\0&1&1\\3&4&0\end{pmatrix}\sim\begin{pmatrix}1&1&0\\0&1&1\\0&1&0\end{pmatrix}\sim\begin{pmatrix}1&1&0\\0&1&1\\0&0&-1\end{pmatrix}$，所以 $R(\boldsymbol{A})=3$，$\boldsymbol{\alpha}_1$，$\boldsymbol{\alpha}_2$，$\boldsymbol{\alpha}_3$ 的秩为 3，故 $\boldsymbol{\alpha}_1$，$\boldsymbol{\alpha}_2$，$\boldsymbol{\alpha}_3$ 线性无关；它本身就是最大无关组.

【例2】 判别 $\boldsymbol{\alpha}_1=(2,\ 2,\ 7,\ -1)^{\mathrm{T}}$，$\boldsymbol{\alpha}_2=(3,\ -1,\ 2,\ 4)^{\mathrm{T}}$，$\boldsymbol{\alpha}_3=(1,\ 1,\ 3,\ 1)^{\mathrm{T}}$ 的线性相关性.

解 方法一 利用初等行变换.

$$\text{令 }\boldsymbol{A}=(\boldsymbol{\alpha}_1,\ \boldsymbol{\alpha}_2,\ \boldsymbol{\alpha}_3)=\begin{pmatrix}2&3&1\\2&-1&1\\7&2&3\\-1&4&1\end{pmatrix}\sim\begin{pmatrix}-1&4&1\\0&7&3\\0&30&10\\0&11&3\end{pmatrix}\sim\begin{pmatrix}-1&4&1\\0&7&3\\0&3&1\\0&11&3\end{pmatrix}\sim\begin{pmatrix}-1&4&1\\0&1&1\\0&0&-2\\0&0&0\end{pmatrix},$$

知 $R(\boldsymbol{\alpha}_1,\ \boldsymbol{\alpha}_2,\ \boldsymbol{\alpha}_3)=3$，故 $\boldsymbol{\alpha}_1$，$\boldsymbol{\alpha}_2$，$\boldsymbol{\alpha}_3$ 线性无关.

方法二 利用矩阵的行列式．因为 $\boldsymbol{A}=(\boldsymbol{\alpha}_1,\ \boldsymbol{\alpha}_2,\ \boldsymbol{\alpha}_3)$ 有 3 阶子式 $\begin{vmatrix}2&3&1\\2&-1&1\\7&2&3\end{vmatrix}=4\neq 0$，故 $\boldsymbol{\alpha}_1$，$\boldsymbol{\alpha}_2$，$\boldsymbol{\alpha}_3$ 线性无关.

方法三 利用定义.

由于 $x_1\boldsymbol{\alpha}_1+x_2\boldsymbol{\alpha}_2+x_3\boldsymbol{\alpha}_3=\boldsymbol{0}\Leftrightarrow$ 齐次方程组 $\begin{pmatrix}2&3&1\\2&-1&1\\7&2&3\\-1&4&1\end{pmatrix}\begin{pmatrix}x_1\\x_2\\x_3\end{pmatrix}=\boldsymbol{0}$，又系数矩阵 $\boldsymbol{A}=$

$$(\boldsymbol{\alpha}_1, \boldsymbol{\alpha}_2, \boldsymbol{\alpha}_3)=\begin{pmatrix}2&3&1\\2&-1&1\\7&2&3\\-1&4&1\end{pmatrix}\sim\begin{pmatrix}1&0&0\\0&1&0\\0&0&1\\0&0&0\end{pmatrix},$$ 因此齐次方程组仅有零解．从而 $\boldsymbol{\alpha}_1$，$\boldsymbol{\alpha}_2$，$\boldsymbol{\alpha}_3$ 是线性无关的.

方法四　利用矩阵的秩.

因矩阵 $\boldsymbol{A}=(\boldsymbol{\alpha}_1, \boldsymbol{\alpha}_2, \boldsymbol{\alpha}_3)=\begin{pmatrix}2&3&1\\2&-1&1\\7&2&3\\-1&4&1\end{pmatrix}$ 是列满秩的，故 $\boldsymbol{\alpha}_1$，$\boldsymbol{\alpha}_2$，$\boldsymbol{\alpha}_3$ 是线性无关的.

【例 3】求向量组 $\boldsymbol{\alpha}_1=\begin{pmatrix}25\\75\\75\\25\end{pmatrix}$，$\boldsymbol{\alpha}_2=\begin{pmatrix}31\\94\\94\\32\end{pmatrix}$，$\boldsymbol{\alpha}_3=\begin{pmatrix}17\\53\\54\\20\end{pmatrix}$，$\boldsymbol{\alpha}_4=\begin{pmatrix}43\\132\\134\\48\end{pmatrix}$ 的一个最大无关组，并把其余向量用该最大无关组表示.

分析　求向量组的最大无关组的基本方法——利用矩阵的初等变换．解题的一般步骤为：

(1)以向量组中的各向量作为矩阵的列(行)；

(2)对所构成的矩阵施以行(列)初等变换，将矩阵化为阶梯形矩阵；

(3)阶梯形矩阵中非零列(行)向量对应的原向量就是该向量组的一个最大无关组.

解　记 $\boldsymbol{A}=(\boldsymbol{\alpha}_1, \boldsymbol{\alpha}_2, \boldsymbol{\alpha}_3, \boldsymbol{\alpha}_4)$，则

$$\boldsymbol{A}=\begin{pmatrix}25&31&17&43\\75&94&53&132\\75&94&54&134\\25&32&20&48\end{pmatrix}\sim\begin{pmatrix}25&31&17&43\\0&1&2&3\\0&0&1&2\\0&1&3&5\end{pmatrix}\sim\begin{pmatrix}25&31&17&43\\0&1&2&3\\0&0&1&2\\0&0&0&0\end{pmatrix}$$

$$\sim\begin{pmatrix}25&31&0&9\\0&1&0&-1\\0&0&1&2\\0&0&0&0\end{pmatrix}\sim\begin{pmatrix}25&0&0&40\\0&1&0&-1\\0&0&1&2\\0&0&0&0\end{pmatrix}\sim\begin{pmatrix}1&0&0&8/5\\0&1&0&-1\\0&0&1&2\\0&0&0&0\end{pmatrix}.$$

从 $\boldsymbol{A}$ 的行最简形可知：$\boldsymbol{\alpha}_1$，$\boldsymbol{\alpha}_2$，$\boldsymbol{\alpha}_3$ 是 $\boldsymbol{A}$ 的列向量组的一个最大无关组；而

$$\boldsymbol{\alpha}_4=\frac{8}{5}\boldsymbol{\alpha}_1-\boldsymbol{\alpha}_2+2\boldsymbol{\alpha}_3.$$

【例 4】向量组为 $\boldsymbol{\alpha}_1=\begin{pmatrix}1\\0\\0\\3\end{pmatrix}$，$\boldsymbol{\alpha}_2=\begin{pmatrix}1\\1\\-1\\2\end{pmatrix}$，$\boldsymbol{\alpha}_3=\begin{pmatrix}1\\2\\a-3\\1\end{pmatrix}$，$\boldsymbol{\alpha}_4=\begin{pmatrix}1\\2\\-2\\a\end{pmatrix}$，$\boldsymbol{\alpha}_5=\begin{pmatrix}0\\1\\b\\-1\end{pmatrix}$．求 a，b 取何值时，该向量组线性相关；此时向量组的秩为多少？最大无关组是什么？

解　由于向量组构成矩阵：

$$A=\begin{pmatrix}1&1&1&1&0\\0&1&2&2&1\\0&-1&a-3&-2&b\\3&2&1&a&-1\end{pmatrix}\sim\begin{pmatrix}1&1&1&1&0\\0&1&2&2&1\\0&-1&a-3&-2&b\\0&-1&-2&a-3&-1\end{pmatrix}$$

$$\sim\begin{pmatrix}1&1&1&1&1\\0&1&2&2&1\\0&0&a-1&0&b+1\\0&0&0&a-1&0\end{pmatrix}.$$

(1)当 $a=1$，b 取任意值时，$R(\boldsymbol{A})=4<5$，向量组线性相关；向量组的秩为4，最大无关组是 $\boldsymbol{\alpha}_1$，$\boldsymbol{\alpha}_2$，$\boldsymbol{\alpha}_3$，$\boldsymbol{\alpha}_4$.

(2)当 $a=1$，$b\neq-1$ 时，$R(\boldsymbol{A})=3<5$，向量组线性相关；向量组的秩为3，最大无关组为 $\boldsymbol{\alpha}_1$，$\boldsymbol{\alpha}_2$，$\boldsymbol{\alpha}_5$.

(3)当 $a=1$，$b=-1$ 时，$R(\boldsymbol{A})=2<5$，向量组线性相关；向量组的秩为2，最大无关组为 $\boldsymbol{\alpha}_1$，$\boldsymbol{\alpha}_2$.

【例5】设 $\boldsymbol{\alpha}_1$，$\boldsymbol{\alpha}_2$，$\boldsymbol{\alpha}_3$ 线性无关，则 λ 和 μ 取何值时，$\lambda\boldsymbol{\alpha}_1-\boldsymbol{\alpha}_2$，$\mu\boldsymbol{\alpha}_2-\boldsymbol{\alpha}_3$，$\boldsymbol{\alpha}_3-\boldsymbol{\alpha}_1$ 线性无关.

分析 对于给定的含有待定参数的向量组，由于它们线性相关或线性无关依赖于参数的取值，因此这类题目主要是根据题设确定向量组中所含待定参数的值．其基本方法有：

(1)定义法；

(2)利用矩阵的秩.

解 设有 k_1，k_2，k_3，使 $k_1(\lambda\boldsymbol{\alpha}_1-\boldsymbol{\alpha}_2)+k_2(\mu\boldsymbol{\alpha}_2-\boldsymbol{\alpha}_3)+k_3(\boldsymbol{\alpha}_3-\boldsymbol{\alpha}_1)=\boldsymbol{0}$，即 $(\lambda k_1+k_3)\boldsymbol{\alpha}_1+(-k_1+\mu k_2)\boldsymbol{\alpha}_2+(-k_2+k_3)\boldsymbol{\alpha}_3=\boldsymbol{0}$；因 $\boldsymbol{\alpha}_1$，$\boldsymbol{\alpha}_2$，$\boldsymbol{\alpha}_3$ 线性无关，故有

$$\begin{cases}\lambda k_1-k_3=0\\-k_1+k_2=0;\\-k_2+k_3=0\end{cases}\tag{4-1}$$

当系数行列式 $\begin{vmatrix}\lambda&0&1\\-1&\mu&0\\0&-1&1\end{vmatrix}=\lambda\mu-1\neq0$，即 $\lambda\mu\neq1$ 时，方程组(4-1)只有零解 $k_1=k_2=k_3=0$；所以 $\lambda\boldsymbol{\alpha}_1-\boldsymbol{\alpha}_2$，$\mu\boldsymbol{\alpha}_2-\boldsymbol{\alpha}_3$，$\boldsymbol{\alpha}_3-\boldsymbol{\alpha}_1$ 线性无关.

【例6】求非齐次线性方程组 $\begin{cases}x_1-x_2-x_3+x_4=0\\x_1-x_2+x_3-3x_4=1\\x_1-x_2-2x_3+3x_4=-1/2\end{cases}$ 的通解及对应的齐次线性方程组的一个基础解系.

分析 求非齐次线性方程组 $A_{m\times n}x=b$ 通解的一般步骤：

(1)写出增广矩阵 $\boldsymbol{B}=(\boldsymbol{A},\ \boldsymbol{b})$，用初等行变换将其化为行最简形矩阵；

(2)判断 $R(\boldsymbol{A})$ 与 $R(\boldsymbol{B})$ 是否相等，若相等则转下一步；否则方程组无解，计算结束；

(3)由行最简形矩阵写出对应的同解方程组；

(4)由同解方程组求出对应齐次线性方程组的一个基础解系及原方程的一个特解，写出通解.

注 (1)只能用**初等行变换**对增广矩阵化简，如果用初等列变换化简，则不能保证变换

前后的两个方程组同解.

(2)解的结果表达形式不唯一，可以逐个代入原方程组验证.

(3)基础解系与通解是两个不同的概念. 基础解系是由全部解向量所组成的向量组的一个最大无关组，而通解是方程组的全部解的一个统一表达式(通式).

解　(1)对增广矩阵作行初等变换，判别是否有解.

$$\boldsymbol{A}=\begin{pmatrix}1&-1&-1&1&0\\1&-1&1&-3&1\\1&-1&-2&3&-1/2\end{pmatrix}\sim\begin{pmatrix}1&-1&0&-1&1/2\\0&0&1&-2&1/2\\0&0&0&0&0\end{pmatrix},$$

由于系数阵的秩等于增广矩阵的秩，故线性方程组有解.

(2)最简方程组为$\begin{cases}x_1=x_2+x_4+\dfrac{1}{2}\\x_3=2x_4+\dfrac{1}{2}\end{cases}$.

(3)令自由未知量 x_2，x_4 等于0，得原方程组的一个特解 $\boldsymbol{\eta}^*=\begin{pmatrix}1/2\\0\\1/2\\0\end{pmatrix}$.

(4)对应的齐次线性方程组的基础解系为 $\boldsymbol{\xi}_1=\begin{pmatrix}1\\1\\0\\0\end{pmatrix}$，$\boldsymbol{\xi}_2=\begin{pmatrix}1\\0\\2\\1\end{pmatrix}$.

(5)写通解 $\boldsymbol{x}=k_1\boldsymbol{\xi}_1+k_2\boldsymbol{\xi}_2+\boldsymbol{\eta}^*$，$(k_1,\ k_2\in\mathbf{R})$.

【例 7】设四元非齐次线性方程组的系数矩阵的秩为3，已知 $\boldsymbol{\eta}_1$，$\boldsymbol{\eta}_2$，$\boldsymbol{\eta}_3$ 是它的三个解向量，且 $\boldsymbol{\eta}_1=\begin{pmatrix}2\\3\\4\\5\end{pmatrix}$，$\boldsymbol{\eta}_2+\boldsymbol{\eta}_3=\begin{pmatrix}1\\2\\3\\4\end{pmatrix}$，求该方程组的通解.

分析　这是一道已知解的信息，求方程组通解的题. 根据非齐次线性方程组解的结构，应先求出对应的齐次线性方程组的基础解系，再求通解.

解　设四元非齐次线性方程组为 $\boldsymbol{Ax}=\boldsymbol{b}$，由于未知量个数为4，而 $R(\boldsymbol{A})=3<4$，故对应的齐次线性方程组 $\boldsymbol{AX}=\boldsymbol{0}$ 的基础解系中仅含 $n-R(\boldsymbol{A})=4-3=1$ 个解向量. 因为

$$\boldsymbol{A}[2\boldsymbol{\eta}_1-(\boldsymbol{\eta}_2+\boldsymbol{\eta}_3)]=2\boldsymbol{A\eta}_1-\boldsymbol{A\eta}_2-\boldsymbol{A\eta}_3=2\boldsymbol{b}-\boldsymbol{b}-\boldsymbol{b}=\boldsymbol{0}.$$

于是 $2\boldsymbol{\eta}_1-(\boldsymbol{\eta}_2+\boldsymbol{\eta}_3)=\begin{pmatrix}3\\4\\5\\6\end{pmatrix}$ 是 $\boldsymbol{Ax}=\boldsymbol{0}$ 的解，从而它就是 $\boldsymbol{Ax}=\boldsymbol{0}$ 的一个基础解系. 故 $\boldsymbol{Ax}=\boldsymbol{b}$ 的通解为 $\begin{pmatrix}x_1\\x_2\\x_3\\x_4\end{pmatrix}=c\begin{pmatrix}3\\4\\5\\6\end{pmatrix}+\begin{pmatrix}2\\3\\4\\5\end{pmatrix}$，$(c\in\mathbf{R})$.

【例 8】设矩阵 $\boldsymbol{A}=(\boldsymbol{a}_1, \boldsymbol{a}_2, \boldsymbol{a}_3, \boldsymbol{a}_4)$，其中 $\boldsymbol{a}_2, \boldsymbol{a}_3, \boldsymbol{a}_4$ 线性无关，$\boldsymbol{a}_1=2\boldsymbol{a}_2-\boldsymbol{a}_3$. 向量 $\boldsymbol{b}=\boldsymbol{a}_1+\boldsymbol{a}_2+\boldsymbol{a}_3+\boldsymbol{a}_4$，求方程 $\boldsymbol{Ax}=\boldsymbol{b}$ 的通解.

解 因 $\boldsymbol{a}_2, \boldsymbol{a}_3, \boldsymbol{a}_4$ 线性无关，所以 $R(\boldsymbol{A})\geqslant 3$；又 $\boldsymbol{a}_1=2\boldsymbol{a}_2-\boldsymbol{a}_3=2\boldsymbol{a}_2-\boldsymbol{a}_3+0\boldsymbol{a}_4$，可知 $\boldsymbol{a}_1, \boldsymbol{a}_2, \boldsymbol{a}_3, \boldsymbol{a}_4$ 线性相关，所以 $R(\boldsymbol{A})\leqslant 3$. 综上可知 $R(\boldsymbol{A})=3$. 故 $\boldsymbol{Ax}=\boldsymbol{0}$ 的基础解系中含 $4-3=1$ 个解向量；而由

$$\boldsymbol{a}_1-2\boldsymbol{a}_2+\boldsymbol{a}_3+0\boldsymbol{a}_4=\boldsymbol{0}$$

知 $\boldsymbol{\xi}=\begin{pmatrix}1\\-2\\1\\0\end{pmatrix}\neq 0$ 即为 $\boldsymbol{Ax}=\boldsymbol{0}$ 的基础解系．再由

$$\boldsymbol{b}=\boldsymbol{a}_1+\boldsymbol{a}_2+\boldsymbol{a}_3+\boldsymbol{a}_4$$

知 $\boldsymbol{\eta}=\begin{pmatrix}1\\1\\1\\1\end{pmatrix}$ 为 $\boldsymbol{Ax}=\boldsymbol{b}$ 的一个解．故 $\boldsymbol{Ax}=\boldsymbol{b}$ 的通解为

$$\boldsymbol{x}=k\boldsymbol{\xi}+\boldsymbol{\eta}=k\begin{pmatrix}1\\-2\\1\\0\end{pmatrix}+\begin{pmatrix}1\\1\\1\\1\end{pmatrix},\ (k\in\mathbf{R}).$$

【例 9】验证 $\boldsymbol{a}_1=(1, -1, 0)^{\mathrm{T}}$，$\boldsymbol{a}_2=(2, 1, 3)^{\mathrm{T}}$，$\boldsymbol{a}_3=(3, 1, 2)^{\mathrm{T}}$ 为 $\boldsymbol{R}^3$ 的一个基，并把 $\boldsymbol{v}_1=(5, 0, 7)^{\mathrm{T}}$，$\boldsymbol{v}_2=(-9, -8, -13)^{\mathrm{T}}$ 用这个基线性表示.

解 设 $\boldsymbol{A}=(\boldsymbol{a}_1, \boldsymbol{a}_2, \boldsymbol{a}_3)=\begin{pmatrix}1&2&3\\-1&1&1\\0&3&2\end{pmatrix}$，可求得 $|\boldsymbol{A}|=-6$；所以 $\boldsymbol{a}_1, \boldsymbol{a}_2, \boldsymbol{a}_3$ 线性无关，即它们是 $\boldsymbol{R}^3$ 的一个基.

设 $\boldsymbol{v}_1=x_1\boldsymbol{a}_1+x_2\boldsymbol{a}_2+x_3\boldsymbol{a}_3$，$\boldsymbol{v}_2=y_1\boldsymbol{a}_1+y_2\boldsymbol{a}_2+y_3\boldsymbol{a}_3$，即

$$\begin{cases}x_1+2x_2+3x_3=5\\-x_1+x_2+x_3=0,\\3x_2+2x_3=7\end{cases}\quad\begin{cases}y_1+2y_2+3y_3=-9\\-y_1+y_2+y_3=-8;\\3y_2+2y_3=-13\end{cases}$$

解之得 $\begin{cases}x_1=2\\x_2=3\\x_3=-1\end{cases}$，$\begin{cases}y_1=3\\y_2=-3.\\y_3=-2\end{cases}$ 故 $\boldsymbol{v}_1=2\boldsymbol{a}_1+3\boldsymbol{a}_2-\boldsymbol{a}_3$，$\boldsymbol{v}_2=3\boldsymbol{a}_1-3\boldsymbol{a}_2-2\boldsymbol{a}_3$.

【例 10】设向量组 $\boldsymbol{\alpha}_1=(1, 1, 1, 3)^{\mathrm{T}}$，$\boldsymbol{\alpha}_2=(-1, -3, 5, 1)^{\mathrm{T}}$，$\boldsymbol{\alpha}_3=(3, 2, -1, p+2)^{\mathrm{T}}$，$\boldsymbol{\alpha}_4=(-2, -6, 10, p)^{\mathrm{T}}$.

(1) p 为何值时，该向量组线性无关？并在此时将向量 $\boldsymbol{\alpha}=(4, 1, 6, 10)^{\mathrm{T}}$ 用 $\boldsymbol{\alpha}_1, \boldsymbol{\alpha}_2, \boldsymbol{\alpha}_3, \boldsymbol{\alpha}_4$ 线性表出；

(2) p 为何值时，该向量组线性相关？并在此时求出它的秩和一个最大无关组.

解 对矩阵 $(\boldsymbol{\alpha}_1, \boldsymbol{\alpha}_2, \boldsymbol{\alpha}_3, \boldsymbol{\alpha}_4, \boldsymbol{\alpha})$ 作初等行变换，得

$$(\boldsymbol{\alpha}_1, \boldsymbol{\alpha}_2, \boldsymbol{\alpha}_3, \boldsymbol{\alpha}_4, \boldsymbol{\alpha}) = \begin{pmatrix} 1 & -1 & 3 & -2 & 4 \\ 1 & -3 & 2 & -6 & 1 \\ 1 & 5 & -1 & 10 & 6 \\ 3 & 1 & p+2 & p & 10 \end{pmatrix} \sim \begin{pmatrix} 1 & -1 & 3 & -2 & 4 \\ 0 & -2 & -1 & -4 & -3 \\ 0 & 6 & -4 & 12 & 2 \\ 0 & 4 & p-7 & p+6 & -2 \end{pmatrix}$$

$$\sim \begin{pmatrix} 1 & -1 & 3 & -2 & 4 \\ 0 & -2 & -1 & -4 & -3 \\ 0 & 0 & -7 & 0 & -7 \\ 0 & 0 & p-9 & p-2 & -8 \end{pmatrix} \sim \begin{pmatrix} 1 & -1 & 3 & -2 & 4 \\ 0 & -2 & -1 & -4 & -3 \\ 0 & 0 & 1 & 0 & 1 \\ 0 & 0 & 0 & p-2 & 1-p \end{pmatrix}$$

(1)当 $p \neq 2$ 时，向量组 $\boldsymbol{\alpha}_1$，$\boldsymbol{\alpha}_2$，$\boldsymbol{\alpha}_3$，$\boldsymbol{\alpha}_4$ 线性无关.

此时设 $\boldsymbol{\alpha} = x_1\boldsymbol{\alpha}_1 + x_2\boldsymbol{\alpha}_2 + x_3\boldsymbol{\alpha}_3 + x_4\boldsymbol{\alpha}_4$，解得 $x_1 = 2$，$x_2 = \dfrac{3p-4}{p-2}$，$x_3 = 1$，$x_4 = \dfrac{1-p}{p-2}$；即 $\boldsymbol{\alpha} = 2\boldsymbol{\alpha}_1 + \dfrac{3p-4}{p-2}\boldsymbol{\alpha}_2 + \boldsymbol{\alpha}_3 + \dfrac{1-p}{p-2}\boldsymbol{\alpha}_4$.

(2)当 $p = 2$ 时，向量组 $\boldsymbol{\alpha}_1$，$\boldsymbol{\alpha}_2$，$\boldsymbol{\alpha}_3$，$\boldsymbol{\alpha}_4$ 线性相关．此时，向量组的秩等于 3；$\boldsymbol{\alpha}_1$，$\boldsymbol{\alpha}_2$，$\boldsymbol{\alpha}_3$(或 $\boldsymbol{\alpha}_1$，$\boldsymbol{\alpha}_3$，$\boldsymbol{\alpha}_4$)为其一个最大无关组.

(四)证明题

【例 1】已知向量组 $\boldsymbol{a}_1$，$\boldsymbol{a}_2$，$\boldsymbol{a}_3$ 线性无关，$\boldsymbol{b}_1 = \boldsymbol{a}_1 + \boldsymbol{a}_2$，$\boldsymbol{b}_2 = \boldsymbol{a}_2 + \boldsymbol{a}_3$，$\boldsymbol{b}_3 = \boldsymbol{a}_3 + \boldsymbol{a}_1$. 试证向量组 $\boldsymbol{b}_1$，$\boldsymbol{b}_2$，$\boldsymbol{b}_3$ 线性无关.

证明　方法一　用定义.

设有 x_1，x_2，x_3，使 $x_1\boldsymbol{b}_1 + x_2\boldsymbol{b}_2 + x_3\boldsymbol{b}_3 = \boldsymbol{0}$，即

$$x_1(\boldsymbol{a}_1 + \boldsymbol{a}_2) + x_2(\boldsymbol{a}_2 + \boldsymbol{a}_3) + x_3(\boldsymbol{a}_3 + \boldsymbol{a}_1) = \boldsymbol{0},$$

亦即

$$(x_1 + x_3)\boldsymbol{a}_1 + (x_1 + x_2)\boldsymbol{a}_2 + (x_2 + x_3)\boldsymbol{a}_3 = \boldsymbol{0}.$$

因 $\boldsymbol{a}_1$，$\boldsymbol{a}_2$，$\boldsymbol{a}_3$ 线性无关，故有 $\begin{cases} x_1 + x_3 = 0 \\ x_1 + x_2 = 0. \\ x_2 + x_3 = 0 \end{cases}$ 因 $\begin{vmatrix} 1 & 0 & 1 \\ 1 & 1 & 0 \\ 0 & 1 & 1 \end{vmatrix} = 2 \neq 0$，所以方程组只有零解 $x_1 = x_2 = x_3 = 0$，从而 $\boldsymbol{b}_1$，$\boldsymbol{b}_2$，$\boldsymbol{b}_3$ 线性无关.

方法二　用定理.

因 $(\boldsymbol{b}_1, \boldsymbol{b}_2, \boldsymbol{b}_3) = (\boldsymbol{a}_1, \boldsymbol{a}_2, \boldsymbol{a}_3)\begin{pmatrix} 1 & 0 & 1 \\ 1 & 1 & 0 \\ 0 & 1 & 1 \end{pmatrix}$. 又 $\begin{vmatrix} 1 & 0 & 1 \\ 1 & 1 & 0 \\ 0 & 1 & 1 \end{vmatrix} = 2 \neq 0$，所以 $\begin{pmatrix} 1 & 0 & 1 \\ 1 & 1 & 0 \\ 0 & 1 & 1 \end{pmatrix}$ 可逆；故有 $R(\boldsymbol{b}_1, \boldsymbol{b}_2, \boldsymbol{b}_3) = R(\boldsymbol{a}_1, \boldsymbol{a}_2, \boldsymbol{a}_3) = 3 \Rightarrow \boldsymbol{b}_1$，$\boldsymbol{b}_2$，$\boldsymbol{b}_3$ 线性无关.

【例 2】设 $\boldsymbol{A}$ 为 n 阶矩阵，若存在正整数 k，使线性方程组 $\boldsymbol{A}^k\boldsymbol{x} = \boldsymbol{0}$ 有解向量 $\boldsymbol{\alpha}$，且 $\boldsymbol{A}^{k-1}\boldsymbol{\alpha} \neq \boldsymbol{0}$，证明：向量组 $\boldsymbol{\alpha}$，$\boldsymbol{A\alpha}$，$\cdots$，$\boldsymbol{A}^{k-1}\boldsymbol{\alpha}$ 是线性无关的.

解　设有一组数 λ_1，λ_2，$\cdots$，λ_k，使得

$$\lambda_1\boldsymbol{\alpha} + \lambda_2\boldsymbol{A\alpha} + \cdots + \lambda_k\boldsymbol{A}^{k-1}\boldsymbol{\alpha} = \boldsymbol{0}, \tag{4-2}$$

为利用 $\boldsymbol{A}^{k-1}\boldsymbol{\alpha} \neq \boldsymbol{0}$，$\boldsymbol{A}^k\boldsymbol{\alpha} = \boldsymbol{0}$，显然 $\boldsymbol{A}^m\boldsymbol{\alpha} = \boldsymbol{0}(m \geqslant k)$. 于是在式(4-2)两边同左乘 $\boldsymbol{A}^{k-1}$，有

$$\boldsymbol{A}^{k-1}(\lambda_1\boldsymbol{\alpha} + \lambda_2\boldsymbol{A\alpha} + \cdots + \lambda_k\boldsymbol{A}^{k-1}\boldsymbol{\alpha}) = \boldsymbol{0},$$

即 $\lambda_1\boldsymbol{A}^{k-1}\boldsymbol{\alpha} = 0$. 因为 $\boldsymbol{A}^{k-1}\boldsymbol{\alpha} \neq \boldsymbol{0}$，所以 $\lambda_1 = 0$. 于是式(4-2)变为

$$\lambda_2 \boldsymbol{A\alpha} + \cdots + \lambda_k \boldsymbol{A}^{k-1}\boldsymbol{\alpha} = \boldsymbol{0},$$

再两边左乘 $\boldsymbol{A}^{k-2}$，可推得 $\lambda_2 = 0$. 进而类似可证得 $\lambda_3 = \lambda_4 = \cdots = \lambda_k = 0$.

由定义知向量组 $\boldsymbol{\alpha}$，$\boldsymbol{A\alpha}$，…，$\boldsymbol{A}^{k-1}\boldsymbol{\alpha}$ 线性无关.

【例 3】设 $\boldsymbol{\alpha}_1$，$\boldsymbol{\alpha}_2$，…，$\boldsymbol{\alpha}_n$ 是一组 n 维向量，已知 n 维单位坐标向量 $\boldsymbol{\varepsilon}_1$，$\boldsymbol{\varepsilon}_2$，…，$\boldsymbol{\varepsilon}_n$ 能由它们线性表示，证明 $\boldsymbol{\alpha}_1$，$\boldsymbol{\alpha}_2$，…，$\boldsymbol{\alpha}_n$ 线性无关.

证明 方法一：由于 $\boldsymbol{\varepsilon}_1$，$\boldsymbol{\varepsilon}_2$，…，$\boldsymbol{\varepsilon}_n$ 能由 $\boldsymbol{\alpha}_1$，$\boldsymbol{\alpha}_2$，…，$\boldsymbol{\alpha}_n$ 线性表示，又显然 $\boldsymbol{\alpha}_1$，$\boldsymbol{\alpha}_2$，…，$\boldsymbol{\alpha}_n$ 能由 $\boldsymbol{\varepsilon}_1$，$\boldsymbol{\varepsilon}_2$，…，$\boldsymbol{\varepsilon}_n$ 线性表示．故 $\boldsymbol{\alpha}_1$，$\boldsymbol{\alpha}_2$，…，$\boldsymbol{\alpha}_n$ 与 $\boldsymbol{\varepsilon}_1$，$\boldsymbol{\varepsilon}_2$，…，$\boldsymbol{\varepsilon}_n$ 等价，从而秩相同. 而 $\boldsymbol{\varepsilon}_1$，$\boldsymbol{\varepsilon}_2$，…，$\boldsymbol{\varepsilon}_n$ 的秩为 n，故 $\boldsymbol{\alpha}_1$，$\boldsymbol{\alpha}_2$，…，$\boldsymbol{\alpha}_n$ 的秩也为 n，因此 $\boldsymbol{\alpha}_1$，$\boldsymbol{\alpha}_2$，…，$\boldsymbol{\alpha}_n$ 线性无关.

方法二：设 $\boldsymbol{\alpha}_1$，$\boldsymbol{\alpha}_2$，…，$\boldsymbol{\alpha}_n$ 的秩为 r，则 $r \leqslant n$. 显然 $\boldsymbol{\varepsilon}_1$，$\boldsymbol{\varepsilon}_2$，…，$\boldsymbol{\varepsilon}_n$ 的秩为 n. 又 $\boldsymbol{\varepsilon}_1$，$\boldsymbol{\varepsilon}_2$，…，$\boldsymbol{\varepsilon}_n$ 能由 $\boldsymbol{\alpha}_1$，$\boldsymbol{\alpha}_2$，…，$\boldsymbol{\alpha}_n$ 线性表示，故 $n \leqslant r$. 可见 $r = n$，故 $\boldsymbol{\alpha}_1$，$\boldsymbol{\alpha}_2$，…，$\boldsymbol{\alpha}_n$ 线性无关.

【例 4】设 $\boldsymbol{\alpha}_1$，$\boldsymbol{\alpha}_2$，$\boldsymbol{\alpha}_3$ 是某齐次线性方程组的一个基础解系，证明：$\boldsymbol{\alpha}_1 - \boldsymbol{\alpha}_2$，$\boldsymbol{\alpha}_2 - \boldsymbol{\alpha}_3$，$\boldsymbol{\alpha}_3 + \boldsymbol{\alpha}_1$ 也是一个基础解系.

证明 由 $\boldsymbol{\alpha}_1$，$\boldsymbol{\alpha}_2$，$\boldsymbol{\alpha}_3$ 是某齐次线性方程组的一个基础解系，可知 $\boldsymbol{\alpha}_1 - \boldsymbol{\alpha}_2$，$\boldsymbol{\alpha}_2 - \boldsymbol{\alpha}_3$，$\boldsymbol{\alpha}_3 + \boldsymbol{\alpha}_1$ 均是此方程组的解(根据解的性质)，又因方程组的任何三个线性无关的解，都可作为此方程组的一个基础解系；为此本题只需证明 $\boldsymbol{\alpha}_1 - \boldsymbol{\alpha}_2$，$\boldsymbol{\alpha}_2 - \boldsymbol{\alpha}_3$，$\boldsymbol{\alpha}_3 + \boldsymbol{\alpha}_1$ 线性无关即可.

设有 k_1，k_2，k_3，使 $k_1(\boldsymbol{\alpha}_1 - \boldsymbol{\alpha}_2) + k_2(\boldsymbol{\alpha}_2 - \boldsymbol{\alpha}_3) + k_3(\boldsymbol{\alpha}_3 + \boldsymbol{\alpha}_1) = \boldsymbol{0}$，即

$$(k_1 + k_3)\boldsymbol{\alpha}_1 + (-k_1 + k_2)\boldsymbol{\alpha}_2 + (-k_2 + k_3)\boldsymbol{\alpha}_3 = \boldsymbol{0},$$

因 $\boldsymbol{\alpha}_1$，$\boldsymbol{\alpha}_2$，$\boldsymbol{\alpha}_3$ 是基础解系，必定线性无关．故有

$$\begin{cases} k_1 + k_3 = 0 \\ -k_1 + k_2 = 0; \\ -k_2 + k_3 = 0 \end{cases} \tag{4-3}$$

由于

$$\begin{vmatrix} 1 & 0 & 1 \\ -1 & 1 & 0 \\ 0 & -1 & 1 \end{vmatrix} = \begin{vmatrix} 1 & 0 & 1 \\ 0 & 1 & 1 \\ 0 & -1 & 1 \end{vmatrix} = \begin{vmatrix} 1 & 0 & 1 \\ 0 & 1 & 1 \\ 0 & 0 & 2 \end{vmatrix} = 2 \neq 0,$$

故方程组(4-3)只有零解，即 $k_1 = k_2 = k_3 = 0$；所以 $\boldsymbol{\alpha}_1 - \boldsymbol{\alpha}_2$，$\boldsymbol{\alpha}_2 - \boldsymbol{\alpha}_3$，$\boldsymbol{\alpha}_3 + \boldsymbol{\alpha}_1$ 线性无关.

【例 5】设 $\boldsymbol{A}$，$\boldsymbol{B}$ 都是 n 阶方阵，且 $\boldsymbol{AB} = \boldsymbol{O}$，证明 $R(\boldsymbol{A}) + R(\boldsymbol{B}) \leqslant n$.

证明 设 $\boldsymbol{B} = (\boldsymbol{b}_1, \boldsymbol{b}_2, \cdots, \boldsymbol{b}_n)$，其中 $\boldsymbol{b}_j(j = 1, 2, \cdots, n)$ 为 n 维列向量.

因 $\boldsymbol{AB} = \boldsymbol{O}$，则由矩阵乘法知，$\boldsymbol{B}$ 的 n 个列向量 $\boldsymbol{b}_1$，$\boldsymbol{b}_2$，…，$\boldsymbol{b}_n$ 均为齐次方程组 $\boldsymbol{Ax} = \boldsymbol{0}$ 的解.

若 $R(\boldsymbol{A}) = n$，则 $\boldsymbol{AX} = \boldsymbol{0}$ 只有零解；所以 $R(\boldsymbol{B}) = 0$. 故 $R(\boldsymbol{A}) + R(\boldsymbol{B}) = n$.

若 $R(\boldsymbol{A}) < n$，则 $\boldsymbol{Ax} = \boldsymbol{0}$ 只有 $n - R(\boldsymbol{A})$ 个线性无关解．所以 $R(\boldsymbol{b}_1, \boldsymbol{b}_2, \cdots, \boldsymbol{b}_n) \leqslant n - R(\boldsymbol{A})$，即 $R(\boldsymbol{B}) \leqslant n - R(\boldsymbol{A})$，故 $R(\boldsymbol{A}) + R(\boldsymbol{B}) \leqslant n$.

综上可知 $R(\boldsymbol{A}) + R(\boldsymbol{B}) \leqslant n$.

【例 6】设 $\boldsymbol{A}^*$ 是 n 阶矩阵 $\boldsymbol{A}$ 的伴随矩阵，证明：

(1) $R(\boldsymbol{A}^*) = \begin{cases} n, & R(\boldsymbol{A}) = n \\ 1, & R(\boldsymbol{A}) = n - 1 \\ 0, & R(\boldsymbol{A}) < n - 1 \end{cases}$；(2) $|\boldsymbol{A}^*| = |\boldsymbol{A}|^{n-1}$.

证明　(1)当 $R(\boldsymbol{A})=n$ 时，$|\boldsymbol{A}|\neq 0$，由 $\boldsymbol{A}\boldsymbol{A}^*=|\boldsymbol{A}|\boldsymbol{E}$，两边取行列式得 $|\boldsymbol{A}||\boldsymbol{A}^*|=|\boldsymbol{A}|^n$，即 $|\boldsymbol{A}^*|=|\boldsymbol{A}|^{n-1}\neq 0$，故 $R(\boldsymbol{A}^*)=n$.

当 $R(\boldsymbol{A})=n-1$ 时，$|\boldsymbol{A}|=0$；但矩阵 $\boldsymbol{A}$ 至少有一个 $n-1$ 阶子式不为零．由 $\boldsymbol{A}^*$ 的定义知，$\boldsymbol{A}^*$ 至少有一个元素不为零，所以 $R(\boldsymbol{A}^*)\geqslant 1$.

又由 $\boldsymbol{A}\boldsymbol{A}^*=|\boldsymbol{A}|\boldsymbol{E}$ 知 $\boldsymbol{A}\boldsymbol{A}^*=\boldsymbol{O}$. 所以 $\boldsymbol{A}^*$ 的 n 个列向量都是方程组 $\boldsymbol{Ax}=\boldsymbol{0}$ 的解，因 $R(\boldsymbol{A})=n-1$，故方程组 $\boldsymbol{Ax}=\boldsymbol{0}$ 的基础解系只包含一个线性无关的解向量，所以 $R(\boldsymbol{A}^*)\leqslant 1$. 综上所述，当 $R(\boldsymbol{A})=n-1$ 时，$R(\boldsymbol{A}^*)=1$.

当 $R(\boldsymbol{A})<n-1$ 时，$\boldsymbol{A}$ 的所有 $n-1$ 阶子式均为0，即 $A_{ij}=0(i,\ j=1,\ 2,\ \cdots,\ n)$，故 $\boldsymbol{A}^*=0$，$R(\boldsymbol{A}^*)=0$. 这就证明了(1)成立.

(2)当 $|\boldsymbol{A}|\neq 0$ 时，$R(\boldsymbol{A})=n$，故由(1)知 $|\boldsymbol{A}^*|=|\boldsymbol{A}|^{n-1}$. 当 $|\boldsymbol{A}|=0$ 时，$R(\boldsymbol{A})\leqslant n-1$. 由(1)知 $R(\boldsymbol{A}^*)\leqslant 1$，故 $|\boldsymbol{A}^*|=0$，从而也有 $|\boldsymbol{A}^*|=|\boldsymbol{A}|^{n-1}$.

【例 7】设 $\boldsymbol{\eta}^*$ 是非齐次方程组 $\boldsymbol{Ax}=\boldsymbol{b}$ 的一个解，$\boldsymbol{\xi}_1,\ \boldsymbol{\xi}_2,\ \cdots,\ \boldsymbol{\xi}_{n-r}$ 是相应的齐次方程组 $\boldsymbol{Ax}=\boldsymbol{0}$ 的一个基础解系．证明：

(1) $\boldsymbol{\eta}^*,\ \boldsymbol{\xi}_1,\ \boldsymbol{\xi}_2,\ \cdots,\ \boldsymbol{\xi}_{n-r}$ 线性无关；

(2) $\boldsymbol{\eta}^*,\ \boldsymbol{\eta}^*+\boldsymbol{\xi}_1,\ \cdots,\ \boldsymbol{\eta}^*+\boldsymbol{\xi}_{n-r}$ 线性无关.

证明　(1)用反证法．假设 $\boldsymbol{\xi}_1,\ \boldsymbol{\xi}_2,\ \cdots,\ \boldsymbol{\xi}_{n-r}$ 线性相关，而 $\boldsymbol{\xi}_1,\ \boldsymbol{\xi}_2,\ \cdots,\ \boldsymbol{\xi}_{n-r}$ 是对应的齐次方程组 $\boldsymbol{Ax}=\boldsymbol{0}$ 的一个基础解系，故 $\boldsymbol{\xi}_1,\ \boldsymbol{\xi}_2,\ \cdots,\ \boldsymbol{\xi}_{n-r}$ 线性无关，从而 $\boldsymbol{\eta}^*$ 可由 $\boldsymbol{\xi}_1,\ \boldsymbol{\xi}_2,\ \cdots,\ \boldsymbol{\xi}_{n-r}$ 线性表示；这说明 $\boldsymbol{\eta}^*$ 是 $\boldsymbol{Ax}=\boldsymbol{0}$ 的解，与题设矛盾．故 $\boldsymbol{\eta}^*,\ \boldsymbol{\xi}_1,\ \cdots,\ \boldsymbol{\xi}_{n-r}$ 线性无关.

注　亦可直接用定义证明：设有 $k,\ k_1,\ \cdots,\ k_{n-r}$，使

$$k\boldsymbol{\eta}^*+k_1\boldsymbol{\xi}_1+\cdots+k_{n-r}\boldsymbol{\xi}_{n-r}=\boldsymbol{0},\tag{4-4}$$

左乘 $\boldsymbol{A}$，得

$$k\boldsymbol{A}\boldsymbol{\eta}^*+k_1\boldsymbol{A}\boldsymbol{\xi}_1+\cdots+k_{n-r}\boldsymbol{A}\boldsymbol{\xi}_{n-r}=\boldsymbol{0},$$

即 $k\boldsymbol{b}=\boldsymbol{0}$. 由 $\boldsymbol{b}\neq\boldsymbol{0}$ 知 $k=0$；代入式(4-4)中得 $k_1\boldsymbol{\xi}_1+k_2\boldsymbol{\xi}_2+\cdots+k_{n-r}\boldsymbol{\xi}_{n-r}=\boldsymbol{0}$. 因 $\boldsymbol{\xi}_1,\ \boldsymbol{\xi}_2,\ \cdots,\ \boldsymbol{\xi}_{n-r}$ 线性无关，故有 $k_1=k_2\cdots=k_{n-r}=0$，从而 $\boldsymbol{\eta}^*,\ \boldsymbol{\xi}_1,\ \cdots,\ \boldsymbol{\xi}_{n-r}$ 线性无关.

(2)设有 $k,\ k_1,\ \cdots,\ k_{n-r}$，使得

$$k\boldsymbol{\eta}^*+k_1(\boldsymbol{\eta}^*+\boldsymbol{\xi}_1)+\cdots+k_{n-r}(\boldsymbol{\eta}^*+\boldsymbol{\xi}_{n-r})=\boldsymbol{0},$$

即

$$(k+k_1+\cdots+k_{n-r})\boldsymbol{\eta}^*+k_1\boldsymbol{\xi}_1+\cdots+k_{n-r}\boldsymbol{\xi}_{n-r}=\boldsymbol{0},$$

由(1)知 $\boldsymbol{\xi}_1,\ \boldsymbol{\xi}_2,\ \cdots,\ \boldsymbol{\xi}_{n-r}$ 线性无关，故有 $k+k_1+\cdots+k_{n-r}=k_1=k_2=\cdots=k_{n-r}=0$，从而 $k=k_1=\cdots=k_{n-r}=0$，故 $\boldsymbol{\eta}^*,\ \boldsymbol{\eta}^*+\boldsymbol{\xi}_1,\ \cdots,\ \boldsymbol{\eta}^*+\boldsymbol{\xi}_{n-r}$ 线性无关.

四、测验题及参考解答

测验题

(一)填空题

1. 设 $\boldsymbol{\alpha}_1=(1,\ 2,\ 4,\ 8)^{\mathrm{T}}$，$\boldsymbol{\alpha}_2=(3,\ 9,\ 27,\ 81)^{\mathrm{T}}$，$\boldsymbol{\alpha}_3=(0,\ 0,\ 1,\ 1)^{\mathrm{T}}$，则 $\boldsymbol{\alpha}_1,\ \boldsymbol{\alpha}_2,\ \boldsymbol{\alpha}_3$ 是线性________的.

2. 已知 $\boldsymbol{\alpha}_1=(1,\ 4,\ 3)^{\mathrm{T}}$，$\boldsymbol{\alpha}_2=(2,\ t,\ -1)^{\mathrm{T}}$，$\boldsymbol{\alpha}_3=(-2,\ 3,\ 1)^{\mathrm{T}}$ 线性相关，则

$t=$______.

3. 方程组 $\begin{cases}x_1+3x_3+x_4=0\\x_2+2x_3+x_4=0\end{cases}$ 的基础解系为______，通解为______.

4. 方程组 $x_1-2x_2-3x_3+4x_4=0$ 的基础解系为______，通解为______.

5. 设 $\boldsymbol{A}=\begin{pmatrix}1&2&-2\\4&t&3\\3&-1&1\end{pmatrix}$，$\boldsymbol{B}$ 为三阶非零矩阵，且 $\boldsymbol{AB}=\boldsymbol{O}$，则 $t=$______.

6. 已知 $\boldsymbol{AX}=\boldsymbol{b}$ 的增广矩阵为 $\begin{pmatrix}1&0&0&0&6\\0&1&0&6&8\end{pmatrix}$，则方程组有______解，其通解为______.

(二)单项选择题

1. n 维向量组 $\boldsymbol{\alpha}_1,\boldsymbol{\alpha}_2,\cdots,\boldsymbol{\alpha}_s(3\leqslant s\leqslant n)$ 线性无关的充要条件是(　　).

(A)存在一组全为0的 $k_1,k_2,\cdots,k_s$，使 $k_1\boldsymbol{\alpha}_1+k_2\boldsymbol{\alpha}_2+\cdots+k_s\boldsymbol{\alpha}_s=\boldsymbol{0}$

(B) $\boldsymbol{\alpha}_1,\boldsymbol{\alpha}_2,\cdots,\boldsymbol{\alpha}_s$ 中任意两个向量都线性无关

(C) $\boldsymbol{\alpha}_1,\boldsymbol{\alpha}_2,\cdots,\boldsymbol{\alpha}_s$ 中存在一个向量，它不能用其余向量线性表示

(D) $\boldsymbol{\alpha}_1,\boldsymbol{\alpha}_2,\cdots,\boldsymbol{\alpha}_s$ 中任意一个向量都不能用其余向量线性表示

2. 设 $\boldsymbol{A}$ 为 n 阶方阵，且 $|\boldsymbol{A}|=0$，则(　　).

(A) $\boldsymbol{A}$ 中必有两行(列)的元素对应成比例

(B) $\boldsymbol{A}$ 中任意一行(列)向量是其余各行(列)向量的线性组合

(C) $\boldsymbol{A}$ 中必有一行(列)向量是其余各行(列)向量的线性组合

(D) $\boldsymbol{A}$ 中至少有一行(列)的元素全为0

3. 设有向量组 $\boldsymbol{\alpha}_1=(1,-1,2,4)^{\mathrm{T}}$，$\boldsymbol{\alpha}_2=(0,3,1,2)^{\mathrm{T}}$，$\boldsymbol{\alpha}_3=(3,0,7,14)^{\mathrm{T}}$，$\boldsymbol{\alpha}_4=(1,-2,2,0)^{\mathrm{T}}$，$\boldsymbol{\alpha}_5=(2,1,5,10)^{\mathrm{T}}$，则该向量组的最大无关组是(　　)

(A) $\boldsymbol{\alpha}_1,\boldsymbol{\alpha}_2,\boldsymbol{\alpha}_3$　　(B) $\boldsymbol{\alpha}_1,\boldsymbol{\alpha}_2,\boldsymbol{\alpha}_4$

(C) $\boldsymbol{\alpha}_1,\boldsymbol{\alpha}_2,\boldsymbol{\alpha}_5$　　(D) $\boldsymbol{\alpha}_1,\boldsymbol{\alpha}_2,\boldsymbol{\alpha}_4,\boldsymbol{\alpha}_5$

4. 方程组 $\begin{cases}x_1-3x_2+2x_3=0\\-2x_1+6x_2-4x_3=0\end{cases}$ 的基础解系中所含解向量的个数为(　　).

(A)2　　(B)1　　(C)3　　(D)0

5. 方程组 $\boldsymbol{Ax}=\boldsymbol{0}$ 仅有零解的充分必要条件是(　　).

(A) $\boldsymbol{A}$ 的行向量组线性无关　　(B) $\boldsymbol{A}$ 的列向量组线性无关

(C) $\boldsymbol{A}$ 的行向量组线性相关　　(D) $\boldsymbol{A}$ 的列向量组线性相关

(三)计算题

1. 判别向量组 $\boldsymbol{\alpha}_1=(1,-2,3)^{\mathrm{T}}$，$\boldsymbol{\alpha}_2=(0,2,-5)^{\mathrm{T}}$，$\boldsymbol{\alpha}_3=(-1,0,2)^{\mathrm{T}}$ 的线性相关性.

2. 求 $\boldsymbol{\beta}_1=(3,1,1)^{\mathrm{T}}$，$\boldsymbol{\beta}_2=(1,-1,3)^{\mathrm{T}}$，$\boldsymbol{\beta}_3=(0,2,-4)^{\mathrm{T}}$，$\boldsymbol{\beta}_4=(2,-1,4)^{\mathrm{T}}$ 的一个最大无关组.

3. 求齐次线性方程组 $\begin{cases}x_1+2x_2+x_3-x_4=0\\3x_1+6x_2-x_3-3x_4=0\\5x_1+10x_2+x_3-5x_4=0\end{cases}$ 的基础解系.

4. 设四元非齐次线性方程组的系数矩阵的秩为 3，已知 $\boldsymbol{\eta}_1$，$\boldsymbol{\eta}_2$，$\boldsymbol{\eta}_3$ 是它的三个解向量，且 $\boldsymbol{\eta}_1=(2,3,4,5)^{\mathrm{T}}$，$\boldsymbol{\eta}_2+\boldsymbol{\eta}_3=(1,2,3,4)^{\mathrm{T}}$，求该方程组的通解.

5. 判别非齐次线性方程组 $\begin{cases}2x+y-z+w=1\\4x+2y-2z+w=2\\2x+y-z-w=1\end{cases}$ 是否有解，有解时求其解或通解.

6. λ 取何值时，非齐次线性方程组 $\begin{cases}x_1-x_2-2x_3+3x_4=1\\2x_1-x_2-x_3+4x_4=3\\3x_1-2x_2-3x_3+7x_4=4\\x_1+x_3+x_4=\lambda\end{cases}$ 有解，并求出其通解.

(四) 证明题

1. 设 $\boldsymbol{\alpha}_1$，$\boldsymbol{\alpha}_2$，$\boldsymbol{\alpha}_3$ 是齐次线性方程组 $\boldsymbol{Ax}=\boldsymbol{0}$ 的一个基础解系，证明：$\boldsymbol{\alpha}_1+\boldsymbol{\alpha}_2$，$\boldsymbol{\alpha}_2+\boldsymbol{\alpha}_3$，$\boldsymbol{\alpha}_3+\boldsymbol{\alpha}_1$ 也是该方程组的一个基础解系.

2. 设 $\boldsymbol{\alpha}_1$，$\boldsymbol{\alpha}_2$，$\boldsymbol{\alpha}_3$ 是 $\boldsymbol{Ax}=\boldsymbol{0}$ 的一个基础解系，$\boldsymbol{\eta}$ 是非齐次方程组 $\boldsymbol{Ax}=\boldsymbol{b}$ 的一个特解，证明：$\boldsymbol{\eta}+\boldsymbol{\alpha}_1$，$\boldsymbol{\eta}+\boldsymbol{\alpha}_2$，$\boldsymbol{\eta}+\boldsymbol{\alpha}_3$ 是线性无关的.

参考解答

(一) 填空题

1. 分析　本题是判别向量组的相关性题型. 常用方法有：

(1) 利用定义判别(此法主要用于抽象向量组)；

(2) 利用矩阵的秩，即向量组 $\boldsymbol{\alpha}_1$，$\boldsymbol{\alpha}_2$，$\cdots$，$\boldsymbol{\alpha}_m$ 线性相(无)关 $\Leftrightarrow R(\boldsymbol{A})<m(=m)$ (此法可用于具体的向量组)；

(3) 利用向量组线性相关性的性质.

由于本题所给向量组是具体的，所以可采用方法(2)来判别.

$$因\ (\boldsymbol{\alpha}_1,\boldsymbol{\alpha}_2,\boldsymbol{\alpha}_3)=\begin{pmatrix}1&3&0\\2&9&0\\4&27&1\\8&81&1\end{pmatrix}\sim\begin{pmatrix}1&3&0\\0&3&0\\0&15&1\\0&57&1\end{pmatrix}\sim\begin{pmatrix}1&3&0\\0&3&0\\0&0&1\\0&0&1\end{pmatrix}\sim\begin{pmatrix}1&3&0\\0&3&0\\0&0&1\\0&0&0\end{pmatrix},$$

即 $R(\boldsymbol{\alpha}_1,\boldsymbol{\alpha}_2,\boldsymbol{\alpha}_3)=3$，所以向量组 $\boldsymbol{\alpha}_1$，$\boldsymbol{\alpha}_2$，$\boldsymbol{\alpha}_3$ 线性无关.

解　应填<u>无关</u>.

2. 分析　本题是判别向量组的相关性的逆问题；可用方法(2)得出 t 的值.

因 $(\boldsymbol{\alpha}_1,\boldsymbol{\alpha}_2,\boldsymbol{\alpha}_3)$ 线性无关，所以 $R(\boldsymbol{\alpha}_1,\boldsymbol{\alpha}_2,\boldsymbol{\alpha}_3)<3$，故有 $|\boldsymbol{\alpha}_1,\boldsymbol{\alpha}_2,\boldsymbol{\alpha}_3|=0$；

由 $|\boldsymbol{\alpha}_1,\boldsymbol{\alpha}_2,\boldsymbol{\alpha}_3|=\begin{vmatrix}1&2&-2\\4&t&3\\3&-1&1\end{vmatrix}\xlongequal{c_3+c_2}\begin{vmatrix}1&2&0\\4&t&t+3\\3&-1&0\end{vmatrix}=-(t+3)\begin{vmatrix}1&2\\3&-1\end{vmatrix}=7(t+3)=0$，得出 $t=-3$.

解　应填 <u>-3</u>.

3. 分析　本题考查齐次线性方程组基础解系的求法(必须要熟练)及通解的求法.

由于 $R(\boldsymbol{A})=2<4$，故基础解系中含有 $4-2=2$ 个向量，在 $\begin{cases}x_1=-3x_3-x_4\\x_2=-2x_3-x_4\end{cases}$ 中，取 $\begin{pmatrix}x_3\\x_4\end{pmatrix}=\begin{pmatrix}1\\0\end{pmatrix}$，$\begin{pmatrix}0\\1\end{pmatrix}$ 得 $\begin{pmatrix}x_1\\x_2\end{pmatrix}=\begin{pmatrix}-3\\-2\end{pmatrix}$，$\begin{pmatrix}-1\\-1\end{pmatrix}$.

所以基础解系为 $\boldsymbol{\xi}_1=\begin{pmatrix}-3\\-2\\1\\0\end{pmatrix}$，$\boldsymbol{\xi}_2=\begin{pmatrix}-1\\-1\\0\\1\end{pmatrix}$；通解为 $\boldsymbol{x}=c_1\boldsymbol{\xi}_1+c_2\boldsymbol{\xi}_2$，$(c_1,\ c_2\in\mathbf{R})$.

解　应填 $\boldsymbol{\xi}_1=\begin{pmatrix}-3\\-2\\1\\0\end{pmatrix}$，$\boldsymbol{\xi}_2=\begin{pmatrix}-1\\-1\\0\\1\end{pmatrix}$；$\boldsymbol{x}=c_1\boldsymbol{\xi}_1+c_2\boldsymbol{\xi}_2$，$(c_1,\ c_2\in\mathbf{R})$.

---

4. 分析　本题考查齐次线性方程组基础解系的求法及通解的求法.

由于 $R(\boldsymbol{A})=1<4$，故基础解系中含有 $4-1=3$ 个向量，在 $x_1=2x_2+3x_3-4x_4$ 中，取 $\begin{pmatrix}x_2\\x_3\\x_4\end{pmatrix}=\begin{pmatrix}1\\0\\0\end{pmatrix}$，$\begin{pmatrix}0\\1\\0\end{pmatrix}$，$\begin{pmatrix}0\\0\\1\end{pmatrix}$，得 $x_1=2,\ 3,\ -4$，基础解系为 $\boldsymbol{\xi}_1=\begin{pmatrix}2\\1\\0\\0\end{pmatrix}$，$\boldsymbol{\xi}_2=\begin{pmatrix}3\\0\\1\\0\end{pmatrix}$，$\boldsymbol{\xi}_3=\begin{pmatrix}-4\\0\\0\\1\end{pmatrix}$，通解为 $\boldsymbol{x}=c_1\boldsymbol{\xi}_1+c_2\boldsymbol{\xi}_2+c_3\boldsymbol{\xi}_3$，$(c_1,\ c_2,\ c_3\in\mathbf{R})$.

解　应填 $\boldsymbol{\xi}_1=\begin{pmatrix}2\\1\\0\\0\end{pmatrix}$，$\boldsymbol{\xi}_2=\begin{pmatrix}3\\0\\1\\0\end{pmatrix}$，$\boldsymbol{\xi}_3=\begin{pmatrix}-4\\0\\0\\1\end{pmatrix}$；$\boldsymbol{x}=c_1\boldsymbol{\xi}_1+c_2\boldsymbol{\xi}_2+c_3\boldsymbol{\xi}_3$，$(c_1,\ c_2,\ c_3\in\mathbf{R})$.

---

5. 分析　本题中条件 $\boldsymbol{AB}=\boldsymbol{O}\Rightarrow$ 矩阵 $\boldsymbol{B}$ 的列向量均为齐次线性方程 $\boldsymbol{Ax}=\boldsymbol{0}$ 的解；而 $\boldsymbol{B}$ 又为三阶非零矩阵 $\Rightarrow$ 齐次线性方程 $\boldsymbol{Ax}=\boldsymbol{0}$ 有非零解 $\Rightarrow R(\boldsymbol{A})<3\Rightarrow|\boldsymbol{A}|=0$；故由 $|\boldsymbol{A}|=\begin{vmatrix}1&2&-2\\4&t&3\\3&-1&1\end{vmatrix}=0\Rightarrow t=-3$，(参阅上面填空题2).

解　应填 $\underline{-3}$.

注　本题所给的条件是线性代数中常用的隐形条件，应理解并掌握.

6. 分析　本题考查非齐次线性方程组有解的条件及通解的求法.

因 $R(\boldsymbol{A})=R(\boldsymbol{B})=2<4$，所以方程组 $\boldsymbol{AX}=\boldsymbol{b}$ 有无穷多个解.

由增广矩阵得同解方程组 $\begin{cases}x_1=6\\x_2=-6x_4+8\end{cases}$，通解为

$$\begin{cases} x_1 = 6 \\ x_2 = -6x_4 + 8 \\ x_3 = x_3 \\ x_4 = x_4 \end{cases}，\text{或}\begin{pmatrix} x_1 \\ x_2 \\ x_3 \\ x_4 \end{pmatrix} = c_1\begin{pmatrix} 0 \\ 0 \\ 1 \\ 0 \end{pmatrix} + c_2\begin{pmatrix} 0 \\ -6 \\ 0 \\ 1 \end{pmatrix} + \begin{pmatrix} 6 \\ 8 \\ 0 \\ 0 \end{pmatrix}，(c_1, c_2 \in \mathbf{R}).$$

解　应填无穷多个；$\begin{pmatrix} x_1 \\ x_2 \\ x_3 \\ x_4 \end{pmatrix} = c_1\begin{pmatrix} 0 \\ 0 \\ 1 \\ 0 \end{pmatrix} + c_2\begin{pmatrix} 0 \\ -6 \\ 0 \\ 1 \end{pmatrix} + \begin{pmatrix} 6 \\ 8 \\ 0 \\ 0 \end{pmatrix}$，$(c_1, c_2 \in \mathbf{R})$.

(二)单项选择题

1. 分析　本题是寻找向量组 $\boldsymbol{\alpha}_1$，$\boldsymbol{\alpha}_2$，…，$\boldsymbol{\alpha}_s(3 \leqslant s \leqslant n)$ 线性无关的充要条件．由于本题的向量组是抽象的，故应采用定义法或利用向量组线性相关的性质来解决．

显然四个选项都是 $\boldsymbol{\alpha}_1$，$\boldsymbol{\alpha}_2$，…，$\boldsymbol{\alpha}_s(3 \leqslant s \leqslant n)$ 线性无关的必要条件，而只有第四个条件是 $\boldsymbol{\alpha}_1$，$\boldsymbol{\alpha}_2$，…，$\boldsymbol{\alpha}_s(3 \leqslant s \leqslant n)$ 线性无关的充分条件；故应选 (D)．

解　应选 (D)．

2. 分析　本题中给出的四个条件都是 $|\boldsymbol{A}| = 0$ 的充分条件，但本题是寻找 $|\boldsymbol{A}| = 0$ 的必要条件．由 $|\boldsymbol{A}| = 0 \Rightarrow R(\boldsymbol{A}) < n \Rightarrow \boldsymbol{A}$ 的行(列)向量组线性相关 $\Rightarrow \boldsymbol{A}$ 中必有一行(列)向量是其余各行(列)向量的线性组合，故应选 (C)．

解　应选 (C)．

3. 分析　本题是求向量组的最大无关组的常规题型，也是一个重要的题型．一般方法是：

(1)求向量组的秩(可通过矩阵 $\boldsymbol{A} = (\boldsymbol{\alpha}_1, \boldsymbol{\alpha}_2, \boldsymbol{\alpha}_3, \boldsymbol{\alpha}_4)$ 的秩来求得)，由此确定最大无关组中所含向量个数；

(2)寻找一个最大无关组(其方法之一是：在与 $\boldsymbol{A}$ 等价的行阶梯形矩阵中，非零行非零首元素占据的列所对应的 $\boldsymbol{A}$ 中列向量组成的向量组就是一个最大无关组)．

具体求解如下：因 $\boldsymbol{A} = (\boldsymbol{\alpha}_1, \boldsymbol{\alpha}_2, \boldsymbol{\alpha}_3, \boldsymbol{\alpha}_4) = \begin{pmatrix} 1 & 0 & 3 & 1 & 2 \\ -1 & 3 & 0 & -2 & 1 \\ 2 & 1 & 7 & 2 & 5 \\ 4 & 2 & 14 & 0 & 10 \end{pmatrix} \sim \begin{pmatrix} 1 & 0 & 3 & 1 & 2 \\ 0 & 3 & 3 & -1 & 3 \\ 0 & 1 & 1 & 0 & 1 \\ 0 & 2 & 2 & -4 & 2 \end{pmatrix} \sim$

$\begin{pmatrix} 1 & 0 & 3 & 1 & 2 \\ 0 & 1 & 1 & 0 & 1 \\ 0 & 0 & 0 & -1 & 0 \\ 0 & 0 & 0 & -4 & 0 \end{pmatrix} \sim \begin{pmatrix} 1 & 0 & 3 & 1 & 2 \\ 0 & 1 & 1 & 0 & 1 \\ 0 & 0 & 0 & -1 & 0 \\ 0 & 0 & 0 & 0 & 0 \end{pmatrix}$，所以 $R(\boldsymbol{A}) = 3$，故向量组 $\boldsymbol{\alpha}_1$，$\boldsymbol{\alpha}_2$，$\boldsymbol{\alpha}_3$，$\boldsymbol{\alpha}_4$，$\boldsymbol{\alpha}_5$ 的最大无关组中含有 3 个列向量；可排除选项 (D)； 再由最后一个行阶梯形矩阵可看出 $\boldsymbol{\alpha}_1$，$\boldsymbol{\alpha}_2$，$\boldsymbol{\alpha}_4$ 和 $\boldsymbol{\alpha}_1$，$\boldsymbol{\alpha}_3$，$\boldsymbol{\alpha}_4$ 构成 $\boldsymbol{\alpha}_1$，$\boldsymbol{\alpha}_2$，$\boldsymbol{\alpha}_3$，$\boldsymbol{\alpha}_4$，$\boldsymbol{\alpha}_5$ 的最大无关组；而选项中只有 $\boldsymbol{\alpha}_1$，$\boldsymbol{\alpha}_2$，$\boldsymbol{\alpha}_4$，故应选择 (B)．

解　应选 (B)．

4. 分析　本题考查齐次线性方程组基础解系中所含解向量的个数问题．由于本题中 $R(\boldsymbol{A}) = 1 < 3$，所以基础解系中含 $3 - 1 = 2$ 个解向量；故应选择 (A)．

解　应选 (A)．

5. 分析 本题考查齐次线性方程组仅有零解的充要条件．因 $\boldsymbol{AX}=\mathbf{0}$ 仅有零解 $\Leftrightarrow R(\boldsymbol{A})=n=\boldsymbol{A}$ 的列数 $\Leftrightarrow\boldsymbol{A}$ 的列向量组线性无关；故应选择（B）.

解 应选（B）.

(三)计算题

1. 分析 本题是判别向量组的相关性题型．由于本题中向量组是具体的，故可采用上面填空题 1 中提到的方法(2)，即利用矩阵的秩来判断.

解 因 $\boldsymbol{A}=(\boldsymbol{\alpha}_1,\boldsymbol{\alpha}_2,\boldsymbol{\alpha}_3)=\begin{pmatrix}1&0&-1\\-2&2&0\\3&-5&2\end{pmatrix}\sim\begin{pmatrix}1&0&-1\\0&2&-2\\0&-5&5\end{pmatrix}\sim\begin{pmatrix}1&0&-1\\0&1&-1\\0&0&0\end{pmatrix}$，所以 $R(\boldsymbol{A})=2<3$，故 $\boldsymbol{\alpha}_1,\boldsymbol{\alpha}_2,\boldsymbol{\alpha}_3$ 线性相关.

注 由于本题中 $\boldsymbol{\alpha}_1,\boldsymbol{\alpha}_2,\boldsymbol{\alpha}_3$ 所组成的矩阵是方阵，故亦可由 $|\boldsymbol{A}|=0$ 得知 $\boldsymbol{\alpha}_1,\boldsymbol{\alpha}_2,\boldsymbol{\alpha}_3$ 线性相关(因本题中 $\boldsymbol{\alpha}_1,\boldsymbol{\alpha}_2,\boldsymbol{\alpha}_3$ 线性相关 $\Leftrightarrow R(\boldsymbol{A})<3\Leftrightarrow|\boldsymbol{A}|=0$).

2. 分析 本题是求向量组的最大无关组的常规题型，其方法与上面选择题 2 相同.

解 因 $\boldsymbol{B}=(\boldsymbol{\beta}_1,\boldsymbol{\beta}_2,\boldsymbol{\beta}_3,\boldsymbol{\beta}_4)=\begin{pmatrix}3&1&0&2\\1&-1&2&-1\\1&3&-4&4\end{pmatrix}\sim\begin{pmatrix}1&-1&2&-1\\0&4&-6&5\\0&4&-6&5\end{pmatrix}\sim\begin{pmatrix}1&-1&2&-1\\0&4&-6&5\\0&0&0&0\end{pmatrix}$，所以 $R(\boldsymbol{B})=2$，$\boldsymbol{\beta}_1,\boldsymbol{\beta}_2$ 为 $\boldsymbol{\beta}_1,\boldsymbol{\beta}_2,\boldsymbol{\beta}_3,\boldsymbol{\beta}_4$ 的一个最大无关组.

3. 分析 本题是求齐次线性方程组基础解系的常规题型．通过本题应进一步总结归纳并掌握求基础解系的一般步骤.

解 因 $\boldsymbol{A}=\begin{pmatrix}1&2&1&-1\\3&6&-1&-3\\5&10&1&-5\end{pmatrix}\sim\begin{pmatrix}1&2&1&-1\\0&0&-4&0\\0&0&-4&0\end{pmatrix}\sim\begin{pmatrix}1&2&0&-1\\0&0&1&0\\0&0&0&0\end{pmatrix}$，同解方程组为 $\begin{cases}x_1=-2x_2+x_4\\x_3=0\end{cases}$，取 $\begin{pmatrix}x_2\\x_4\end{pmatrix}=\begin{pmatrix}1\\0\end{pmatrix},\begin{pmatrix}0\\1\end{pmatrix}$，得 $\begin{pmatrix}x_1\\x_3\end{pmatrix}=\begin{pmatrix}-2\\0\end{pmatrix},\begin{pmatrix}1\\0\end{pmatrix}$.

故基础解系为 $\boldsymbol{\xi}_1=\begin{pmatrix}-2\\1\\0\\0\end{pmatrix}$，$\boldsymbol{\xi}_2=\begin{pmatrix}1\\0\\0\\1\end{pmatrix}$.

4. 分析 本题是求非齐次线性方程组的通解问题．其方法是：按照通解的结构，应找出非齐次线性方程组的一个特解(本题选 $\boldsymbol{\eta}_1$ 即可)，再找出对应的齐次线性方程组的基础解系(这又回归到基础解系的求法问题).

解 因在 $\boldsymbol{Ax}=\boldsymbol{b}$ 中，$R(\boldsymbol{A})=3$，知 $\boldsymbol{Ax}=\mathbf{0}$ 的基础解系中含 $4-3=1$ 个解向量；又 $\boldsymbol{\xi}=(\boldsymbol{\eta}_1-\boldsymbol{\eta}_2)+(\boldsymbol{\eta}_1-\boldsymbol{\eta}_3)=2\boldsymbol{\eta}_1-(\boldsymbol{\eta}_2+\boldsymbol{\eta}_3)=(3,4,5,6)^{\mathrm{T}}\neq 0$，所以 $\boldsymbol{\xi}$ 为 $\boldsymbol{Ax}=\mathbf{0}$ 的基础解系；从而 $\boldsymbol{Ax}=\boldsymbol{b}$ 的通解为 $\boldsymbol{x}=c\boldsymbol{\xi}+\boldsymbol{\eta}_1=c\begin{pmatrix}3\\4\\5\\6\end{pmatrix}+\begin{pmatrix}2\\3\\4\\5\end{pmatrix}$，$(c\in\mathbf{R})$.

5. 分析　本题为解非齐次线性方程组，是个很重要的典型题．一般方法：

(1)将增广矩阵 $\boldsymbol{B}=(\boldsymbol{A},\ \boldsymbol{b})$ 作初等行变换化为行最简形矩阵；

(2)由 $R(\boldsymbol{A})$ 与 $R(\boldsymbol{B})$ 的关系判断解的情况，由此得相应的取值；

(3)由行最简形矩阵得同解方程组；

(4)选择非自由未知量，写出通解.

解　因 $\boldsymbol{B}=(\boldsymbol{A},\ \boldsymbol{b})=\begin{pmatrix}2&1&-1&1&1\\4&2&-2&1&2\\2&2&-1&-1&1\end{pmatrix}\sim\begin{pmatrix}2&1&-1&1&1\\0&0&0&-1&0\\0&0&0&-2&0\end{pmatrix}$

$$\sim\begin{pmatrix}2&1&-1&0&1\\0&0&0&1&0\\0&0&0&0&0\end{pmatrix}\sim\begin{pmatrix}1&1/2&-1/2&0&1/2\\0&0&0&1&0\\0&0&0&0&0\end{pmatrix},$$

所以 $R(\boldsymbol{A})=R(\boldsymbol{B})=2<4$，故原方程组有无穷多解.

所以同解方程组为 $\begin{cases}x_1+\dfrac{1}{2}x_2-\dfrac{1}{2}x_3=\dfrac{1}{2},\\x_4=0\end{cases}$ 即 $\begin{cases}x_1=-\dfrac{1}{2}x_2+\dfrac{1}{2}x_3+\dfrac{1}{2}.\\x_4=0\end{cases}$

令 $x_2=0,\ x_3=0$，代入解得特解 $\boldsymbol{\eta}^*=\begin{pmatrix}\dfrac{1}{2}\\0\\0\\0\end{pmatrix}$；$\boldsymbol{Ax}=\boldsymbol{0}$ 的同解方程组为 $\begin{cases}x_1=-\dfrac{1}{2}x_2+\dfrac{1}{2}x_3.\\x_4=0\end{cases}$

取 $\begin{pmatrix}x_2\\x_3\end{pmatrix}=\begin{pmatrix}1\\0\end{pmatrix},\begin{pmatrix}0\\1\end{pmatrix}$，得 $\begin{pmatrix}x_1\\x_4\end{pmatrix}=\begin{pmatrix}-\dfrac{1}{2}\\0\end{pmatrix},\begin{pmatrix}\dfrac{1}{2}\\0\end{pmatrix}$. 故 $\boldsymbol{Ax}=\boldsymbol{0}$ 基础解系为 $\boldsymbol{\xi}_1=\begin{pmatrix}-\dfrac{1}{2}\\1\\0\\0\end{pmatrix}$，

$\boldsymbol{\xi}_2=\begin{pmatrix}\dfrac{1}{2}\\0\\1\\0\end{pmatrix}$.

$\boldsymbol{Ax}=\boldsymbol{b}$ 通解为 $\boldsymbol{x}=c_1\boldsymbol{\xi}_1+c_2\boldsymbol{\xi}_2+\boldsymbol{\eta}^*$，$(c_1,\ c_2\in\mathbf{R})$.

即：$\begin{pmatrix}x_1\\x_2\\x_3\\x_4\end{pmatrix}=c_1\begin{pmatrix}-\dfrac{1}{2}\\1\\0\\0\end{pmatrix}+c_2\begin{pmatrix}\dfrac{1}{2}\\0\\1\\0\end{pmatrix}+\begin{pmatrix}\dfrac{1}{2}\\0\\0\\0\end{pmatrix}$，$(c_1,\ c_2\in\mathbf{R})$.

6. 分析　本题是求含有参数的非齐次线性方程组通解的常规题型(也是一个重要的题型)．通过本题应进一步总结归纳并掌握求解的一般步骤.

解 因$\boldsymbol{B}=(\boldsymbol{A}\,\vdots\,\boldsymbol{b})=\begin{pmatrix}1&-1&-2&3&1\\2&-1&-1&4&3\\3&-2&-3&7&4\\1&0&1&1&\lambda\end{pmatrix}\sim\begin{pmatrix}1&-1&-2&3&1\\0&1&3&-2&1\\0&1&3&-2&1\\0&1&3&-2&\lambda-1\end{pmatrix}$

$$\sim\begin{pmatrix}1&-1&-2&3&1\\0&1&3&-2&1\\0&0&0&0&\lambda-2\\0&0&0&0&0\end{pmatrix},$$

所以，当$\lambda-2=0$时，才有$R(\boldsymbol{A})=R(\boldsymbol{B})=2<4$，此时方程组才有解(且为无穷多解).

而此时 $\boldsymbol{B}\sim\begin{pmatrix}1&-1&-2&3&1\\0&1&3&-2&1\\0&0&0&0&0\\0&0&0&0&0\end{pmatrix}\sim\begin{pmatrix}1&0&1&1&2\\0&1&3&-2&1\\0&0&0&0&0\\0&0&0&0&0\end{pmatrix}$，同解方程组为

$\begin{cases}x_1=-x_3-x_4+2\\x_2=-3x_3+2x_4+1\end{cases}$，则通解为$\begin{pmatrix}x_1\\x_2\\x_3\\x_4\end{pmatrix}=c_1\begin{pmatrix}-1\\-3\\1\\0\end{pmatrix}+c_2\begin{pmatrix}-1\\2\\0\\1\end{pmatrix}+\begin{pmatrix}2\\1\\0\\0\end{pmatrix}$，$(c_1,\ c_2\in\mathbf{R})$.

(四)证明题

1. 分析 本题考查基础解系的概念．由定义，证明向量组$\boldsymbol{\alpha}_1,\boldsymbol{\alpha}_2,\cdots,\boldsymbol{\alpha}_s$是$n$元齐次线性方程组$\boldsymbol{Ax}=\boldsymbol{0}$(假设$R(\boldsymbol{A})=r$)的基础解系，应证明三条：

(1) $\boldsymbol{\alpha}_1,\boldsymbol{\alpha}_2,\cdots,\boldsymbol{\alpha}_s$均为$\boldsymbol{Ax}=\boldsymbol{0}$的解；

(2) $\boldsymbol{\alpha}_1,\boldsymbol{\alpha}_2,\cdots,\boldsymbol{\alpha}_s$线性无关；

(3)向量组$\boldsymbol{\alpha}_1,\boldsymbol{\alpha}_2,\cdots,\boldsymbol{\alpha}_s$向量的个数$s=n-r$.

下面的证明就是按照这个顺序进行的.

证明 由$\boldsymbol{A}(\boldsymbol{\alpha}_1+\boldsymbol{\alpha}_2)=\boldsymbol{0}$，$\boldsymbol{A}(\boldsymbol{\alpha}_2+\boldsymbol{\alpha}_3)=\boldsymbol{0}$，$\boldsymbol{A}(\boldsymbol{\alpha}_3+\boldsymbol{\alpha}_1)=\boldsymbol{0}$可知，$\boldsymbol{\alpha}_1+\boldsymbol{\alpha}_2$，$\boldsymbol{\alpha}_2+\boldsymbol{\alpha}_3$，$\boldsymbol{\alpha}_3+\boldsymbol{\alpha}_1$均为$\boldsymbol{Ax}=\boldsymbol{0}$的解.

设有k_1,k_2,k_3使得，$k_1(\boldsymbol{\alpha}_1+\boldsymbol{\alpha}_2)+k_2(\boldsymbol{\alpha}_2+\boldsymbol{\alpha}_3)+k_3(\boldsymbol{\alpha}_3+\boldsymbol{\alpha}_1)=\boldsymbol{0}$，亦即$(k_1+k_3)\boldsymbol{\alpha}_1+(k_1+k_2)\boldsymbol{\alpha}_2+(k_2+k_3)\boldsymbol{\alpha}_3=\boldsymbol{0}$.

因$\boldsymbol{\alpha}_1,\boldsymbol{\alpha}_2,\boldsymbol{\alpha}_3$线性无关，故有$\begin{cases}k_1+k_3=0\\k_1+k_2=0.\\k_2+k_3=0\end{cases}$因$\begin{vmatrix}1&0&1\\1&1&0\\0&1&1\end{vmatrix}=2\neq0$，所以方程组只有零解$k_1=k_2=k_3=0$，从而$\boldsymbol{\alpha}_1+\boldsymbol{\alpha}_2$，$\boldsymbol{\alpha}_2+\boldsymbol{\alpha}_3$，$\boldsymbol{\alpha}_3+\boldsymbol{\alpha}_1$线性无关.

根据题设，$\boldsymbol{Ax}=\boldsymbol{0}$的基础解系中含有三个线性无关的向量；故$\boldsymbol{\alpha}_1+\boldsymbol{\alpha}_2$，$\boldsymbol{\alpha}_2+\boldsymbol{\alpha}_3$，$\boldsymbol{\alpha}_3+\boldsymbol{\alpha}_1$是方程组$\boldsymbol{Ax}=\boldsymbol{0}$的基础解系.

2. 分析 本题是向量组线性相关性的证明题．由于本题中的向量组是抽象的，故应采用定义法来证明．注意题中的条件：$\boldsymbol{\alpha}_1,\boldsymbol{\alpha}_2,\boldsymbol{\alpha}_3$是方程组$\boldsymbol{Ax}=\boldsymbol{0}$的基础解系，这个条件告诉我们$\boldsymbol{\alpha}_1,\boldsymbol{\alpha}_2,\boldsymbol{\alpha}_3$均为$\boldsymbol{Ax}=\boldsymbol{0}$的解并且线性无关.

证明 设有k_1,k_2,k_3，使$k_1(\boldsymbol{\eta}+\boldsymbol{\alpha}_1)+k_2(\boldsymbol{\eta}+\boldsymbol{\alpha}_2)+k_3(\boldsymbol{\eta}+\boldsymbol{\alpha}_3)=\boldsymbol{0}$，即

$$(k_1+k_2+k_3)\boldsymbol{\eta}+k_1\boldsymbol{\alpha}_1+k_2\boldsymbol{\alpha}_2+k_3\boldsymbol{\alpha}_3=\mathbf{0}. \tag{4-5}$$

在上式两边左乘 $\boldsymbol{A}$，并注意题设条件，得

$(k_1+k_2+k_3)\boldsymbol{A\eta}+k_1\boldsymbol{A\alpha}_1+k_2\boldsymbol{A\alpha}_2+k_3\boldsymbol{A\alpha}_3=\mathbf{0}$，即 $(k_1+k_2+k_3)\boldsymbol{b}=\mathbf{0}$.

由 $\boldsymbol{b}\neq\mathbf{0}$ 得 $(k_1+k_2+k_3)=0$. 于是式(4-5)成为 $k_1\boldsymbol{\alpha}_1+k_2\boldsymbol{\alpha}_2+k_3\boldsymbol{\alpha}_3=\mathbf{0}$.

因为 $\boldsymbol{\alpha}_1$，$\boldsymbol{\alpha}_2$，$\boldsymbol{\alpha}_3$ 是方程组 $\boldsymbol{Ax}=\mathbf{0}$ 的基础解系，所以 $\boldsymbol{\alpha}_1$，$\boldsymbol{\alpha}_2$，$\boldsymbol{\alpha}_3$ 线性无关. 故有 $k_1=k_2=k_3=0$. 即 $\boldsymbol{\eta}+\boldsymbol{\alpha}_1$，$\boldsymbol{\eta}+\boldsymbol{\alpha}_2$，$\boldsymbol{\eta}+\boldsymbol{\alpha}_3$ 线性无关.

第五章

相似矩阵及二次型

第五章
典型题解析

本章讨论的第一个重要内容是相似矩阵，即用相似变换能否化方阵为对角矩阵的问题．相似变换是矩阵的一种重要变换，因为在理论研究和工程实际应用中，经常要求我们把一个矩阵化成与之相似的对角矩阵或其他较简单的矩阵．相似变换与矩阵的特征值和特征向量的概念是密切相关的．相似对角化是本章的重点，应掌握矩阵可对角化的条件与方法，并注意一般矩阵与实对称矩阵在对角化方面的联系与区别.

本章讨论的第二个内容是二次型．二次型的中心问题是利用可逆线性变换化二次型为标准形．这里重点介绍了用正交变换化二次型为标准形的方法，它与实对称矩阵正交相似于对角矩阵是以两种形式出现的同一个问题．附带地介绍了用配方法化二次型为标准形的问题．二次型化为标准形的问题起源于解析几何中化二次曲线和二次曲面的一般方程为标准形的问题．这类问题不但在数学上，在工程实际中也有广泛的应用．正定二次型是有广泛应用的一种特殊的二次型，要掌握其判别方法.

一、教学基本要求

(1) 了解内积的概念，掌握线性无关的向量组正交化的施密特方法；了解正交规范基、正交矩阵和正交变换的概念及性质.

(2) 理解矩阵的特征值与特征向量的概念及性质，会求矩阵的特征值和特征向量.

(3) 理解相似矩阵的概念、性质及矩阵可相似对角化的充要条件，掌握将矩阵化为相似对角矩阵的方法.

(4) 了解实对称矩阵的特征值和特征向量的性质，掌握化实对称矩阵正交相似于对角矩阵的方法.

(5) 掌握二次型及其矩阵表示，了解二次型秩的概念，了解二次型的标准形的概念以及惯性定理.

(6) 掌握用正交变换化二次型为标准形的方法，了解用配方法化二次型为标准形.

(7) 了解二次型和对应矩阵的正定性及其判别法.

二、内容提要

(一)向量的内积与正交矩阵

1. 向量的内积

定义 1 设 n 维向量 $\boldsymbol{\alpha}=(a_1, a_2, \cdots, a_n)^{\mathrm{T}}$, $\boldsymbol{\beta}=(b_1, b_2, \cdots, b_n)^{\mathrm{T}}$, 称

$$[\boldsymbol{\alpha}, \boldsymbol{\beta}]=a_1b_1+a_2b_2+\cdots+a_nb_n$$

为向量 $\boldsymbol{\alpha}$ 与 $\boldsymbol{\beta}$ 的**内积**.

当 $[\boldsymbol{\alpha}, \boldsymbol{\beta}]=0$ 时, 称向量 $\boldsymbol{\alpha}$ 与 $\boldsymbol{\beta}$ **正交**.

若一组非零的 n 维向量 $\boldsymbol{\alpha}_1, \boldsymbol{\alpha}_2, \cdots, \boldsymbol{\alpha}_n$ 两两正交, 则称之为**正交向量组**.

注 正交向量组必是线性无关的; 且当 $r<n$ 时, 总存在 $\boldsymbol{\alpha}_{r+1}, \cdots, \boldsymbol{\alpha}_n$, 使 $\boldsymbol{\alpha}_1, \cdots, \boldsymbol{\alpha}_r, \boldsymbol{\alpha}_{r+1}, \cdots, \boldsymbol{\alpha}_n$ 为正交向量组.

设 n 维向量 $\boldsymbol{e}_1, \boldsymbol{e}_2, \cdots, \boldsymbol{e}_r$ 是向量空间 $V(V\subset\mathbf{R}^n)$ 的一个基, 若 $\boldsymbol{e}_1, \boldsymbol{e}_2, \cdots, \boldsymbol{e}_r$ 两两正交, 且均为单位向量, 则称 $\boldsymbol{e}_1, \boldsymbol{e}_2, \cdots, \boldsymbol{e}_r$ 是 V 的一个**正交规范基**.

2. 线性无关向量组的正交规范化

设 $\boldsymbol{\alpha}_1, \boldsymbol{\alpha}_2, \cdots, \boldsymbol{\alpha}_r$ 是一线性无关向量组.

(1)令 $\boldsymbol{\beta}_1=\boldsymbol{\alpha}_1$, $\boldsymbol{\beta}_2=\boldsymbol{\alpha}_2-\dfrac{[\boldsymbol{\beta}_1, \boldsymbol{\alpha}_2]}{[\boldsymbol{\beta}_1, \boldsymbol{\beta}_1]}\boldsymbol{\beta}_1$, $\cdots$,

$$\boldsymbol{\beta}_r=\boldsymbol{\alpha}_r-\frac{[\boldsymbol{\beta}_1, \boldsymbol{\alpha}_r]}{[\boldsymbol{\beta}_1, \boldsymbol{\beta}_1]}\boldsymbol{\beta}_1-\frac{[\boldsymbol{\beta}_2, \boldsymbol{\alpha}_r]}{[\boldsymbol{\beta}_2, \boldsymbol{\beta}_2]}\boldsymbol{\beta}_2-\cdots-\frac{[\boldsymbol{\beta}_{r-1}, \boldsymbol{\alpha}_r]}{[\boldsymbol{\beta}_{r-1}, \boldsymbol{\beta}_{r-1}]}\boldsymbol{\beta}_{r-1}.$$

则向量组 $\boldsymbol{\beta}_1, \boldsymbol{\beta}_2, \cdots, \boldsymbol{\beta}_r$ 是与 $\boldsymbol{\alpha}_1, \boldsymbol{\alpha}_2, \cdots, \boldsymbol{\alpha}_r$ 等价的正交向量组(由 $\boldsymbol{\alpha}_1, \boldsymbol{\alpha}_2, \cdots, \boldsymbol{\alpha}_r$ 导出正交线性无关向量组 $\boldsymbol{\beta}_1, \boldsymbol{\beta}_2, \cdots, \boldsymbol{\beta}_r$ 的过程称为**施密特(Schimidt)正交化过程**).

(2)将 $\boldsymbol{\beta}_1, \boldsymbol{\beta}_2, \cdots, \boldsymbol{\beta}_r$ 单位化:

$$\boldsymbol{\varepsilon}_1=\frac{1}{\|\boldsymbol{\beta}_1\|}\boldsymbol{\beta}_1, \ \boldsymbol{\varepsilon}_2=\frac{1}{\|\boldsymbol{\beta}_2\|}\boldsymbol{\beta}_2, \ \cdots, \ \boldsymbol{\varepsilon}_r=\frac{1}{\|\boldsymbol{\beta}_r\|}\boldsymbol{\beta}_r.$$

其中 $\|\boldsymbol{\beta}_i\|$ 是向量 $\boldsymbol{\beta}_i$ 的长度 $(i=1, 2, \cdots, r)$.

则 $\boldsymbol{\varepsilon}_1, \boldsymbol{\varepsilon}_2, \cdots, \boldsymbol{\varepsilon}_r$ 为与原向量组等价的两两正交的单位向量组.

3. 正交矩阵

1)定义

若 n 阶矩阵 $\boldsymbol{A}$ 满足 $\boldsymbol{A}^{\mathrm{T}}\boldsymbol{A}=\boldsymbol{E}$, 称 $\boldsymbol{A}$ 为正交矩阵(其中 $\boldsymbol{E}$ 为 n 阶单位矩阵).

2)性质

(1)正交矩阵 $\boldsymbol{A}$ 是可逆的, 且 $\boldsymbol{A}^{-1}=\boldsymbol{A}^{\mathrm{T}}$;

(2) $\boldsymbol{A}$ 为正交矩阵 $\Leftrightarrow$ $\boldsymbol{A}$ 的每个行(列)向量都是单位向量, 且任意两个行(列)向量是正交的;

(3)若 $\boldsymbol{A}$ 为正交矩阵, 则 $|\boldsymbol{A}|=1$ 或 $|\boldsymbol{A}|=-1$, 且 $-\boldsymbol{A}$, $\boldsymbol{A}^{\mathrm{T}}$, $\boldsymbol{A}^k$, $\boldsymbol{A}^{-1}$, $\boldsymbol{A}^*$ 仍是正交矩阵;

(4)若 $\boldsymbol{A}$ 和 $\boldsymbol{B}$ 均为 n 阶正交矩阵, 则 $\boldsymbol{AB}$ 也是正交矩阵, 但 $\boldsymbol{A}+\boldsymbol{B}$ 不是正交矩阵.

3)正交变换

若 $\boldsymbol{P}$ 为正交矩阵，则线性变换 $\boldsymbol{y}=\boldsymbol{P}\boldsymbol{x}$ 称为**正交变换**.

(二)矩阵的特征值和特征向量

1. 定义

(1)设 $\boldsymbol{A}$ 是 n 阶矩阵，若存在数 λ 和非零的 n 维列向量 $\boldsymbol{x}$，使 $\boldsymbol{A}\boldsymbol{x}=\lambda\boldsymbol{x}$，则称 λ 是 $\boldsymbol{A}$ 的**特征值**，$\boldsymbol{x}$ 是 $\boldsymbol{A}$ 的对应于特征值 λ 的**特征向量**.

注 特征值与特征向量两个概念是同时给出的，要特别注意 $\boldsymbol{x}$ 必须是非零向量.

(2)称 $|\boldsymbol{A}-\lambda\boldsymbol{E}|=0$ 为 $\boldsymbol{A}$ 的**特征方程**. λ 为 $\boldsymbol{A}$ 的特征值，当且仅当 λ 是此方程的解.

称 $f(\lambda)=|\boldsymbol{A}-\lambda\boldsymbol{E}|$ 为 $\boldsymbol{A}$ 的**特征多项式**.

注 $f(\lambda)$ 是 λ 的 n 次多项式，在复数范围内，n 阶矩阵 $\boldsymbol{A}$ 有且仅有 n 个特征值(其中可以相同).

2. 求法

(1)由特征方程 $|\boldsymbol{A}-\lambda\boldsymbol{E}|=0$ 求出 n 阶矩阵 $\boldsymbol{A}$ 的特征值 $\lambda_i(i=1, 2, \cdots, n)$.

(2)对于 $\boldsymbol{A}$ 的每个不同的特征值 λ_i，求方程组 $(\boldsymbol{A}-\lambda_i\boldsymbol{E})\boldsymbol{x}=\boldsymbol{0}$ 的基础解系.

3. 性质

(1)矩阵 $\boldsymbol{A}$ 的迹 $\operatorname{tr}(\boldsymbol{A})=\sum\limits_{i=1}^{n}a_{ii}=\sum\limits_{i=1}^{n}\lambda_i$.

(2) n 阶矩阵 $\boldsymbol{A}$ 的行列式 $|\boldsymbol{A}|=\prod\limits_{i=1}^{n}\lambda_i$.

(3)一个特征向量只能从属于一个特征值；同一特征值对应的特征向量的非零线性组合仍是对应此原特征值的特征向量.

(4)设 λ 为方阵 $\boldsymbol{A}$ 的特征值，则 $k\lambda$，$a\lambda+b$，λ^m，$\dfrac{1}{\lambda}$，$\dfrac{|\boldsymbol{A}|}{\lambda}$ 分别为 $k\boldsymbol{A}$，$a\boldsymbol{A}+b\boldsymbol{E}$，$\boldsymbol{A}^m$，$\boldsymbol{A}^{-1}$，$\boldsymbol{A}^*$ 的特征值(其中 k，a，b 均为常数，m 为正整数).

一般地，若 λ 是 $\boldsymbol{A}$ 的特征值，则 $\varphi(\boldsymbol{\lambda})$ 是 $\varphi(\boldsymbol{A})$ 的特征值. (其中 $\varphi(\boldsymbol{\lambda})=a_0+a_1\lambda+\cdots+a_m\lambda^m$，$\varphi(\boldsymbol{A})=a_0\boldsymbol{E}+a_1\boldsymbol{A}+\cdots+a_m\boldsymbol{A}^m$)

(三)相似矩阵

1. 定义

设 $\boldsymbol{A}$、$\boldsymbol{B}$ 是 n 阶矩阵，若存在可逆矩阵 $\boldsymbol{P}$，使 $\boldsymbol{B}=\boldsymbol{P}^{-1}\boldsymbol{A}\boldsymbol{P}$，则称矩阵 $\boldsymbol{A}$ 与 $\boldsymbol{B}$ 是**相似的**.

2. 性质

(1)若 n 阶矩阵 $\boldsymbol{A}$、$\boldsymbol{B}$ 相似，则它们的特征多项式相同，从而有相同的特征值.

(2)相似矩阵 $\boldsymbol{A}$、$\boldsymbol{B}$ 的秩相等，即 $R(\boldsymbol{A})=R(\boldsymbol{B})$.

(3)若 $\boldsymbol{A}$ 与 $\boldsymbol{B}$ 相似，则 $\boldsymbol{A}^{\mathrm{T}}$ 与 $\boldsymbol{B}^{\mathrm{T}}$ 相似，$\boldsymbol{A}^{-1}$ 与 $\boldsymbol{B}^{-1}$ 相似，$\boldsymbol{A}^k$ 与 $\boldsymbol{B}^k$ 相似.

3. 矩阵的相似对角阵

(1) n 阶矩阵 $\boldsymbol{A}$ 与对角矩阵相似 $\Leftrightarrow\boldsymbol{A}$ 有 n 个线性无关的特征向量(此时称 $\boldsymbol{A}$ 是可相似对角化的). 即若 $\boldsymbol{A}\boldsymbol{p}_i=\lambda_i\boldsymbol{p}_i(i=1, 2, \cdots, n)$，且 $\boldsymbol{p}_1$，$\boldsymbol{p}_2$，$\cdots$，$\boldsymbol{p}_n$ 线性无关，则

$$\boldsymbol{A}(\boldsymbol{p}_1, \boldsymbol{p}_2, \cdots, \boldsymbol{p}_n)=(\boldsymbol{A}\boldsymbol{p}_1, \boldsymbol{A}\boldsymbol{p}_2, \cdots, \boldsymbol{A}\boldsymbol{p}_n)=(\lambda_1\boldsymbol{p}_1, \lambda_2\boldsymbol{p}_2, \cdots, \lambda_n\boldsymbol{p}_n)$$

$$=(\boldsymbol{p}_1,\boldsymbol{p}_2,\cdots,\boldsymbol{p}_n)\begin{pmatrix}\lambda_1 & & & \\ & \lambda_2 & & \\ & & \ddots & \\ & & & \lambda_n\end{pmatrix}.$$

因 $\boldsymbol{P}=(\boldsymbol{p}_1,\boldsymbol{p}_2,\cdots,\boldsymbol{p}_n)$ 是可逆矩阵，则

$$\boldsymbol{P}^{-1}\boldsymbol{A}\boldsymbol{P}=\begin{pmatrix}\lambda_1 & & & \\ & \lambda_2 & & \\ & & \ddots & \\ & & & \lambda_n\end{pmatrix}.$$

(2)对应于不同特征值 $\lambda_1,\lambda_2,\cdots,\lambda_m$ 的特征向量 $\boldsymbol{p}_1,\boldsymbol{p}_2,\cdots,\boldsymbol{p}_m$ 是线性无关的，特别地，当 n 阶矩阵 $\boldsymbol{A}$ 有 n 个互不相等的特征值时，它们所对应的 n 个特征向量线性无关 . $\boldsymbol{A}$ 可相似于对角矩阵.

(3)若 λ 是 $\boldsymbol{A}$ 的 k 重特征值，则对应于 λ 的线性无关特征向量的个数小于或等于 k. 特别地，当 $\boldsymbol{A}$ 的任一重特征值所对应的线性无关特征向量个数等于其重数时，则 $\boldsymbol{A}$ 可相似于对角矩阵.

(四)实对称矩阵的相似对角矩阵

1. 主要结论

(1)实对称矩阵的特征值均为实数.

(2)若 $\lambda_1,\lambda_2,\cdots,\lambda_m$ 是实对称矩阵 A 的互不相同的特征值，$\boldsymbol{p}_1,\boldsymbol{p}_2,\cdots,\boldsymbol{p}_m$ 是对应的特征向量，则 $\boldsymbol{p}_1,\boldsymbol{p}_2,\cdots,\boldsymbol{p}_m$ 是两两正交的.

(3)设 $\boldsymbol{A}$ 为 n 阶实对称矩阵，λ 是 $\boldsymbol{A}$ 的 r 重特征值，则 $R(\boldsymbol{A}-\lambda\boldsymbol{E})=n-r$，从而对应特征值 λ 恰有 n 个线性无关的特征向量.

(4)设 $\boldsymbol{A}$ 为 n 阶实对称矩阵，则必存在正交矩阵 $\boldsymbol{P}$，使

$$\boldsymbol{P}^{-1}\boldsymbol{A}\boldsymbol{P}=\boldsymbol{P}^{\mathrm{T}}\boldsymbol{A}\boldsymbol{P}=\boldsymbol{\Lambda}=\begin{pmatrix}\lambda_1 & & & \\ & \lambda_2 & & \\ & & \ddots & \\ & & & \lambda_n\end{pmatrix},$$

其中 $\lambda_1,\lambda_2,\cdots,\lambda_n$ 是 $\boldsymbol{A}$ 的 n 个特征值.

2. 解法步骤

(1)求出实对称矩阵 $\boldsymbol{A}$ 的特征值和对应的特征向量.

(2)将特征向量正交规范化 . 若 λ 是 $\boldsymbol{A}$ 的 k 重特征值，$\boldsymbol{p}_1,\boldsymbol{p}_2,\cdots,\boldsymbol{p}_k$ 是对应于 λ 的线性无关的特征向量，则需把 $\boldsymbol{p}_1,\boldsymbol{p}_2,\cdots,\boldsymbol{p}_k$ 正交规范化，即先正交后单位化.

(3)以 n 个正交规范化后的特征向量为列向量构成矩阵 $\boldsymbol{P}$，此即为要求的正交矩阵.

(五)二次型的定义及其矩阵表示

1. 定义

含 n 个变量 $x_1,x_2,\cdots,x_n$ 的二次齐次函数

$$f(x_1,x_2,\cdots,x_n)=a_{11}x_1^2+2a_{12}x_1x_2+2a_{12}x_1x_3+\cdots+2a_{1n}x_1x_n$$

$$+ a_{22}x_1^2 + 2a_{23}x_2x_3 + \cdots + 2a_{2n}x_2x_n + \cdots + a_{nn}x_n^2$$

称为**二次型**，当 a_{ij} 为复数时，f 称为复二次型；当 a_{ij} 为实数时，f 称为实二次型.

2. 二次型的矩阵与秩

在二次型的表达式中取 $a_{ij} = a_{ji}$，则

$$f(x_1, x_2, \cdots, x_n) = \boldsymbol{x}^{\mathrm{T}}\boldsymbol{A}\boldsymbol{x}$$

其中

$$\boldsymbol{A} = \begin{pmatrix} a_{11} & a_{12} & \cdots & a_{1n} \\ a_{21} & a_{22} & \cdots & a_{2n} \\ \vdots & \vdots & & \vdots \\ a_{n1} & a_{n2} & \cdots & a_{nn} \end{pmatrix}, \quad \boldsymbol{x} = \begin{pmatrix} x_1 \\ x_2 \\ \vdots \\ x_n \end{pmatrix}.$$

$\boldsymbol{A}$ 是对称矩阵，称为**二次型 f 的矩阵**；$\boldsymbol{A}$ 的秩也称为**二次型 f 的秩**.

3. 惯性定理

二次型的中心问题之一，是通过可逆线性变换(也可看作坐标变换)把 f 化为只含平方项的形式，即化二次型为**标准形**，也称为**法式**.

在可逆线性变换作用下二次型的秩 r 不变，为标准形中平方项的项数.

化实二次型为标准形的可逆线性变换不是唯一的．但标准形中正系数的项数(正惯性指数) p 是相同的，从而负系数的项数(负惯性指数) $q = r - p$ 也相同．这就是**惯性定理**.

(六)化实二次型为标准形的方法

1. 配方法

(1)若二次型中含有 x_i 的平方项，则先把含 x_i 的各项集中，按 x_i 配成平方项，然后依此法对其他变量配方，直到都配成平方项.

(2)若二次型中不含任何平方项，但有某 $a_{ij} \neq 0(i \neq j)$，则作一可逆线性变换

$$\begin{cases} x_i = y_i - y_j \\ x_j = y_i + y_j \\ x_k = y_k,\ k \neq i,\ j \end{cases},$$

使二次型化为含有平方项的形式，再按上面的方法配方.

2. 用正交变换化为标准形

二次型 f 的矩阵 $\boldsymbol{A}$ 是实对称矩阵，由(四)知，存在正交矩阵 $\boldsymbol{P}$，使

$$\boldsymbol{P}^{-1}\boldsymbol{A}\boldsymbol{P} = \boldsymbol{P}^{\mathrm{T}}\boldsymbol{A}\boldsymbol{P} = \begin{pmatrix} \lambda_1 & & & \\ & \lambda_2 & & \\ & & \ddots & \\ & & & \lambda_n \end{pmatrix},$$

其中 $\lambda_1, \lambda_2, \cdots, \lambda_n$ 是 $\boldsymbol{A}$ 的特征值并全为实数.

由此得正交变换 $\boldsymbol{x} = \boldsymbol{P}\boldsymbol{y}$，化二次型 $f = \boldsymbol{x}^{\mathrm{T}}\boldsymbol{A}\boldsymbol{x}$ 为 $f = \lambda_1 y_1^2 + \lambda_2 y_2^2 + \cdots + \lambda_n y_n^2$.

若 $\boldsymbol{A}$ 的秩为 r，则有且仅有 $n - r$ 个 λ_i 为 0.

(七)二次型的正定性

1. 定义

若对任何 $\boldsymbol{x} \neq \boldsymbol{0}$，有 $f = \boldsymbol{x}^{\mathrm{T}}\boldsymbol{A}\boldsymbol{x} > 0(<0)$，称 f 为正定(负定)二次型，相应地称对称矩阵 $\boldsymbol{A}$ 为正定(负定)矩阵.

2. 正定二次型的判别

二次型正定的充要条件是下列条件之一成立：

(1) f 的标准形的 n 个系数全为正；

(2)对称矩阵 $\boldsymbol{A}$ 的特征值全大于零；

(3)对称矩阵 $\boldsymbol{A}$ 的各阶顺序主子式全大于零，即

$$a_{11} > 0,\ \begin{vmatrix} a_{11} & a_{12} \\ a_{21} & a_{22} \end{vmatrix} > 0,\ \cdots,\ |\boldsymbol{A}| > 0;$$

(4)正惯性指数 $p = n$；

(5) $\boldsymbol{A} = \boldsymbol{U}^{\mathrm{T}}\boldsymbol{U}$，其中 $\boldsymbol{U}$ 是可逆矩阵.

对称矩阵 $\boldsymbol{A}$ 为负定的充要条件是：奇数阶主子式为负，而偶数阶主子式为正，即

$$(-1)^r \begin{vmatrix} a_{11} & \cdots & a_{1r} \\ \vdots & & \vdots \\ a_{r1} & \cdots & a_{rr} \end{vmatrix} > 0,\ (r = 1, 2, \cdots, n).$$

注　判定二次型 f 负定，只需判定 $-f$ 为正定即可.

3. 正定矩阵的性质

(1)设 $\boldsymbol{A}$ 为正定实对称矩阵，则 $\boldsymbol{A}^{\mathrm{T}}$，$\boldsymbol{A}^{-1}$，$\boldsymbol{A}^{*}$ 均为正定矩阵.

(2)设 $\boldsymbol{A}$，$\boldsymbol{B}$ 均为 n 阶正定矩阵，则 $\boldsymbol{A} + \boldsymbol{B}$ 也是正定矩阵.

三、典型题解析

(一)填空题

【例 1】设 n 阶矩阵 $\boldsymbol{A}$ 的元素全为 1，则 $\boldsymbol{A}$ 的 n 个特征值是________.

解　应填 $\underline{n, \overbrace{0, \cdots, 0}^{n-1\text{个}}}$.

【例 2】设 $\boldsymbol{A}$ 为 n 阶方阵，$\boldsymbol{A}\boldsymbol{x} = \boldsymbol{0}$ 有非零解，则 $\boldsymbol{A}$ 必有一个特征值________.

分析　因为 $\boldsymbol{A}$ 没有具体给出，所以该题应从定义去考虑，即 $\boldsymbol{A}\boldsymbol{p} = \lambda\boldsymbol{p}$.

因 $\boldsymbol{A}\boldsymbol{x} = \boldsymbol{0}$ 有非零解，不妨设 $\boldsymbol{p}$ 就是其非零解，则 $\boldsymbol{A}\boldsymbol{p} = \boldsymbol{0}$. 所以由 $\lambda\boldsymbol{p} = \boldsymbol{A}\boldsymbol{p} = \boldsymbol{0}$ 得 $\lambda = 0$，即 $\boldsymbol{A}$ 有一个特征值为 0.

解　应填 $\underline{0}$.

【例 3】已知三阶矩阵 $\boldsymbol{A}$ 的特征值为 1，-1，2，则矩阵 $\boldsymbol{B} = 2\boldsymbol{A} + \boldsymbol{E}$（$\boldsymbol{E}$ 为三阶单位矩阵）的特征值为________.

解　应填 $\underline{3, -1, 5}$.

注　关于矩阵 $\boldsymbol{A}$ 的多项式 $\varphi(\boldsymbol{A}) = a_0\boldsymbol{E} + a_1\boldsymbol{A} + \cdots + a_n\boldsymbol{A}^n$ 的特征值问题的一般结论可详见

内容提要(二).

【例 4】设二阶矩阵 A 有两个不同的特征值，$\boldsymbol{\alpha}_1$，$\boldsymbol{\alpha}_2$ 是 $\boldsymbol{A}$ 的线性无关的特征向量，且满足 $\boldsymbol{A}^2(\boldsymbol{\alpha}_1+\boldsymbol{\alpha}_2)=\boldsymbol{\alpha}_1+\boldsymbol{\alpha}_2$，则 $|\boldsymbol{A}|=$________.

分析 因 $\boldsymbol{\alpha}_1$，$\boldsymbol{\alpha}_2$ 是 $\boldsymbol{A}$ 的线性无关的特征向量，则 $\boldsymbol{\alpha}_1$，$\boldsymbol{\alpha}_2$ 也是 $\boldsymbol{A}^2$ 的线性无关的特征向量．由 $\boldsymbol{A}^2(\boldsymbol{\alpha}_1+\boldsymbol{\alpha}_2)=\boldsymbol{\alpha}_1+\boldsymbol{\alpha}_2$ 可知 $\boldsymbol{\alpha}_1+\boldsymbol{\alpha}_2$ 为 $\boldsymbol{A}^2$ 的特征向量，因此 $\boldsymbol{A}^2$ 有二重特征值 $\lambda=1$. 因为 $\boldsymbol{A}$ 有两个不同的特征值，所以 $\boldsymbol{A}$ 的特征值为 $\lambda_1=-1$，$\lambda_2=1$.

因此 $|\boldsymbol{A}|=(-1)\times 1=-1$.

解 应填 $\underline{-1}$.

【例 5】设 1，-2，$-\dfrac{3}{2}$ 是三阶方阵 $\boldsymbol{A}$ 的特征值，则 $|2\boldsymbol{A}^*-3\boldsymbol{E}|=$________.

解 应填 $\underline{126}$.

【例 6】已知 $\boldsymbol{A}$ 是三阶正交矩阵，$|\boldsymbol{A}|>0$，$\boldsymbol{B}$ 是三阶矩阵，且 $|\boldsymbol{A}+2\boldsymbol{B}|=5$，则 $\left|\dfrac{1}{2}\boldsymbol{E}+\boldsymbol{A}\boldsymbol{B}^{\mathrm{T}}\right|=$________.

解 应填 $\underline{\dfrac{5}{8}}$.

【例 7】已知矩阵 $\boldsymbol{A}=\begin{pmatrix}-2&-2&1\\2&x&-2\\0&0&-2\end{pmatrix}$ 与 $\boldsymbol{B}=\begin{pmatrix}2&1&0\\0&-1&0\\0&0&y\end{pmatrix}$ 相似，则 $x=$________，$y=$________.

分析 本题考查的是相似矩阵的性质．因为矩阵 $\boldsymbol{A}$ 与 $\boldsymbol{B}$ 相似，所以 $\begin{cases}|\boldsymbol{A}|=|\boldsymbol{B}|\\\mathrm{tr}(\boldsymbol{A})=\mathrm{tr}(\boldsymbol{B})\end{cases}$，即 $\begin{cases}4(x-2)=-2y\\-2+x-2=2-1+y\end{cases}$，或 $\begin{cases}2x+y=4\\x-y=5\end{cases}$，因此解得 $x=3$，$y=-2$.

解 应填 $\underline{3，\ -2}$.

【例 8】$\boldsymbol{A}$ 是三阶实对称矩阵，其特征值为 $\lambda_1=\lambda_2=1$，$\lambda_3=-1$，对应于 $\lambda_1=\lambda_2=1$ 的特征向量为 $\boldsymbol{p}_1=(2,\ 1,\ 2)^{\mathrm{T}}$，$\boldsymbol{p}_2=(1,\ 2,\ -2)^{\mathrm{T}}$，则对应于 $\lambda_3=-1$ 的特征向量 $\boldsymbol{p}_3$ 为________.

解 应填 $\underline{(-2,\ 2,\ 1)^{\mathrm{T}}\text{ 或 }k(-2,\ 2,\ 1)^{\mathrm{T}}(k\neq 0)}$.

【例 9】设二次型 $f(x_1,\ x_2,\ x_3,\ x_4)=-x_1^2+x_2^2+x_3^2-x_4^2$，则 f 的正惯性指数是________，f 的秩是________.

解 应填 $\underline{2，\ 4}$.

【例 10】已知二次型 $f(x_1,\ x_2,\ x_3)=(1-a)x_1^2+(1-a)x_2^2+2x_3^2+2(1+a)x_1x_2$ 的秩为 2，则 $a=$____________.

分析 由题可知，二次型 $f(x_1,\ x_2,\ x_3)$ 的矩阵为 $\boldsymbol{A}=\begin{pmatrix}1-a&1+a&0\\1+a&1-a&0\\0&0&2\end{pmatrix}$，即 $R(\boldsymbol{A})=2$，得 $|\boldsymbol{A}|=0$，而 $|\boldsymbol{A}|=-8a$，因此 $a=0$.

解 应填 $\underline{0}$.

【例 11】若二次型$f(x_1, x_2, x_3, x_4)=2x_1^2+x_2^2+2x_1x_2+tx_2x_3$是正定的，则 t 的取值范围是________.

解　应填 $\underline{-\sqrt{2}<t<\sqrt{2}}$.

(二)单项选择题

【例 1】设矩阵 $\boldsymbol{C}=\begin{pmatrix}1&1&0\\1&0&1\\0&1&1\end{pmatrix}$，则 $\boldsymbol{C}$ 的特征值是(　　).

(A)1，0，1　　(B)1，1，2　　(C)－1，1，2　　(D)－1，1，1

分析　判断这四个选项中哪一组数是 $\boldsymbol{C}$ 的特征值，直接的方法是：通过计算求出 $\boldsymbol{C}$ 的特征值.

另一个方法是：把数 0，－1，2 代入 $\boldsymbol{C}$ 的特征方程看是否使其为 0(四个选项中都有数 1，所以肯定是特征值，可以不再验算).

也可用排除法：因为 $\sum_{i=1}^{3}\lambda_i=\sum_{i=1}^{3}a_{ii}=2$，故可排除 (B)、(D)；又因 $\prod_{i=1}^{3}\lambda_i=|\boldsymbol{C}|=-2$，所以可排除 (A).

解　应选 (C).

【例 2】$\boldsymbol{A}$ 是三阶方阵，有特征值 1，－2，4，则下列矩阵中，满秩矩阵是(　　).

(A)$\boldsymbol{E}-\boldsymbol{A}$　　(B)$\boldsymbol{A}+2\boldsymbol{E}$　　(C)$2\boldsymbol{E}-\boldsymbol{A}$　　(D)$\boldsymbol{A}-4\boldsymbol{E}$

解　应选 (C).

【例 3】设 $\boldsymbol{A}$ 是三阶实对称矩阵，$\boldsymbol{E}$ 是三阶单位矩阵. 若 $\boldsymbol{A}^2+\boldsymbol{A}=2\boldsymbol{E}$，且 $|\boldsymbol{A}|=4$，则 $\boldsymbol{A}$ 的特征值为(　　).

(A)－1，2，2　　(B)－1，2，－2　　(C)1，－2，－2　　(D)1，－2，2

分析　本题是利用特征值的性质求解问题. 由 $\boldsymbol{A}^2+\boldsymbol{A}=2\boldsymbol{E}$，可得 $\boldsymbol{A}$ 的特征值满足 $\lambda^2+\lambda=2$，因此 $\boldsymbol{A}$ 有特征值 1 或 －2；又 $\boldsymbol{A}$ 为三阶矩阵且 $|\boldsymbol{A}|=4$，所以 $\lambda_1\lambda_2\lambda_3=4$，故 $\boldsymbol{A}$ 的特征值为 1，－2，－2.

解　应选 (C).

【例 4】n 阶方阵 $\boldsymbol{A}$ 具有 n 个不同的特征值是 $\boldsymbol{A}$ 与对角矩阵相似的(　　).

(A) 充分必要条件　　(B) 充分而非必要条件

(C) 必要而非充分条件　　(D) 既非充分也非必要条件

解　应选 (B).

【例 5】设 $\boldsymbol{A}=\begin{pmatrix}2-k&1&0\\1&1&1\\0&1&k-2\end{pmatrix}$，则 $\boldsymbol{A}$ 是正定矩阵的条件是(　　).

(A)$k<2$　　(B)$k<1$

(C)$2>k>1$　　(D) 对任何 k，$\boldsymbol{A}$ 不正定

分析　由于矩阵 $\boldsymbol{A}$ 为具体的矩阵，所以本题应从顺序主子式大于零来考虑.

由 $2-k>0$ 得 $k<2$；由 $\begin{vmatrix}2-k&1\\1&1\end{vmatrix}=2-k-1=1-k>0$ 得 $k<1$；而

$\begin{vmatrix} 2-k & 1 & 0 \\ 1 & 1 & 1 \\ 0 & 1 & k-2 \end{vmatrix} = -(k-2)^2$，对任何 k，均有 $|\boldsymbol{A}| \leqslant 0$. 故对任何 k，$\boldsymbol{A}$ 不正定.

解 应选 (D).

【例 6】 二次型 $f(x_1, x_2, x_3) = (x_1 + x_2)^2 + (x_2 + x_3)^2 - (x_3 - x_1)^2$ 的正负惯性指数为（　　）.

(A) 2，0　　　　(B) 1，1

(C) 2，1　　　　(D) 1，2

解 应选：(B).

【例 7】 设 $\boldsymbol{A}$ 为三阶矩阵，$\boldsymbol{\Lambda} = \begin{pmatrix} 1 & 0 & 0 \\ 0 & -1 & 0 \\ 0 & 0 & 0 \end{pmatrix}$，则 $\boldsymbol{A}$ 的特征值为 1，-1，0 的充分必要条件是（　　）.

(A) 存在可逆矩阵 $\boldsymbol{P}$，$\boldsymbol{Q}$，使得 $\boldsymbol{A} = \boldsymbol{P\Lambda Q}$

(B) 存在可逆矩阵 $\boldsymbol{P}$，使得 $\boldsymbol{A} = \boldsymbol{P\Lambda P}^{-1}$

(C) 存在正交矩阵 $\boldsymbol{Q}$，使得 $\boldsymbol{A} = \boldsymbol{Q\Lambda Q}^{-1}$

(D) 存在可逆矩阵 $\boldsymbol{P}$，使得 $\boldsymbol{A} = \boldsymbol{P\Lambda P}^{\mathrm{T}}$

分析 相似矩阵具有相同的特征多项式，因此特征值相同；这里 $\boldsymbol{\Lambda}$ 的特征值为 1，-1，0；若 $\boldsymbol{A}$ 与 $\boldsymbol{\Lambda}$ 相似，则二者的特征值相同，相似即存在可逆矩阵 $\boldsymbol{P}$，使得 $\boldsymbol{A} = \boldsymbol{P\Lambda P}^{-1}$. 若 $\boldsymbol{A}$ 的特征值为 1，-1，0，因 $\boldsymbol{A}$ 为三阶矩阵，则 $\boldsymbol{A}$ 可以对角化为 $\boldsymbol{\Lambda}$，$\boldsymbol{A}$ 与 $\boldsymbol{\Lambda}$ 相似.

解 应选 (B).

(三) 计算题

【例 1】 求矩阵 $\boldsymbol{A} = \begin{pmatrix} 1 & 2 & 3 \\ 2 & 1 & 3 \\ 3 & 3 & 6 \end{pmatrix}$ 的特征值和特征向量.

分析 这是一个常规题型. 由于已给出具体形式，故求特征值与特征向量只需按如下步骤进行即可：

(1) 由特征方程 $|\boldsymbol{A} - \lambda\boldsymbol{E}| = 0$ 求出 $\boldsymbol{A}$ 的特征值 $\lambda_i (i = 1, 2, \cdots, n)$；

(2) 对于 $\boldsymbol{A}$ 的每个不同的特征值 λ_i，求方程组 $(\boldsymbol{A} - \lambda_i\boldsymbol{E})\boldsymbol{x} = \boldsymbol{0}$ 的基础解系.

解 由

$$|\boldsymbol{A} - \lambda\boldsymbol{E}| = \begin{vmatrix} 1-\lambda & 2 & 3 \\ 2 & 1-\lambda & 3 \\ 3 & 3 & 6-\lambda \end{vmatrix} = \begin{vmatrix} 1-\lambda & 2 & 3 \\ \lambda+1 & -\lambda-1 & 0 \\ 3 & 3 & 6-\lambda \end{vmatrix}$$

$$= \begin{vmatrix} 3-\lambda & 2 & 3 \\ 0 & -\lambda-1 & 0 \\ 6 & 3 & 6-\lambda \end{vmatrix} = -(\lambda - 1)\begin{vmatrix} 3-\lambda & 3 \\ 6 & 6-\lambda \end{vmatrix}$$

$$= -(\lambda + 1)\lambda(\lambda - 9),$$

解得 $\boldsymbol{A}$ 的特征值为 $\lambda_1 = -1$，$\lambda_2 = 0$，$\lambda_3 = 9$.

当 $\lambda_1 = -1$ 时，解方程组 $(\boldsymbol{A} + \boldsymbol{E})\boldsymbol{x} = \boldsymbol{0}$，由

$$A+E=\begin{pmatrix}2&2&3\\2&2&3\\3&3&7\end{pmatrix}\sim\begin{pmatrix}1&1&4\\2&2&3\\0&0&0\end{pmatrix}\sim\begin{pmatrix}1&1&0\\0&0&1\\0&0&0\end{pmatrix},$$

得基础解系 $\boldsymbol{p}_1=(1,\ -1,\ 0)^{\mathrm{T}}$，所以对应于 $\lambda_1=-1$ 的全部特征向量为 $k_1\boldsymbol{p}_1(k_1\neq 0)$；

当 $\lambda_2=0$ 时，解方程组 $\boldsymbol{Ax}=\boldsymbol{0}$，由

$$A=\begin{pmatrix}1&2&3\\2&1&3\\3&3&6\end{pmatrix}\sim\begin{pmatrix}1&2&3\\0&-3&-3\\0&-3&-3\end{pmatrix}\sim\begin{pmatrix}1&0&1\\0&1&1\\0&0&0\end{pmatrix},$$

得基础解系 $\boldsymbol{p}_2=(1,\ 1,\ -1)^{\mathrm{T}}$，所以对应于 $\lambda_2=0$ 的全部特征向量为 $k_2\boldsymbol{p}_2(k_2\neq 0)$；

当 $\lambda_3=9$ 时，解方程组 $(\boldsymbol{A}-9\boldsymbol{E})\boldsymbol{x}=\boldsymbol{0}$，由

$$A-9E=\begin{pmatrix}-8&2&3\\2&-8&3\\3&3&-3\end{pmatrix}\sim\begin{pmatrix}-8&2&3\\2&-8&3\\1&11&-6\end{pmatrix}\sim\begin{pmatrix}1&11&-6\\0&-30&15\\0&90&-45\end{pmatrix}\sim\begin{pmatrix}1&-1&0\\0&-2&1\\0&0&0\end{pmatrix},$$

得基础解系 $\boldsymbol{p}_3=(1,\ 1,\ 2)^{\mathrm{T}}$，所以对应于 $\lambda_3=9$ 的全部特征向量为 $k_3\boldsymbol{p}_3(k_2\neq 0)$.

【例 2】设三阶矩阵 $\boldsymbol{A}$ 的特征值为 $\lambda_1=1$，$\lambda_2=0$，$\lambda_3=-1$；对应的特征向量依次为 $\boldsymbol{p}_1=\begin{pmatrix}1\\2\\2\end{pmatrix}$，$\boldsymbol{p}_2=\begin{pmatrix}2\\-2\\1\end{pmatrix}$，$\boldsymbol{p}_3=\begin{pmatrix}-2\\-1\\2\end{pmatrix}$，求 $\boldsymbol{A}$.

解　令 $\boldsymbol{P}=(\boldsymbol{p}_1,\ \boldsymbol{p}_2,\ \boldsymbol{p}_3)=\begin{pmatrix}1&2&-2\\2&-2&-1\\2&1&2\end{pmatrix}$，则 $\boldsymbol{P}^{-1}=\dfrac{1}{9}\begin{pmatrix}1&2&2\\2&-2&1\\-2&-1&2\end{pmatrix}$. 所以，由 $\boldsymbol{A}\boldsymbol{p}_i=\lambda_i\boldsymbol{p}_i(i=1,\ 2,\ 3)$，得 $\boldsymbol{A}(\boldsymbol{p}_1,\ \boldsymbol{p}_2,\ \boldsymbol{p}_3)=(\lambda_1\boldsymbol{p}_1,\ \lambda_2\boldsymbol{p}_2,\ \lambda_3\boldsymbol{p}_3)$，从而

$$\begin{aligned}A&=(\lambda_1p_1,\ \lambda_2p_2,\ \lambda_3p_3)(p_1,\ p_2,\ p_3)^{-1}\\&=\begin{pmatrix}1&0&2\\2&0&1\\2&0&-2\end{pmatrix}\cdot\frac{1}{9}\begin{pmatrix}1&2&2\\2&-2&1\\-2&-1&2\end{pmatrix}=\frac{1}{3}\begin{pmatrix}-1&0&2\\0&1&2\\2&2&0\end{pmatrix}.\end{aligned}$$

注　本题中求 $\boldsymbol{P}^{-1}$ 有特殊技巧：因矩阵 $\boldsymbol{P}$ 的列向量两两正交，且长度均为 3，故 $\dfrac{1}{3}\boldsymbol{P}=\dfrac{1}{3}\begin{pmatrix}1&2&-2\\2&-2&-1\\2&1&2\end{pmatrix}$ 为正交矩阵，而正交矩阵的转置矩阵就是逆矩阵，所以

$$3P^{-1}=\left(\frac{1}{3}P\right)^{-1}=\left[\frac{1}{3}\begin{pmatrix}1&2&-2\\2&-2&-1\\2&1&2\end{pmatrix}\right]^{\mathrm{T}}=\frac{1}{3}\begin{pmatrix}1&2&2\\2&-2&1\\-2&-1&2\end{pmatrix},$$

故 $\boldsymbol{P}^{-1}=\dfrac{1}{9}\begin{pmatrix}1&2&2\\2&-2&1\\-2&-1&2\end{pmatrix}$.

【例 3】设矩阵 $A=\begin{pmatrix}2&1&0\\1&2&0\\1&a&b\end{pmatrix}$ 仅有两个不同的特征值，若 A 相似于对角矩阵，求常数 a，b 的值．并求可逆矩阵 P，使得 $P^{-1}AP$ 为对角矩阵.

分析　由三阶矩阵仅有两个不同的特征值，可知必有一个特征值为重根，因此需先求出特征值，再进行分别讨论.

解　由 $|A-\lambda E|=\begin{vmatrix}2-\lambda&1&0\\1&2-\lambda&0\\1&a&b-\lambda\end{vmatrix}=(b-\lambda)\begin{vmatrix}2-\lambda&1\\1&2-\lambda\end{vmatrix}$

$$=(3-\lambda)(1-\lambda)(b-\lambda),$$

得 A 的特征值为 $\lambda_1=1$，$\lambda_2=3$，$\lambda_3=b$.

若 $b=1$，由于 A 相似于对角矩阵，因此二重根需对应两个线性无关特征向量，故应有 $R(A-E)=1$；而

$$A-E=\begin{pmatrix}1&1&0\\1&1&0\\1&a&0\end{pmatrix}\sim\begin{pmatrix}1&1&0\\0&a-1&0\\0&0&0\end{pmatrix},$$

所以 $a-1=0$，即 $a=1$.

由
$$A-E=\begin{pmatrix}1&1&0\\1&1&0\\1&1&0\end{pmatrix}\sim\begin{pmatrix}1&1&0\\0&0&0\\0&0&0\end{pmatrix},$$

得对应于 $\lambda=1$ 的线性无关的特征向量 $p_1=\begin{pmatrix}-1\\1\\0\end{pmatrix}$，$p_2=\begin{pmatrix}0\\0\\1\end{pmatrix}$；

由
$$A-3E=\begin{pmatrix}-1&1&0\\1&-1&0\\1&1&-2\end{pmatrix}\sim\begin{pmatrix}1&0&-1\\0&1&-1\\0&0&0\end{pmatrix},$$

得对应于 $\lambda=3$ 的线性无关的特征向量 $p_3=\begin{pmatrix}1\\1\\1\end{pmatrix}$.

令 $P=(p_1,\ p_2,\ p_3)=\begin{pmatrix}-1&0&1\\1&0&1\\0&1&1\end{pmatrix}$，则 $P^{-1}AP=\begin{pmatrix}1&&\\&1&\\&&3\end{pmatrix}$.

若 $b=3$，则因 A 相似于对角矩阵，故应有 $R(A-3E)=1$；而

$$A-3E=\begin{pmatrix}-1&1&0\\1&-1&0\\1&a&0\end{pmatrix}\sim\begin{pmatrix}1&-1&0\\0&a+1&0\\0&0&0\end{pmatrix},$$

所以 $a+1=0$，即 $a=-1$.

由
$$A-E=\begin{pmatrix}1&1&0\\1&1&0\\1&-1&2\end{pmatrix}\sim\begin{pmatrix}1&0&1\\0&1&-1\\0&0&0\end{pmatrix},$$
得对应于 $\lambda=1$ 的线性无关的特征向量 $p_1=\begin{pmatrix}-1\\1\\1\end{pmatrix}$；

由
$$A-3E=\begin{pmatrix}-1&1&0\\1&-1&0\\1&-1&0\end{pmatrix}\sim\begin{pmatrix}1&-1&0\\0&0&0\\0&0&0\end{pmatrix},$$
得对应于 $\lambda=3$ 的线性无关的特征向量 $p_2=\begin{pmatrix}1\\1\\0\end{pmatrix}$，$p_3=\begin{pmatrix}0\\0\\1\end{pmatrix}$；

令 $P=(p_1,\ p_2,\ p_3)=\begin{pmatrix}-1&1&0\\1&1&0\\1&0&1\end{pmatrix}$，则 $P^{-1}AP=\begin{pmatrix}1&&\\&3&\\&&3\end{pmatrix}$.

【例 4】已知矩阵 $A=\begin{pmatrix}2&0&0\\0&0&1\\0&1&x\end{pmatrix}$ 与 $B=\begin{pmatrix}2&0&0\\0&y&0\\0&0&-1\end{pmatrix}$ 相似，(1)求 x 与 y；(2)求一个满足 $P^{-1}AP=B$ 的可逆矩阵 P.

解　(1)因矩阵 A 与 B 相似，则 $|A-\lambda E|=|B-\lambda E|$ 对所有 λ 成立，即
$$\begin{vmatrix}2-\lambda&0&0\\0&-\lambda&1\\0&1&x-\lambda\end{vmatrix}=\begin{vmatrix}2-\lambda&0&0\\0&y-\lambda&0\\0&0&-1-\lambda\end{vmatrix},$$
亦即 $(2-\lambda)(\lambda^2-x\lambda-1)=(2-\lambda)(y-\lambda)(-1-\lambda)$，比较等式两端的系数，得 $x=0$，$y=1$.

注　本小题还可利用特征值的性质来确定 x，y. 因为矩阵 B 是对角矩阵，所以 2，y，-1 既是 B 也是 A 的特征值．由 $\sum_{i=1}^{3}a_{ii}=\sum_{i=1}^{3}\lambda_i$ 得 $2+x=1+y$；又由 $|A|=\prod_{i=1}^{3}\lambda_i$ 得 $-2=-2y$. 所以 $x=0$，$y=1$.（此方法更简单一些）

(2)由(1)知，矩阵 A 的特征值为 2，1，-1.

当 $\lambda_1=2$ 时，由 $(A-\lambda_1E)x=\begin{pmatrix}0&0&0\\0&-2&1\\0&1&-2\end{pmatrix}\begin{pmatrix}x_1\\x_2\\x_3\end{pmatrix}=\mathbf{0}$，解得 $p_1=(1,\ 0,\ 0)^{\mathrm T}$，此即对应于 $\lambda_1=2$ 的一个特征向量.

当 $\lambda_2=1$ 时，由 $(A-\lambda_2E)x=\begin{pmatrix}1&0&0\\0&-1&1\\0&1&-1\end{pmatrix}\begin{pmatrix}x_1\\x_2\\x_3\end{pmatrix}=\mathbf{0}$，解得对应于 $\lambda_2=1$ 的一个特征

向量$\boldsymbol{p}_2=(0,1,1)^{\mathrm{T}}$.

当$\lambda_3=-1$时，由$(\boldsymbol{A}-\lambda_3E)\boldsymbol{x}=\begin{pmatrix}3&0&0\\0&1&1\\0&1&1\end{pmatrix}\begin{pmatrix}x_1\\x_2\\x_3\end{pmatrix}=\boldsymbol{0}$，解得对应于$\lambda_3=-1$的一个特征向量$\boldsymbol{p}_3=(0,1,-1)^{\mathrm{T}}$.

令$\boldsymbol{P}=(\boldsymbol{p}_1,\boldsymbol{p}_2,\boldsymbol{p}_3)=\begin{pmatrix}1&0&0\\0&1&1\\0&1&-1\end{pmatrix}$，因为矩阵$\boldsymbol{A}$的特征值互不相同，所以对应的特征向量$\boldsymbol{p}_1$，$\boldsymbol{p}_2$，$\boldsymbol{p}_3$线性无关(由于$\boldsymbol{A}$是实对称矩阵，故$\boldsymbol{p}_1$，$\boldsymbol{p}_2$，$\boldsymbol{p}_3$还是两两正交的)，从而矩阵$\boldsymbol{P}$可逆且满足$\boldsymbol{P}^{-1}\boldsymbol{A}\boldsymbol{P}=\boldsymbol{B}$.

【例5】已知$\boldsymbol{\xi}=\begin{pmatrix}1\\1\\-1\end{pmatrix}$是矩阵$\boldsymbol{A}=\begin{pmatrix}2&-1&2\\5&a&3\\-1&b&-2\end{pmatrix}$的一个特征向量，

(1)试确定参数a，b及特征向量$\boldsymbol{\xi}$所对应的特征值；

(2)问$\boldsymbol{A}$能否相似于对角矩阵？说明理由.

解 (1)由$\boldsymbol{A\xi}=\lambda\boldsymbol{\xi}$，得$\begin{pmatrix}2&-1&2\\5&a&3\\-1&b&-2\end{pmatrix}\begin{pmatrix}1\\1\\-1\end{pmatrix}=\lambda\begin{pmatrix}1\\1\\-1\end{pmatrix}$，即$\begin{cases}2-1-2=\lambda\\5+a-3=\lambda\\-1+b+2=-\lambda\end{cases}$，解得$\lambda=-1$，$a=-3$，$b=0$.

(2)由$\boldsymbol{A}=\begin{pmatrix}2&-1&2\\5&-3&3\\-1&0&-2\end{pmatrix}$，$|\boldsymbol{A}-\lambda\boldsymbol{E}|=\begin{vmatrix}2-\lambda&-1&2\\5&-3-\lambda&3\\-1&0&-2-\lambda\end{vmatrix}=-(\lambda+1)^3$，知$\lambda=-1$是$\boldsymbol{A}$的三重特征值. 但

$$\boldsymbol{A}+\boldsymbol{E}=\begin{pmatrix}3&-1&2\\5&-2&3\\-1&0&-1\end{pmatrix}\sim\begin{pmatrix}-1&0&-1\\0&-1&-1\\0&-2&-2\end{pmatrix}\sim\begin{pmatrix}-1&0&-1\\0&-1&-1\\0&0&0\end{pmatrix},$$

即$R(\boldsymbol{A}+\boldsymbol{E})=2$，从而$\lambda=-1$对应的线性无关特征向量只有一个，故$\boldsymbol{A}$不能相似于对角矩阵.

【例6】求一个正交变换，化二次型：

$$f(x_1,x_2,x_3)=x_1^2+4x_2^2+4x_3^2-4x_1x_2+4x_1x_3-8x_2x_3$$

成标准形.

分析 这是一个常规题型，主要考查求矩阵的特征值、特征向量以及正交化方法. 按如下的步骤做即可：

(1)写出二次型的矩阵形式，注意对非平方项x_ix_j的系数应取其一半作为a_{ij}；

(2)求二次型的矩阵的特征值和特征向量；

(3)把特征向量正交规范化，写出正交矩阵$\boldsymbol{P}$及正交变换；

(4)写出二次型的标准形式.

解　(1) $f(x_1, x_2, x_3) = (x_1, x_2, x_3)\begin{pmatrix} 1 & -2 & 2 \\ -2 & 4 & -4 \\ 2 & -4 & 4 \end{pmatrix}\begin{pmatrix} x_1 \\ x_2 \\ x_3 \end{pmatrix}$，二次型的矩阵为 $\boldsymbol{A} = \begin{pmatrix} 1 & -2 & 2 \\ -2 & 4 & -4 \\ 2 & -4 & 4 \end{pmatrix}$.

(2) $\boldsymbol{A}$ 的特征多项式为

$$|\boldsymbol{A} - \lambda \boldsymbol{E}| = \begin{vmatrix} 1-\lambda & -2 & 2 \\ -2 & 4-\lambda & -4 \\ 2 & -4 & 4-\lambda \end{vmatrix} = \begin{vmatrix} 1-\lambda & -2 & 2 \\ -2 & 4-\lambda & -4 \\ 0 & -\lambda & -\lambda \end{vmatrix} = \begin{vmatrix} 1-\lambda & -4 & 2 \\ -2 & 8-\lambda & -4 \\ 0 & 0 & -\lambda \end{vmatrix}$$

$$= -\lambda[(1-\lambda)(8-\lambda) - 8] = \lambda^2(9-\lambda),$$

所以特征值为 $\lambda_1 = \lambda_2 = 0$，$\lambda_3 = 9$.

对于 $\lambda_1 = \lambda_2 = 0$，由 $(\boldsymbol{A} - 0\boldsymbol{E})\boldsymbol{x} = \begin{pmatrix} 1 & -2 & 2 \\ -2 & 4 & -4 \\ 2 & -4 & 4 \end{pmatrix}\begin{pmatrix} x_1 \\ x_2 \\ x_3 \end{pmatrix} = \boldsymbol{0}$，解得线性无关特征向量 $\boldsymbol{p}_1 = (2, 1, 0)^{\mathrm{T}}$，$\boldsymbol{p}_2 = (-2, 0, 1)^{\mathrm{T}}$.(若取 $\boldsymbol{p}_1 = (0, 1, 1)^{\mathrm{T}}$，$\boldsymbol{p}_2 = (4, 1, -1)^{\mathrm{T}}$，则 $\boldsymbol{p}_1$，$\boldsymbol{p}_2$ 正交!)

对于 $\lambda_3 = 9$，由 $(\boldsymbol{A} - 9\boldsymbol{E})\boldsymbol{x} = \begin{pmatrix} -8 & -2 & 2 \\ -2 & -5 & -4 \\ 2 & -4 & -5 \end{pmatrix}\begin{pmatrix} x_1 \\ x_2 \\ x_3 \end{pmatrix} = \boldsymbol{0}$，解得 $\boldsymbol{p}_3 = (1, -2, 2)^{\mathrm{T}}$.

(3)先正交化：取 $\boldsymbol{q}_1 = \boldsymbol{p}_1 = (2, 1, 0)^{\mathrm{T}}$，$\boldsymbol{q}_2 = \boldsymbol{p}_2 - \dfrac{[\boldsymbol{p}_2, \boldsymbol{q}_1]}{[\boldsymbol{q}_1, \boldsymbol{q}_1]}\boldsymbol{q}_1 = (-2, 0, 1)^{\mathrm{T}} - \dfrac{-4}{5}(2, 1, 0)^{\mathrm{T}} = \left(-\dfrac{2}{5}, \dfrac{4}{5}, 1\right)^{\mathrm{T}}$，再单位化，得 $\boldsymbol{\varepsilon}_1 = \dfrac{\boldsymbol{q}_1}{\|\boldsymbol{q}_1\|} = \dfrac{1}{\sqrt{5}}\begin{pmatrix} 2 \\ 1 \\ 0 \end{pmatrix}$，类似有 $\boldsymbol{\varepsilon}_2 = \dfrac{1}{3\sqrt{5}}\begin{pmatrix} -2 \\ 4 \\ 5 \end{pmatrix}$，$\boldsymbol{\varepsilon}_3 = \dfrac{1}{3}\begin{pmatrix} 1 \\ -2 \\ 2 \end{pmatrix}$.

以 $\boldsymbol{\varepsilon}_1$，$\boldsymbol{\varepsilon}_2$，$\boldsymbol{\varepsilon}_3$ 为列向量，构成正交矩阵 $\boldsymbol{P} = (\boldsymbol{\varepsilon}_1, \boldsymbol{\varepsilon}_2, \boldsymbol{\varepsilon}_3) = \begin{pmatrix} \frac{2}{\sqrt{5}} & -\frac{2}{3\sqrt{5}} & \frac{1}{3} \\ \frac{1}{\sqrt{5}} & \frac{4}{3\sqrt{5}} & -\frac{2}{3} \\ 0 & \frac{5}{3\sqrt{5}} & \frac{2}{3} \end{pmatrix}$ 及正交变换 $\boldsymbol{x} = \boldsymbol{P}\boldsymbol{y}$.

(4)二次型化为 $f = \boldsymbol{x}^{\mathrm{T}}\boldsymbol{A}\boldsymbol{x} = 9y_3^2$.

【例 7】　已知二次型：

$$f(x_1, x_2, x_3) = 2x_1^2 + 3x_2^2 + 3x_3^2 + 2ax_2x_3 (a > 0),$$

通过正交变换将其化成标准形$f=y_1^2+2y_2^2+5y_3^2$，求参数a及所用的正交变换矩阵.

解 $f(x_1,x_2,x_3)=(x_1,x_2,x_3)\begin{pmatrix}2&0&0\\0&3&a\\0&a&3\end{pmatrix}\begin{pmatrix}x_1\\x_2\\x_3\end{pmatrix}$，设所求正交变换矩阵为$\boldsymbol{P}$，则有

$\boldsymbol{P}^{-1}\begin{pmatrix}2&0&0\\0&3&a\\0&a&3\end{pmatrix}\boldsymbol{P}=\begin{pmatrix}1&&\\&2&\\&&5\end{pmatrix}$，两边取行列式得：$\begin{vmatrix}2&0&0\\0&3&a\\0&a&3\end{vmatrix}=\begin{vmatrix}1&&\\&2&\\&&5\end{vmatrix}$，$2(3^2-a^2)=10$，

解得$a=2$($a=-2$舍去).(亦可直接利用$|\boldsymbol{A}|=\lambda_1\lambda_2\lambda_3$，或：先找出特征方程，再把$\lambda=1$或$\lambda=5$代入求$a$)

由于特征值已知，因此直接求特征向量.

$\lambda=1$时，$(\boldsymbol{A}-\boldsymbol{E})\boldsymbol{x}=\begin{pmatrix}1&0&0\\0&2&2\\0&2&2\end{pmatrix}\begin{pmatrix}x_1\\x_2\\x_3\end{pmatrix}=\boldsymbol{0}$，解得$\boldsymbol{p}_1=\begin{pmatrix}0\\1\\-1\end{pmatrix}$；

$\lambda=2$时，$(\boldsymbol{A}-2\boldsymbol{E})\boldsymbol{x}=\begin{pmatrix}0&0&0\\0&1&2\\0&2&1\end{pmatrix}\begin{pmatrix}x_1\\x_2\\x_3\end{pmatrix}=\boldsymbol{0}$，解得$\boldsymbol{p}_2=\begin{pmatrix}1\\0\\0\end{pmatrix}$；

$\lambda=5$时，$(\boldsymbol{A}-5\boldsymbol{E})\boldsymbol{x}=\begin{pmatrix}-3&0&0\\0&-2&2\\0&2&-2\end{pmatrix}\begin{pmatrix}x_1\\x_2\\x_3\end{pmatrix}=\boldsymbol{0}$，解得$\boldsymbol{p}_3=\begin{pmatrix}0\\1\\1\end{pmatrix}$.

因不同的特征值对应的特征向量相互正交，故$\boldsymbol{p}_1$，$\boldsymbol{p}_2$，$\boldsymbol{p}_3$是正交向量组，单位化后得到

$\boldsymbol{q}_1=\frac{1}{\sqrt{2}}\begin{pmatrix}0\\1\\-1\end{pmatrix}$，$\boldsymbol{q}_2=\boldsymbol{p}_2$，$\boldsymbol{q}_3=\frac{1}{\sqrt{2}}\begin{pmatrix}0\\1\\1\end{pmatrix}$.

故所用正交变换矩阵$\boldsymbol{P}=\begin{pmatrix}0&1&0\\1/\sqrt{2}&0&1/\sqrt{2}\\-1/\sqrt{2}&0&1/\sqrt{2}\end{pmatrix}$.

【例 8】 已知二次型

$$f(x_1,x_2,x_3)=5x_1^2+5x_2^2+cx_3^2-2x_1x_2+6x_1x_3-6x_2x_3$$

的秩为 2.

(1)求参数c及此二次型对应矩阵的特征值；

(2)指出方程$f(x_1,x_2,x_3)=1$表示何种二次曲面.

解 (1)此二次型对应的矩阵为$\boldsymbol{A}=\begin{pmatrix}5&-1&3\\-1&5&-3\\3&-3&c\end{pmatrix}$，因$R(\boldsymbol{A})=2$，故$|\boldsymbol{A}|=0$，由此解得$c=3$. 容易验证，此时$\boldsymbol{A}$的秩的确为 2. 进而由

$$|\boldsymbol{A}-\lambda\boldsymbol{E}|=\begin{vmatrix}5-\lambda&-1&3\\-1&5-\lambda&-3\\3&-3&3-\lambda\end{vmatrix}=\lambda(4-\lambda)(\lambda-9),$$

得所求特征值为 $\lambda_1=0$，$\lambda_2=4$，$\lambda_3=9$.

(2)由特征值可知，$f(x_1,x_2,x_3)=1$ 表示椭圆柱面.

注　(1)也可对 $\boldsymbol{A}$ 进行初等变换，即 $\boldsymbol{A}=\begin{pmatrix}5&-1&3\\-1&5&-3\\3&-3&c\end{pmatrix}\sim\begin{pmatrix}-1&5&-3\\0&2&-1\\0&0&c-3\end{pmatrix}$，因 $R(\boldsymbol{A})=2$，故有 $c=3$.

(2) $f(x_1,x_2,x_3)=1$ 表示椭圆柱面可以这样解释：由 $\boldsymbol{A}$ 的特征值知，$f(x_1,x_2,x_3)=1$ 可以经过适当的可逆线性变换化为 $4y_2^2+9y_3^2=1$，而且经过可逆线性变换并不改变空间曲面的类型，可见这是一椭圆柱面.

(四)证明题

【例 1】假设 λ 为 n 阶可逆矩阵 $\boldsymbol{A}$ 的一个特征值，证明：

(1) $\dfrac{1}{\lambda}$ 为 $\boldsymbol{A}^{-1}$ 的特征值；(2) $\dfrac{|\boldsymbol{A}|}{\lambda}$ 为 $\boldsymbol{A}$ 的伴随矩阵 $\boldsymbol{A}^*$ 的特征值.

分析　抽象矩阵求特征值一般用定义讨论.

证明　设有 $\boldsymbol{Ax}=\lambda\boldsymbol{x}$，$\boldsymbol{x}\neq\boldsymbol{0}$. 由于 $\boldsymbol{A}$ 可逆，所以 $\lambda\neq0$，从而有：

(1) $\boldsymbol{A}^{-1}\boldsymbol{Ax}=\lambda\boldsymbol{A}^{-1}\boldsymbol{x}$，即 $\boldsymbol{A}^{-1}\boldsymbol{x}=\dfrac{1}{\lambda}\boldsymbol{x}\ (\boldsymbol{x}\neq\boldsymbol{0})$，所以 $\dfrac{1}{\lambda}$ 为 $\boldsymbol{A}^{-1}$ 的特征值；

(2)又 $\boldsymbol{A}^{-1}=\dfrac{1}{|\boldsymbol{A}|}\boldsymbol{A}^*$，所以有 $\dfrac{1}{|\boldsymbol{A}|}\boldsymbol{A}^*\boldsymbol{x}=\dfrac{1}{\lambda}\boldsymbol{x}$，即 $\boldsymbol{A}^*\boldsymbol{x}=\dfrac{|\boldsymbol{A}|}{\lambda}\boldsymbol{x}\ (\boldsymbol{x}\neq\boldsymbol{0})$，故 $\dfrac{|\boldsymbol{A}|}{\lambda}$ 为 $\boldsymbol{A}$ 的伴随矩阵 $\boldsymbol{A}^*$ 的特征值.

【例 2】证明：若 $\boldsymbol{A}$ 是正定矩阵，则 $\boldsymbol{A}^{-1}$ 也是正定矩阵.

分析　分别用矩阵正定的定义或矩阵正定的充要条件可获得以下几种证法.

证明　方法一　利用定义证明.

已知 $\boldsymbol{A}$ 正定，则对任何 $\boldsymbol{x}\neq\boldsymbol{0}$，恒有 $\boldsymbol{x}^{\mathrm{T}}\boldsymbol{Ax}>0$. 要证 $\boldsymbol{A}^{-1}$ 正定，即要证对任何 $\boldsymbol{y}\neq\boldsymbol{0}$，恒有 $\boldsymbol{y}^{\mathrm{T}}\boldsymbol{A}^{-1}\boldsymbol{y}>0$. 而对任何 $\boldsymbol{y}\neq\boldsymbol{0}$，令 $\boldsymbol{y}=\boldsymbol{Ax}$，因 $\boldsymbol{A}$ 可逆，是可逆线性变换，故由 $\boldsymbol{y}\neq\boldsymbol{0}$ 可得 $\boldsymbol{x}\neq\boldsymbol{0}$，于是 $\boldsymbol{y}^{\mathrm{T}}\boldsymbol{A}^{-1}\boldsymbol{y}=\boldsymbol{x}^{\mathrm{T}}\boldsymbol{A}^{\mathrm{T}}\boldsymbol{A}^{-1}\boldsymbol{Ax}=\boldsymbol{x}^{\mathrm{T}}\boldsymbol{A}^{\mathrm{T}}\boldsymbol{x}=\boldsymbol{x}^{\mathrm{T}}\boldsymbol{Ax}>0$. 因此 $\boldsymbol{A}^{-1}$ 是正定的.

方法二　利用 $\boldsymbol{A}$ 正定 $\Leftrightarrow$ $\boldsymbol{A}$ 的全部特征值大于零.

设 $\boldsymbol{Ax}=\lambda\boldsymbol{x}$，其中 λ 是 $\boldsymbol{A}$ 的特征值. 因为 $\boldsymbol{A}$ 正定，故 $\lambda>0$，两边左乘 $\boldsymbol{A}^{-1}$，则 $\boldsymbol{x}=\lambda\boldsymbol{A}^{-1}\boldsymbol{x}$，即 $\boldsymbol{A}^{-1}\boldsymbol{x}=\dfrac{1}{\lambda}\boldsymbol{x}$. $\dfrac{1}{\lambda}$ 是 $\boldsymbol{A}^{-1}$ 的特征值，且 $\dfrac{1}{\lambda}>0$，故 $\boldsymbol{A}^{-1}$ 是正定矩阵.

【例 3】设 $\boldsymbol{A}$ 为 $m\times n$ 实矩阵，$\boldsymbol{E}$ 为 n 阶单位矩阵，已知矩阵 $\boldsymbol{B}=\lambda\boldsymbol{E}+\boldsymbol{A}^{\mathrm{T}}\boldsymbol{A}$，试证：当 $\lambda>0$ 时，矩阵 $\boldsymbol{B}$ 为正定矩阵.

分析　易知 $\boldsymbol{B}$ 为对称矩阵，由于对抽象矩阵 $\boldsymbol{B}$ 无法用其顺序主子式来判定正定性，只能通过证明其特征值全大于零或用定义来判定，而求 $\boldsymbol{B}$ 的特征值要求 $\boldsymbol{B}$ 满足一定的关系式，本题无此假设，因此使用定义法，即证明 $f(x)=\boldsymbol{x}^{\mathrm{T}}\boldsymbol{Ax}$ 为正定二次型即可.

证明　因为 $\boldsymbol{B}^{\mathrm{T}}=(\lambda\boldsymbol{E}+\boldsymbol{A}^{\mathrm{T}}\boldsymbol{A})^{\mathrm{T}}=\lambda\boldsymbol{E}+\boldsymbol{A}^{\mathrm{T}}\boldsymbol{A}=\boldsymbol{B}$，所以 $\boldsymbol{B}$ 为对称矩阵. 对任意的实 n 维列向量 $\boldsymbol{x}$，有

$$x^{\mathrm{T}}Bx = x^{\mathrm{T}}(\lambda E + A^{\mathrm{T}}A)x = \lambda x^{\mathrm{T}}x + x^{\mathrm{T}}A^{\mathrm{T}}Ax = \lambda x^{\mathrm{T}}x + (Ax)^{\mathrm{T}}(Ax),$$

当 $x \neq 0$ 时，有 $x^{\mathrm{T}}x > 0$，$(Ax)^{\mathrm{T}}(Ax) \geqslant 0$. 因此，当 $\lambda > 0$ 时，对任意的 $x \neq 0$，有

$$x^{\mathrm{T}}Bx = \lambda x^{\mathrm{T}}x + (Ax)^{\mathrm{T}}(Ax) > 0,$$

即 B 为正定矩阵.

【例 4】设 A 为 n 阶实对称矩阵，且满足 $A^3 - 3A^2 + 5A - 3E = 0$，证明：A 是正定矩阵.

证明 设 λ 是 A 的任一个特征值，对应的特征向量为 x，则 $Ax = \lambda x$，于是

$$\begin{aligned}(A^3 - 3A^2 + 5A - 3E)x &= A^3x - 3A^2x + 5Ax - 3x \\ &= \lambda^3x - 3\lambda^2x + 5\lambda x - 3x \\ &= (\lambda^3 - 3\lambda^2 + 5\lambda - 3)x,\end{aligned}$$

而 $A^3 - 3A^2 + 5A - 3E = 0$，所以 $(\lambda^3 - 3\lambda^2 + 5\lambda - 3)x = 0$，又 $x \neq 0$，故

$$\lambda^3 - 3\lambda^2 + 5\lambda - 3 = 0,\ \text{或}\ (\lambda - 1)(\lambda^2 - 2\lambda + 3) = 0.$$

此三次方程仅有一个实根 $\lambda = 1$，又因 A 的特征值均为实数，故 $\lambda = 1$ 是 A 的三重特征值. 即 A 的特征值均大于零，从而知 A 是一个正定矩阵.

【例 5】设 A 为 m 阶实对称矩阵且正定，B 为 $m \times n$ 实矩阵，B^{T} 为 B 的转置矩阵. 试证：$B^{\mathrm{T}}AB$ 为正定矩阵的充分必要条件是 B 的秩 $R(B) = n$.

证明 必要性 设 $B^{\mathrm{T}}AB$ 为正定矩阵，则对任意的实 n 维列向量 $x \neq 0$，有 $x^{\mathrm{T}}(B^{\mathrm{T}}AB)x > 0$，即 $(Bx)^{\mathrm{T}}A(Bx) > 0$，于是 $Bx \neq 0$，因此，$Bx = 0$ 只有零解，从而 $R(B) = n$.

充分性 因 $(B^{\mathrm{T}}AB)^{\mathrm{T}} = B^{\mathrm{T}}A^{\mathrm{T}}B = B^{\mathrm{T}}AB$，故 $B^{\mathrm{T}}AB$ 为实对称矩阵. 若 $R(B) = n$，则线性方程组 $Bx = 0$ 只有零解，从而对任意的实 n 维列向量 $x \neq 0$，有 $Bx \neq 0$. 又 A 为正定矩阵，所以对于 $Bx \neq 0$，有 $(Bx)^{\mathrm{T}}A(Bx) > 0$，于是，当 $x \neq 0$ 时，$x^{\mathrm{T}}(B^{\mathrm{T}}AB)x > 0$，故 $B^{\mathrm{T}}AB$ 为正定矩阵.

【例 6】设 A 为二阶矩阵，$P = (\alpha, A\alpha)$，其中 α 是非零向量，且不是 A 的特征向量.

(1) 证明：P 是可逆矩阵；

(2) 若 $A^2\alpha + A\alpha - 6\alpha = 0$，求 $P^{-1}AP$，并判断 A 是否相似于对角矩阵.

分析 由于 P 为抽象矩阵，无法通过初等行变换等基本方法证明可逆，可利用反证法证明，再根据已知条件，通过二阶矩阵 A 的互异特征值个数情况判断是否可对角化.

证明 (1) 用反证法：若 P 不可逆，则 $R(P) < 2$，故 α，$A\alpha$ 线性相关，于是存在数 k，使得 $A\alpha = k\alpha$（$\alpha \neq 0$），这与 α 不是 A 的特征向量相矛盾.

(2) 由 α，$A\alpha$ 线性无关，又 $A^2\alpha = -A\alpha + 6\alpha$，故有

$$A(\alpha, A\alpha) = (A\alpha, A^2\alpha) = (A\alpha, -A\alpha + 6\alpha) = (\alpha, A\alpha)\begin{pmatrix}0 & 6 \\ 1 & -1\end{pmatrix},$$

即 $AP = PB$，或 $P^{-1}AP = B = \begin{pmatrix}0 & 6 \\ 1 & -1\end{pmatrix}$. 又

$$|B - \lambda E| = \begin{vmatrix}-\lambda & 6 \\ 1 & -1-\lambda\end{vmatrix} = (\lambda - 2)(\lambda + 3),$$

所以 B 的特征值为 2，-3，故 B 可对角化，从而 A 也可对角化.

四、测验题及参考解答

测验题

(一)填空题

1. 设 $\boldsymbol{P}$ 是 n 阶正交矩阵，$\boldsymbol{x}=(1,\ 2,\ \cdots,\ n)^{\mathrm{T}}$，则向量 $\boldsymbol{y}=\boldsymbol{P}\boldsymbol{x}$ 的长度为________.

2. 设 $\boldsymbol{\alpha}_1=(1,\ 1,\ 1)^{\mathrm{T}}$，$\boldsymbol{\alpha}_2=(1,\ 0,\ -1)^{\mathrm{T}}$，$\boldsymbol{\alpha}_3$ 是正交向量组，则 $\boldsymbol{\alpha}_3=$ ________.

3. 若 λ 是 n 阶方阵 $\boldsymbol{A}$ 的特征值，则 $2\boldsymbol{A}-3\boldsymbol{E}$ 的特征值是________，$\boldsymbol{A}^2$ 的特征值是________.

4. 设三阶方阵 $\boldsymbol{A}$ 有三个不同的特征值，且其中两个特征值分别为 2，3， 已知 $|\boldsymbol{A}|=48$，则 $\boldsymbol{A}$ 的第三个特征值应为________.

5. 设三阶矩阵 $\boldsymbol{A}$ 有一个特征值为 1， 且 $|\boldsymbol{A}|=0$ 及 $\boldsymbol{A}$ 的主对角线元素的和为 0，则 $\boldsymbol{A}$ 的其余两个特征值为________.

6. 若四阶方阵 $\boldsymbol{A}$ 与对角矩阵 $\mathrm{diag}(2,\ 2,\ 1,\ 4)$ 相似，则 $\boldsymbol{A}$ 的特征值为________；$|\boldsymbol{A}|$________ .

7. 已知四阶矩阵 $\boldsymbol{A}$ 相似于 $\boldsymbol{B}$，$\boldsymbol{A}$ 的特征值为 2，3，4，5，$\boldsymbol{E}$ 为四阶单位矩阵，则 $|\boldsymbol{B}-\boldsymbol{E}|=$ ________.

8. 二次型 $f(x,\ y,\ z)=4x^2-4y^2+4xy-4yz$ 所对应的矩阵 $\boldsymbol{A}=$ ________.

9. 二次型 $f(\boldsymbol{X})=\boldsymbol{X}^{\mathrm{T}}\begin{pmatrix}1 & 0 & 0\\ 0 & a+1 & -1\\ 0 & -1 & 1\end{pmatrix}\boldsymbol{X}$ 为正定，则 a 应满足条件________.

(二)单项选择题

1. 设 $\boldsymbol{A}$ 是正交矩阵，$\boldsymbol{\alpha}_j$ 是 $\boldsymbol{A}$ 的第 j 列，则 $\boldsymbol{\alpha}_j$ 与 $\boldsymbol{\alpha}_j$ 的内积等于(　　).

(A)0　　(B)1　　(C)2　　(D)3

2. 三阶方阵 $\boldsymbol{A}=(\boldsymbol{\alpha}_1,\ \boldsymbol{\alpha}_2,\ \boldsymbol{\alpha}_3)$ 满足 $[\boldsymbol{\alpha}_i,\ \boldsymbol{\alpha}_j]=\begin{cases}1, & i=j\\ 0, & i\neq j\end{cases}$，则下列命题中正确的是(　　).

(A)$\boldsymbol{\alpha}_1$，$\boldsymbol{\alpha}_2$，$\boldsymbol{\alpha}_3$ 是规范正交基　　(B)$|\boldsymbol{A}|=1$

(C)$\boldsymbol{A}=\boldsymbol{E}$　　(D)$\boldsymbol{A}=-\boldsymbol{E}$

3. 设三维列向量 $\boldsymbol{\alpha}_1$，$\boldsymbol{\alpha}_2$，$\boldsymbol{\alpha}_3$ 线性无关，$\boldsymbol{A}=(\boldsymbol{\alpha}_1,\ \boldsymbol{\alpha}_2,\ \boldsymbol{\alpha}_3)$，则 $\boldsymbol{A}$ 是(　　).

(A) 奇异矩阵　　(B) 对称矩阵

(C) 正交矩阵　　(D) 可逆矩阵

4. 设 $\boldsymbol{A}=\begin{pmatrix}1 & 1 & 1\\ 1 & 1 & 1\\ 1 & 1 & 1\end{pmatrix}$，则 $\boldsymbol{A}$ 有一个非零的特征值(　　).

(A)1　　(B)2　　(C)3　　(D)4

5. 设 $\boldsymbol{A}=\begin{pmatrix}2 & -\sqrt{3}\\ 0 & 2\end{pmatrix}$，则 $\boldsymbol{A}^2-2\boldsymbol{A}-2\boldsymbol{E}$ 的特征值为(　　).

(A)2, 2　　(B) -2, -2　　(C)0, 0　　(D) -4, -4

6. 设 $\lambda=2$ 是非奇异矩阵 $\boldsymbol{A}$ 的一个特征值, 则矩阵 $\left(\frac{1}{3}\boldsymbol{A}^2\right)^{-1}$ 有一个特征值等于(　　).

(A) $\frac{4}{3}$　　(B) $\frac{3}{4}$　　(C) $\frac{1}{2}$　　(D) $\frac{1}{4}$

7. 已知三阶矩阵 $\boldsymbol{A}$ 的特征值为 -1, 1, 2, 则矩阵 $\boldsymbol{B}=(3\boldsymbol{A}^*)^{-1}$ 的特征值为(　　).

(A)1, -1, -2　　(B) $\frac{1}{6}$, $-\frac{1}{6}$, $-\frac{1}{3}$

(C) $-\frac{1}{6}$, $\frac{1}{6}$, $\frac{1}{3}$　　(D) $\frac{1}{2}$, $-\frac{1}{2}$, -1

8. 若 n 阶方阵 $\boldsymbol{A}$ 与 $\boldsymbol{B}$ 相似, 则(　　).

(A) $R(\boldsymbol{A})=R(\boldsymbol{B})$　　(B) $R(\boldsymbol{A})\neq R(\boldsymbol{B})$

(C) $R(\boldsymbol{A})<R(\boldsymbol{B})$.　　(D) $R(\boldsymbol{A})>R(\boldsymbol{B})$

(三)计算题

1. 求矩阵 $\boldsymbol{A}=\begin{pmatrix}0&-1&-1\\-1&0&-1\\-1&-1&0\end{pmatrix}$ 的特征值与特征向量.

2. 试求一个正交的相似变换矩阵, 将对称矩阵 $\boldsymbol{A}=\begin{pmatrix}2&-2&0\\-2&1&-2\\0&-2&0\end{pmatrix}$ 化为对角矩阵.

3. 用正交相似对角化方法将二次型 $f(x_1, x_2, x_3)=x_1^2+x_2^2+2x_3^2+2x_1x_2$ 化为标准形.

4. 设二次型 $f(x_1, x_2, x_3)=4x_1^2+3x_2^2+3x_3^2+2x_2x_3$.

(1)用矩阵记号写出二次型 f;

(2)求一个正交矩阵 $\boldsymbol{P}$, 使 $\boldsymbol{P}^{-1}\boldsymbol{A}\boldsymbol{P}=\boldsymbol{\Lambda}$ 为对角矩阵;

(3)求一个正交变换, 把二次型化为标准形;

(4)判别二次型的正定性.

(四)证明题

设 $\boldsymbol{A}$ 是 n 阶方阵. 试证明:

(1)若 $\boldsymbol{A}$ 是正交矩阵, 则 $|\boldsymbol{A}|=1$ 或 $|\boldsymbol{A}|=-1$;

(2)若 $\boldsymbol{A}$ 是幂等矩阵, 即 $\boldsymbol{A}^2=\boldsymbol{A}$, 则 $\boldsymbol{A}$ 的特征值是 1 或 0.

参考解答

(一)填空题

1. 分析　由于正交变换不改变向量的长度, 即

$$\|\boldsymbol{y}\|=\sqrt{\boldsymbol{y}^{\mathrm{T}}\boldsymbol{y}}=\sqrt{(\boldsymbol{P}\boldsymbol{x})^{\mathrm{T}}(\boldsymbol{P}\boldsymbol{x})}=\sqrt{\boldsymbol{x}^{\mathrm{T}}(\boldsymbol{P}^{\mathrm{T}}\boldsymbol{P})\boldsymbol{x}}=\sqrt{\boldsymbol{x}^{\mathrm{T}}\boldsymbol{x}}=\|\boldsymbol{x}\|=\sqrt{1^2+2^2+\cdots+n^2}.$$

解　应填 $\underline{\sqrt{1^2+2^2+\cdots+n^2}}$ (或 $=\underline{\sqrt{\frac{n(n+1)(2n+1)}{6}}}$).

2. 分析　因 $\boldsymbol{\alpha}_1$, $\boldsymbol{\alpha}_2$, $\boldsymbol{\alpha}_3$ 是正交向量组, 故应有

$\begin{cases}\boldsymbol{\alpha}_1^{\mathrm{T}}\boldsymbol{\alpha}_3=\mathbf{0}\\ \boldsymbol{\alpha}_2^{\mathrm{T}}\boldsymbol{\alpha}_3=\mathbf{0}\end{cases}$，或 $\begin{pmatrix}\boldsymbol{\alpha}_1^{\mathrm{T}}\\ \boldsymbol{\alpha}_2^{\mathrm{T}}\end{pmatrix}\boldsymbol{\alpha}_3=\mathbf{0}$，可见 $\boldsymbol{\alpha}_3$ 取方程组 $\begin{pmatrix}\boldsymbol{\alpha}_1^{\mathrm{T}}\\ \boldsymbol{\alpha}_2^{\mathrm{T}}\end{pmatrix}\boldsymbol{x}=\mathbf{0}$，即 $\begin{pmatrix}1&1&1\\1&0&-1\end{pmatrix}\begin{pmatrix}x_1\\x_2\\x_3\end{pmatrix}=\mathbf{0}$ 的一个非零解即可．由 $\begin{pmatrix}1&1&1\\1&0&-1\end{pmatrix}\sim\begin{pmatrix}1&0&-1\\0&1&2\end{pmatrix}$，得同解方程组 $\begin{cases}x_1=x_3\\x_2=-2x_3\end{cases}$，取 $x_3=1$，得基础解系 $\boldsymbol{\xi}=(1,\ -2,\ 1)^{\mathrm{T}}$，取 $\boldsymbol{\alpha}_3=(1,\ -2,\ 1)^{\mathrm{T}}$ 即可.

解　应填 $\underline{(1,\ -2,\ 1)^{\mathrm{T}}}$.

3. 分析　由 $2\boldsymbol{A}-3\boldsymbol{E}$ 的特征值为 $2\lambda-3$，$\boldsymbol{A}^2$ 的特征值是 λ^2.

解　应填 $\underline{2\lambda-3}$；$\underline{\lambda^2}$.

注　本题中所列举的性质应牢记!!!

4. 分析　本题考查方阵特征值的性质．由于 $2\cdot 3\cdot\lambda_3=|\boldsymbol{A}|=48$，故 $\lambda_3=8$.

解　应填 $\underline{8}$.

5. 分析　由题中条件，得 $1\cdot\lambda_2\cdot\lambda_3=|\boldsymbol{A}|=0$，$1+\lambda_2+\lambda_3=a_{11}+a_{22}+a_{33}=0$；解得 $\lambda_2=0$，$\lambda_3=-1$.

解　应填 $\underline{-1,\ 0}$.

6. 分析　因相似矩阵的特征值是相同的，故由 $\boldsymbol{A}$ 与对角矩阵 $\mathrm{diag}(2,\ 2,\ 1,\ 4)$ 相似，可知 $\boldsymbol{A}$ 的特征值为 2，2，1，4；$|\boldsymbol{A}|=2\cdot 2\cdot 1\cdot 4=16$.

解　应填 $\underline{2,\ 2,\ 1,\ 4}$；$\underline{16}$.

7. 分析　因四阶矩阵 $\boldsymbol{A}$ 相似于 $\boldsymbol{B}$，而 $\boldsymbol{A}$ 的特征值为 2，3，4，5，故 $\boldsymbol{B}$ 的特征值也为 2，3，4，5，从而 $\boldsymbol{B}-\boldsymbol{E}$ 的特征值为 1，2，3，4；于是得 $|\boldsymbol{B}-\boldsymbol{E}|=1\cdot 2\cdot 3\cdot 4=24$.

解　应填 $\underline{24}$.

8. 分析　本题考查二次型所对应的对称矩阵 $\boldsymbol{A}$ 的写法．(注意 $\boldsymbol{A}$ 的构成!!!)即：$\boldsymbol{A}$ 的主对角线上 a_{ii} 为二次型中 x_i^2 的系数，而 $\boldsymbol{A}$ 中 $a_{ij}=a_{ji}$ 为二次型中 x_ix_j 的系数的一半.

解　应填 $\underline{\begin{pmatrix}4&2&0\\2&-4&-2\\0&-2&0\end{pmatrix}}$.

9. 分析　本题考查判断对称矩阵是否正定的方法．其常用方法有：

(1)用定义(适用于抽象矩阵)；

(2)利用标准形的系数(适用于在标准形给出的情形)；

(3)利用特征值全为正数，即：n 阶对称矩阵 $\boldsymbol{A}$ 正定 $\Leftrightarrow\boldsymbol{A}$ 的 n 个特征值全大于0)(适用于特征值已知的情形)；

(4)利用“赫尔维茨定理”(适用于 n 阶对称矩阵 $\boldsymbol{A}$ 具体给出的情形).

由于本题中 $\boldsymbol{A}$ 已具体给出，故可用方法(4)求解．因为

$$|1|=1>0,\quad\begin{vmatrix}1&0\\0&a+1\end{vmatrix}=a+1>0,\quad\begin{vmatrix}1&0&0\\0&a+1&-1\\0&-1&1\end{vmatrix}=a>0$$

同时成立，所以 $a>0$.

解　应填 $\underline{a>0}$.

(二)单项选择题

1. 分析 因$A=(\alpha_1,\alpha_2,\cdots,\alpha_n)$是正交矩阵，故$A$的列向量组$\boldsymbol{\alpha}_1,\boldsymbol{\alpha}_2,\cdots,\boldsymbol{\alpha}_n$为两两正交的单位向量组，从而$[\boldsymbol{\alpha}_j,\boldsymbol{\alpha}_j]=\boldsymbol{\alpha}_j^{\mathrm{T}}\boldsymbol{\alpha}_j=\|\boldsymbol{\alpha}_j\|^2=1^2=1$.

解 选(B).

2. 分析 因$[\boldsymbol{\alpha}_i,\boldsymbol{\alpha}_j]=\begin{cases}1, & i=j\\0, & i\neq j\end{cases}$，即$[\boldsymbol{\alpha}_i,\boldsymbol{\alpha}_i]=1$，亦即$\|\boldsymbol{\alpha}_i\|=1(i=1,2,3)$，所以$\boldsymbol{\alpha}_1,\boldsymbol{\alpha}_2,\boldsymbol{\alpha}_3$均为单位向量；由$[\boldsymbol{\alpha}_i,\boldsymbol{\alpha}_j]=0(i\neq j)$知$\boldsymbol{\alpha}_1,\boldsymbol{\alpha}_2,\boldsymbol{\alpha}_3$两两正交，故$A$的列向量组$\boldsymbol{\alpha}_1,\boldsymbol{\alpha}_2,\boldsymbol{\alpha}_3$为两两正交的单位向量组，从而$\boldsymbol{\alpha}_1,\boldsymbol{\alpha}_2,\boldsymbol{\alpha}_3$构成$\mathbf{R}^3$的一个规范正交基.

解 选(A).

3. 分析 三维列向量$\boldsymbol{\alpha}_1,\boldsymbol{\alpha}_2,\boldsymbol{\alpha}_3$线性无关$\Rightarrow R(\boldsymbol{\alpha}_1,\boldsymbol{\alpha}_2,\boldsymbol{\alpha}_3)=R(A)=3\Rightarrow A$为满秩矩阵$\Rightarrow A$为可逆矩阵.

解 选(D).

注 若$A=(\boldsymbol{\alpha}_1,\boldsymbol{\alpha}_2,\cdots,\boldsymbol{\alpha}_n)$为$n$阶方阵，则

A为可逆矩阵$\Leftrightarrow|A|\neq 0$，即A为非奇异矩阵

$\Leftrightarrow R(A)=n$，即A为满秩矩阵

$\Leftrightarrow A$的列向量组$\boldsymbol{\alpha}_1,\boldsymbol{\alpha}_2,\cdots,\boldsymbol{\alpha}_n$线性无关.

4. 分析 由
$$|A-\lambda E|=\begin{vmatrix}1-\lambda & 1 & 1\\1 & 1-\lambda & 1\\1 & 1 & 1-\lambda\end{vmatrix}=\begin{vmatrix}3-\lambda & 1 & 1\\3-\lambda & 1-\lambda & 1\\3-\lambda & 1 & 1-\lambda\end{vmatrix}$$
$$=(3-\lambda)\begin{vmatrix}1 & 1 & 1\\1 & 1-\lambda & 1\\1 & 1 & 1-\lambda\end{vmatrix}=(3-\lambda)\begin{vmatrix}1 & 1 & 1\\0 & -\lambda & 0\\0 & 0 & -\lambda\end{vmatrix}$$
$$=\lambda^2(3-\lambda).$$
所以A的特征值为$\lambda_1=3$，$\lambda_2=\lambda_3=0$；非零特征值为$\lambda_1=3$.

解 选(C).

注 易见本题中A为对称矩阵，故可对角化；又$R(A)=1$，故A的特征值中只有一个是非零的，再由性质$\lambda_1+\lambda_2+\lambda_3=a_{11}+a_{22}+a_{33}=1+1+1=3$，可知非零的特征值为3.

一般地，若$A=\begin{pmatrix}a & a & \cdots & a\\a & a & \cdots & a\\\vdots & \vdots & & \vdots\\a & a & \cdots & a\end{pmatrix}_{n\times n}$ $(a\neq 0)$，则A仅有的一个非零特征值为na.

5. 分析 本题中，只要求出矩阵A的特征值，就可求出$A^2-2A-2E$的特征值. 因$|A-\lambda E|=\begin{vmatrix}2-\lambda & -\sqrt{3}\\0 & 2-\lambda\end{vmatrix}=(2-\lambda)^2$. 所以$A$的特征值为$\lambda_1=\lambda_2=2$. 从而$A^2-2A-2E$的两个特征值均为$2^2-2\cdot 2-2=-2$.

解 选(B).

6. 分析 因$\lambda=2$是非奇异矩阵A的一个特征值，则矩阵$\frac{1}{3}A^2$有一个特征值$\frac{2^2}{3}=\frac{4}{3}$. 所以$\left(\frac{1}{3}A^2\right)^{-1}$有一个特征值$\left(\frac{4}{3}\right)^{-1}=\frac{3}{4}$.

解　选（B）.

7. 分析　因矩阵$\boldsymbol{A}$的特征值为-1，1，2，则$\boldsymbol{A}^*$的特征值为2，-2，-1. 所以$3\boldsymbol{A}^*$的特征值为6，-6，-3，从而$(3\boldsymbol{A}^*)^{-1}$的特征值为$\frac{1}{6}$，$-\frac{1}{6}$，$-\frac{1}{3}$.

解　选（B）.

8. 分析　因n阶方阵$\boldsymbol{A}$与$\boldsymbol{B}$相似，则存在可逆矩阵$\boldsymbol{P}$，使得$\boldsymbol{P}^{-1}\boldsymbol{AP}=\boldsymbol{B}$，所以$R(\boldsymbol{B})=R(\boldsymbol{P}^{-1}\boldsymbol{AP})=R(\boldsymbol{A})$.

解　选（A）.

注　矩阵的相似关系也是等价关系，故保秩．矩阵相似有很多的性质需要牢记．如若n阶方阵$\boldsymbol{A}$与$\boldsymbol{B}$相似，则：

（1）$\boldsymbol{A}$与$\boldsymbol{B}$的特征多项式相同，从而$\boldsymbol{A}$与$\boldsymbol{B}$的特征值相同；（最重要的性质！）

（2）$\boldsymbol{A}^{\mathrm{T}}$与$\boldsymbol{B}^{\mathrm{T}}$、$\boldsymbol{A}$与$\boldsymbol{B}$、$\boldsymbol{A}^k$与$\boldsymbol{B}^k$均相似；

（3）$R(\boldsymbol{A})=R(\boldsymbol{B})$，$|\boldsymbol{A}|=|\boldsymbol{B}|$.

（三）计算题

1. 解　由于
$$|\boldsymbol{A}-\lambda\boldsymbol{E}|=\begin{vmatrix}-\lambda & -1 & -1\\ -1 & -\lambda & -1\\ -1 & -1 & -\lambda\end{vmatrix}=\begin{vmatrix}-\lambda-2 & -1 & -1\\ -\lambda-2 & -\lambda & -1\\ -\lambda-2 & -1 & -\lambda\end{vmatrix}$$
$$=-(\lambda+2)\begin{vmatrix}1 & 1 & 1\\ 1 & \lambda & 1\\ 1 & 1 & \lambda\end{vmatrix}=-(\lambda+2)\begin{vmatrix}1 & 1 & 1\\ 0 & \lambda-1 & 0\\ 0 & 0 & \lambda-1\end{vmatrix}$$
$$=-(\lambda+2)(\lambda-1)^2.$$
因此$\boldsymbol{A}$的特征值为$\lambda_1=-2$，$\lambda_2=\lambda_3=1$.

当$\lambda_1=-2$时，解方程组$(\boldsymbol{A}+2\boldsymbol{E})\boldsymbol{x}=\boldsymbol{0}$，由
$$\boldsymbol{A}+2\boldsymbol{E}=\begin{pmatrix}2 & -1 & -1\\ -1 & 2 & -1\\ -1 & -1 & 2\end{pmatrix}\sim\begin{pmatrix}2 & -1 & -1\\ -1 & 2 & -1\\ 0 & 0 & 0\end{pmatrix}\sim\begin{pmatrix}1 & -2 & 1\\ 0 & 3 & -3\\ 0 & 0 & 0\end{pmatrix}\sim\begin{pmatrix}1 & 0 & -1\\ 0 & 1 & -1\\ 0 & 0 & 0\end{pmatrix},$$
得基础解系$\boldsymbol{p}_1=\begin{pmatrix}1\\1\\1\end{pmatrix}$，对应$\lambda_1=-2$的全部特征向量为$k_1\boldsymbol{p}_1(k_1\neq 0)$；

当$\lambda_2=\lambda_3=1$时，解方程组$(\boldsymbol{A}-\boldsymbol{E})\boldsymbol{x}=\boldsymbol{0}$，由
$$\boldsymbol{A}-\boldsymbol{E}=\begin{pmatrix}-1 & -1 & -1\\ -1 & -1 & -1\\ -1 & -1 & -1\end{pmatrix}\sim\begin{pmatrix}1 & 1 & 1\\ 0 & 0 & 0\\ 0 & 0 & 0\end{pmatrix},$$
得基础解系$\boldsymbol{p}_2=\begin{pmatrix}-1\\1\\0\end{pmatrix}$，$\boldsymbol{p}_3=\begin{pmatrix}-1\\0\\1\end{pmatrix}$，对应$\lambda_2=\lambda_3=1$的全部特征向量为$k_2\boldsymbol{p}_2+k_3\boldsymbol{p}_3$（$k_2$，$k_3$不同时为0）.

2. 解　由于
$$|\boldsymbol{A}-\lambda\boldsymbol{E}|=\begin{vmatrix}2-\lambda & -2 & 0\\ -2 & 1-\lambda & -2\\ 0 & -2 & -\lambda\end{vmatrix}=-\lambda(2-\lambda)(1-\lambda)-4(2-\lambda)+4\lambda$$

$$=-(\lambda+2)(\lambda-1)(\lambda-4).$$

所以 A 的特征值为 $\lambda_1=-2$，$\lambda_2=1$，$\lambda_3=4$.

当 $\lambda_1=-2$ 时，解方程组 $(\boldsymbol{A}+2\boldsymbol{E})\boldsymbol{x}=\boldsymbol{0}$，由

$$\boldsymbol{A}+2\boldsymbol{E}=\begin{pmatrix}4&-2&0\\-2&3&-2\\0&-2&2\end{pmatrix}\sim\begin{pmatrix}1&0&-1/2\\0&1&-1\\0&0&0\end{pmatrix},$$

得基础解系 $\boldsymbol{\xi}_1=(1,2,2)^{\mathrm{T}}$，对应 $\lambda_1=-2$ 的单位特征向量为 $\boldsymbol{p}_1=(1/3,2/3,2/3)^{\mathrm{T}}$；

当 $\lambda_2=1$ 时，解方程组 $(\boldsymbol{A}-\boldsymbol{E})\boldsymbol{x}=\boldsymbol{0}$，由

$$\boldsymbol{A}-\boldsymbol{E}=\begin{pmatrix}1&-2&0\\-2&0&-2\\0&-2&-1\end{pmatrix}\sim\begin{pmatrix}1&0&1\\0&1&1/2\\0&0&0\end{pmatrix},$$

得基础解系 $\boldsymbol{\xi}_2=(2,1,-2)^{\mathrm{T}}$，对应 $\lambda_2=1$ 的单位特征向量为 $\boldsymbol{p}_2=(2/3,1/3,-2/3)^{\mathrm{T}}$；

当 $\lambda_3=4$ 时，解方程组 $(\boldsymbol{A}-4\boldsymbol{E})\boldsymbol{x}=\boldsymbol{0}$，由

$$\boldsymbol{A}-4\boldsymbol{E}=\begin{pmatrix}-2&-2&0\\-2&-3&-2\\0&-2&-4\end{pmatrix}\sim\begin{pmatrix}1&0&-2\\0&1&2\\0&0&0\end{pmatrix},$$

得基础解系 $\boldsymbol{\xi}_3=(2,-2,1)^{\mathrm{T}}$，对应 $\lambda_3=4$ 的单位特征向量为 $\boldsymbol{p}_3=(2/3,-2/3,1/3)^{\mathrm{T}}$.

令 $\boldsymbol{P}=(\boldsymbol{p}_1,\boldsymbol{p}_2,\boldsymbol{p}_3)=\dfrac{1}{3}\begin{pmatrix}1&2&2\\2&1&-2\\2&-2&1\end{pmatrix}$，则 $\boldsymbol{P}$ 为正交矩阵，且使 $\boldsymbol{P}^{-1}\boldsymbol{A}\boldsymbol{P}=\begin{pmatrix}-2&&\\&1&\\&&4\end{pmatrix}$.

3. 解 $f(x_1,x_2,x_3)=(x_1,x_2,x_3)\begin{pmatrix}1&1&0\\1&1&0\\0&0&2\end{pmatrix}\begin{pmatrix}x_1\\x_2\\x_3\end{pmatrix}$，二次型的矩阵为 $\boldsymbol{A}=\begin{pmatrix}1&1&0\\1&1&0\\0&0&2\end{pmatrix}$.

由于 $|\boldsymbol{A}-\lambda\boldsymbol{E}|=\begin{vmatrix}1-\lambda&1&0\\1&1-\lambda&0\\0&0&2-\lambda\end{vmatrix}=(2-\lambda)(\lambda^2-2\lambda)=-\lambda(2-\lambda)^2$.

因此 $\boldsymbol{A}$ 的特征值为 $\lambda_1=0$，$\lambda_2=\lambda_3=2$.

当 $\lambda_1=0$ 时，解方程 $\boldsymbol{A}\boldsymbol{x}=\boldsymbol{0}$，由

$$\boldsymbol{A}=\begin{pmatrix}1&1&0\\1&1&0\\0&0&2\end{pmatrix}\sim\begin{pmatrix}1&1&0\\0&0&1\\0&0&0\end{pmatrix},$$

得基础解系 $\boldsymbol{\xi}_1=(-1,1,0)^{\mathrm{T}}$，对应的单位特征向量为 $\boldsymbol{p}_1=(-1/\sqrt{2},1/\sqrt{2},0)^{\mathrm{T}}$；

当 $\lambda_2=\lambda_3=2$ 时，解方程 $(\boldsymbol{A}-2\boldsymbol{E})\boldsymbol{x}=\boldsymbol{0}$，由

$$A-2E=\begin{pmatrix}-1&1&0\\1&-1&0\\0&0&0\end{pmatrix}\sim\begin{pmatrix}1&-1&0\\0&0&0\\0&0&0\end{pmatrix},$$

得基础解系 $\boldsymbol{\xi}_2=(1,\ 1,\ 0)^{\mathrm{T}}$，$\boldsymbol{\xi}_3=(0,\ 0,\ 1)^{\mathrm{T}}$($\boldsymbol{\xi}_2$，$\boldsymbol{\xi}_3$ 恰好正交)，对应的单位特征向量为 $\boldsymbol{p}_2=(1/\sqrt{2},\ 1/\sqrt{2},\ 0)^{\mathrm{T}}$，$\boldsymbol{p}_3=(0,\ 0,\ 1)^{\mathrm{T}}$.

令 $\boldsymbol{P}=(\boldsymbol{p}_1,\ \boldsymbol{p}_2,\ \boldsymbol{p}_3)=\begin{pmatrix}-1/\sqrt{2}&1/\sqrt{2}&0\\1/\sqrt{2}&1/\sqrt{2}&0\\0&0&1\end{pmatrix}$，则 $\boldsymbol{P}$ 为正交矩阵，且 $\boldsymbol{P}^{-1}\boldsymbol{AP}=\begin{pmatrix}0&&\\&2&\\&&2\end{pmatrix}$.

则正交变换 $\boldsymbol{x}=\boldsymbol{Py}$ 化二次型为标准形：$f=2y_2^2+2y_3^2$.

4. 解　(1) $f=(x_1,\ x_2,\ x_3)\begin{pmatrix}4&0&0\\0&3&1\\0&1&3\end{pmatrix}\begin{pmatrix}x_1\\x_2\\x_3\end{pmatrix}$；二次型的矩阵为 $\boldsymbol{A}=\begin{pmatrix}4&0&0\\0&3&1\\0&1&3\end{pmatrix}$.

(2) 由于 $|\boldsymbol{A}-\lambda\boldsymbol{E}|=\begin{vmatrix}4-\lambda&0&0\\0&3-\lambda&1\\0&1&3-\lambda\end{vmatrix}=(4-\lambda)(\lambda^2-6\lambda+8)=(2-\lambda)(4-\lambda)^2$.

因此 $\boldsymbol{A}$ 的特征值为 $\lambda_1=2$，$\lambda_2=\lambda_3=4$.

当 $\lambda_1=2$ 时，解方程 $(\boldsymbol{A}-2\boldsymbol{E})\boldsymbol{x}=\boldsymbol{0}$，由

$$A-2E=\begin{pmatrix}2&0&0\\0&1&1\\0&1&1\end{pmatrix}\sim\begin{pmatrix}1&0&0\\0&1&1\\0&0&0\end{pmatrix},$$

得基础解系 $\boldsymbol{\xi}_1=(0,\ 1,\ -1)^{\mathrm{T}}$，对应的单位特征向量为 $\boldsymbol{p}_1=(0,\ 1/\sqrt{2},\ -1/\sqrt{2})^{\mathrm{T}}$；

当 $\lambda_2=\lambda_3=4$ 时，解方程 $(\boldsymbol{A}-4\boldsymbol{E})\boldsymbol{x}=\boldsymbol{0}$，由

$$A-4E=\begin{pmatrix}0&0&0\\0&-1&1\\0&1&-1\end{pmatrix}\sim\begin{pmatrix}0&1&-1\\0&0&0\\0&0&0\end{pmatrix},$$

得基础解系 $\boldsymbol{\xi}_2=(1,\ 0,\ 0)^{\mathrm{T}}$，$\boldsymbol{\xi}_3=(0,\ 1,\ 1)^{\mathrm{T}}$($\boldsymbol{\xi}_2$，$\boldsymbol{\xi}_3$ 恰好正交)，对应的单位特征向量为 $\boldsymbol{p}_2=(1,\ 0,\ 0)^{\mathrm{T}}$，$\boldsymbol{p}_3=(0,\ 1/\sqrt{2},\ 1/\sqrt{2})^{\mathrm{T}}$.

令 $\boldsymbol{P}=(\boldsymbol{p}_1,\ \boldsymbol{p}_2,\ \boldsymbol{p}_3)=\begin{pmatrix}0&1&0\\1/\sqrt{2}&0&1/\sqrt{2}\\-1/\sqrt{2}&0&1/\sqrt{2}\end{pmatrix}$，则 $\boldsymbol{P}$ 为正交矩阵，且 $\boldsymbol{P}^{-1}\boldsymbol{AP}=\begin{pmatrix}2&&\\&4&\\&&4\end{pmatrix}$.

(3) 正交变换 $\boldsymbol{x}=\boldsymbol{Py}$ 化二次型为标准形：$f=2y_1^2+4y_2^2+4y_3^2$.

(4) 由于 $\boldsymbol{A}$ 的特征值为 2，4，4，全大于零，故 f 是正定的.

(四)证明题

证明 (1)因为$\boldsymbol{A}$为正交矩阵，所以$\boldsymbol{A}^{\mathrm{T}}\boldsymbol{A}=\boldsymbol{E}$，于是$|\boldsymbol{A}^{\mathrm{T}}||\boldsymbol{A}|=1$，即$|\boldsymbol{A}|^2=1$，从而$|\boldsymbol{A}|=1$或$|\boldsymbol{A}|=-1$.

(2)设λ为$\boldsymbol{A}$的特征值,$\boldsymbol{x}$为与之对应的特征向量，则$\boldsymbol{A}\boldsymbol{x}=\lambda\boldsymbol{x}$，又$\boldsymbol{A}\boldsymbol{x}=\boldsymbol{A}^2\boldsymbol{x}=\boldsymbol{A}(\lambda\boldsymbol{x})=\lambda^2\boldsymbol{x}$，即$\lambda\boldsymbol{x}=\lambda^2\boldsymbol{x}$，所以$(\lambda-\lambda^2)\boldsymbol{x}=\boldsymbol{0}$，因$\boldsymbol{x}\neq\boldsymbol{0}$，故$\lambda-\lambda^2=0$，从而$\lambda=1$或$\lambda=0$.

线性代数模拟试题及参考解答

线性代数模拟试题

(一)填空题

1. 已知行列式 $D=\begin{vmatrix}1&-1&0&0\\-2&1&-1&1\\3&-2&2&-1\\0&0&3&4\end{vmatrix}$，$A_{ij}$ 表示 D 中 $(i,\ j)$ 元素的代数余子式，则 $A_{11}-A_{12}=$ ________.

2. 设 $\boldsymbol{A}=\begin{pmatrix}5&2&0&0\\2&1&0&0\\0&0&1&3\\0&0&2&5\end{pmatrix}$，则 $\boldsymbol{A}^{-1}=$ ________.

3. 若向量组 $\boldsymbol{\alpha}_1$，$\boldsymbol{\alpha}_2$，$\boldsymbol{\alpha}_3$ 线性相关，则向量组 $\boldsymbol{\alpha}_1+\boldsymbol{\alpha}_2$，$\boldsymbol{\alpha}_2+\boldsymbol{\alpha}_3$，$\boldsymbol{\alpha}_3+\boldsymbol{\alpha}_1$ ________.

4. 已知矩阵 $\boldsymbol{A}=\begin{pmatrix}1&0&-1\\1&1&-1\\0&1&a^2-1\end{pmatrix}$，$\boldsymbol{b}=\begin{pmatrix}0\\1\\a\end{pmatrix}$，若线性方程组 $\boldsymbol{AX}=\boldsymbol{b}$ 有无穷多解，则 $a=$ ________.

5. 二次型 $f(x_1,\ x_2,\ x_3)=3x_1^2+2x_2^2+ax_3^2+2x_1x_2-2x_1x_3-4x_2x_3$ 的秩为 2，则 $a=$ ________.

(二)单项选择题

1. 设 $\boldsymbol{A}$，$\boldsymbol{B}$ 为 n 阶方阵，则下列结论正确的是(　　).

(A) $\boldsymbol{AB}=\boldsymbol{BA}$　　(B) $(\boldsymbol{A}+\boldsymbol{B})^{\mathrm{T}}=\boldsymbol{A}^{\mathrm{T}}+\boldsymbol{B}^{\mathrm{T}}$

(C) 若 $\boldsymbol{A}\neq\boldsymbol{B}$，则 $|\boldsymbol{A}|\neq|\boldsymbol{B}|$　　(D) $(\boldsymbol{AB})^{-1}=\boldsymbol{A}^{-1}\boldsymbol{B}^{-1}$

2. n 阶方阵 $\boldsymbol{A}$ 与对角矩阵相似的充分必要条件是(　　).

(A) $\boldsymbol{A}$ 是实对称矩阵　　(B) $\boldsymbol{A}$ 的 n 个特征值互不相等

(C) $\boldsymbol{A}$ 具有 n 个线性无关的特征向量　　(D) $\boldsymbol{A}$ 的特征向量两两正交

3. 若向量组 $\boldsymbol{\alpha}_1$，$\boldsymbol{\alpha}_2$，$\boldsymbol{\alpha}_3$ 线性无关，则下列结论中正确的是(　　).

(A) 齐次线性方程组 $(\boldsymbol{\alpha}_1,\ \boldsymbol{\alpha}_2,\ \boldsymbol{\alpha}_3)\boldsymbol{x}=\boldsymbol{0}$ 有非零解

(B) $\boldsymbol{\alpha}_1$，$\boldsymbol{\alpha}_2$，$\boldsymbol{\alpha}_3$ 的秩 $R(\boldsymbol{\alpha}_1,\ \boldsymbol{\alpha}_2,\ \boldsymbol{\alpha}_3)<3$

(C) $\boldsymbol{\alpha}_1$，$\boldsymbol{\alpha}_2$ 的秩 $R(\boldsymbol{\alpha}_1,\ \boldsymbol{\alpha}_2)$ 能确定

(D) 非齐次线性方程组 $(\boldsymbol{\alpha}_1,\ \boldsymbol{\alpha}_2,\ \boldsymbol{\alpha}_3)\boldsymbol{x}=\boldsymbol{b}$ 有无穷多解

4. 方程组 $\begin{cases}ax_1+x_2=0\\x_1+ax_2=0\end{cases}$ 有非零解，则 a 的取值为(　　).

(A)0　　　　　(B) 任意实数　　　(C)2　　　　　(D) ±1

5. 设二阶矩阵 $\boldsymbol{A}$ 有特征值 $\lambda_1=1$，$\lambda_2=2$，则 $\boldsymbol{A}^2-2\boldsymbol{A}+2\boldsymbol{E}$ 的特征值为(　　).

(A)1，2　　　　(B) －1，－2　　　(C)1，－2　　　(D) －1，2

(三)计算题

1. 设矩阵 $\boldsymbol{A}$，$\boldsymbol{B}$ 满足 $\boldsymbol{AB}=\boldsymbol{A}+\boldsymbol{B}$，其中 $\boldsymbol{A}=\begin{pmatrix}2&2&3\\0&2&2\\0&0&2\end{pmatrix}$，求 $\boldsymbol{A}+\boldsymbol{B}$.

2. 求由 $\boldsymbol{\beta}_1=(1,\ -1,\ 0,\ 0)^{\mathrm{T}}$，$\boldsymbol{\beta}_2=(-1,\ 2,\ 1,\ -1)^{\mathrm{T}}$，$\boldsymbol{\beta}_3=(0,\ 1,\ 1,\ -1)^{\mathrm{T}}$，$\boldsymbol{\beta}_4=(-1,\ 3,\ 2,\ 1)^{\mathrm{T}}$，$\boldsymbol{\beta}_5=(-2,\ 6,\ 4,\ -1)^{\mathrm{T}}$ 所构成向量组的一个最大无关组，并将其余向量用最大无关组线性表示.

3. 讨论当 k 取何值时，非齐次线性方程组 $\begin{cases}x_1+x_2+kx_3=-2\\x_1+kx_2+x_3=-2\\kx_1+x_2+kx_3=k-3\end{cases}$ 无解，有唯一解，有无穷多解？并在有无穷多解时求出其通解.

4. 设二次型 $f(x_1,\ x_2,\ x_3)=2x_1^2+x_2^2-4x_1x_2-4x_2x_3$，求一个正交变换，把二次型化为标准形.

参考解答

(一)填空题

1. **分析**　这是一道考研真题，本题考查行列式的计算．可直接计算，也可利用行列式的按行(列)展开定理计算，建议使用第二种方法计算.

方法一　直接计算 $A_{11}=(-1)^{1+1}\begin{vmatrix}1&-1&1\\-2&2&-1\\0&3&4\end{vmatrix}\overset{r_2+2r_1}{=}\begin{vmatrix}1&-1&1\\0&0&1\\0&3&4\end{vmatrix}=-\begin{vmatrix}1&-1\\0&3\end{vmatrix}=-3$，

同理 $A_{12}=(-1)^{1+2}\begin{vmatrix}-2&-1&1\\3&2&-1\\0&3&4\end{vmatrix}=1$，因此 $A_{11}-A_{12}=-4$.

方法二　$A_{11}-A_{12}=1\cdot A_{11}+(-1)A_{12}+0\cdot A_{13}+0\cdot A_{14}=\begin{vmatrix}1&-1&0&0\\-2&1&-1&1\\3&-2&2&-1\\0&0&3&4\end{vmatrix}=-4$.

解　应填 $\underline{-4}$.

2. **分析**　利用分块矩阵法求逆．记 $\boldsymbol{A}=\begin{pmatrix}\boldsymbol{A}_1&\boldsymbol{O}\\\boldsymbol{O}&\boldsymbol{A}_2\end{pmatrix}$，其中 $\boldsymbol{A}_1=\begin{pmatrix}5&2\\2&1\end{pmatrix}$，$\boldsymbol{A}_2=\begin{pmatrix}1&3\\2&5\end{pmatrix}$，

且 $\boldsymbol{A}_1^{-1}=\dfrac{1}{|\boldsymbol{A}_1|}\boldsymbol{A}_1^*=\begin{pmatrix}1&-2\\-2&5\end{pmatrix}$，$\boldsymbol{A}_2^{-1}=\dfrac{1}{|\boldsymbol{A}_2|}\boldsymbol{A}_2^*=-\begin{pmatrix}5&-3\\-2&1\end{pmatrix}=\begin{pmatrix}-5&3\\2&-1\end{pmatrix}$，

故 $A^{-1}=\begin{pmatrix}A_1^{-1} & O\\ O & A_2^{-1}\end{pmatrix}=\begin{pmatrix}1 & -2 & 0 & 0\\ -2 & 5 & 0 & 0\\ 0 & 0 & -5 & 3\\ 0 & 0 & 2 & -1\end{pmatrix}$.

解 应填 $\underline{\begin{pmatrix}1 & -2 & 0 & 0\\ -2 & 5 & 0 & 0\\ 0 & 0 & -5 & 3\\ 0 & 0 & 2 & -1\end{pmatrix}}$.

3. 分析 因 $(\boldsymbol{\alpha}_1+\boldsymbol{\alpha}_2,\ \boldsymbol{\alpha}_2+\boldsymbol{\alpha}_3,\ \boldsymbol{\alpha}_3+\boldsymbol{\alpha}_1)=(\boldsymbol{\alpha}_1,\ \boldsymbol{\alpha}_2,\ \boldsymbol{\alpha}_3)\begin{pmatrix}1 & 0 & 1\\ 1 & 1 & 0\\ 0 & 1 & 1\end{pmatrix}$，而 $\begin{vmatrix}1 & 0 & 1\\ 1 & 1 & 0\\ 0 & 1 & 1\end{vmatrix}=2\neq 0$，则 $R(\boldsymbol{\alpha}_1+\boldsymbol{\alpha}_2,\ \boldsymbol{\alpha}_2+\boldsymbol{\alpha}_3,\ \boldsymbol{\alpha}_3+\boldsymbol{\alpha}_1)=R(\boldsymbol{\alpha}_1,\ \boldsymbol{\alpha}_2,\ \boldsymbol{\alpha}_3)$，因此 $\boldsymbol{\alpha}_1+\boldsymbol{\alpha}_2$，$\boldsymbol{\alpha}_2+\boldsymbol{\alpha}_3$，$\boldsymbol{\alpha}_3+\boldsymbol{\alpha}_1$ 也线性相关.

解 应填线性相关.

4. 分析 由线性方程组系数矩阵的秩和增广矩阵的秩的关系判断解的个数问题 . $\boldsymbol{B}=(\boldsymbol{A},\ \boldsymbol{b})=\begin{pmatrix}1 & 0 & -1 & 0\\ 1 & 1 & -1 & 1\\ 0 & 1 & a^2-1 & a\end{pmatrix}\sim\begin{pmatrix}1 & 0 & -1 & 0\\ 0 & 1 & 0 & 1\\ 0 & 0 & a^2-1 & a-1\end{pmatrix}$，线性方程组 $\boldsymbol{AX}=\boldsymbol{b}$ 有无穷多解，则应满足 $R(\boldsymbol{A})=R(\boldsymbol{B})<3$，即 $a^2-1=a-1=0$，解得 $a=1$.

解 应填 $\underline{1}$.

5. 分析 由题，二次型 f 的矩阵 $\boldsymbol{A}=\begin{pmatrix}3 & 1 & -1\\ 1 & 2 & -2\\ -1 & -2 & a\end{pmatrix}\sim\begin{pmatrix}1 & 2 & -2\\ 0 & -5 & 5\\ 0 & 0 & a-2\end{pmatrix}$，所以只有当 $a=2$ 时，$\boldsymbol{A}$ 的秩为 2.

解 应填 $\underline{2}$.

(二) 单项选择题

1. 分析 选项 (A)，矩阵的运算一般不满足交换律；选项 (C)，$\boldsymbol{A}\neq\boldsymbol{B}$，但 $|\boldsymbol{A}|=|\boldsymbol{B}|$；选项 (D)，$(\boldsymbol{AB})^{-1}=\boldsymbol{B}^{-1}\boldsymbol{A}^{-1}$，因此只有选项 (B) 正确.

解 应选 (B).

2. 分析 n 阶方阵 $\boldsymbol{A}$ 具有 n 个线性无关的特征向量是 $\boldsymbol{A}$ 与对角矩阵相似的充要条件，只有选项 (C) 正确.

解 应选 (C).

3. 分析 可使用排除法 . 选项 (A)，齐次线性方程组 $(\boldsymbol{\alpha}_1,\ \boldsymbol{\alpha}_2,\ \boldsymbol{\alpha}_3)\boldsymbol{x}=\boldsymbol{0}$，则方程组只有零解；选项 (B)，$\boldsymbol{\alpha}_1$，$\boldsymbol{\alpha}_2$，$\boldsymbol{\alpha}_3$ 线性无关，则 $R(\boldsymbol{\alpha}_1,\ \boldsymbol{\alpha}_2,\ \boldsymbol{\alpha}_3)=3$；选项 (D)，非齐次线性方程组 $(\boldsymbol{\alpha}_1,\ \boldsymbol{\alpha}_2,\ \boldsymbol{\alpha}_3)\boldsymbol{x}=\boldsymbol{b}$ 有唯一解；而选项 (C)，根据向量组整体线性无关，则部分一定线性无关，因此 $\boldsymbol{\alpha}_1$，$\boldsymbol{\alpha}_2$ 线性无关，则 $R(\boldsymbol{\alpha}_1,\ \boldsymbol{\alpha}_2)=2$，因此选项 (C) 正确.

解 应选 (C).

4. 分析 本题中方程组的系数矩阵为方阵，则有非零解的充要条件是 $|\boldsymbol{A}|=0$，解得 $a=\pm 1$.

解 应选(D).

5. 分析 二阶矩阵$\boldsymbol{A}$的特征值为$\lambda_1=1$，$\lambda_2=2$，则$\boldsymbol{A}^2-2\boldsymbol{A}+2\boldsymbol{E}$的特征值为$\mu_1=1^2-2\cdot 1+2=1$，$\mu_2=2^2-2\cdot 2+2=2$.

解 应选(A).

(三)计算题

1. 解 由$\boldsymbol{AB}=\boldsymbol{A}+\boldsymbol{B}$可知，$(\boldsymbol{A}-\boldsymbol{E})\boldsymbol{B}=\boldsymbol{A}$，又

$$(\boldsymbol{A}-\boldsymbol{E},\ \boldsymbol{A})=\begin{pmatrix}1&2&3&2&2&3\\0&1&2&0&2&2\\0&0&1&0&0&2\end{pmatrix}\sim\begin{pmatrix}1&0&0&2&-2&1\\0&1&0&0&2&-2\\0&0&1&0&0&2\end{pmatrix},$$

可知$\boldsymbol{B}=\begin{pmatrix}2&-2&1\\0&2&-2\\0&0&2\end{pmatrix}$，因此$\boldsymbol{A}+\boldsymbol{B}=\begin{pmatrix}4&0&4\\0&4&0\\0&0&4\end{pmatrix}$.

2. 解 $$\boldsymbol{A}=(\boldsymbol{\beta}_1,\boldsymbol{\beta}_2,\boldsymbol{\beta}_3,\boldsymbol{\beta}_4,\boldsymbol{\beta}_5)=\begin{pmatrix}1&-1&0&-1&-2\\-1&2&1&3&6\\0&1&1&2&4\\0&-1&-1&1&-1\end{pmatrix}\sim\begin{pmatrix}1&-1&0&-1&-2\\0&1&1&2&4\\0&0&0&3&3\\0&0&0&0&0\end{pmatrix},$$

因此$R(\boldsymbol{A})=3$，且$\boldsymbol{\beta}_1$，$\boldsymbol{\beta}_2$，$\boldsymbol{\beta}_4$为一个最大无关组，此时$\boldsymbol{A}\sim\begin{pmatrix}1&0&1&0&1\\0&1&1&0&2\\0&0&0&1&1\\0&0&0&0&0\end{pmatrix}$.

可见，$\boldsymbol{\beta}_3=\boldsymbol{\beta}_1+\boldsymbol{\beta}_2$，$\boldsymbol{\beta}_5=\boldsymbol{\beta}_1+2\boldsymbol{\beta}_2+\boldsymbol{\beta}_4$.

3. 解 $$\boldsymbol{B}=(\boldsymbol{A},\boldsymbol{b})=\begin{pmatrix}1&1&k&-2\\1&k&1&-2\\k&1&1&k-3\end{pmatrix}\sim\begin{pmatrix}1&1&k&-2\\0&k-1&1-k&0\\0&0&-(k-1)(k+2)&3(k-1)\end{pmatrix},$$

因此，当$k=-2$时，$R(\boldsymbol{A})=2<3=R(\boldsymbol{B})$，方程组无解；

当$k\neq-1$且$k\neq-2$时，$R(\boldsymbol{A})=R(\boldsymbol{B})=3$，方程组有唯一解；

当$k=1$时，$R(\boldsymbol{A})=R(\boldsymbol{B})=2<3$，方程组有无穷多解，此时$B\sim\begin{pmatrix}1&1&1&-2\\0&0&0&0\\0&0&0&0\end{pmatrix}$，

同解方程组为$x_1=-x_2-x_3-2$，因此，通解为$\begin{pmatrix}x_1\\x_2\\x_3\end{pmatrix}=c_1\begin{pmatrix}-1\\1\\0\end{pmatrix}+c_1\begin{pmatrix}-1\\0\\1\end{pmatrix}+\begin{pmatrix}-2\\0\\0\end{pmatrix}$.

4. 解 $f=(x_1, x_2, x_3)\begin{pmatrix}2 & -2 & 0\\ -2 & 1 & -2\\ 0 & -2 & 0\end{pmatrix}\begin{pmatrix}x_1\\ x_2\\ x_3\end{pmatrix}$，故 f 的矩阵 $\boldsymbol{A}=\begin{pmatrix}2 & -2 & 0\\ -2 & 1 & -2\\ 0 & -2 & 0\end{pmatrix}$.

由于 $|\boldsymbol{A}-\lambda\boldsymbol{E}|=\begin{vmatrix}2-\lambda & -2 & 0\\ -2 & 1-\lambda & -2\\ 0 & -2 & -\lambda\end{vmatrix}=-\lambda(2-\lambda)(1-\lambda)-4(2-\lambda)+4\lambda=-(\lambda+2)(\lambda-1)(\lambda-4)$，因此 $\boldsymbol{A}$ 的特征值为 $\lambda_1=-2$，$\lambda_2=1$，$\lambda_3=4$.

当 $\lambda_1=-2$ 时，解方程 $(\boldsymbol{A}+2\boldsymbol{E})\boldsymbol{x}=\boldsymbol{0}$，由

$$\boldsymbol{A}+2\boldsymbol{E}=\begin{pmatrix}4 & -2 & 0\\ -2 & 3 & -2\\ 0 & -2 & 2\end{pmatrix}\sim\begin{pmatrix}1 & 0 & -1/2\\ 0 & 1 & -1\\ 0 & 0 & 0\end{pmatrix},$$

得基础解系 $\boldsymbol{\xi}_1=(1, 2, 2)^{\mathrm{T}}$，对应的单位特征向量为 $\boldsymbol{p}_1=(1/3, 2/3, 2/3)^{\mathrm{T}}$；

当 $\lambda_2=1$ 时，解方程 $(\boldsymbol{A}-\boldsymbol{E})\boldsymbol{x}=\boldsymbol{0}$，由

$$\boldsymbol{A}-\boldsymbol{E}=\begin{pmatrix}1 & -2 & 0\\ -2 & 0 & -2\\ 0 & -2 & -1\end{pmatrix}\sim\begin{pmatrix}1 & 0 & 1\\ 0 & 1 & 1/2\\ 0 & 0 & 0\end{pmatrix},$$

得基础解系 $\boldsymbol{\xi}_2=(2, 1, -2)^{\mathrm{T}}$，对应的单位特征向量为 $\boldsymbol{p}_2=(2/3, 1/3, -2/3)^{\mathrm{T}}$；

当 $\lambda_3=4$ 时，解方程 $(\boldsymbol{A}-4\boldsymbol{E})\boldsymbol{x}=\boldsymbol{0}$，由

$$\boldsymbol{A}-4\boldsymbol{E}=\begin{pmatrix}-2 & -2 & 0\\ -2 & -3 & -2\\ 0 & -2 & -4\end{pmatrix}\sim\begin{pmatrix}1 & 0 & -2\\ 0 & 1 & 2\\ 0 & 0 & 0\end{pmatrix},$$

得基础解系 $\boldsymbol{\xi}_3=(2, -2, 1)^{\mathrm{T}}$，对应的单位特征向量为 $\boldsymbol{p}_3=(2/3, -2/3, 1/3)^{\mathrm{T}}$.

令 $\boldsymbol{P}=(\boldsymbol{p}_1, \boldsymbol{p}_2, \boldsymbol{p}_3)=\dfrac{1}{3}\begin{pmatrix}1 & 2 & 2\\ 2 & 1 & -2\\ 2 & -2 & 1\end{pmatrix}$，则 $\boldsymbol{P}$ 为正交矩阵，且 $\boldsymbol{P}^{-1}\boldsymbol{A}\boldsymbol{P}=\begin{pmatrix}-2 & & \\ & 1 & \\ & & 4\end{pmatrix}$.

第二部分

概率论与数理统计

第六章

概率论的基本概念

自然界和社会上发生的现象共有两类：确定性现象和随机现象．在一定条件下必然发生的现象称为确定性现象．在个别试验中其结果呈现出不确定性，而在大量重复试验中其结果又具有统计规律性的现象，称为随机现象．概率论与数理统计就是从数量侧面研究和揭示随机现象统计规律性的一门数学学科．对随机现象进行研究，就要进行观察、试验．

第六章
典型题解析

本章首先给出随机试验所满足的条件．从而引出样本空间、随机事件的概念，由事件发生的频率定义引出概率的古典定义，以便于计算古典概型中随机事件的概率．另外，关于计算概率的定理和公式，如概率的加法公式、乘法定理、全概率公式、贝叶斯公式、二项概率公式等都在本书其他各章节中有不同程度的广泛应用，同时本章的内容也是学习全书内容的理论基础.

一、教学基本要求

(1) 理解样本空间、随机事件的概念，能够从随机试验中掌握样本空间所包含的基本事件情况.

(2) 理解并掌握随机事件的关系与运算，能进行简单的概率计算.

(3) 了解概率的定义，熟记概率的基本性质.

(4) 深刻理解古典概型，会计算古典概型中的概率.

(5) 理解条件概率的概念，掌握概率的加法公式、乘法公式、全概率公式及贝叶斯公式，特别要注意全概率公式的使用条件.

(6) 理解事件独立性的概念，会计算相互独立事件的有关概率.

二、内容提要

(一) 随机试验、样本空间及随机事件

1. 随机试验

定义 1　具有下列三个条件的试验称为**随机试验**(简称**试验**)：

(1)可以在相同的条件下重复地进行；

(2)每次试验之前，可预先明确试验的所有可能发生的结果；

(3)每次试验之前，不能预言到底出现哪一个结果.

随机试验常用E表示.

2. 样本空间

定义2 将随机试验E的所有可能结果组成的集合称为E的**样本空间**，记为S(或Ω).S的每个元素，即E的每个结果，称为**样本点**.

3. 随机事件

1)定义

试验E的样本空间S的子集称为E的**随机事件**，简称**事件**. 特别地，由一个样本点组成的单点集，称为**基本事件**. 随机事件常用大写英文字母表示，如A，B，C，⋯等.

依此定义，样本空间也可这样定义：随机试验E中，基本事件的全体称为E的**样本空间**.

2)随机事件发生的定义

在每次试验中，当且仅当事件中的一个样本点出现时，称这一事件**发生**.

如：事件$A=\{1, 2, 3\}$，在试验中，当2出现时，事件A发生.

3)必然事件和不可能事件

(1)必然事件：每次试验中必然发生的事件称为**必然事件**，记作S.

(2)不可能事件：每次试验中必不发生的事件称为**不可能事件**，记作$\varnothing$.

4)事件间的关系与运算

(1)**包含**：若$A\subset B$，则称**事件B包含事件A**，或称事件A是事件B的**子事件**.

$A\subset B$表示的含义：事件A发生必然导致事件B发生.

(2)**相等**：若$A\subset B$且$B\subset A$，则称事件A与事件B**相等**，记作$A=B$.

(3)**和**：事件$A\cup B=\{x \mid x\in A或x\in B\}$称为事件$A$与事件$B$的**和事件**.$A\cup B$表示的含义：$A$，$B$中至少有一个发生.

推论1 n个事件A_1，A_2，⋯，A_n的和事件为$\bigcup\limits_{i=1}^{n} A_i$；

可列无穷多个事件A_1，A_2，⋯，A_n，⋯的和事件为$\bigcup\limits_{i=1}^{\infty} A_i$.

(4)**积**：事件$A\cap B=\{x \mid x\in A且x\in B\}$称为事件$A$与事件$B$的**积事件**.$A\cap B$也记作$AB$.$A\cap B$表示的含义：$A$，$B$同时发生的事件.

(5)**差**：事件$A-B=\{x \mid x\in A且x\notin B\}$称为事件$A$与事件$B$的**差事件**.$A-B$表示的含义：$A$发生而$B$不发生的事件.

(6)**互不相容(或互斥)** 若$A\cap B=\varnothing$，则称事件A与事件B是**互不相容**的，或**互斥**的.$A\cap B=\varnothing$表示的含义：事件A与事件B不能同时发生.

(7)**互为逆事件(或互为对立事件)**：若$A\cup B=S$且$A\cap B=\varnothing$，则称事件A与事件B**互为逆事件**，或**互为对立事件**.A的对立事件记为$\overline{A}$，则$\overline{A}=S-A$.

A与B互为逆事件的含义：A，B中有且仅有一个发生.

注 关于事件$A-B$，特别注意下列三种情形：

(1)若$A \cap B = \varnothing$，则$A - B = A$；

(2)若$A \cap B \neq \varnothing$，且$A \not\subset B$，则$A - B = A\overline{B} = A - AB$；

(3)若$A \subset B$，则$A - B = \varnothing$.

5)事件的运算定律及常用关系

设A，B，C为任意三个事件，则

(1)交换律 $A \cup B = B \cup A$，$A \cap B = B \cap A$；

(2)结合律 $(A \cup B) \cup C = A \cup (B \cup C)$，$(A \cap B) \cap C = A \cap (B \cap C)$；

(3)分配律 $A \cup (B \cap C) = (A \cup B) \cap (A \cup C)$，$A \cap (B \cup C) = (A \cap B) \cup (A \cap C)$；

(4)德·摩根定律 $\overline{A \cup B} = \overline{A} \cap \overline{B}$（或$\overline{A}\,\overline{B}$），$\overline{A \cap B} = \overline{A} \cup \overline{B}$；

推论2 设$A_i(i=1, 2, \cdots)$是有限个或可列无穷多个事件，则$\overline{\bigcup\limits_i A_i} = \bigcap\limits_i \overline{A_i}$，$\overline{\bigcap\limits_i A_i} = \bigcup\limits_i \overline{A_i}$.

(5) $AB \cup A\overline{B} = A$，$AB \cap A\overline{B} = \varnothing$；

(6)若$A \subset B$，则$\overline{A} \supset \overline{B}$，$B = A \cup (B - A)$且$A(B - A) = \varnothing$.

(二)随机事件的频率与概率

1. 频率

1)定义

在相同的条件下，n次试验中事件A发生的次数n_A与n的比值称为事件k发生的**频率**，记为$f_n(A) = \frac{n_A}{n}$. 其中n_A称为事件A发生的**频数**.

2)性质

(1) $0 \leqslant f_n(A) \leqslant 1$；

(2) $f_n(S) = 1$；

(3)若A_1，A_2，$\cdots$，A_n是两两互斥的事件，则

$$f_n(A_1 \cup A_2 \cup \cdots \cup A_n) = f_n(A_1) + f_n(A_2) + \cdots + f_n(A_n).$$

3)频率的随机波动性和稳定性

在相同的条件下，同样做n次试验，往往n_A会不同，即$f_n(A)$会不同，说明频率具有随机波动性；但若n逐渐增加，那么这种波动性将减小，即$f_n(A)$呈现出稳定性，且逐渐稳定于某个常数. 这种稳定性即通常所说的**统计规律性**. 我们可以用这个频率稳定值来表示事件发生的可能性大小，从而引出度量事件发生可能性大小的概率的定义.

2. 概率

1)定义

设E是随机事件，S是它的样本空间，对于E的每一事件A赋予一个实数记为$P(A)$. 如果集合函数$P(\cdot)$满足下列条件：

(1) $P(A) \geqslant 0$；

(2) $P(S) = 1$；

(3)对于两两互斥事件A_1，A_2，$\cdots$，有$P(A_1 \cup A_2 \cup \cdots) = P(A_1) + P(A_2) + \cdots$，则$P(A)$称为事件$A$的**概率**.

注 (3)常称为**可列可加性**.

2)性质

(1) $P(\varnothing)=0$;

(2)(有限可加性)若 $A_1, A_2, \cdots, A_n$ 是两两互斥的事件，则

$$P(A_1\cup A_2\cup\cdots\cup A_n)=P(A_1)+P(A_2)+\cdots+P(A_n);$$

(3)若事件 A 和 B 满足 $A\subset B$，则 $P(B-A)=P(B)-P(A)$，$P(A)\leqslant P(B)$；

(4)对于任一事件 A_1, A_2, A_3，$P(A)=P(A_1\cup A_2\cup A_3)=1-P(\overline{A_1})P(\overline{A_2})P(\overline{A_3})$；

(5)(**逆事件的概率**)对于任一事件 A，有 $P(\overline{A})=1-P(A)$；

(6)(**加法公式**)对于任意事件 A, B，有 $P(A\cup B)=P(A)+P(B)-P(AB)$.

推论 3 (1) $P(A_1\cup A_2\cup A_3)=P(A_1)+P(A_2)+P(A_3)$

$$-P(A_1A_2)-P(A_1A_3)-P(A_2A_3)+P(A_1A_2A_3);$$

(2) $$P(A_1\cup A_2\cup\cdots\cup A_n)=\sum_{i=1}^{n}P(A_i)-\sum_{1\leqslant i<j\leqslant n}P(A_iA_j)+\sum_{1\leqslant i<j<k\leqslant n}P(A_iA_jA_k)-\cdots+(-1)^{n-1}P(A_1A_2\cdots A_n).$$

(三)古典概型与几何概型

1. 古典概型

定义 3 满足下列两个条件的随机试验，称为**等可能概型或古典概型**，即：

(1)样本空间仅包含有限个基本事件；

(2)每个基本事件发生的概率都相等.

2. 古典概型中事件 A 发生概率的计算公式

古典概型中事件 A 发生概率的计算公式为

$$P(A)=\frac{A\text{包含的基本事件数}}{\text{样本空间 }S\text{ 中基本事件总数}}.$$

3. 几何概型

定义 4 满足下列两个条件的概率问题称为**几何概型**，即：

(1)样本空间 S 为一个可度量的几何图形；

(2)随机试验看成在 S 中随机地投掷一点，事件 A 为所投掷的点落在 S 中的可度量的图形 A 中，这样事件 A 发生的概率与 A 的度量 $L(A)$ 成正比(其中 L 表示测度，即度量，指长度、面积或体积).

4. 几何概型中事件 A 发生概率的计算公式

几何概型中事件 A 发生概率的计算公式为

$$P(A)=\frac{L(A)}{L(S)}=\frac{\text{图形 }A\text{ 的度量}}{\text{样本空间 }S\text{ 的度量}}.$$

(四)条件概率及其有关定理、公式

1. 条件概率

1)定义

设 A, B 是试验 E 的两个事件，且 $P(A)>0$，则称

$$P(B \mid A)=\frac{P(AB)}{P(A)}$$

为在事件 A 发生的条件下事件 B 发生的**条件概率**.

2)求法

(1)利用定义：先求事件 AB 的概率 $P(AB)$，再求事件 A 发生的概率 $P(A)$，二者比值即为所求的条件概率.

(2)缩减样本空间：将事件 A 视为新的样本空间，此时有 $AB \subset A$，则事件 AB 发生的概率即为 $P(B \mid A)$.

2. 重要公式

(1)设 B_1，B_2，…，B_n 两两互斥，则

$$P[(B_1 \mid A) \cup (B_2 \mid A) \cup \cdots \cup (B_n \mid A)]=P(B_1 \mid A)+P(B_2 \mid A)+\cdots+P(B_n \mid A);$$

(2)对于任意事件 B_1，B_2，有 $P(B_1 \cup B_2 \mid A)=P(B_1 \mid A)+P(B_2 \mid A)-P(B_1B_2 \mid A)$；

(3)对于任意事件 A，B，有 $P(B \mid A)+P(\overline{B} \mid A)=1$.

3. 乘法定理(或乘法公式)

设 $P(A)>0$，则 $P(AB)=P(A)P(B \mid A)$.

推论4　(1)设 A，B，C 为事件，且 $P(AB)>0$，则 $P(ABC)=P(A)P(B \mid A)P(C \mid AB)$；

(2)设 A_1，A_2，…，A_n 为 n 个事件，$n \geqslant 2$，且 $P(A_1A_2\cdots A_{n-1})>0$，则

$$P(A_1A_2\cdots A_n)=P(A_1)P(A_2 \mid A_1)P(A_3 \mid A_1A_2)\cdots P(A_n \mid A_1A_2\cdots A_{n-1}).$$

4. 全概率公式

设 S 为试验 E 的样本空间，A，B_1，B_2，…，B_n 是 E 的事件，且 $P(A_i)>0(i=1,2,\cdots,n)$.

(1) B_1，B_2，…，B_n 两两互斥，即 $B_iB_j=\varnothing$ ($i \neq j$，i，$j=1$，2，…，n)；

(2) $B_1 \cup B_2 \cup \cdots \cup B_n=S$，则

$$P(A)=P(B_1)P(A \mid B_1)+P(B_2)P(A \mid B_2)+\cdots P(B_n)P(A \mid B_n)=\sum_{i=1}^{n}P(B_i)P(A \mid B_i).$$

注　在全概率公式的条件下，全概率公式的使用条件为 $A \subset B_1 \cup B_2 \cup \cdots \cup B_n$.

5. 贝叶斯(Bayes)公式(或逆概率公式)

在全概率公式的条件下，若 $P(A)>0$，则

$$P(B_i \mid A)=\frac{P(B_i)P(A \mid B_i)}{\sum_{i=1}^{n}P(B_i)P(A \mid B_i)},\ (i=1,2,\cdots,n).$$

(五)独立性

1. 定义

设 A，B 是两事件，若 $P(AB)=P(A)P(B)$，则称事件 A，B **相互独立**. 简称 A，B **独立**.

推论5　(1)设 A，B，C 是三个事件，若 $P(AB)=P(A)P(B)$，$P(BC)=P(B)P(C)$，

$P(AC)=P(A)P(C)$，$P(ABC)=P(A)P(B)P(C)$，则称事件 A，B，C **相互独立**.

(2)设 A_1，A_2，…，A_n 是 $n(n\geqslant 2)$ 个事件，若其中任意 $k(2\leqslant k\leqslant n)$ 个事件的积事件的概率等于各事件概率之积，则称事件 A_1，A_2，…，A_n **相互独立**.

注 (1)若 A_1，A_2，…，$A_n(n\geqslant 3)$ 中任意两个事件的积事件的概率等于各事件的概率之积，则称事件 A_1，A_2，…，A_n **两两独立**.

(2)若事件 A_1，A_2，…，A_n 相互独立，则 A_1，A_2，…，A_n 一定两两独立；反之则否.

2. 性质

(1)若事件 A_1，A_2，…，$A_n(n\geqslant 2)$ 相互独立，则其中任意 $k(2\leqslant k\leqslant n)$ 个事件也相互独立.(简言之，“整体独立，部分独立”)

(2)若事件 A_1，A_2，…，$A_n(n\geqslant 2)$ 相互独立，则将 A_1，A_2，…，A_n 中任意多个事件换成它们的对立事件，所得的 n 个事件仍相互独立.

如：①若事件 A 与 B 独立，则 A 与 $\overline{B}$，$\overline{A}$ 与 $\overline{B}$，$\overline{A}$ 与 B 也相互独立；

②若事件 A_1，A_2，A_3，A_4 相互独立，则 $\overline{A_1}$，A_2，$\overline{A_3}$，A_4 相互独立；$\overline{A_1}$，$\overline{A_2}$，$\overline{A_3}$，$\overline{A_4}$ 也相互独立，等等.

(3)当 $P(A)>0$ 或 $P(B)>0$ 时，事件 A，B 独立 $\Leftrightarrow P(B\mid A)=P(B)$ 或 $P(A\mid B)=P(A)$.

3. 概率计算公式

相互独立事件 A_1，A_2，…，A_n 至少发生一个的概率计算公式为

$$P(A_1\cup A_2\cup\cdots\cup A_n)=1-P(\overline{A_1})P(\overline{A_2})\cdots P(\overline{A_n}).$$

三、典型题解析

(一)填空题

【例1】给定随机试验 E：将一枚硬币抛掷三次，则 E 的样本空间 S 中包含的基本事件数为________.

解 应填 8.

【例2】掷三枚骰子，则出现的点数之和等于 5 的概率为________.

分析 把掷三枚骰子作为一次试验 E，则 E 中应有 $6\times 6\times 6=6^3$ 个基本事件.

令 $A=\{$出现的点数之和等于5$\}$，则导致事件 A 发生共有三类方法：第一枚骰子出现 1 点，2 点和 3 点．当第一枚骰子出现 1 点时，另两枚骰子只有三种出现方式：1 点与 3 点，2 点与 2 点，3 点与 1 点；当第一枚骰子出现 2 点时，另两枚骰子只有两种出现方式：1 点与 2 点，2 点与 1 点；当第一枚骰子出现 3 点时，另两枚骰子只有 1 种出现方式：1 点与 1 点．根据加法原理，可知导致事件 A 发生的基本事件数为 $3+2+1=6$，即 A 中包含 6 个基本事件．于是，由古典概型中事件的概率计算公式有 $P(A)=\dfrac{6}{6^3}=\dfrac{1}{36}$.

解　应填$\underline{\dfrac{1}{36}}$.

【例 3】设 A，B，C 为三个事件，且 $P(\overline{A}\cup\overline{B})=0.9$，$P(\overline{A}\cup\overline{B}\cup\overline{C})=0.97$，则 $P(AB-C)=$________.

分析　根据德·摩根定律，$P(\overline{A}\cup\overline{B})=P(\overline{AB})=0.9$，$P(\overline{A}\cup\overline{B}\cup\overline{C})=P(\overline{ABC})=0.97$. 因此 $P(AB)=0.1$，$P(ABC)=0.03$. 故

$$P(AB-C)=P(AB-ABC)=P(AB)-P(ABC)=0.1-0.03=0.07.$$

解　应填$\underline{0.07}$.

【例 4】已知 A，B 是两个事件，满足 $P(AB)=P(\overline{A}\,\overline{B})$，且 $P(A)=p$，则 $P(B)=$________.

解　应填$\underline{1-p}$.

【例 5】设 10 件产品中有 4 件不合格品，从中任取两件．已知所取两件产品中有一件是不合格品，则另一件也是不合格品的概率为________.

分析　依题意，可设事件 $A=\{$有一件是不合格品$\}$，$B=\{$另一件也是不合格品$\}$，则我们所求的概率应是条件概率 $P(B\mid A)$. 求 $P(B\mid A)$ 有两种方法：

(1)利用定义 $P(B\mid A)=\dfrac{P(AB)}{P(A)}$；(2)利用缩减样本空间法.

方法一　利用定义 $P(B\mid A)=\dfrac{P(AB)}{P(A)}$.

先求 $P(AB)$. 经分析，可知 $AB=\{$任取两件都为不合格品$\}$. 由于任取两件为一次试验，所以该试验的样本空间中包含的基本事件总数为 C_{10}^2. 而 AB 中包含的基本事件数为 C_4^2，故 $P(AB)=\dfrac{\mathrm{C}_4^2}{\mathrm{C}_{10}^2}=\dfrac{2}{15}$.

再求 $P(A)$. 我们对取产品考虑先后次序．则根据乘法原理知，“任取两件产品”这一试验的样本空间中包含的基本事件总数为 $10\times9=90$. 设 $A_i=\{$第 i 次取不合格品$\}$，则导致事件 A 发生的事件共有三类：A_1A_2，$\overline{A}_1A_2$，$A_1\overline{A}_2$. 根据乘法原理，上述各类中包含的基本事件数分别为：4×3，6×4 和 4×6. 于是根据加法原理，得 A 中包含的基本事件数为 $4\times3+6\times4+4\times6=60$，故 $P(A)=\dfrac{60}{90}=\dfrac{2}{3}$. 综上，得 $P(B\mid A)=\dfrac{P(AB)}{P(A)}=\dfrac{2/15}{2/3}=\dfrac{1}{5}$.

方法二　利用缩减样本空间法．把 A 视为“样本空间”，对取产品不考虑先后次序．导致事件 A 发生的事件共有两类：

(1)两件产品都是不合格品；

(2)两件产品中一件是不合格品，另一件是合格品．包含的基本事件数分别为 C_4^2、$\mathrm{C}_4^1\mathrm{C}_6^1$. 则 A 中包含的基本事件数为 $\mathrm{C}_4^2+\mathrm{C}_4^1\mathrm{C}_6^1$. 而 AB 中包含的基本事件数为 C_4^2，并且 AB 中的基本事件都在 A 中，故 $P(B\mid A)=\dfrac{\mathrm{C}_4^2}{\mathrm{C}_4^2+\mathrm{C}_4^1\mathrm{C}_6^1}=\dfrac{1}{5}$.

解　应填$\underline{\dfrac{1}{5}}$.

【例 6】设事件 A 和 B 独立, $P(\bar{A}\bar{B})=\dfrac{1}{9}$, $P(A\bar{B})=P(\bar{A}B)$. 则 $P(A-B)=$ ________.

分析 因 A 和 B 独立, 则 $\bar{A}$, $\bar{B}$ 、A, $\bar{B}$ 、$\bar{A}$, B 也独立. 由 $P(A\bar{B})=P(\bar{A}B)$, 得 $P(A)P(\bar{B})=P(\bar{A})P(B)$, 即 $P(A)[1-P(B)]=[1-P(A)]P(B)$. 由此得 $P(A)=P(B)$. 又 $P(\bar{A}\bar{B})=P(\bar{A})P(\bar{B})=[1-P(A)][1-P(B)]=\dfrac{1}{9}$, 从而 $[1-P(A)]^2=\dfrac{1}{9}$, 故 $P(A)=\dfrac{2}{3}$. 因此 $P(A-B)=P(A\bar{B})=P(A)P(\bar{B})=P(A)[1-P(B)]=P(A)[1-P(A)]=\dfrac{2}{3}\left(1-\dfrac{2}{3}\right)=\dfrac{2}{9}$.

解 应填 $\underline{\dfrac{2}{9}}$.

【例 7】设随机事件 A, B, C 相互独立, 且 $P(A)=P(B)=P(C)=\dfrac{1}{2}$, 则 $P(AC\mid A\cup B)=$ ________.

解 应填 $\underline{\dfrac{1}{3}}$.

【例 8】三人独立破译一密码, 他们能单独译出的概率分别为 $\dfrac{1}{5}$, $\dfrac{1}{3}$, $\dfrac{1}{4}$, 则此密码被译出的概率为________.

解 应填 $\underline{\dfrac{3}{5}}$.

【例 9】将数字 1, 2, 3, 4, 5 写在五张卡片上, 任意取出三张组成三位数, 这个数是奇数的概率为________.

解 应填 $\underline{\dfrac{3}{5}}$.

【例 10】设事件 A, B, C 两两相互独立, $ABC=\varnothing$, $P(A)=P(B)=P(C)$, 且 $P(A\cup B\cup C)=\dfrac{9}{16}$, 则 $P(A)=$ ________.

解 应填 $\underline{\dfrac{1}{4}}$.

(二) 单项选择题

【例 1】一口袋中装有 m 个新球, n 个旧球. k 个人随机地从口袋中取球, 每人取一球, 则至少有一人取到新球的概率为(　　).

(A) $\dfrac{C_n^1 C_m^{k-1}}{C_{m+n}^k}$　　(B) $\dfrac{m}{C_{m+n}^k}$　　(C) $1-\dfrac{C_n^k}{C_{m+n}^k}$　　(D) $\sum\limits_{r=1}^{k}\dfrac{C_m^r}{C_{m+n}^k}$

分析 设 $A=\{$至少有一人取到新球$\}$, 则 $\bar{A}=\{$没有人取到新球$\}$, 且根据古典概型中事件发生的概率计算公式, 有 $P(\bar{A})=\dfrac{C_n^k}{C_{m+n}^k}$, 故 $P(A)=1-P(\bar{A})=1-\dfrac{C_n^k}{C_{m+n}^k}$.

解　应选(C).

【例 2】设 $0 < P(A) < 1$，$0 < P(B) < 1$，$P(A \mid B) + P(\overline{A} \mid \overline{B}) = 1$. 则(　　).

(A) 事件 A 与 B 互不相容　　(B) 事件 A 与 B 相互独立

(C) 事件 A 与 B 互为逆事件　　(D) 事件 A 与 B 互不独立

分析　由题设 $P(A \mid B) + P(\overline{A} \mid \overline{B}) = 1$，得 $P(A \mid B) = 1 - P(\overline{A} \mid \overline{B})$，而 $1 - P(\overline{A} \mid \overline{B}) = P(A \mid \overline{B})$，因此 $P(A \mid B) = P(A \mid \overline{B})$，即 $\dfrac{P(AB)}{P(B)} = \dfrac{P(A\overline{B})}{P(\overline{B})}$，从而

$$
\begin{aligned}
P(AB)[1 - P(B)] &= P(B)P(A\overline{B}) = P(B)P(A - AB) \\
&= P(B)[P(A) - P(AB)] = P(A)P(B) - P(B)P(AB).
\end{aligned}
$$

由此，得 $P(AB) = P(A)P(B)$，故 A 与 B 独立.

解　应选(B).

【例 3】设 A，B 为随机事件，若 $0 < P(A) < 1$，$0 < P(B) < 1$，则 $P(A \mid B) > P(A \mid \overline{B})$ 的充分必要条件是(　　).

(A) $P(B \mid A) > P(B \mid \overline{A})$　　(B) $P(B \mid A) < P(B \mid \overline{A})$

(C) $P(\overline{B} \mid A) > P(B \mid \overline{A})$　　(D) $P(\overline{B} \mid A) > P(B \mid \overline{A})$

解　应选(A).

【例 4】设 A，B，C 三个事件两两独立，则 A，B，C 相互独立的充分必要条件是(　　).

(A) A 与 BC 独立　　(B) AB 与 $A \cup C$ 独立

(C) AB 与 AC 独立　　(D) $A \cup B$ 与 $A \cup C$ 独立

分析　由题设，有 $P(AB) = P(A)P(B)$，$P(AC) = P(A)P(C)$，$P(BC) = P(B)P(C)$.

若 A，B，C 独立，则必有 $P(ABC) = P(A)P(B)P(C) = P(A)P(BC)$，因此 A 与 BC 独立；反之，若 A 与 BC 独立，则 $P(ABC) = P(A)P(BC) = P(A)P(B)P(C)$，从而由题设知 A，B，C 相互独立.

注　若 A，B，C 相互独立，则 A，B，C 两两独立；反之则否.

解　应选(A).

【例 5】设 A，B，C 是三个相互独立的事件，且 $0 < P(C) < 1$，则在下列各对事件中不相互独立的是(　　).

(A) $\overline{A \cup B}$ 与 C　　(B) $\overline{AC}$ 与 $\overline{C}$

(C) $\overline{A - B}$ 与 $\overline{C}$　　(D) $\overline{AB}$ 与 $\overline{C}$

解　应选(B).

【例 6】设当事件 A 与 B 同时发生时 C 也发生，则(　　).

(A) $P(C) = P(A \cap B)$

(B) $P(C) \leqslant P(A) + P(B) - 1$

(C) $P(C) = P(A \cup B)$

(D) $P(C) \geqslant P(A) + P(B) - 1$

解　应选(D).

(三)计算题

【例 1】一口袋中有 9 只红球，3 只白球.

(1)在口袋中随机地取 5 只球，求其中恰有 2 只白球的概率；

(2)在口袋中取球 5 次，每次取一只，作放回抽样，求其中恰有 2 只白球的概率.

分析 本题中问题(1)的取球方式为不放回抽样．在口袋中取 5 只球为一次试验，每一种取法为一个基本事件．下面分两种考虑方式进行分析.

①若不考虑取球的先后次序，则共有 C_{12}^5 种取法，即该试验的样本空间中共有 C_{12}^5 个基本事件．设事件 $A=\{5$ 只球中恰有 2 只白球$\}$，在 3 只白球中任取 2 只共有 C_3^2 种取法；在 9 只红球中任取 3 只共有 C_9^3 种取法，由乘法原理知，事件 A 中共有 $\mathrm{C}_3^2\mathrm{C}_9^3$ 个基本事件.

②若考虑取球的先后次序，则该试验的样本空间中共有 A_{12}^5 个基本事件．而事件 A 中包含的基本事件数可有两种考虑方法：其一，先不考虑取球的次序共有 $\mathrm{C}_3^2\mathrm{C}_9^3$ 种取法，再将取出的 5 只球进行全排列，共有 A_5^5 种不同的排法，从而由乘法原理知，事件 A 中共有 $\mathrm{A}_5^5\mathrm{C}_3^2\mathrm{C}_9^3$ 个基本事件；其二，先考虑取球的次序，共有 $\mathrm{A}_3^2\mathrm{A}_9^3$ 种取法，再在 5 个位置中选出 2 个位置放白球，共有 C_5^2 种不同的放法，从而由乘法原理，知事件 A 中包含的基本事件数为 $\mathrm{C}_5^2\mathrm{A}_3^2\mathrm{A}_9^3$.

本题中问题(2)的取球方式为放回抽样．仍以“取 5 只球”作为一次试验．因取球方式为放回抽样，所以每次取球时均有 12 种取法，从而由乘法原理知，完成这次试验，共有 12^5 种取法，即样本空间中基本事件总数为 12^5．设事件 $B=\{5$ 只球中恰有 2 只白球$\}$，取两只白球共有 3^2 种取法，取 3 只红球共有 9^3 种取法，再从 5 个位置中选出 2 个位置放白球，共有 C_5^2 种放法，从而依乘法原理，可知事件 B 中包含的基本事件数为 $\mathrm{C}_5^2\times 3^2\times 9^3$.

解 (1)设 $A=\{5$ 只球中恰有 2 只白球$\}$，则由古典概型中事件发生的概率计算公式，有 $P(A)=\dfrac{\mathrm{C}_3^2\mathrm{C}_9^3}{\mathrm{C}_{12}^5}=\dfrac{7}{22}$ (或 $P(A)=\dfrac{\mathrm{A}_5^5\mathrm{C}_3^2\mathrm{C}_9^3}{\mathrm{A}_{12}^5}=\dfrac{7}{22}$ 或 $P(A)=\dfrac{\mathrm{C}_5^2\mathrm{A}_3^2\mathrm{A}_9^3}{\mathrm{A}_{12}^5}=\dfrac{7}{22}$).

(2)设 $B=\{5$ 只球中恰有 2 只白球$\}$，则 $P(B)=\dfrac{C_5^2\times 3^2\times 9^2}{12^5}=\dfrac{135}{512}$.

【例 2】将 n 只球随机地放入 $N(N\geqslant n)$ 个盒子中，并设盒子的容量不限．试求下列事件的概率：$A=\{$某指定的一个盒子中没有球$\}$；$B=\{$某指定的 n 个盒子中各有一球$\}$；$C=\{$恰有 n 个盒子中各有一球$\}$；$D=\{$某指定的一个盒子中恰有 m 个球$\}$ $(m\leqslant n)$； $E=\{$恰有一个盒子中有 m 个球$\}$ $(m\leqslant n)$.

解 $P(A)=\dfrac{k_A}{N^n}=\dfrac{(N-1)^n}{N^n}$； $P(B)=\dfrac{k_B}{N^n}=\dfrac{n!}{N^n}$；

$$P(C)=\frac{k_C}{N^n}=\frac{n!\mathrm{C}_N^n}{N^n};\qquad P(D)=\frac{k_D}{N^n}=\frac{\mathrm{C}_n^m(N-1)^{n-m}}{N^n};$$

$$P(E)=\frac{k_E}{N^n}=\frac{\mathrm{C}_N^1\mathrm{C}_n^m(N-1)^{n-m}}{N^n}.$$

注 上面的问题称为“球在盒中的分布问题”，许多实际问题都可归结为该问题.

【例 3】将 n 只球随机地放入编号为 1，2，…，n 的 n 只盒子中，求恰有一只空盒的概率.

解　设事件 $B=\{$恰有一只空盒$\}$. 则 $P(B)=\dfrac{C_n^1C_n^2C_{n-1}^1(n-2)!}{n^n}$.

【例 4】从 5 双不同的鞋子中任取 4 只，求这 4 只鞋子中至少有 2 只鞋子配成一双的概率.

解　设 $A=\{$ 4 只鞋子中至少有 2 只鞋子配成一双$\}$，则 $\overline{A}=\{$ 4 只鞋子均不成双$\}$.

方法一　$P(A)=1-P(\overline{A})=1-\dfrac{10\times8\times6\times4}{A_{10}^4}=\dfrac{13}{21}$.

方法二　$P(A)=1-P(\overline{A})=1-\dfrac{C_5^4\times2^4}{C_{10}^4}=\dfrac{13}{21}$.

方法三　设 $A_1=\{$ 4 只鞋子中恰有 2 只配成一双$\}$，$A_2=\{$ 4 只鞋子中恰好配成两双$\}$.
则 $A=A_1\cup A_2$，且 $A_1A_2=\varnothing$. 故

$$P(A)=P(A_1\cup A_2)=P(A_1)+P(A_2)=\frac{C_5^1(C_8^2-C_4^1)}{C_{10}^4}+\frac{C_5^2}{C_{10}^4}=\frac{12}{21}+\frac{1}{21}=\frac{13}{21}.$$

注　本题亦可由下式计算：$P(A)=\dfrac{(C_5^1C_8^2-C_5^2)}{C_{10}^4}=\dfrac{13}{21}$.

【例 5】一批零件共 100 件，其中有 10 件次品，依次作不放回地抽取三次，每次取一件，试求：

(1)第三次抽到合格品的概率；

(2)第三次才抽到合格品的概率.

解　设 $A=\{$第三次抽到合格品$\}$，$B=\{$第三次才抽到合格品$\}$，$A_i=\{$第 i 次抽到合格品$\}$ $(i=1,2,3)$. 则 $A=A_1A_2A_3\cup A_1\overline{A}_2A_3\cup\overline{A}_1A_2A_3\cup\overline{A}_1\overline{A}_2A_3$，且 $A_1A_2A_3$，$A_1\overline{A}_2A_3$，$\overline{A}_1A_2A_3$，$\overline{A}_1\overline{A}_2A_3$ 两两互斥；$B=\overline{A}_1\overline{A}_2A_3$.

$$\begin{aligned}(1)\ P(A)&=P(A_1A_2A_3)+P(A_1\overline{A}_2A_3)+P(\overline{A}_1A_2A_3)+P(\overline{A}_1\overline{A}_2A_3)\\&=\frac{90\times89\times88}{100\times99\times98}+\frac{90\times10\times89}{100\times99\times98}+\frac{10\times90\times89}{100\times99\times98}+\frac{10\times9\times90}{100\times99\times98}=0.9.\end{aligned}$$

注　问题(1)属“抽签模型”题，即第 $i(i=1,2,3)$ 次抽到合格品的概率都为 0.9.

(2) $P(B)=P(\overline{A}_1\overline{A}_2A_3)=\dfrac{10\times9\times90}{100\times99\times98}=0.008\ 3$.

注　问题(2)也可用乘法公式求，即

$$P(B)=P(\overline{A}_1\overline{A}_2A_3)=P(\overline{A}_1)P(\overline{A}_2\mid\overline{A}_1)P(A_3\mid\overline{A}_1\overline{A}_2)=\frac{10}{100}\times\frac{9}{99}\times\frac{90}{98}=0.008\ 3.$$

【例 6】甲、乙两车间生产同一种产品，甲车间生产 60 件，乙车间生产 40 件，分别含有次品 3 件和 5 件. 现从这 100 件产品中任取一件.

(1)在已知取到甲车间产品的条件下，求取得次品的概率；

(2)已知取得的一件是次品，求该次品是哪个车间生产的概率最大.

分析　显然问题(1)和(2)所求的概率都是条件概率. 对于问题(1)，可用条件概率定义或缩减样本空间的方法去求. 对于问题(2)，设事件 $A=\{$取得的一件是次品$\}$，则事件 A 只

与两个事件有关：一个是事件 $A_1=\{$取得的一件是甲车间生产的$\}$，另一个是事件 $A_2=\{$取得的一件是乙车间生产的$\}$，且 A_1，A_2 是试验的样本空间的一个划分，$A\subset A_1\cup A_2$，即满足全概率公式的适用条件，从而先用全概率公式求 $P(A)$，再用贝叶斯公式去求所求的条件概率 $P(A_1\mid A)$ 和 $P(A_2\mid A)$，最后比较二者哪个最大.

解 (1)设 $B=\{$取得甲车间产品$\}$，$C=\{$取得次品$\}$.

方法一(定义法) 由于 $P(BC)=\dfrac{3}{100}$，$P(B)=\dfrac{60}{100}=\dfrac{3}{5}$. 所以

$$P(C\mid B)=\frac{P(BC)}{P(B)}=\frac{3/100}{3/5}=0.05.$$

方法二(缩减样本空间法) 因为 B 中包含的基本事件数为 60，BC 中包含的基本事件数为 3，所以 $P(C\mid B)=\dfrac{3}{60}=0.05$.

注 这两种方法在本质上是相同的.

(2)设 $A=\{$取得的一件是次品$\}$，$A_1=\{$取得的一件是甲车间生产的$\}$，$A_2=\{$取得的一件是乙车间生产的$\}$.

$P(A_1)=\dfrac{60}{100}=\dfrac{3}{5}$，$P(A\mid A_1)=\dfrac{3}{60}=\dfrac{1}{20}$；($P(A\mid A_1)$ 也可由(1)或甲车间生产的产品次品率知) $P(A_2)=\dfrac{40}{100}=\dfrac{2}{5}$，$P(A\mid A_2)=\dfrac{5}{40}=\dfrac{1}{8}$. 从而由全概率公式，得 $P(A)=P(A_1)P(A\mid A_1)+P(A_2)P(A\mid A_2)=\dfrac{3}{5}\times\dfrac{1}{20}+\dfrac{2}{5}\times\dfrac{1}{8}=\dfrac{2}{25}$. 故

$$P(A_1\mid A)=\frac{P(A_1)P(A\mid A_1)}{P(A)}=\frac{\dfrac{3}{5}\times\dfrac{1}{20}}{\dfrac{2}{25}}=\frac{3}{8},$$

$$P(A_2\mid A)=\frac{P(A_2)P(A\mid A_2)}{P(A)}=\frac{\dfrac{2}{5}\times\dfrac{1}{8}}{\dfrac{2}{25}}=\frac{5}{8}.$$

由 $P(A_2\mid A)>P(A_1\mid A)$ 知该次品是乙车间生产的概率最大.

【例 7】设甲袋中有 6 只红球，4 只白球；乙袋中有 7 只红球，3 只白球．现从甲袋中随机地取一只球放入乙袋，再从乙袋中随机取一只球放入甲袋.

(1)最后在甲袋中随机地取一只球，求取到的是红球的概率；

(2)若已知最后从甲袋中随机地取的一只是红球，求从甲袋取一只白球放入乙袋的概率；

(3)求甲袋中红球个数和白球个数不变的概率.

解 设 $A=\{$最后从甲袋取的是红球$\}$，$A_1=\{$从甲袋取一红球放入乙袋$\}$，$A_2=\{$从乙袋取一红球放入甲袋$\}$，$B=\{$甲袋中红球个数和白球个数不变$\}$.

(1)方法一　$P(A_1A_2)=\dfrac{6\times 8}{10\times 11}=\dfrac{48}{110}$，$P(A\mid A_1A_2)=\dfrac{6}{10}$，

$P(A_1\overline{A}_2)=\dfrac{6\times 3}{10\times 11}=\dfrac{18}{110}$，$P(A\mid A_1\overline{A}_2)=\dfrac{5}{10}$，

$P(\overline{A}_1A_2)=\dfrac{4\times 7}{10\times 11}=\dfrac{28}{110}$，$P(A\mid \overline{A}_1A_2)=\dfrac{7}{10}$，

$P(\overline{A}_1\overline{A}_2)=\dfrac{4\times 4}{10\times 11}=\dfrac{16}{110}$，$P(A\mid \overline{A}_1\overline{A}_2)=\dfrac{6}{10}$.

故由全概率公式，得

$$\begin{aligned}P(A)&=P(A_1A_2)P(A\mid A_1A_2)+P(A_1\overline{A}_2)P(A\mid A_1\overline{A}_2)\\&\quad+P(\overline{A}_1A_2)P(A\mid \overline{A}_1A_2)+P(\overline{A}_1\overline{A}_2)P(A\mid \overline{A}_1\overline{A}_2)\\&=\frac{48}{110}\times\frac{6}{10}+\frac{18}{110}\times\frac{5}{10}+\frac{28}{110}\times\frac{7}{10}+\frac{16}{110}\times\frac{6}{10}=\frac{670}{1\ 100}\approx 0.609.\end{aligned}$$

方法二　$A=A_1A_2A\cup A_1\overline{A}_2A\cup \overline{A}_1A_2A\cup \overline{A}_1\overline{A}_2A$，且 A_1A_2A，$A_1\overline{A}_2A$，$\overline{A}_1A_2A$，$\overline{A}_1\overline{A}_2A$ 两两互斥，故

$$\begin{aligned}P(A)&=P(A_1A_2A)+P(A_1\overline{A}_2A)+P(\overline{A}_1A_2A)+P(\overline{A}_1\overline{A}_2A)\\&=\frac{6\times 8\times 6}{10\times 11\times 10}+\frac{6\times 3\times 5}{10\times 11\times 10}+\frac{4\times 7\times 7}{10\times 11\times 10}+\frac{4\times 4\times 6}{10\times 11\times 10}=\frac{670}{1\ 100}\approx 0.609.\end{aligned}$$

$$\begin{aligned}(2)\,P(\overline{A}_1A_2\cup\overline{A}_1\overline{A}_2\mid A)&=\frac{P[A(\overline{A}_1A_2\cup\overline{A}_1\overline{A}_2)]}{P(A)}=\frac{P(A\overline{A}_1A_2\cup A\overline{A}_1\overline{A}_2)}{P(A)}\\&=\frac{P(A\overline{A}_1A_2)+P(A\overline{A}_1\overline{A}_2)}{P(A)}=\frac{P(\overline{A}_1A_2)P(A\mid\overline{A}_1A_2)+P(\overline{A}_1\overline{A}_2)P(A\mid\overline{A}_1\overline{A}_2)}{P(A)}\\&=\frac{\frac{4\times7}{10\times11}\cdot\frac{7}{10}+\frac{4\times4}{10\times11}\cdot\frac{6}{10}}{\frac{67}{110}}=\frac{292}{670}\approx 0.436.\end{aligned}$$

(3) $P(B)=P(A_1A_2\cup\overline{A}_1\overline{A}_2)=P(A_1A_2)+P(\overline{A}_1\overline{A}_2)=\dfrac{6\times 8}{10\times 11}+\dfrac{4\times 4}{10\times 11}=\dfrac{64}{110}\approx 0.582.$

【例 8】有一高中生去参加飞行员体检，需经两次考核．他第一次被录取的概率为 $\dfrac{1}{3}$，第一次被录取则第二次被录取的概率也为 $\dfrac{1}{3}$；第一次被淘汰，则第二次被录取的概率为 $\dfrac{1}{5}$. 若该生第二次被录取，求他第一次被淘汰的概率.

解　设 $A=\{$第二次被录取$\}$，$A_1=\{$第一次被淘汰$\}$，$A_2=\{$第一次被录取$\}$. 则

$P(A_2)=\dfrac{1}{3}$，$P(A\mid A_2)=\dfrac{1}{3}$；$P(A_1)=P(\overline{A}_2)=1-P(A_2)=1-\dfrac{1}{3}=\dfrac{2}{3}$，$P(A\mid A_1)=\dfrac{1}{5}$.

从而由全概率公式，有 $P(A)=P(A_1)P(A\mid A_1)+P(A_2)P(A\mid A_2)=\frac{2}{3}\times\frac{1}{5}+\frac{1}{3}\times\frac{1}{3}=\frac{11}{45}$.

故所求概率为 $P(A_1\mid A)=\frac{P(A_1)P(A\mid A_1)}{P(A)}=\frac{\frac{2}{3}\times\frac{1}{5}}{\frac{11}{45}}=\frac{6}{11}$.

【例 9】乒乓球单打比赛规定，在 5 局比赛中胜 3 局的运动员为胜．甲、乙两名运动员在每一局比赛中，甲胜的概率为 0.6，乙胜的概率为 0.4，当比赛进行了 2 局时，甲以 2∶0 领先，求在以后的比赛中甲获胜的概率.

分析　由题意可知，甲和乙在每局比赛中是否获胜都是相互独立的．因甲在前两局比赛中已获胜 2 局，若使甲获胜，那么在以后的比赛中，必须保证甲至少胜一局，即在以后的三局比赛中，"第一局甲胜"或"第一局甲失败且第二局甲胜"或"第一、二局甲失败且第三局甲胜".

解　设 $A=\{\text{甲获胜}\}$, $A_i=\{\text{在以后的比赛中第 } i \text{ 局甲胜}\}$, $i=1,2,3$. 则 A_1, A_2, A_3 相互独立, $A=A_1\cup\overline{A_1}A_2\cup\overline{A_1}\,\overline{A_2}A_3$，且 A_1，$\overline{A_1}A_2$，$\overline{A_1}\,\overline{A_2}A_3$ 两两互斥，故

$$\begin{aligned}P(A)&=P(A_1)+P(\overline{A_1}A_2)+P(\overline{A_1}\,\overline{A_2}A_3)\\&=P(A_1)+P(\overline{A_1})P(A_2)+P(\overline{A_1})P(\overline{A_2})P(A_3)\\&=0.6+0.4\times0.6+0.4\times0.4\times0.6=0.936.\end{aligned}$$

四、测验题及参考解答

测验题

(一) 填空题

1. 已知 A，B 两个事件满足条件 $P(AB)=P(\overline{A}\,\overline{B})$，且 $P(A)=\frac{3}{5}$，则 $P(B)=$________.

2. 已知 $P(A)=P(B)=P(C)=\frac{1}{4}$，$P(AB)=0$，$P(AC)=P(BC)=\frac{1}{9}$，则事件 A，B，C 全不发生的概率为________.

3. 一口袋中有 3 个黑球，4 个白球，今从中无放回地任意取 3 个球，恰有 1 个白球的概率为________；若从中有放回地任意取 3 个球，恰有 1 个白球的概率为________.

4. 掷两枚骰子，则出现的点数之和等于 3 的概率为________.

5. 某地进行体育彩票抽奖，10 000 张彩票中有 100 个奖票．今有 10 人先到抽奖，第 10 人取到奖票的概率是________.

6. 已知 $P(A)=0.5$，$P(B)=0.6$，$P(B\mid A)=0.8$，则 $P(A\cup B)=$________.

7. 若 $P(\overline{A})=0.3$，$P(B)=0.4$，$P(A\overline{B})=0.5$，则 $P(B\mid A\cup\overline{B})=$________.

8. 设 A，B 是相互独立的事件，$P(A\cup B)=0.6$，$P(A)=0.4$，则 $P(B)=$________.

9. 电路由元件 A 与两个并联的元件 B，C 串联而成，若 A，B，C 损坏与否是相互独立的，且它们损坏的概率依次为 0.3，0.2，0.1，则电路断路的概率为________.

10. 甲、乙两人独立地对同一目标射击一次，其命中率分别为 0.6 和 0.5，现已知目标被击中，则它是甲射中的概率为________.

11. 设在三次独立试验中，事件 A 出现的概率相等，若已知 A 至少出现一次的概率等于 $\frac{19}{27}$，则事件 A 在一次试验中出现的概率为________.

(二)选择题

1. 以 A 表示事件“甲种产品畅销，乙种产品滞销”，则其对立事件 $\overline{A}$ 为(　　).

(A)“甲种产品滞销，乙种产品畅销”

(B)“甲、乙两种产品均畅销”

(C)“甲种产品滞销”

(D)“甲种产品滞销或乙种产品畅销”

2. 设 A，B 为两个事件，且 $B \subset A$，则下列结论中正确的是(　　).

(A)$P(A \cup B) = P(A)$　　(B)$P(AB) = P(A)$

(C)$P(B \mid A) = P(B)$　　(D)$P(B - A) = P(B) - P(A)$

3. 设 $P(A) = a$，$P(B) = b$，$P(A \cup B) = c$，则 $P(\overline{A}B) = ($　　$)$.

(A)$a - b$　　(B)$c - a$　　(C)$a(1 - b)$　　(D)$b - a$

4. n 张奖券中含有 m 张有奖的，k 个人购买，每人一张，其中至少有一人中奖的概率为(　　).

(A)$\frac{m}{C_n^k}$　　(B)$1 - \frac{C_{n-m}^k}{C_n^k}$　　(C)$\frac{C_m^1 C_{n-m}^{k-1}}{C_n^k}$　　(D)$\sum_{r=1}^{k} \frac{C_m^r}{C_n^k}$

5. 袋中有 5 个球(3 个新球 2 个旧球)，每次取一个，无放回地取三次，则第三次取到新球的概率为(　　).

(A)$\frac{3}{10}$　　(B)$\frac{3}{4}$　　(C)$\frac{1}{2}$　　(D)$\frac{3}{5}$

6. 设 A，B 为两个互斥事件，且 $P(A) > 0$，$P(B) > 0$，则下列结论中正确的是(　　).

(A)$P(B \mid A) > 0$　　(B)$P(A \mid B) = P(A)$

(C)$P(A \mid B) = 0$　　(D)$P(AB) = P(A)P(B)$

7. 设 A，B 为任意两个事件，且 $A \subset B$，$P(B) > 0$，则下列结论中必然成立的是(　　).

(A)$P(A) < P(A \mid B)$　　(B)$P(A) \leqslant P(A \mid B)$

(C)$P(A) > P(A \mid B)$　　(D)$P(A) \geqslant P(A \mid B)$

8. 设 A，B 为两个事件，则下列命题中正确的是(　　).

(A) 若 A 与 B 独立，则 A 与 B 互斥

(B) 若 A 与 B 互斥，则 A 与 B 独立

(C) 若 A 与 B 互逆，则 A 与 B 独立

(D) 若 A 与 B 独立，则 A 与 $\overline{B}$ 独立

(三) 计算题

1. 一口袋中有 9 个球，其中 4 个白球，5 个黑球，现从中任取两个，求：

(1) 两个球均为黑球的概率；

(2) 两个球中一个是白球，另一个是黑球的概率；

(3) 两个球中至少有一个白球的概率.

2. 一学生宿舍中有 6 名学生，求：

(1) 6 人生日都在星期天的概率；

(2) 6 人生日都不在星期天的概率；

(3) 6 人生日不都在星期天的概率.

3. 一批零件共 100 个，次品率为 0.1，每次从中任取一个零件，取出的零件不再放回，求第三次才取得正品的概率.

4. 设某种动物由出生算起，活到 20 岁的概率为 0.7，活到 25 岁的概率为 0.56. 求现龄为 20 岁的这种动物活到 25 岁的概率.

5. 某工厂有甲、乙、丙三个车间生产同一种产品，每个车间的产量分别占全厂的 0.25，0.35，0.40；各车间产品的次品率分别为 0.08，0.05，0.04. 求全厂产品的次品率.

6. 已知男子有 5% 是色盲患者，女子有 0.25% 是色盲患者．今从男女人数相等的人群中随机地挑选一人，恰好是色盲患者，问此人是男性的概率是多少？

7. 病树的主人外出，委托邻居浇水，设已知如果不浇水，树死去的概率为 0.8. 若浇水，则树死去的概率为 0.15. 有 0.9 的把握确定邻居记得浇水．

(1) 求主人回来树还活着的概率；

(2) 若主人回来树已死去，求邻居忘记浇水的概率.

(四) 证明题

已知 $P(A \mid B)=P(A \mid \overline{B})$，求证：$A$，$B$ 相互独立.

参考解答

(一) 填空题

1. **分析** 本题为抽象事件的概率计算题，只需利用计算概率的公式即可.

由 $P(AB)=P(\overline{A}\,\overline{B})=P(\overline{A\cup B})=1-P(A\cup B)=1-[P(A)+P(B)-P(AB)]$，得 $P(B)=1-P(A)=1-\dfrac{3}{5}=\dfrac{2}{5}$.

解 应填 $\dfrac{2}{5}$.

2. **分析** 本题为抽象事件的概率计算题，只需利用计算概率的公式即可.

因 $0\leqslant P(ABC)\leqslant P(AB)=0$，故 $P(ABC)=0$；于是

$P(\overline{A}\,\overline{B}\,\overline{C})=P(\overline{A\cup B\cup C})=1-P(A\cup B\cup C)$

$$= 1 - [P(A) + P(B) + P(C) - P(AB) - P(AC) - P(BC) + P(ABC)]$$
$$= 1 - \frac{3}{4} + \frac{2}{9} = \frac{17}{36}.$$

解　应填 $\underline{\frac{17}{36}}$.

3. 分析　本题为古典概型的概率计算题.

$$p_1 = \frac{C_4^1 C_3^2}{C_7^3} = \frac{12}{35}，\quad 或 p_1 = \frac{C_3^1 A_4^1 A_3^2}{A_7^3} = \frac{12}{35}；\ p_2 = \frac{C_3^1 \cdot 4^1 \cdot 3^2}{7^3} = \frac{108}{343}.$$

解　应填 $\underline{\frac{12}{35}；\frac{108}{343}}$.

4. 分析　本题为古典概型的概率计算题. $p = \frac{2}{6 \times 6} = \frac{1}{18}$.

解　应填 $\underline{\frac{1}{18}}$.

5. 分析　本题为古典概型中的抽签原理. $p = \frac{100}{10\ 000} = \frac{1}{100}$.

解　应填 $\underline{\frac{1}{100}}$.

6. 分析　本题为抽象事件的概率计算题，只需利用计算概率的公式即可.

$$P(A \cup B) = P(A) + P(B) - P(AB) = P(A) + P(B) - P(A)P(B \mid A)$$
$$= 0.5 + 0.6 - 0.5 \times 0.8 = 0.7.$$

解　应填 $\underline{0.7}$.

7. 分析　由 $P(A\overline{B}) = P(A) - P(AB) = 0.5$，可得 $P(AB) = 0.2$.

$$P(B \mid A \cup \overline{B}) = \frac{P[B \cap (A \cup \overline{B})]}{P(A \cup \overline{B})} = \frac{P(AB)}{P(A) + P(\overline{B}) - P(A\overline{B})} = \frac{0.2}{0.7 + 0.6 - 0.5} = 0.25.$$

解　应填 $\underline{0.25}$.

8. 分析　本题为抽象事件的概率计算题，只需利用计算概率的公式及独立性即可.

因 $P(A \cup B) = P(A) + P(B) - P(AB) = P(A) + P(B) - P(A)P(B)$，即 $0.6 = 0.4 + P(B) - 0.4 \times P(B)$，故 $P(B) = \frac{1}{3}$.

解　应填 $\underline{\frac{1}{3}}$.

9. 分析　本题涉及可靠性计算问题，只需利用计算概率的公式及独立性即可.

设 A，B，C 依次表示相应元件损坏，则所求事件的概率为

$$P[A \cup (BC)] = P(A) + P(BC) - P(ABC) = P(A) + P(B)P(C) - P(A)P(B)P(C)$$
$$= 0.3 + 0.2 \times 0.1 - 0.3 \times 0.2 \times 0.1 = 0.314.$$

解　应填 $\underline{0.314}$.

10. 分析　本题为条件概率的计算题，只需利用计算条件概率的公式及独立性即可.

设 A = “甲击中目标”, B = “乙击中目标”, 则所求概率为

$$P(A \mid A \cup B)=\frac{P[A(A \cup B)]}{P(A \cup B)}=\frac{P(A)}{P(A)+P(B)-P(AB)}$$

$$=\frac{P(A)}{P(A)+P(B)-P(A)P(B)}=\frac{0.6}{0.6+0.5-0.6 \times 0.5}=0.75.$$

解 应填 $\underline{0.75}$.

11. **分析** 本题涉及伯努利试验中事件的概率计算题．若 $P(A)=p$，则在三次独立试验中，事件 A 恰好出现 k 次的概率为 $P_3(k)=C_3^k p^k(1-p)^{3-k}(k=0,1,2,3)$；于是由题意得 $\frac{19}{27}=1-(1-p)^3$，故 $p=\frac{1}{3}$.

解 应填 $\underline{\frac{1}{3}}$.

(二)单项选择题

1. **分析** 本题为事件关系的计算题．设 B = “甲种产品畅销”, C = “乙种产品滞销”；则 $A=BC$，$\overline{A}=\overline{BC}=\overline{B} \cup \overline{C}$ = “甲种产品滞销或乙种产品畅销”；故应选 (D).

解 应选(D).

2. **分析** 本题为抽象事件关系的计算题．因 $B \subset A$，所以 $A \cup B=A$；故有 $P(A \cup B)=P(A)$；应选 (A)．而 (B)、(C)、(D) 明显不正确.

解 应选 (A).

3. **分析** 本题为抽象事件的概率计算题．只需利用计算概率的公式即可，即

$$P(\overline{A}B)=P(B-A)=P(B-AB)=P(B)-P(AB)$$

$$=P(B)-[P(A)+P(B)-P(A \cup B)]=P(A \cup B)-P(A)=c-a.$$

解 应选(B).

4. **分析** 本题为古典概型的概率计算问题．$p=1-\frac{C_{n-m}^k}{C_n^k}$.

解 应选(B).

5. **分析** 本题为古典概型的概率计算问题．$p=\frac{A_4^2 \cdot A_3^1}{A_5^3}=\frac{3}{5}$.

解 应选(D).

6. **分析** 本题主要考查事件互斥的概念．因 A，B 为两个互斥事件，故 $P(AB)=0$；所以 $P(A \mid B)=\frac{P(AB)}{P(B)}=\frac{0}{P(B)}=0$，故应选 (C)．注意：题中 (B)、(D) 两个选项是 A，B 独立的条件．可以看出，在 $P(A)>0$，$P(B)>0$ 的条件下，独立与互斥是两个完全不同的概念.

解 应选 (C).

7. **分析** 本题考查在条件 $A \subset B$，$P(A)>0$ 下，条件概率 $P(A \mid B)$ 与 $P(A)$ 的关系．由 $A \subset B$ 得 $0<P(A) \leqslant P(B) \leqslant 1$，故 $\frac{1}{P(B)} \geqslant 1$，从而 $P(A \mid B)=\frac{P(AB)}{P(B)}=\frac{1}{P(B)}P(A) \geqslant P(A)$.

解　应选（C）.

8. **分析**　本题考查事件独立和互斥的关系．在$P(A)>0$，$P(B)>0$的条件下，独立与互斥是两个完全不同的概念．即：独立不一定互斥，互斥也不一定独立，故（A）、（B）、（C）均不正确；而由独立的性质可知（D）是正确的.

解　应选（D）.

(三)计算题

1. **解**　设A=“两个球均为黑球”，B=“两球中一白一黑”，C=“至少有一个白球”；

则(1) $P(A)=\dfrac{C_5^2}{C_9^2}=\dfrac{5}{18}$；（或$P(A)=\dfrac{A_5^2}{A_9^2}=\dfrac{5}{18}$）

(2) $P(B)=\dfrac{C_4^1\cdot C_5^1}{C_9^2}=\dfrac{5}{9}$；（或$P(B)=\dfrac{C_2^1\cdot A_4^1\cdot A_5^1}{A_9^2}=\dfrac{5}{9}$）

(3) $P(C)=P(\overline{A})=1-P(A)=1-\dfrac{5}{18}=\dfrac{13}{18}$.

2. **解**　设A=“6人生日都在星期天”，B=“6人生日都不在星期天”，C=“6人生日不都在星期天”；则基本事件总数$n=7^6$；于是

(1) $P(A)=\dfrac{1}{7^6}$；

(2) $P(B)=\dfrac{6^6}{7^6}=\left(\dfrac{6}{7}\right)^6$；

(3) $P(C)=P(\overline{A})=1-P(A)=1-\dfrac{1}{7^6}$.

3. **解**　设A_i=“第i次取得正品”($i=1,2,3$)，则

$$P(\text{“第三次才取得正品”})=P(\overline{A}_1\overline{A}_2A_3)=P(\overline{A}_1)P(\overline{A}_2\mid\overline{A}_1)P(A_3\mid\overline{A}_1\overline{A}_2)$$
$$=\frac{10}{100}\cdot\frac{9}{99}\cdot\frac{90}{98}=\frac{9}{1\ 078}\approx 0.008\ 35.$$

或$p=\dfrac{A_{10}^2\cdot A_{90}^1}{A_{100}^3}=\dfrac{9}{1\ 078}$.

4. **解**　设A=“能活到20岁”，B=“能活到25岁”；则$P(A)=0.7$，$P(B)=0.56$，且$B\subset A$，$AB=B$，故所求概率为

$$P(B\mid A)=\frac{P(AB)}{P(A)}=\frac{P(B)}{P(A)}=\frac{0.56}{0.7}=0.8.$$

5. **解**　设B_1，B_2，B_3分别表示“产品为甲、乙、丙车间生产”，A=“取到次品”；则由全概率公式，得

$$P(A)=P(B_1)P(A\mid B_1)+P(B_2)P(A\mid B_2)+P(B_3)P(A\mid B_3)$$
$$=0.25\times0.08+0.35\times0.05+0.4\times0.04=0.053\ 5.$$

6. **解**　设A=“色盲患者”，B=“男性”，则由贝叶斯公式，得

$$P(B\mid A)=\frac{0.5\times0.05}{0.5\times0.05+0.5\times0.002\ 5}=\frac{20}{21}.$$

7. 解 (1)设 A =“主人回来树还活着”, B =“邻居记得浇水”, 则由全概率公式得

$$P(A)=P(B)P(A\mid B)+P(\overline{B})P(A\mid\overline{B})$$
$$=0.9\times(1-0.15)+(1-0.9)\times(1-0.8)=0.785$$

(2)由贝叶斯公式得 $P(\overline{B}\mid\overline{A})=\dfrac{P(\overline{B})P(\overline{A}\mid\overline{B})}{P(\overline{A}\mid)}=\dfrac{0.1\times0.8}{1-0.785}\approx0.372.$

(四)证明题

证明 因 $P(A\mid B)=\dfrac{P(AB)}{P(B)}$, $P(A\mid\overline{B})=\dfrac{P(A\overline{B})}{P(\overline{B})}=\dfrac{P(A)-P(AB)}{1-P(B)}$, 于是由 $P(A\mid B)=P(A\mid\overline{B})$, 得 $\dfrac{P(AB)}{P(B)}=\dfrac{P(A)-P(AB)}{1-P(B)}$; 整理得 $P(AB)=P(A)P(B)$; 可见 A 与 B 相互独立.

第七章

随机变量及其分布

本章讨论了一维随机变量及其分布函数的概念和性质．讨论了离散型和连续型两类一维随机变量，重点介绍了三种常见的离散型随机变量的分布：(0－1) 分布、二项分布、泊松分布；三种常见的连续型随机变量的分布：均匀分布、正态分布和指数分布．并讨论了简单的一维随机变量函数的概率分布问题，希望利用自变量 X 分布来描述随机变量函数 $g(X)$ 的分布．从题型上分为两种：

第七章
典型题解析

(1)用“倒表法”求一维离散型随机变量函数的分布律；

(2)在所设一维连续型随机变量的概率密度之下，用分布函数法或公式法求出其函数的概率密度，借以计算其概率.

本章的主要目的是把高等数学这一强大工具应用到概率研究中，其思路是：样本数量化→用实数来标识一个样本 → 随机变量 → 随机变量分布函数．首先，做一个从样本空间到实数集的映射，使样本从“语言描述”变成“实数变量”；接着介绍了几种离散型随机变量的分布律；然后，针对实践中人们关心随机变量落在某个区间的概率，定义了分布函数的概念；最后，由分布函数的连续积分表达式定义出连续型随机变量的概率密度函数，使概率的求解转化为概率密度的定积分计算.

一、教学基本要求

(1)了解随机变量的概念，掌握离散型随机变量和连续型随机变量的描述方法，理解分布律和概率密度的概念和性质.

(2)理解随机变量分布函数($F(x)=P\{X\leqslant x\}$)的概念及性质，会计算与随机变量有关的事件的概率.

(3)理解离散型随机变量及分布律的概念，掌握 (0－1) 分布、二项分布、泊松分布及应用，了解超几何分布、几何分布的概念.

(4)理解连续型随机变量及其概率密度的概念，掌握概率密度与分布函数之间的关系.

(5)掌握均匀分布、指数分布和正态分布及其应用.

(6)会求简单的随机变量函数的概率分布.

二、内容提要

(一)一维随机变量

1. 随机变量的定义

设随机试验 E 的样本空间为 $S=\{e\}$，$X=X(e)$ 是定义在样本空间 S 上的实值单值函数，称 $X=X(e)$ 为**一维随机变量**，简称**随机变量**.

2. 随机变量的概率分布

设 X 是随机变量，则它的取值规律(即可能取得哪些值，取这些值的概率分别是多少?)称为 X 的**概率分布**(简称**分布**).

3. 分布函数

设 X 是一个随机变量，x 是任意实数，则称函数 $F(x)=P\{X\leqslant x\}(-\infty<x<\infty)$ 为 X 的**分布函数**.

注　$F(x)$ 是一个普通实函数，它的定义域是整个数轴，故求 $F(x)$ 时，要就 x 落在整个数轴上讨论，$F(x)$ 的值域是区间 $[0,1]$.

4. 分布函数的性质

(1) $F(x)$ 是一个单调不减函数，即对任意两个实数 x_1，x_2，当 $x_1<x_2$ 时，$F(x_1)\leqslant F(x_2)$.

(2) $0\leqslant F(x)\leqslant 1$，且 $F(-\infty)=\lim\limits_{x\to-\infty}F(x)=0$，$F(+\infty)=\lim\limits_{x\to+\infty}F(x)=1$.

(3) $F(x)$ 至多有可列个间断点(即 $F(x)$ 有间断点的话，其全部间断点可排列成一有限或无限数列)，并且 $F(x)$ 在间断点处是右连续的，即对任意实数 x，均有 $F(x+0)=F(x)$.

注　(1)已知随机变量 X 的分布函数，则有

① $P\{a<X\leqslant b\}=F(b)-F(a)$,

② $P\{X>a\}=1-P\{X\leqslant a\}=1-F(a)$,

③ $P\{X=a\}=F(a)-F(a-0)$.

(2)如果任意一个函数 $F(x)$ 满足上述性质①~②，则 $F(x)$ 是分布函数.

(二)离散型随机变量及其分布律

1. 定义

若随机变量 X 的全部可能取到的不相同的值是有限个或可列无限多个，称 X 为**离散型随机变量**.

2. 分布律

设离散型随机变量 X 所有可能取的值为 $x_k(k=1,2,\cdots)$，X 取各个可能值的概率 $P\{X=x_k\}$ 为 $p_k(k=1,2,\cdots)$，则称

$$P\{X=x_k\}=p_k,\ (k=1,\ 2,\ \cdots)$$

为离散型随机变量 X 的**分布律**(或**概率分布**或**分布列**). 分布律也可用表格表示为

X	$x_1,\ x_2,\ \cdots,\ x_n,\ \cdots$
p_k	$p_1,\ p_2,\ \cdots,\ p_n,\ \cdots$

3. 分布律的性质

(1)$p_k \geqslant 0(k=1,\ 2,\ \cdots)$;

(2) $\sum\limits_{k=1}^{\infty} p_k = 1$.

注　(1)凡是满足性质(1)与(2)的函数 $p_k=P\{X=x_k\}(k=1,\ 2,\ \cdots)$, 一定是某个离散型随机变量的分布律.

(2)分布函数为 $F(x)=\sum\limits_{x_k\leqslant x} p_k$.

(3)有些书籍将离散型随机变量 X 的分布律或概率分布称为分布密度.

4. 几个常见的离散型随机变量的分布

1) (0 - 1) 分布

设随机变量 X 只可能取 0 与 1 两个值, 它的分布律是

$$P\{X=k\}=p^k(1-p)^{1-k}\quad (k=0,\ 1)(0<p<1),$$

则称 X 服从参数为 p 的 **(0 - 1) 分布**. (0 - 1) 分布的分布律也可写成

X	0	1
p_k	$1-p$	p

2)伯努利试验、二项分布

设试验 E 只有两个可能结果: A 及 $\overline{A}$, 则 E 称为伯努利试验. 设 $P(A)=p(0<p<1)$, 将 E 独立地重复进行 n 次, 则称这一串重复的独立试验为 **n 重伯努利试验**.

以 X 表示 n 重伯努利试验中事件 A 发生的次数, 随机变量 X 的分布律为

$$P\{X=k\}=\mathrm{C}_n^k p^k(1-p)^{n-k},\ (k=0,\ 1,\ 2,\ \cdots n),$$

称 X 服从参数为 n, p 的二项分布, 记作 $X\sim b(n,\ p)$.

3)泊松分布

设随机变量 X 的所有可能取值为 0, 1, 2, $\cdots$, 它的分布律是: $P\{X=k\}=\dfrac{\lambda^k \mathrm{e}^{-\lambda}}{k!}(k=0,\ 1,\ 2,\ \cdots)$, 其中 $\lambda>0$ 是常数, 则称 X 服从参数为 λ 的泊松分布, 记为 $X\sim\pi(\lambda)$ (或 $X\sim P(\lambda)$).

注　二项分布是非常重要的一种分布, 特别当 $n=1$ 时二项分布化成 (0 - 1) 分布; 当 $n\to\infty$ 时, 二项分布以泊松分布为极限, 即设 $np=\lambda$ (λ 是固定的正常数), 则

$$\lim_{n\to\infty} P\{X=k\}=\lim_{n\to\infty}\mathrm{C}_n^k p^k(1-p)^{n-k}=\frac{\lambda^k}{k!}\mathrm{e}^{-\lambda},\ (k=0,\ 1,\ 2,\ \cdots),$$

故当 n 很大, p 很小(一般是 $n\geqslant 10$, $p\leqslant 0.1$) 时, $\mathrm{C}_n^k p^k(1-p)^{n-k}\approx\dfrac{\lambda^k}{k!}\mathrm{e}^{-\lambda}(\lambda=np)$.

4)超几何分布

设随机变量 X 的所有可能取值为 0，1，…，n，$M \leqslant N$ 均为正整数，且

$$P\{X=k\}=\frac{C_M^k C_{N-M}^{n-k}}{C_N^n},\ k=0,\ 1,\ \cdots,\ \min\{n,\ M\},$$

则称 X 服从**超几何分布**，记为 $X \sim H(n,\ M,\ N)$.

5)几何分布

设随机变量 X 的可能取值为 1，2，…，且 $P\{X=k\}=(1-p)^{k-1}p(k=1,\ 2,\ \cdots)$，则称 X 服从**几何分布**.

(三)连续型随机变量及其概率密度

1. 定义

如果对于随机变量 X 的分布函数 $F(x)$，存在非负函数 $f(x)$ 使对于任意实数 x 有

$$F(x)=\int_{-\infty}^{x} f(t)\,\mathrm{d}t$$

则称 X 为**连续型随机变量**，其中函数 $f(x)$ 称为 X 的**概率密度函数**，简称**概率密度**.

注　连续型随机变量 X 的分布函数 $F(x)$ 是一个连续函数.

2. 概率密度 $f(x)$ 的性质

(1) $f(x) \geqslant 0$；

(2) $\int_{-\infty}^{+\infty} f(x)\,\mathrm{d}x=1$；

(3)对于任意实数 x_1，$x_2(x_1<x_2)$，有

$$P\{x_1<X<x_2\}=F(x_2)-F(x_1)=\int_{x_1}^{x_2} f(x)\,\mathrm{d}x;$$

(4)若 $f(x)$ 在点 x 处连续，则有 $F'(x)=f(x)$；

(5)连续型随机变量 X 取某一数值 a 的概率为 0，即 $P\{X=a\}=0$.

注　(1)若函数 $f(x)$ 满足性质(1)与(2)，则 $f(x)$ 一定是某个连续型随机变量的概率密度.

(2)由性质(5)知，对于连续型随机变量 X，有

$$P\{x_1<X \leqslant x_2\}=P\{x_1 \leqslant X<x_2\}=P\{x_1 \leqslant X \leqslant x_2\}=P\{x_1<X<x_2\}.$$

(3)强调指出，概率密度不是概率.

3. 三种重要的连续型随机变量的分布

1)均匀分布

设连续型随机变量 X 具有概率密度：

$$f(x)=\begin{cases}\dfrac{1}{b-a}, & a<x<b \\ 0, & \text{其他}\end{cases},$$

则称 X 在区间 $(a,\ b)$ 内服从**均匀分布**，记为 $X \sim U(a,\ b)$，其分布函数为

$$F(x)=\begin{cases}0, & x<a \\ \dfrac{x-a}{b-a}, & a \leqslant x<b. \\ 1, & x \geqslant b\end{cases}$$

2)指数分布

设连续型随机变量 X 具有概率密度：

$$f(x)=\begin{cases}\dfrac{1}{\theta}e^{-\frac{x}{\theta}}, & x>0\\ 0, & 其他\end{cases},$$

其中 θ 为常数，则称 X 服从参数为 θ 的**指数分布**.

其分布函数为：$F(x)=\begin{cases}1-e^{-\frac{x}{\theta}}, & x>0\\ 0, & 其他\end{cases}.$

注　服从指数分布的随机变量 X 具有的重要性质：无记忆性，即对于任意 s，$t>0$，有 $P\{X>s+t\mid X>s\}=P\{X>t\}$.

3)正态分布

(1)定义：设连续型随机变量 X 具有概率密度：

$$f(x)=\frac{1}{\sqrt{2\pi}\sigma}e^{-\frac{(x-\mu)^2}{2\sigma^2}},\quad -\infty<x<+\infty$$

其中 μ，$\sigma(\sigma>0)$ 为常数，则称 X 服从参数为 μ，σ 的**正态分布或高斯(Gauss)分布**，记为 $X\sim N(\mu,\sigma^2)$.

其分布函数为：$F(x)=\displaystyle\int_{-\infty}^{x}\frac{1}{\sqrt{2\pi}\sigma}e^{-\frac{(t-\mu)^2}{2\sigma^2}}dt,\quad -\infty<x<\infty.$

特别地，当 $\mu=0$，$\sigma=1$ 时，称 X 服从**标准正态分布**，即 $X\sim N(0,1)$.

标准正态分布的概率密度和分布函数分别为

$$\varphi(x)=\frac{1}{\sqrt{2\pi}}e^{-\frac{x^2}{2}},\quad -\infty<x<\infty,$$

$$\Phi(x)=\frac{1}{\sqrt{2\pi}}\int_{-\infty}^{x}e^{-\frac{t^2}{2}}dt,\quad -\infty<x<\infty.$$

(2)正态分布的性质如下.

①$f(x)>0$ 且 $f(x)$ 具有各阶导数.

②$\displaystyle\int_{-\infty}^{+\infty}f(x)dx=1.$

③$f(x)$ 在 $(-\infty,\mu]$ 内单调增加，在 $[\mu,+\infty)$ 内单调减少；在 $x=\mu$ 处达到极大值：$f(\mu)=\dfrac{1}{\sqrt{2\pi}\sigma}$. 这一性质说明 X 的取值密集在 μ 附近，μ 表示 X 取值的集中位置，σ 表示集中程度.

④$f(x)$ 的图形关于 $x=\mu$ 对称，这说明 X 落在 $x<\mu-\sigma$ 与 $x>\mu+\sigma$ 的相应等长区间上的概率相等. 当 $X\sim N(0,1)$ 时，$\Phi(-x)=1-\Phi(x)$. 人们已编制了 $\Phi(x)$ 的函数表，可以查用.

⑤一般地，若 $X\sim N(\mu,\sigma^2)$，则有 $Z=\dfrac{X-\mu}{\sigma}\sim N(0,1)$，于是

$$F(x)=\int_{-\infty}^{x}\frac{1}{\sqrt{2\pi}\sigma}e^{-\frac{(x-\mu)^2}{2\sigma^2}}dx=\Phi\left(\frac{x-\mu}{\sigma}\right).$$

(3)上 α 分位点. 设 $X \sim N(0,\ 1)$，若 z_α 满足条件 $P\{X > z_\alpha\} = \alpha,\ 0 < \alpha < 1$，则称 z_α 为标准正态分布的上 α 分位点. 按定义有：$\Phi(z_\alpha) = 1 - \alpha$.

下面列出了几个常用的 z_α 的值.

α	0.001	0.005	0.01	0.025	0.05	0.10
z_α	3.090	2.576	2.327	1.960	1.645	1.282

(四)随机变量的函数的分布

若 X 是一维随机变量，$y = g(x)$ 是一个实值函数，则 $Y = g(X)$ 是一维随机变量 X 的函数. Y 也是一维随机变量.

1. 一维离散型随机变量 X 的函数 $Y = g(X)$ 的分布律

此时，Y 也是离散型随机变量，只要将 Y 所有可能取值以及取这些值的概率求出来，就能写出 Y 的分布律.

设 X 的分布律为：$P\{X = x_i\} = p_i(i = 1,\ 2,\ \cdots)$，则 $Y = g(X)$ 的分布律为：$P\{Y = y_i\} = P\{Y = g(x_i)\} = p_i(i = 1,\ 2,\ \cdots)$，若 $g(x_i)$ 中有相同的值，应将有关 p_i 合并.

其"倒表法"格式为

$Y = g(x)$	$g(x_1)$	$g(x_2)$	$\cdots$	$g(x_i)$	$\cdots$
X	x_1	x_2	$\cdots$	x_i	$\cdots$
P	p_1	p_2	$\cdots$	p_i	$\cdots$

2. 一维连续型随机变量 X 的函数 $Y = g(X)$ 的概率密度

设 X 的概率密度为 $f_X(x)$，分布函数为 $F_X(x)$，X 的取值是区间 $(a,\ b)$（可以是无穷区间）.

(1)用"分布函数法"求出 $f_Y(y)$. 其做法是，先求出 Y 的分布函数

$$F_Y(y) = P\{Y \leqslant y\} = P\{g(X) \leqslant y\} = \int_{g(x) \leqslant y} f(x)\,\mathrm{d}x,$$

然后由 $f_Y(y) = F'_Y(y)$ 求得 Y 的概率密度，这是求 Y 的概率密度的一般方法.

(2)特别地，当 $y = g(x)$ 是 x 的严格单调函数时，且其反函数有连续的导数，则 $Y = g(X)$ 的概率密度可由以下定理求出.

定理 设随机变量 X 具有概率密度 $f_X(x)$，又设函数 $y = g(x)$ 处处可导且恒有 $g'(x) > 0$ 或 $g'(x) < 0$，则 $Y = g(X)$ 是连续型随机变量，其概率密度为

$$f_Y(y) = \begin{cases} f_X(h(y)) \cdot |h'(y)|, & \alpha < y < \beta \\ 0, & \text{其他} \end{cases},$$

其中，$\alpha = \min\{g(a),\ g(b)\}$，$\beta = \max\{g(a),\ g(b)\}$.

注 (1)若 $y = g(x)$ 在不相互重叠的区间段 $I_1,\ I_2,\ \cdots$ 上逐段严格单调，且其反函数分别为 $h_1(y),\ h_2(y),\ \cdots$（它们的导数连续），则 $Y = g(X)$ 的概率密度为：$f_Y(y) = \sum\limits_i f_X(h_i(y)) \cdot |h'_i(y)|$. 对于使反函数无意义的 y，规定 $f_Y(y)$ 的值为0.

(2)若随机变量 $X \sim N(\mu, \sigma^2)$，则 X 的线性函数 $Y = aX + b$ 仍服从正态分布，且有 $Y = aX + b \sim N(a\mu + b, (a\sigma)^2)$

三、典型题解析

(一)填空题

【例 1】设随机变量 X 的所有可能取值为 1，2，…，n，且 $P\{X = k\} = ak(k = 1, 2, \cdots, n)$，则 $a =$ ________.

分析　本题考查分布律的特征性质：$\sum_{k=1}^{\infty} p_k = 1$.

由 $\sum_{k=1}^{n} ak = 1$，即 $a\sum_{k=1}^{n} k = 1$，故 $a \cdot \dfrac{n(n+1)}{2} = 1$，可得 $a = \dfrac{2}{n(n+1)}$.

解　应填 $\underline{\dfrac{2}{n(n+1)}}$.

【例 2】设随机变量 X 的分布律为

X	0	1	2	3
p_k	0.1	0.3	0.4	0.2

则 X 的分布函数 $F(x)$ 在 $x = 2$ 处的函数值 $F(2)$ 为________.

分析　本题 X 仅在 $x = 0$，1，2，3 四点处其概率 $\neq 0$，而分布函数 $F(x) = P\{X \leqslant x\}$ 的值是 $X \leqslant x$ 的累积概率值，由概率的有限可加性，知 $F(x)$ 即为小于或等于 x 的那些 x_k 处的概率 p_k 之和，于是 $F(2) = P\{X \leqslant 2\} = P\{X = 0\} + P\{X = 1\} + P\{X = 2\} = 0.8$.

解　应填 $\underline{0.8}$.

【例 3】设随机变量 X 服从参数为 λ 的泊松分布，且 $P\{X = 0\} = \dfrac{1}{2}$，则 $\lambda =$ ________；$P\{X > 1\} =$ ________.

分析　本题随机变量 X 的分布律为：$P\{X = k\} = \dfrac{\lambda^k e^{-\lambda}}{k!}(k = 0, 1, \cdots)$，可由条件 $P\{X = 0\} = \dfrac{1}{2}$ 求出参数 λ，再通过分布律求出概率 $P\{X > 1\}$. 由于 $\dfrac{\lambda^0 e^{-\lambda}}{0!} = \dfrac{1}{2}$，可得 $\lambda = \ln 2$；$P\{X > 1\} = 1 - P\{X = 0\} - P\{X = 1\} = 1 - \dfrac{1}{2} - \dfrac{(\ln 2)e^{-\ln 2}}{1!} = \dfrac{1}{2}(1 - \ln 2)$.

解　应填 $\underline{\ln 2}$；$\underline{\dfrac{1}{2}(1 - \ln 2)}$.

【例 4】设随机变量 X 服从参数为 $(2, p)$ 的二项分布，随机变量 Y 服从参数为 $(3, p)$ 的二项分布，若 $P\{X \geqslant 1\} = \dfrac{5}{9}$，则 $P\{Y \geqslant 1\} =$ ________.

解　应填 $\underline{\dfrac{19}{27}}$.

【例 5】设随机变量 X 的分布函数为 $F(x)=\begin{cases}0, & x<0\\ A\sin x, & 0\leqslant x\leqslant \dfrac{\pi}{2}\\ 1, & x>\dfrac{\pi}{2}\end{cases}$，则 $A=$________；$P\left\{|X|<\dfrac{\pi}{6}\right\}=$________.

分析 根据分布函数的性质知 $\lim\limits_{x\to\frac{\pi}{2}^+}F(x)=F\left(\dfrac{\pi}{2}\right)$，由此可得 $A=1$，而

$$P\left\{|X|<\frac{\pi}{6}\right\}=P\left\{-\frac{\pi}{6}<X<\frac{\pi}{6}\right\}=F\left(\frac{\pi}{6}\right)-F\left(-\frac{\pi}{6}\right)=\sin\frac{\pi}{6}-0=\frac{1}{2}.$$

解 应填 $\underline{\dfrac{1}{2}}$.

【例 6】设随机变量 X 的分布函数为 $F(x)=P\{X\leqslant x\}=\begin{cases}0, & x<-1\\ 0.4, & -1\leqslant x<1\\ 0.8, & 1\leqslant x<3\\ 1, & x\geqslant 3\end{cases}$，则 X 的分布律为________.

分析 本题是由离散型随机变量的分布函数反求分布律的问题.

因为 $P\{X=x\}=P\{X\leqslant x\}-P\{X<x\}=F(x)-F(x-0)$，所以，只有在 $F(x)$ 的不连续点($x=-1,1,3$)处 $P\{X=x\}$ 不为零，且

$$P\{X=-1\}=F(-1)-F(-1-0)=0.4-0=0.4,$$
$$P\{X=1\}=F(1)-F(1-0)=0.8-0.4=0.4,$$
$$P\{X=3\}=F(3)-F(3-0)=1-0.8=0.2.$$

解 应填

X	-1	1	3
p_k	0.4	0.4	0.2

【例 7】设随机变量 X 的概率密度是 $f(x)=\begin{cases}2x, & 0<x<1\\ 0, & \text{其他}\end{cases}$，以 Y 表示对 X 的三次独立重复观察中事件 $\left\{X\leqslant\dfrac{1}{2}\right\}$ 出现的次数，则 $P\{Y=2\}=$________.

分析 本题应先求出 $p=P\left\{X\leqslant\dfrac{1}{2}\right\}$ 的概率，再根据 Y 服从参数为 $n=3$，p 的二项分布，求出 $P(Y=2)$ 的概率．因为

$$p=P\left\{X\leqslant\frac{1}{2}\right\}=\int_0^{\frac{1}{2}}2x\mathrm{d}x=\frac{1}{4},$$

所以 $Y\sim b\left(3,\dfrac{1}{4}\right)$，$P\{Y=2\}=C_3^2\left(\dfrac{1}{4}\right)^2\left(\dfrac{3}{4}\right)=3\times\dfrac{1}{16}\times\dfrac{3}{4}=\dfrac{9}{64}.$

解 应填 $\underline{\dfrac{9}{64}}$.

【例 8】设随机变量 X 的概率密度为 $f(x)=\begin{cases}\frac{1}{3}, & x\in[0,1]\\ \frac{2}{9}, & x\in[3,6]\\ 0, & \text{其他}\end{cases}$，若 k 使得 $P\{X\geqslant k\}=\frac{2}{3}$，则 k 的取值范围是________.

解　应填 $\underline{[1,3]}$.

(二)单项选择题

【例 1】设 $F_1(x)$ 与 $F_2(x)$ 分别是随机变量 X_1 与 X_2 的分布函数，为了使 $F(x)=aF_1(x)-bF_2(x)$ 是某一随机变量的分布函数，则下列各组值中应取(　　).

(A) $a=\frac{3}{5}$，$b=-\frac{2}{5}$　　(B) $a=\frac{2}{3}$，$b=\frac{2}{3}$

(C) $a=-\frac{1}{2}$，$b=\frac{3}{2}$　　(D) $a=\frac{1}{2}$，$b=-\frac{3}{2}$

分析　根据分布函数的性质知，$F(+\infty)=\lim\limits_{x\to+\infty}F(x)=1$，有

$$\lim_{x\to+\infty}F(x)=a\lim_{x\to+\infty}F_1(x)-b\lim_{x\to+\infty}F_2(x)=1,$$

即 $a-b=1$，只有(A)中 a，b 满足 $a-b=1$.

解　应选(A).

【例 2】设随机变量 X 的概率密度为 $f(x)=\frac{1}{2\sqrt{\pi}}\mathrm{e}^{-\frac{(x+3)^2}{4}}(-\infty<x<+\infty)$，若 $Y\sim N(0,1)$，则 $Y=$(　　).

(A) $\frac{X+3}{2}$　　(B) $\frac{X+3}{\sqrt{2}}$　　(C) $\frac{X-3}{2}$　　(D) $\frac{X-3}{\sqrt{2}}$

分析　由 X 的概率密度知：$X\sim N(-3,2)$，将 X 进行标准化计算，得

$$Y=\frac{X+3}{\sqrt{2}}\sim N(0,1).$$

解　应选(B).

【例 3】设随机变量 X 与 Y 均服从正态分布，$X\sim N(\mu,4^2)$，$Y\sim N(\mu,5^2)$，记 $p_1=P\{X\leqslant\mu-4\}$，$p_2=P\{Y\geqslant\mu+5\}$，则(　　).

(A)对任何实数 μ，都有 $p_1=p_2$

(B)对任何实数 μ，都有 $p_1<p_2$

(C)只对 μ 的个别值，才有 $p_1=p_2$

(D)对任何实数 μ，都有 $p_1>p_2$

分析　因随机变量 X 与 Y 服从正态分布，应通过标准化计算求出 p_1，p_2 的值，从而比较大小．因为

$$p_1=P\left\{\frac{X-\mu}{4}\leqslant-1\right\}=\Phi(-1)=1-\Phi(1),$$

$$p_2=P\left\{\frac{Y-\mu}{5}\geqslant1\right\}=1-P\left\{\frac{Y-\mu}{5}<1\right\}=1-\Phi(1),$$

所以 $p_1=p_2$.

解 应选 (A).

注 与正态分布有关的概率计算，一般先化为标准正态分布再求概率.

【例 4】 设 X_1 和 X_2 是任意两个相互独立的连续性随机变量，它们的概率密度分别为 $f_1(x)$ 与 $f_2(x)$，分布函数分别为 $F_1(x)$ 与 $F_2(x)$，则(　　).

(A) $f_1(x)+f_2(x)$ 必为某一随机变量的概率密度

(B) $f_1(x)\cdot f_2(x)$ 必为某一随机变量的概率密度

(C) $F_1(x)+F_2(x)$ 必为某一随机变量的分布函数

(D) $F_1(x)\cdot F_2(x)$ 必为某一随机变量的分布函数

解 应选(D).

【例 5】 设随机变量 X 的概率密度为 $f(x)$，且 $f(-x)=f(x)$，$F(x)$ 是 X 的分布函数，则对任意实数 a，有(　　).

(A) $F(-a)=1-\int_0^a f(x)\,dx$　　(B) $F(-a)=\frac{1}{2}-\int_0^a f(x)\,dx$

(C) $F(-a)=F(a)$　　(D) $F(-a)=2F(a)-1$

分析 可利用特殊值法：令 $a=0$，则(A)和(D)都有 $F(0)=1$，而真值是 $F(0)=\frac{1}{2}$，因此排除了(A)和(D). 再令 $a=+\infty$，则选项(C)成为 $F(-\infty)=F(+\infty)$，而这是错误的，因此选(B).

或者利用 $f(x)$ 的偶函数性质及分布函数与概率密度的关系，确定 $F(-a)$ 的值. 由于 $f(-x)=f(x)$，即 $f(x)$ 为偶函数，则

$$
\begin{aligned}
F(-a)&=\int_{-\infty}^{-a}f(x)\,dx=\int_a^{\infty}f(x)\,dx=1-\int_{-\infty}^{a}f(x)\,dx\\
&=1-\left(\int_{-\infty}^{0}f(x)\,dx+\int_0^a f(x)\,dx\right)\\
&=1-F(0)-\int_0^a f(x)\,dx=\frac{1}{2}-\int_0^a f(x)\,dx.
\end{aligned}
$$

解 应选(B).

【例 6】 设随机变量 X 服从正态分布 $N(0,1)$，对于给定的 $\alpha(0<\alpha<1)$，数 u_α 满足 $P\{X>u_\alpha\}=\alpha$. 若 $P\{|X|<x\}=\alpha$，则 x 等于(　　).

(A) $u_{\frac{\alpha}{2}}$　　(B) $u_{1-\frac{\alpha}{2}}$　　(C) $u_{\frac{1-\alpha}{2}}$　　(D) $u_{1-\alpha}$

分析 本题随机变量 X 服从标准正态分布，X 的概率密度关于 y 轴对称. 因为 $P\{|X|<x\}=\alpha$，知 $P\{|X|\geqslant x\}=1-\alpha$，所以 $P\{X>x\}=\frac{1-\alpha}{2}$. 因而 $x=u_{\frac{1-\alpha}{2}}$.

解 应选(C).

【例 7】 设 $f_1(x)$ 为标准正态分布的概率密度，$f_2(x)$ 为 $[-1,3]$ 上的均匀分布的概率密度，若 $f(x)=\begin{cases}af_1(x), & x\leqslant 0\\ bf_2(x), & x>0\end{cases}$ $(a>0,\ b>0)$ 为概率密度，则 a，b 应满足(　　).

(A) $2a+3b=4$　　(B) $3a+2b=4$

(C) $a+b=1$　　(D) $a+b=2$

解 应选(A).

【例 8】设随机变量 X_1，X_2，X_3 满足 $X_1 \sim N(0, 1)$，$X_2 \sim N(0, 2^2)$，$X_3 \sim N(5, 3^2)$，$P_j = P\{-2 \leqslant X_j \leqslant +2\}\ (j = 1, 2, 3)$，则(　　).

(A)$P_1 > P_2 > P_3$　　(B)$P_2 > P_1 > P_3$

(C)$P_3 > P_1 > P_2$　　(D)$P_1 > P_3 > P_2$

解 应选(A).

【例 9】设随机变量 X 的概率密度 $f(x)$ 满足 $f(1+x)=f(1-x)$，且 $\int_0^2 f(x)\,dx = 0.6$，则 $P\{X < 0\} = ($　　$)$.

(A)0.2　　(B)0.3　　(C)0.4　　(D)0.5

分析 由条件 $f(1+x)=f(1-x)$，知 $f(x)$ 关于直线 $x=1$ 对称. 因为 $\int_0^2 f(x)\,dx = 0.6$，由对称性知 $\int_0^1 f(x)\,dx = 0.3$，故 $P\{X < 0\} = \int_{-\infty}^0 f(x)\,dx = 0.5 - 0.3 = 0.2$.

解 应选(A).

(三)计算题

【例 1】设在 15 只同类型的零件中有 2 只是次品，在其中取 3 次，每次任取 1 只，作不放回抽样. 以 X 表示取出次品的只数. (1)求 X 的分布律；(2)求 X 的分布函数.

分析 本题是求离散型随机变量的分布律和分布函数的常规题型. 先求分布律，再利用分布函数定义 $F(x)=P\{X \leqslant x\}$ 求分布函数，$F(x)$ 即为小于或等于 x 的那些 x_k 处的概率 p_k 之和.

解 (1) X 的所有可能取值为 0，1，2，又

$$P\{X=0\} = \frac{C_{13}^3}{C_{15}^3} = \frac{22}{35},\ P\{X=1\} = \frac{C_2^1 \cdot C_{13}^2}{C_{15}^3} = \frac{12}{35},\ P\{X=2\} = \frac{C_2^2 \cdot C_{13}^1}{C_{15}^3} = \frac{1}{35},$$

所以 X 的分布律为

X	0	1	2
p_k	22/35	12/35	1/35

(2) $$F(x) = P\{X \leqslant x\} = \begin{cases} 0, & x < 0 \\ P\{X=0\}, & 0 \leqslant x < 1 \\ P\{X=0\}+P\{X=1\}, & 1 \leqslant x < 2 \\ 1, & x \geqslant 2 \end{cases} = \begin{cases} 0, & x < 0 \\ \dfrac{22}{35}, & 0 \leqslant x < 1 \\ \dfrac{34}{35}, & 1 \leqslant x < 2 \\ 1, & x \geqslant 2 \end{cases}$$

【例 2】设随机变量 X 的分布函数为 $F(x) = \begin{cases} 0, & x < -1 \\ \dfrac{1}{4}, & -1 \leqslant x < 0 \\ \dfrac{3}{4}, & 0 \leqslant x < 1 \\ 1, & x \geqslant 1 \end{cases}$，求 X 的分布律.

解 $P\{X=-1\}=F(-1)-F(-1-0)=\frac{1}{4}-0=\frac{1}{4}$;

$P\{X=0\}=F(0)-F(0-0)=\frac{3}{4}-\frac{1}{4}=\frac{1}{2}$;

$P\{X=1\}=F(1)-F(1-0)=1-\frac{3}{4}=\frac{1}{4}$.

故 X 的分布律为

X	-1	0	1
p_k	$\frac{1}{4}$	$\frac{1}{2}$	$\frac{1}{4}$

【例 3】设已知随机变量 X 的概率密度为 $f(x)=k\mathrm{e}^{-|x|}(-\infty<x<+\infty)$，试求：

(1)系数 k;

(2)X 的分布函数 $F(x)$;

(3)X 落在区间 $(-2, 2)$ 内的概率.

分析 这是概率密度中带有参数的题型. 先利用概率密度的特征性质 $\int_{-\infty}^{+\infty}f(x)\mathrm{d}x=1$ 确定常数 k；利用 $F(x)=\int_{-\infty}^{x}f(t)\mathrm{d}t$ 求分布函数；最后利用性质 $P\{x_1<X<x_2\}=F(x_2)-F(x_1)=\int_{x_1}^{x_2}f(x)\mathrm{d}x$，求 X 落在某区间内的概率.

解 (1)由 $\int_{-\infty}^{+\infty}f(x)\mathrm{d}x=1$，得 $\int_{-\infty}^{0}k\mathrm{e}^{x}\mathrm{d}x+\int_{0}^{+\infty}k\mathrm{e}^{-x}\mathrm{d}x=1$，所以 $k=\frac{1}{2}$.

(2) $$F(x)=\int_{-\infty}^{x}f(t)\mathrm{d}t=\int_{-\infty}^{x}\frac{1}{2}\mathrm{e}^{-|t|}\mathrm{d}t=\begin{cases}\int_{-\infty}^{x}\frac{1}{2}\mathrm{e}^{t}\mathrm{d}t, & x<0\\ \int_{-\infty}^{0}\frac{1}{2}\mathrm{e}^{t}\mathrm{d}t+\int_{0}^{x}\frac{1}{2}\mathrm{e}^{-t}\mathrm{d}t, & x\geqslant 0\end{cases}$$
$$=\begin{cases}\frac{1}{2}\mathrm{e}^{x}, & x<0\\ 1-\frac{1}{2}\mathrm{e}^{-x}, & x\geqslant 0\end{cases}.$$

(3) $P\{-2<X<2\}=\int_{-2}^{2}f(x)\mathrm{d}x=2\int_{0}^{2}\frac{1}{2}\mathrm{e}^{-x}\mathrm{d}x=1-\mathrm{e}^{-2}$，或 $P\{-2<X<2\}=F(2)-F(-2)=\left(1-\frac{1}{2}\mathrm{e}^{-2}\right)-\frac{1}{2}\mathrm{e}^{-2}=1-\mathrm{e}^{-2}$.

【例 4】设随机变量 X 在 $[2, 5]$ 上服从均匀分布，现在对 X 进行 3 次独立试验，求至少有 2 次观测值大于 3 的概率.

分析 本题要求熟悉均匀分布的概率密度和二项分布的分布律的基本求法. 应通过均匀分布先求出观测值大于 3 的概率，进行 3 次独立观测，观测次数服从二项分布，从而至少有 2 次观测值大于 3 的概率即可求出.

解 因为 $X \sim U[2,5]$，所以 X 的概率密度为 $f(x)=\begin{cases}\dfrac{1}{3}, & 2\leqslant x\leqslant 5\\ 0, & 其他\end{cases}$，因此 $p=P\{X>3\}=\int_3^5 \frac{1}{3}\mathrm{d}x=\frac{2}{3}$.

以 Y 表示 3 次独立观测中观测值大于 3 的次数，显然 Y 服从参数为 $n=3$，$p=\frac{2}{3}$ 的二项分布 $Y\sim b\left(3,\frac{2}{3}\right)$，因此，所求概率为

$$P\{Y\geqslant 2\}=C_3^2\left(\frac{2}{3}\right)^2\left(\frac{1}{3}\right)+C_3^3\left(\frac{2}{3}\right)^3=\frac{20}{27}.$$

【例 5】某单位招聘员工，共有 10 000 人报考，假设考试成绩 X 服从正态分布，且已知 90 分以上有 359 人，60 分以下有 1 151 人，现按考试成绩由高分到低分依次录用 2 500 人，试求被录取者的最低分数.

分析 本题中 $X\sim N(\mu,\sigma^2)$，先通过条件 $P\{X>90\}=\frac{359}{10\ 000}$，$P\{X<60\}=\frac{1\ 151}{10\ 000}$ 求出概率，联立方程组求解参数 μ，σ；再计算被录取者最低分 k，使其满足 $P\{X\geqslant k\}=\frac{2\ 500}{10\ 000}$

解 设 $X\sim N(\mu,\sigma^2)$，依题意知

$$P\{X>90\}=\frac{359}{10\ 000}=0.035\ 9\Rightarrow 1-\Phi\left(\frac{90-\mu}{\sigma}\right)=0.035\ 9,$$

$$P\{X<60\}=\frac{1\ 151}{10\ 000}=0.115\ 1\Rightarrow\Phi\left(\frac{60-\mu}{\sigma}\right)=0.115\ 1,$$

即 $\Phi\left(\frac{90-\mu}{\sigma}\right)=\Phi(1.8)$，$\Phi\left(\frac{60-\mu}{\sigma}\right)=\Phi(-1.2)\Rightarrow\begin{cases}\dfrac{90-\mu}{\sigma}=1.8\\ \dfrac{60-\mu}{\sigma}=-1.2\end{cases}\Rightarrow\mu=72$，$\sigma=10$，故 $X\sim N(72,10^2)$.

设被录取者最低分数为 k，则 $0.25=P\{X\geqslant k\}=1-\Phi\left(\frac{k-72}{10}\right)\Rightarrow\Phi\left(\frac{k-72}{10}\right)=0.75=\Phi(0.675)\Rightarrow\frac{k-72}{10}=0.675\Rightarrow k=78.75$，即被录取者的最低分数为 78.75 分.

【例 6】设随机变量 X 的分布律为

X	0	1	2	3	4	5
p_k	$\frac{1}{12}$	$\frac{1}{6}$	$\frac{1}{3}$	$\frac{1}{12}$	$\frac{2}{9}$	a

(1) 试确定常数 a；

(2) 求随机变量 $Y=(X-2)^2$ 的分布律.

分析 本题先利用离散型随机变量分布律性质 $\sum_{k=1}^{\infty} p_k = 1$ 确定常数 a；再利用“倒表法”求随机变量函数 Y 的分布律，弄清 Y 可能的取值，然后求出取这些值时所对应的概率，对于同一取值求概率应合并.

解 (1)由 $\frac{1}{12}+\frac{1}{6}+\frac{1}{3}+\frac{1}{12}+\frac{2}{9}+a=1$，知 $a=\frac{1}{9}$.

(2)因为

p_k	$\frac{1}{12}$	$\frac{1}{6}$	$\frac{1}{3}$	$\frac{1}{12}$	$\frac{2}{9}$	$\frac{1}{9}$
X	0	1	2	3	4	5
$Y=(X-2)^2$	4	1	0	1	4	9

故 $Y=(X-2)^2$ 的分布律为

$Y=(X-2)^2$	0	1	4	9
p_k	$\frac{1}{3}$	$\frac{1}{4}$	$\frac{11}{36}$	$\frac{1}{9}$

【例 7】设 X 的概率密度为 $f(x)=\begin{cases} e^{-x}, & x>0 \\ 0, & x \leqslant 0 \end{cases}$，求 $Y=X^2$ 的概率密度.

解

方法一 用分布函数法.

当 $y<0$ 时，$F_Y(y)=P\{X^2 \leqslant y\}=0$；

当 $y \geqslant 0$ 时，$F_Y(y)=P\{X^2 \leqslant y\}=P\{-\sqrt{y} \leqslant X \leqslant \sqrt{y}\}=F_X(\sqrt{y})-F_X(-\sqrt{y})$

$$=\int_{-\sqrt{y}}^{\sqrt{y}} f_X(x)\,dx.$$

故 Y 的概率密度为 $f_Y(y)=F'_Y(y)=\begin{cases} \frac{1}{2\sqrt{y}}[f_X(\sqrt{y})+f_X(-\sqrt{y})], & y>0 \\ 0, & y \leqslant 0 \end{cases}$.

由此得 $f_Y(y)=\begin{cases} \frac{1}{2\sqrt{y}}e^{-\sqrt{y}}, & y>0 \\ 0, & y \leqslant 0 \end{cases}$.

方法二 由于 $y=x^2$ 在 $(-\infty, 0)$，$(0, +\infty)$ 上单调，其反函数分别为 $x=-\sqrt{y}(-\infty<x<0)$，$x=\sqrt{y}(0<x<+\infty)$，依公式 $f_Y(y)=\sum_i f_X(h_i(y)) \cdot |h'_i(y)|$ 知：

当 $y>0$ 时，$f_Y(y)=f_X(\sqrt{y}) \cdot |(\sqrt{y})'|+f_X(-\sqrt{y}) \cdot |(-\sqrt{y})'|=\frac{1}{2\sqrt{y}}[f_X(\sqrt{y})+f_X(-\sqrt{y})]$；

当 $y \leqslant 0$ 时，$f_Y(y)=0$.

故 $f_Y(y)=\begin{cases} \frac{1}{2\sqrt{y}}[f_X(\sqrt{y})+0]=\frac{1}{2\sqrt{y}}e^{-\sqrt{y}}, & y>0 \\ 0, & y \leqslant 0 \end{cases}$.

【例 8】进行重复独立试验，设每次试验成功的概率为 p，失败的概率为 $q=1-p(0<p<1)$，

(1) 将试验进行到出现一次成功为止，以 X 表示所需的试验次数，求 X 的分布律(此时称 X 服从以 p 为参数的几何分布)；

(2) 将试验进行到出现 r 次成功为止，以 Y 表示所需的试验次数，求 Y 的分布律(此时称 Y 服从以 r，p 为参数的巴斯卡分布).

解　(1) 利用事件的独立性知，X 的分布律为

$$P\{X=k\}=q^{k-1}p=p(1-p)^{k-1},\ k=1,\ 2,\ \cdots.$$

(2) 由于在前 $k-1$ 次试验中成功 $r-1$ 次的方式共有 C_{k-1}^{r-1}，且每一种方式都是两两互不相容，由事件的独立性知 Y 的分布律为

$$P\{Y=k\}=C_{k-1}^{r-1}p^{r-1}q^{k-r}\cdot p=C_{k-1}^{r-1}p^{r}q^{k-r},\ k=r,\ r+1,\ \cdots.$$

(四) 证明题

【例 1】设 $f(x)$，$g(x)$ 在 $(-\infty,\ +\infty)$ 上是随机变量 X，Y 的概率密度，试证明：对任一数 $a(0<a<1)$，$af(x)+(1-a)g(x)$ 是某一随机变量的概率密度.

分析　要想证明 $af(x)+(1-a)g(x)$ 是某一随机变量的概率密度，只需证明 $\varphi(x)=af(x)+(1-a)g(x)$ 满足概率密度函数的两个特征性质：$\varphi(x)\geqslant 0$；$\int_{-\infty}^{+\infty}\varphi(x)\mathrm{d}x=1$.

证明　因为 $f(x)$，$g(x)$ 是随机变量 X，Y 的概率密度，所以有 $f(x)\geqslant 0$，$g(x)\geqslant 0$. 因为 $0<a<1$，所以 $\varphi(x)=af(x)+(1-a)g(x)\geqslant 0$. 而

$$\begin{aligned}\int_{-\infty}^{+\infty}[af(x)+(1-a)g(x)]\mathrm{d}x&=a\int_{-\infty}^{+\infty}f(x)\mathrm{d}x+(1-a)\int_{-\infty}^{+\infty}g(x)\mathrm{d}x\\&=a\times 1+(1-a)\times 1=1.\end{aligned}$$

故 $af(x)+(1-a)g(x)$ 是某一随机变量的概率密度.

【例 2】设 $F_1(x)$，$F_2(x)$ 分别是两个随机变量的分布函数，试证明：$\Phi(x)=k_1F_1(x)+k_2F_2(x)$ 是某一随机变量的分布函数. 其中 $k_1\geqslant 0$，$k_2\geqslant 0$，且 $k_1+k_2=1$.

证明　(1) $\Phi(x_2)-\Phi(x_1)=[k_1F_1(x_2)+k_2F_2(x_2)]-[k_1F_1(x_1)+k_2F_2(x_1)]$
$=k_1[F_1(x_2)-F_1(x_1)]+k_2[F_2(x_2)-F_2(x_1)]\geqslant 0,\ (x_2>x_1)$.

(2) 因为 $0\leqslant F_1(x)\leqslant 1$，$0\leqslant F_2(x)\leqslant 1$，$k_1+k_2=1$. 所以

$$0\leqslant\Phi(x)=k_1F_1(x)+k_2F_2(x)\leqslant 1.$$

且 $\Phi(-\infty)=\lim\limits_{x\to-\infty}[k_1F_1(x)+k_2F_2(x)]=k_1F_1(-\infty)+k_2F_2(-\infty)=0$,

$\Phi(+\infty)=\lim\limits_{x\to+\infty}[k_1F_1(x)+k_2F_2(x)]=k_1F_1(+\infty)+k_2F_2(+\infty)=k_1+k_2=1$.

(3) 因 $F_1(x)$，$F_2(x)$ 是两个随机变量的分布函数，在任意点 x_0 处是右连续的，即 $F_1(x_0+0)=F_1(x_0)$，$F_2(x_0+0)=F_2(x_0)$. 故

$$\begin{aligned}\Phi(x_0+0)&=\lim_{x\to x_0^+}\Phi(x)=\lim_{x\to x_0^+}[k_1F_1(x)+k_2F_2(x)]\\&=k_1F_1(x_0+0)+k_2F_2(x_0+0)=k_1F_1(x_0)+k_2F_2(x_0)=\Phi(x_0).\end{aligned}$$

由 (1)、(2)、(3) 知 $\Phi(x)$ 必为某随机变量的分布函数.

【例 3】设随机变量 X 的概率密度 $f(x)$ 为偶函数，$F(x)$ 为 X 的分布函数，试证明：对任意的正数 a，有：

(1)$F(-a)=1-F(a)=\dfrac{1}{2}-\int_0^a f(x)\mathrm{d}x$；

(2)$P\{|X|<a\}=2F(a)-1$.

证明 (1)因为 $F(-a)=\int_{-\infty}^{-a}f(x)\mathrm{d}x=1-\int_{-a}^{+\infty}f(x)\mathrm{d}x \xlongequal{t=-x} 1+\int_a^{-\infty}f(-t)\mathrm{d}t$

$$=1-\int_{-\infty}^{a}f(t)\mathrm{d}t=1-F(a)=1-\left[\int_{-\infty}^{0}f(t)\mathrm{d}t+\int_0^a f(t)\mathrm{d}t\right]$$

$$=1-\left[\frac{1}{2}+\int_0^a f(t)\mathrm{d}t\right]=\frac{1}{2}-\int_0^a f(t)\mathrm{d}t.$$

故 $F(-a)=1-F(a)=\dfrac{1}{2}-\int_0^a f(t)\mathrm{d}t$.

(2)$P\{|X|<a\}=P\{-a<X<a\}=F(a)-F(-a)=F(a)-[1-F(a)]=2F(a)-1$.

【例 4】 设随机变量 X 的分布函数 $F_X(x)$ 为单调连续函数，求证：$Y=F_X(X)$ 服从 $[0,1]$ 上的均匀分布.

证明 Y 的分布函数为

$$F_Y(y)=P\{Y\leqslant y\}=P\{F_X(X)\leqslant y\}=\begin{cases}0, & y<0\\ P\{X\leqslant F_X^{-1}(y)\}, & 0\leqslant y\leqslant 1\\ 1, & y>1\end{cases}$$

$$=\begin{cases}0, & y<0\\ F_X(F_X^{-1}(y)), & 0\leqslant y<1\\ 1, & y\geqslant 1\end{cases}=\begin{cases}0, & y<0\\ y, & 0\leqslant y<1.\\ 1, & y\geqslant 1\end{cases}$$

Y 的概率密度为 $f_Y(y)=F'_Y(y)=\begin{cases}1, & 0\leqslant y\leqslant 1\\ 0, & \text{其他}\end{cases}$，所以 Y 服从 $[0,1]$ 上的均匀分布.

四、测验题及参考解答

测验题

(一)填空题

1. 若随机变量 X 的分布律为 $P\{X=0\}=9c^2-c$，$P\{X=1\}=3-8c$，则 $c=$________.

2. 设 $X\sim P(\lambda)$ (或 $X\sim\pi(\lambda)$)，若 $P\{X=1\}=P\{X=2\}$，则 $P\{X=5\}=$________.

3. 一批产品中有 3 件正品，2 件次品，从中任取 2 件，取出的 2 件中正品件数的分布律为________.

4. 若 X 服从区间 $[1,6]$ 上的均匀分布，且 $x_1<1<x_2<6$，则 $P\{x_1\leqslant X\leqslant x_2\}=$________.

5. 设 $X\sim N(2,\sigma^2)$，且 $P\{2<X<4\}=0.3$，则 $P\{X<0\}=$________.

6. 设 $X\sim N(-1,4^2)$，$\Phi(0.125)=0.549\,8$，则 $P\{X>-1.5\}=$________.

7. 设随机变量 X 服从正态分布 $N(\mu,\sigma^2)(\sigma>0)$，且二次方程 $y^2+4y+X=0$ 无实根

的概率为 $\frac{1}{2}$，则 $\mu=$ ________.

(二)单项选择题

1. 设 $X\sim N(0,1)$，$Y\sim N(a,\sigma^2)$，则 Y 与 X 之间的关系是(　　).

(A) $Y=a+\sigma X$　　(B) $Y=a+\sigma^2 X$

(C) $Y=\frac{X-a}{\sigma^2}$　　(D) $Y=\frac{X-a}{\sigma}$

2. 已知随机变量 $X\sim N(a,\sigma^2)$，记 $g(\sigma)=P\{|X-a|<\sigma\}$，则随着 σ 的增大，$g(\sigma)$ 之值(　　).

(A) 保持不变　　(B) 单调增大

(C) 单调减小　　(D) 增减性不确

3. 随机变量 X，Y 都服从二项分布：$X\sim B(2,p)$，$Y\sim B(4,p)$. 已知 $P\{X\geqslant 1\}=\frac{5}{9}$，则 $P\{Y\geqslant 1\}=$(　　).

(A) $\frac{65}{81}$　　(B) $\frac{56}{81}$　　(C) $\frac{80}{81}$　　(D) 1

4. 设 $X\sim N(1,1)$，记 X 的概率密度为 $\varphi(x)$，分布函数为 $F(x)$，则有(　　).

(A) $P\{X\leqslant 0\}=P\{X\geqslant 0\}=0.5$　　(B) $\varphi(x)=\varphi(-x)$，$x\in(-\infty,+\infty)$

(C) $P\{X\leqslant 1\}=P\{X\geqslant 1\}=0.5$　　(D) $F(x)=1-F(-x)$，$x\in(-\infty,+\infty)$

5. 已知随机变量 X 的分布律为

X	-2	-1	0	1	2
p_k	1/5	1/5	1/5	1/5	1/5

则 $P\{X^2<4\}=$(　　).

(A) 1　　(B) $\frac{1}{5}$　　(C) $\frac{2}{5}$　　(D) $\frac{3}{5}$

(三)计算题

1. 一个口袋中有 6 个球，在这 6 个球上分别标有 0，0，1，1，1，2 这样的数字，从这口袋中任取一个球：

(1)求取得的球上标明的数字 X 的分布律；

(2)求 X 的分布函数 $F(x)$.

2. 进行重复独立试验，设试验成功的概率为 $\frac{3}{4}$，失败的概率为 $\frac{1}{4}$，以 X 表示试验首次成功所需试验的次数，试写出 X 的分布律，并计算 X 取偶数的概率.

3. 设连续型随机变量 X 的分布函数为 $F(x)=\begin{cases}0, & x<0\\ kx^2, & 0\leqslant x\leqslant 1\\ 1, & x>1\end{cases}$，求：

(1)系数 k；

(2) $P\{0.25<X<0.75\}$；

(3) X 的概率密度；

(4)在 4 次独立试验中有 3 次恰好在区间 (0.25，0.75) 内取值的概率.

4. 设连续型随机变量 X 的概率密度为 $f(x)=\begin{cases}\dfrac{k}{\sqrt{1-x^2}}, & |x|<1\\ 0, & |x|\geqslant 1\end{cases}$. 求：

(1)系数 k；

(2) $P\left\{|X|<\dfrac{1}{2}\right\}$；

(3) X 的分布函数.

5. 已知某种类型的电子管的寿命 X (单位：h)服从指数分布，概率密度为

$$f(x)=\begin{cases}\dfrac{1}{1\,000}e^{-\frac{x}{1\,000}}, & x>0\\ 0, & x\leqslant 0\end{cases}.$$

一台电子仪器内装有 5 个这种类型的电子管，任一电子管损坏时仪器即停止工作，求仪器正常工作 1 000 h 以上的概率.

6. 某工厂生产的电子管的寿命 X (单位：h)服从正态分布 $N(1\,600, \sigma^2)$，如果要求电子管的寿命在 1 200 h 以上的概率不小于 0.96，求 σ 的值.

7. 已知随机变量 X 的分布律为

X	-2	-1/2	0	2	4
p_k	1/8	1/4	1/8	1/6	1/3

求随机变量 $X+2$，(2) $-X+1$，(3) X^2 的分布律.

8. 设随机变量 $X\sim N(0,1)$，求 $Y=-2X+1$ 的概率密度，并指出分布的名称.

参考解答

(一)填空题

1. 分析 本题考查分布律的两条特征性质：(1) $p_k\geqslant 0$；(2) $\sum\limits_{k=1}^{\infty}p_k=1$.

由 $9c^2-c\geqslant 0$，$3-8c\geqslant 0$，$(9c^2-c)+(3-8c)=1$ 可得 $c=1/3$.

解 应填 1/3.

2. 分析 本题考查泊松分布．应先由条件确定分布律，再计算概率.

由 $P\{X=1\}=P\{X=2\}$ 得 $\lambda e^{-\lambda}=\dfrac{\lambda^2}{2!}e^{-\lambda}$，故 $\lambda=2$；

从而 $P\{X=k\}=\dfrac{2^k}{k!}e^{-2}$，$k=0,1,2,\cdots$. 故 $P\{X=5\}=\dfrac{2^5}{5!}e^{-2}=\dfrac{4}{15}e^{-2}$.

解 应填 $\dfrac{4}{15}e^{-2}$.

3. 分析 本题是求随机变量分布律的常规题型.

设 X 表示取出的 2 件中正品件数，则 X 的所有可能取值为 0，1，2；且

$$P\{X=0\}=\frac{C_2^2}{C_5^2}=\frac{1}{10},\ P\{X=1\}=\frac{C_3^1C_2^1}{C_5^2}=\frac{6}{10},\ P\{X=2\}=\frac{C_3^2}{C_5^2}=\frac{3}{10};$$

故 X 的分布律为

X	0	1	2
p_k	1/10	6/10	3/10

解　应填

X	0	1	2
p_k	1/10	6/10	3/10

4. 分析　本题为服从均匀分布的随机变量的概率计算题.

因 X 的概率密度为 $f(x)=\begin{cases}\frac{1}{5}, & 1\leqslant x\leqslant 6\\ 0, & \text{其他}\end{cases}$，故

$$P\{x_1\leqslant X\leqslant x_2\}=\int_{x_1}^{x_2}f(x)\,\mathrm{d}x=\int_1^{x_2}\frac{1}{5}\mathrm{d}x=\frac{x_2-1}{5}.$$

解　应填 $\underline{\frac{x_2-1}{5}}$.

5. 分析　本题是考查正态分布概率密度图形的对称性.

$$\begin{aligned}P\{X<0\}&=P\{X<2\}-P\{0\leqslant X\leqslant 2\}=P\{X<2\}-P\{0<X<2\}\\&=P\{X<2\}-P\{2<X<4\}=0.5-0.3=0.2.\end{aligned}$$

解　应填 $\underline{0.2}$.

6. 分析　本题考查正态分布的概率计算问题.

$$\begin{aligned}P\{X>-1.5\}&=1-P\{X\leqslant-1.5\}=1-\Phi\left(\frac{-1.5+1}{4}\right)=1-\Phi(-0.125)\\&=\Phi(0.125)=0.549\,8.\end{aligned}$$

解　应填 $\underline{0.549\,8}$.

7. 分析　本题是考查正态分布概率密度函数图形的对称性，即密度函数的图形关于直线 $x=\mu$ 对称，亦即 $P\{X\leqslant\mu\}=P\{X>\mu\}=0.5$. 因方程 $y^2+4y+X=0$ 无实根 $\Leftrightarrow\Delta=4^2-4X<0\Leftrightarrow X>4$.

所以，由题意可知 $P\{X>4\}=0.5$，再由正态分布概率密度的对称性可知 $\mu=4$.

解　应填 $\underline{4}$.

(二) 单项选择题

1. 分析　本题是考查正态随机变量的标准化问题.

若 $Y\sim N(a,\sigma^2)$，则 $X=\frac{Y-a}{\sigma}\sim N(0,1)$，故 $Y=a+\sigma X$. 应选 (A).

解　应选 (A).

2. 分析　本题考查正态随机变量的概率计算问题.

因 $g(\sigma)=P\{|X-a|<\sigma\}=P\left\{-1<\frac{X-a}{\sigma}<1\right\}=\Phi(1)-\Phi(-1)=2\Phi(1)-1$；即

$g(\sigma)$ 的值为一定值，故应选（A）.

解 应选（A）.

3. **分析** 本题考查二项分布．应先由条件确定 Y 分布律，再计算概率.

由 $P\{X\geqslant 1\}=1-P\{X=0\}=1-(1-p)^2=\frac{5}{9}$，可得 $p=\frac{1}{3}$；故 $Y\sim B\left(4,\ \frac{1}{3}\right)$. 从而 $P\{Y\geqslant 1\}=1-P\{Y=0\}=1-\left(1-\frac{1}{3}\right)^4=\frac{65}{81}$. 故应选（A）.

解 应选（A）.

4. **分析** 本题考查正态分布 $N(1,\ 1)$ 概率密度图形的对称性，即概率密度的图形关于直线 $x=1$ 对称，亦即 $P\{X\leqslant 1\}=P\{X\geqslant 1\}=0.5$. 故应选（C）.

注意：选项（A）、（B）、（D）均对标准正态分布才成立.

解 应选（C）.

5. **分析** 本题是离散型随机变量的概率计算问题．可先确定 $Y=X^2$ 的分布律，再计算概率．也可直接利用 X 的分布律计算.

因 $Y=X^2$ 的分布律为

$Y=X^2$	0	1	4
p_k	1/5	2/5	2/5

故 $P\{X^2<4\}=P\{X^2=0\}+P\{X^2=1\}=\frac{1}{5}+\frac{2}{5}=\frac{3}{5}$. 或 $P\{X^2<4\}=P\{X=-1\}+P\{X=0\}+P\{X=1\}=\frac{1}{5}+\frac{1}{5}+\frac{1}{5}=\frac{3}{5}$. 应选（D）.

解 应选（D）.

（三）计算题

1. **解** （1）X 的所有可能取值为 0，1，2，又

$$P\{X=0\}=\frac{2}{6}=\frac{1}{3},\ P\{X=1\}=\frac{3}{6}=\frac{1}{2},\ P\{X=2\}=\frac{1}{6},$$

所以 X 的分布律为

X	0	1	2
p_k	1/3	1/2	1/6

$$(2)\ F(x)=P\{X\leqslant x\}=\begin{cases}0, & x<0\\ P\{X=0\}, & 0\leqslant x<1\\ P\{X=0\}+P\{X=1\}, & 1\leqslant x<2\\ 1, & x\geqslant 2\end{cases}=\begin{cases}0, & x<0\\ \frac{1}{3}, & 0\leqslant x<1\\ \frac{5}{6}, & 1\leqslant x<2\\ 1, & x\geqslant 2\end{cases}.$$

2. **解** X 的所有可能取值为 1，2，…，k，…，又

$$P\{X=1\}=\frac{3}{4},\ P\{X=2\}=\frac{1}{4}\cdot\frac{3}{4},\ P\{X=3\}$$

$$=\left(\frac{1}{4}\right)^2\cdot\frac{3}{4},\ \cdots,\ P\{X=k\}=\left(\frac{1}{4}\right)^{k-1}\cdot\frac{3}{4},\ \cdots;$$

所以 X 的分布律为

X	1	2	3	…	k	…
p_k	$\frac{3}{4}$	$\frac{1}{4}\cdot\frac{3}{4}$	$\left(\frac{1}{4}\right)^2\cdot\frac{3}{4}$	…	$\left(\frac{1}{4}\right)^{k-1}\cdot\frac{3}{4}$	…

X 取偶数的概率为

$$P(\{X=2\}\cup\{X=4\}\cup\cdots\cup\{X=2k\}\cup\cdots)$$
$$=P\{X=2\}+P\{X=4\}+\cdots+P\{X=2k\}+\cdots$$
$$=\frac{1}{4}\cdot\frac{3}{4}+\left(\frac{1}{4}\right)^3\cdot\frac{3}{4}+\cdots+\left(\frac{1}{4}\right)^{2k-1}\cdot\frac{3}{4}+\cdots=\frac{\frac{1}{4}}{1-\left(\frac{1}{4}\right)^2}\cdot\frac{3}{4}=\frac{1}{5}.$$

3. 解　(1)因 X 是连续型随机变量，从而 $F(x)$ 连续，故有 $\lim\limits_{x\to1^+}F(x)=F(1)=k$，即 $k=1$.

所以 $F(x)=\begin{cases}0, & x<0\\ x^2, & 0\leqslant x\leqslant 1.\\ 1, & x>1\end{cases}$

(2) $P\{0.25<X<0.75\}=F(0.75)-F(0.25)=0.75^2-0.25^2=0.5.$

(3) $f(x)=F'(x)=\begin{cases}2x, & 0\leqslant x<1\\ 0, & 其他\end{cases}.$

(4) $P_4(3)=C_4^3\cdot(0.5)^3\cdot(1-0.5)^1=\frac{1}{4}=0.25.$

4. 解　(1)由 $\int_{-\infty}^{+\infty}f(x)\mathrm{d}x=1$，得 $\int_{-1}^{1}\frac{k}{\sqrt{1-x^2}}\mathrm{d}x=2k\arcsin x\Big|_0^1=k\pi=1$，所以 $k=\frac{1}{\pi}$.

(2) $P\left\{|X|<\frac{1}{2}\right\}=P\left\{-\frac{1}{2}<X<\frac{1}{2}\right\}=\int_{-\frac{1}{2}}^{\frac{1}{2}}f(x)\mathrm{d}x=\int_{-\frac{1}{2}}^{\frac{1}{2}}\frac{\mathrm{d}x}{\pi\sqrt{1-x^2}}=\frac{2}{\pi}\arcsin x\Big|_0^{\frac{1}{2}}=\frac{1}{3}.$

(3) $F(x)=P\{X\leqslant x\}=\int_{-\infty}^{x}f(t)\mathrm{d}t$

$$=\begin{cases}0, & x<-1\\ \int_{-1}^{x}\frac{1}{\pi\sqrt{1-t^2}}\mathrm{d}t, & -1\leqslant x<1\\ \int_{-1}^{1}\frac{1}{\pi\sqrt{1-t^2}}\mathrm{d}t, & x\geqslant 1\end{cases}=\begin{cases}0, & x<-1\\ \frac{1}{2}+\frac{1}{\pi}\arcsin x, & -1\leqslant x<1.\\ 1, & x\geqslant 1\end{cases}$$

注　“由概率密度确定分布函数”“由分布函数确定概率密度”等问题是常规题型，应熟练掌握.

5. 解　$P\{X\geqslant 1\,000\}=\int_{1\,000}^{+\infty}f(x)\mathrm{d}x=\int_{1\,000}^{+\infty}\frac{1}{1\,000}\mathrm{e}^{-\frac{x}{1\,000}}\mathrm{d}x=-\mathrm{e}^{-\frac{x}{1\,000}}\Big|_{1\,000}^{+\infty}=\mathrm{e}^{-1}\approx 0.368.$

设正常工作的电子管数为 Y，则 $Y\sim B(5, e^{-1})$，所求概率为

$$P\{Y=5\}=C_5^5\cdot(e^{-1})^5\cdot(1-e^{-1})^0=e^{-5}\approx 0.006\,7.$$

6. 解 因 $P\{X\geqslant 1\,200\}=1-P\{X<1\,200\}=1-\Phi\left(\dfrac{1\,200-1\,600}{\sigma}\right)$

$$=1-\Phi\left(-\frac{400}{\sigma}\right)=\Phi\left(\frac{400}{\sigma}\right)\geqslant 0.96=\Phi(1.75),$$

所以 $\dfrac{400}{\sigma}\geqslant 1.75$，即 $\sigma\leqslant 228\left(\dfrac{400}{1.75}\approx 228.57\right)$.

7. 解 因

p_k	1/8	1/4	1/8	1/6	1/3
X	−2	−1/2	0	2	4
$X+2$	0	3/2	2	4	6
$-X+1$	3	3/2	1	−1	−3
X^2	4	1/4	0	4	16

故所求的分布律分别为

(1)

$X+2$	0	3/2	2	4	6
p_k	1/8	1/4	1/8	1/6	1/3

(2)

$-X+1$	−3	−1	1	3/2	3
p_k	1/3	1/6	1/8	1/4	1/8

(3)

X^2	0	1/4	4	16
p_k	1/8	1/4	7/24	1/3

8. 解 因 $F_Y(y)=P\{Y\leqslant y\}=P\{-2X+1\leqslant y\}=P\left\{X\geqslant\dfrac{1-y}{2}\right\}$

$$=1-P\left\{X<\frac{1-y}{2}\right\}=1-\Phi\left(\frac{1-y}{2}\right),$$

所以 $f_Y(y)=F'_Y(y)=-\Phi'\left(\dfrac{1-y}{2}\right)\cdot\left(-\dfrac{1}{2}\right)=\dfrac{1}{2}\varphi\left(\dfrac{1-y}{2}\right)=\dfrac{1}{\sqrt{2\pi}\cdot 2}e^{-\frac{(y-1)^2}{2\cdot 2^2}}$，$-\infty<y<+\infty$.

即 $Y\sim N(1, 2^2)$.

第八章

多维随机变量及其分布

多维随机变量 $(X_1, X_2, \cdots, X_n)$ 是一维随机变量 X 的推广．多维随机变量的每一个分量都视为一维随机变量，它们的分布称为边缘分布，具有一维随机变量分布的所有性质；而它们作为一个整体，又具有联合分布的特性，无论是分布函数，还是分布律或概率密度．其相互之间的牵连关系较一维分布更复杂、更深刻，由此引出广义积分并扩展到平面无界区域．

第八章
典型题解析

本章主要以讨论二维随机变量 (X, Y) 为主，讨论二维随机变量的分布函数的定义及其性质；要求能由联合分布求出边缘分布(边缘分布律或边缘概率密度)；能熟练地判断与运用随机变量的相互独立性；对于二维随机变量落在指定区域上的概率应熟练地求出．在本章的学习中，应注意二维随机变量与一维随机变量的区别、联系，对照着掌握，并加强各种广义积分的运算.

一、教学基本要求

(1)理解二维随机变量的概念，理解二维随机变量的联合分布函数的概念、性质及两种基本形式：离散型随机变量的联合分布律、边缘分布律；连续型随机变量的联合概率密度、边缘概率密度，会利用联合分布律和联合概率密度求有关事件的概率.

(2)理解随机变量的独立性的概念，掌握离散型和连续型随机变量独立的条件.

(3)了解二维正态分布的概率密度，理解其中参数的意义；掌握二维均匀分布，会计算与随机变量有关的概率.

(4)会求两个独立的随机变量的和的分布.

二、内容提要

(一)二维随机变量的定义及其分布函数的性质

1. 定义

设 E 是一随机试验，样本空间为 $S=\{e\}$，又设 $X=X(e)$，$Y=Y(e)$ 是定义在 S 上的随机变量，则称 (X, Y) 为**二维随机变量**.

2. 分布函数 $F(x, y)$ 及其性质

1)定义

设 (X, Y) 是二维随机变量，对于任意实数 x, y，二元函数

$$F(x, y)=P\{(X \leqslant x) \cap (Y \leqslant y)\} \triangleq P\{X \leqslant x, Y \leqslant y\}$$

称为二维随机变量 (X, Y) 的**分布函数**，或称为随机变量 X 和 Y 的**联合分布函数**.

2)性质

(1) $F(x, y)$ 是变量 x 和 y 的不减函数，即对于任意固定的 y，当 $x_2 > x_1$ 时，$F(x_2, y) \geqslant F(x_1, y)$；对于任意固定的 x，当 $y_2 > y_1$ 时，$F(x, y_2) \geqslant F(x, y_1)$.

(2) $0 \leqslant F(x, y) \leqslant 1$，且对于任意固定的 y，$F(-\infty, y)=0$；对于任意固定的 x，$F(x, -\infty)=0$；$F(-\infty, -\infty)=0$，$F(+\infty, +\infty)=1$.

(3) $F(x, y)$ 关于每一个变元右连续，即 $F(x, y)=F(x+0, y)$，$F(x, y)=F(x, y+0)$.

(4)对于任意的 $x_1 < x_2$，$y_1 < y_2$，有

$$P\{x_1 < X \leqslant x_2, y_1 < Y \leqslant y_2\}=F(x_2, y_2)-F(x_1, y_2)-F(x_2, y_1)+F(x_1, y_1) \geqslant 0.$$

注 (1)具有这四条性质的二元函数 $F(x, y)$，一定是某个二维随机变量的分布函数；(2)常利用性质(2)、(3)来确定分布函数 $F(x, y)$ 中的参数.

(二)二维离散型随机变量的分布律及其性质

1. 定义及其分布律

如果二维随机变量 (X, Y) 全部可能取到的不相同的值是有限对或可列无限多对，则称 (X, Y) 是**二维离散型随机变量**.

且称 $P\{X=x_i, Y=y_j\}=p_{ij}(i, j=1, 2, \cdots)$ 为二维随机变量 (X, Y) 的分布律，或随机变量 X 和 Y 的**联合分布律**.

一般用表格列出

Y	X				
	x_1	x_2	$\cdots$	x_i	$\cdots$
y_1	p_{11}	p_{21}	$\cdots$	p_{i1}	$\cdots$
y_2	p_{12}	p_{22}	$\cdots$	p_{i2}	$\cdots$
$\vdots$	$\vdots$	$\vdots$		$\vdots$	
y_j	p_{1j}	p_{2j}	$\cdots$	p_{ij}	
$\vdots$	$\vdots$	$\vdots$		$\vdots$	

2. 性质

(1) $p_{ij} \geqslant 0 (i, j=1, 2, 3, \cdots)$.

(2) $\sum\limits_{i=1}^{\infty} \sum\limits_{j=1}^{\infty} p_{ij}=1$.

3. 分布函数

二维离散型随机变量 (X, Y) 的分布函数 $F(x, y)$ 为

$$F(x, y)=\sum_{x_i\leqslant x}\sum_{y_j\leqslant y}p_{ij},$$

其中和式是对一切满足 $x_i\leqslant x$，$y_j\leqslant y$ 的 i，j 来求和的.

(三)二维连续型随机变量的概率密度及其性质

1. 定义

对于二维随机变量 (X, Y) 的分布函数 $F(x, y)$，如果存在非负的函数 $f(x, y)$，使对于任意 x，y，有 $F(x, y)=\int_{-\infty}^{x}\int_{-\infty}^{y}f(u, v)\mathrm{d}u\mathrm{d}v$，则称 (X, Y) 是**二维连续型随机变量**，函数 $f(x, y)$ 称为二维随机变量 (X, Y) 的**概率密度**，或称为随机变量 X 和 Y 的**联合概率密度**.

2. 性质

(1) $f(x, y)\geqslant 0$.

(2) $\int_{-\infty}^{+\infty}\int_{-\infty}^{+\infty}f(x, y)\mathrm{d}x\mathrm{d}y=1$.

(3) 在 $f(x, y)$ 的连续点 (x, y) 处有 $f(x, y)=F''_{xy}(x, y)$.

(4) 设 G 是平面 xOy 上的区域，点 (X, Y) 落在 G 内的概率为

$$P\{(X, Y)\in G\}=\iint_G f(x, y)\mathrm{d}x\mathrm{d}y.$$

注　性质(1)、(2)称为概率密度 $f(x, y)$ 的特征性质，具有这两条性质的二元函数 $f(x, y)$，一定是某个二维随机变量的概率密度.

3. 两种常见的连续型随机变量的分布

1)二维均匀分布

若 (X, Y) 的概率密度为 $f(x, y)=\begin{cases}\dfrac{1}{S_D}, & (x, y)\in D\\ 0, & (x, y)\notin D\end{cases}$，其中 S_D 为区域 D 的面积，则称 (X, Y) 在 D 上服从**二维均匀分布**，记为 $(X, Y)\sim U(D)$.

2)二维正态分布

若 (X, Y) 的概率密度为

$$f(x, y)=\frac{1}{2\pi\sigma_1\sigma_2\sqrt{1-\rho^2}}\mathrm{e}^{-\frac{1}{2(1-\rho^2)}\left[\left(\frac{x-\mu_1}{\sigma_1}\right)^2-\frac{2\rho(x-\mu_1)(y-\mu_2)}{\sigma_1\sigma_2}+\left(\frac{y-\mu_2}{\sigma_2}\right)^2\right]},$$

其中 μ_1，μ_2，$\sigma_1>0$，$\sigma_2>0$，$|\rho|<1$ 是5个参数，则称 (X, Y) 服从二维正态分布，记为 $(X, Y)\sim N(\mu_1, \mu_2, \sigma_1^2, \sigma_2^2, \rho)$.

(四)边缘分布

1. 边缘分布函数

二维随机变量 (X, Y) 作为一个整体，具有分布函数 $F(x, y)$，而 X 和 Y 都是随机变量，设它们的分布函数分别为 $F_X(x)$，$F_Y(y)$，则有

$$F_X(x)=F(x, \infty),\ F_Y(y)=F(\infty, y),$$

则 $F_X(x)$，$F_Y(y)$ 分别称为二维随机变量 (X, Y) 关于 X，Y 的边缘分布函数.

注　二维随机变量 (X, Y) 的分布函数 $F(x, y)$ 唯一确定边缘分布函数，反之不然．边

缘分布函数具有一维分布函数的性质.

2. 边缘分布律

对于离散型随机变量 (X, Y)，设 (X, Y) 的分布律为：$P\{X=x_i, Y=y_j\}=p_{ij}$，$(i, j=1, 2, \cdots)$，则 X 和 Y 的分布律分别为

$$P\{X=x_i\}=\sum_{j=1}^{\infty}p_{ij}\triangleq p_{i\cdot}\quad(i=1, 2, \cdots),$$

$$P\{Y=y_j\}=\sum_{i=1}^{\infty}p_{ij}\triangleq p_{\cdot j}\quad(j=1, 2, \cdots).$$

它们分别称为 (X, Y) 关于 X, Y 的**边缘分布律**.

注　(X, Y) 关于 X, Y 的边缘分布律可以在二维随机变量 (X, Y) 的分布律表格上分别作各列、各行相加得到.

3. 边缘概率密度

对于连续型随机变量 (X, Y)，设它的概率密度为 $f(x, y)$，则 X, Y 的概率密度分别为

$$f_X(x)=\int_{-\infty}^{+\infty}f(x, y)\mathrm{d}y,\quad f_Y(y)=\int_{-\infty}^{+\infty}f(x, y)\mathrm{d}x,$$

它们分别称为 (X, Y) 关于 X，关于 Y 的**边缘概率密度**.

注　求 (X, Y) 关于 X, Y 的边缘概率密度 $f_X(x)$, $f_Y(y)$ 时，需要对 $f(x, y)$ 作含参数 x, y 的广义积分；如果 $f(x, y)$ 是一分段函数, $f_X(x)$, $f_Y(y)$ 应为分段函数，常用平行于坐标轴穿线法分段求出.

(五) 随机变量相互独立性的判定

设 $F(x, y)$ 及 $F_X(x)$, $F_Y(y)$ 分别是二维随机变量 (X, Y) 的分布函数及边缘分布函数，若对于所有的 x, y，有

$$P\{X\leqslant x, Y\leqslant y\}=P\{X\leqslant x\}\cdot P\{Y\leqslant y\},\ \text{即}\ F(x, y)=F_X(x)\cdot F_Y(y),$$

则称随机变量 X 和 Y 是**相互独立**的.

(1) 当 (X, Y) 是离散型随机变量时, X 和 Y 是相互独立的条件可化为：对于 (X, Y) 的所有可能取的值 (x_i, y_j)，有 $P\{X=x_i, Y=y_j\}=P\{X=x_i\}\cdot P\{Y=y_j\}$.

(2) 当 (X, Y) 是连续型随机变量时, $f(x, y)$, $f_X(x)$, $f_Y(y)$ 分别为 (X, Y) 的概率密度和边缘概率密度，则 X 和 Y 是相互独立的条件可化为：对一切的 x, y，总有

$$f(x, y)=f_X(x)\cdot f_Y(y).$$

(六) 两个随机变量的和的分布

(X, Y) 是二维随机变量，设 $Z=X+Y$，则 Z 是随机变量 X 与 Y 的和. Z 是一维随机变量. 我们就是想通过 (X, Y) 的分布，求出 Z 的分布.

(1) 当 (X, Y) 是离散型随机变量时, $Z=X+Y$ 的分布律为

$$P\{Z=i\}=\sum_{K=0}^{i}P\{X=K, Y=i-K\},\ (i=0, 1, 2, \cdots).$$

特别地，当 X 和 Y 相互独立时，有

$$P\{Z=i\}=\sum_{K=0}^{i}P\{X=K\}\cdot P\{Y=i-K\},\ (i=0, 1, 2, \cdots).$$

(2)当 (X, Y) 是连续型随机变量时, $Z = X + Y$ 的分布函数为

$$F_Z(z) = \int_{-\infty}^{+\infty} \mathrm{d}x \int_{-\infty}^{z-x} f(x, y)\mathrm{d}y = \int_{-\infty}^{+\infty} \mathrm{d}y \int_{-\infty}^{z-y} f(x, y)\mathrm{d}x.$$

Z 的概率密度为 $f_Z(z) = \int_{-\infty}^{+\infty} f(z-y, y)\mathrm{d}y = \int_{-\infty}^{+\infty} f(x, z-x)\mathrm{d}x$.

特别地，当 X 和 Y 相互独立时，设它们的边缘概率密度分别为 $f_X(x)$，$f_Y(y)$，则有卷积公式：

$$f_Z(z) = \int_{-\infty}^{+\infty} f_X(z-y) f_Y(y)\mathrm{d}y,\ f_Z(z) = \int_{-\infty}^{+\infty} f_X(x) f_Y(z-x)\mathrm{d}x.$$

常记为 $f_X * f_Y$.

注　若 $X_i \sim N(\mu_i, \sigma_i^2)(i = 1, 2, \cdots, n)$，且它们相互独立，则它们的和 $Z = X_1 + X_2 + \cdots + X_n$ 仍然服从正态分布，且有 $Z \sim N(\mu_1 + \mu_2 + \cdots + \mu_n, \sigma_1^2 + \sigma_2^2 + \cdots + \sigma_n^2)$.

三、典型题解析

(一)填空题

【例 1】设 $f_1(x) f_2(x)$ 都是一维随机变量的概率密度，为使 $f(x, y) = f_1(x) f_2(y) + h(x, y)$ 成为一个二维随机变量的概率密度，则 $h(x, y)$ 必须且只需满足(1)________；(2)________.

解　应填 $-h(x, y) \leqslant f_1(x) f_2(y)$；$\int_{-\infty}^{+\infty}\int_{-\infty}^{+\infty} h(x, y)\mathrm{d}x\mathrm{d}y = 0$.

【例 2】已知随机变量 $X \sim N(1, 6)$，$Y \sim N(1, 2)$，且 X，Y 相互独立，设随机变量 $Z = X - Y$，则 $Z \sim$ ________.

分析　因为 $Y \sim N(1, 2)$，所以 Y 的线性函数 $-Y$ 仍服从正态分布，即 $-Y \sim N(-1, 2)$，而 Z 为相互独立的正态随机变量的和，仍然服从正态分布，且 $Z = X - Y = X + (-Y) \sim N(1-1, 6+2)$，即 $Z \sim N(0, 8)$.

解　应填 $N(0, 8)$.

【例 3】设二维随机变量 (X, Y) 的概率密度为 $f(x, y) = \begin{cases} 6x, & 0 \leqslant x \leqslant y \leqslant 1 \\ 0, & \text{其他} \end{cases}$，则 $P\{X + Y \leqslant 1\} =$ ________.

分析　已知二维随机变量 (X, Y) 的概率密度 $f(x, y)$，求满足一定条件的概率 $P\{g(X, Y) \leqslant z_0\}$，一般可转化为二重积分 $P\{g(X, Y) \leqslant z_0\} = \iint\limits_{g(x, y) \leqslant z_0} f(x, y)\mathrm{d}x\mathrm{d}y$ 进行计算.

由题设，有 $P\{X + Y \leqslant 1\} = \iint\limits_{x+y \leqslant 1} f(x, y)\mathrm{d}x\mathrm{d}y = \int_0^{\frac{1}{2}} \mathrm{d}x \int_x^{1-x} 6x\mathrm{d}y = \int_0^{\frac{1}{2}} (6x - 12x^2)\mathrm{d}x = \frac{1}{4}$.

解　应填 $\frac{1}{4}$.

注　本题属基本题型，但在计算二重积分时，应注意找出概率密度不为零与满足不等式 $x + y \leqslant 1$ 的公共部分，再在其上积分即可.

【例 4】若 (X, Y) 的分布律为

Y	X		
	1	2	3
1	$\frac{1}{6}$	$\frac{1}{9}$	$\frac{1}{18}$
2	$\frac{1}{3}$	α	β

则 α, β 应满足的条件是________；若 X 与 Y 独立，则 $\alpha=$________, $\beta=$________.

解 应填 $\alpha+\beta=\frac{1}{3}$；$\frac{2}{9}$；$\frac{1}{9}$.

【例 5】二维随机变量 (X, Y) 服从区域 D 上的均匀分布，其中 D 是由 x 轴、y 轴及直线 $x+\frac{y}{2}=1$ 所围成的三角形区域，则关于随机变量 X 的边缘概率密度 $f_X(x)=$________.

分析 已知二维随机变量 (X, Y) 服从区域 D 上的均匀分布，则 (X, Y) 的概率密度 $f(x, y)$ 可求，根据 $f_X(x)=\int_{-\infty}^{+\infty}f(x, y)\mathrm{d}y$ 求出随机变量 X 的边缘概率密度.

区域 D 的面积 $S_D=\frac{1}{2}\times 1\times 2=1$，故 $f(x, y)=\begin{cases}\frac{1}{S_D}=1, & (x, y)\in D\\ 0, & (x, y)\notin D\end{cases}$. 所以

$$f_X(x)=\int_{-\infty}^{+\infty}f(x, y)\mathrm{d}y=\begin{cases}\int_0^{2(1-x)}\mathrm{d}y, & 0<x<1\\ 0, & \text{其他}\end{cases}=\begin{cases}2(1-x), & 0<x<1\\ 0, & \text{其他}\end{cases}.$$

解 应填 $f_X(x)=\begin{cases}2(1-x), & 0<x<1\\ 0, & \text{其他}\end{cases}$.

【例 6】设随机变量 $X_i\sim\begin{bmatrix}-1 & 0 & 1\\ \frac{1}{4} & \frac{1}{2} & \frac{1}{4}\end{bmatrix}$ $(i=1, 2)$，且满足 $P\{X_1X_2=0\}=1$，则 $P\{X_1=X_2\}=$________.

解 应填 0.

【例 7】某射手对目标独立地进行两种射击，已知其第一次射击命中率为 0.5，第二次射击命中率为 0.6，以随机变量 X_i 表示第 i 次射击结果，即 $X_i=\begin{cases}0, & \text{第 } i \text{ 次射击未中}\\ 1, & \text{第 } i \text{ 次射击命中}\end{cases}$ $(i=1, 2)$，则二维随机变量 (X_1, X_2) 的分布律为

X_1	X_2	
	0	1
0		
1		0.3

分析 求二维随机变量 (X_1, X_2) 的分布律，即需要知道二维随机变量 (X_1, X_2) 的取值及取这些值时的概率，由实际意义知随机变量 X 与 Y 是相互独立的，即有

$$P\{X=x_i, Y=y_j\}=P\{X=x_i\}\cdot P\{Y=y_j\},$$

由此可求二维随机变量 (X_1, X_2) 取另外三对值时所对应的概率．故

$P\{X_1=0, X_2=0\}=P\{X_1=0\}P\{X_2=0\}=(1-0.5)(1-0.6)=0.2,$

$P\{X_1=1, X_2=0\}=P\{X_1=1\}P\{X_2=0\}=0.5\times(1-0.6)=0.2,$

$P\{X_1=0, X_2=1\}=P\{X_1=0\}P\{X_2=1\}=(1-0.5)\times 0.6=0.3.$

解　应填

X_1	X_2	
	0	1
0	0.2	0.3
1	0.2	0.3

(二)单项选择题

【例 1】设随机变量 X 与 Y 相互独立，其分布律为

X	0	1
p	$\frac{1}{3}$	$\frac{2}{3}$

Y	0	1
p	$\frac{1}{3}$	$\frac{2}{3}$

则下列式子正确的是(　　).

(A) $X=Y$　　　　(B) $P\{X=Y\}=0$

(C) $P\{X=Y\}=\frac{5}{9}$　　　　(D) $P\{X=Y\}=1$

分析　因为 X 和 Y 可以取不同的值，所以排除(A)和(D)，又因为 X 和 Y 也可以取相同的值，所以排除(B)，所以选(C)．实际上，事件 $\{X=Y\}$ 等价于事件 $\{X=0, Y=0\}\cup\{X=1, Y=1\}$，由加法公式和独立性的乘法公式可求出 $P\{X=Y\}$ 的值．有

$$\begin{aligned}P\{X=Y\}&=P\{X=0, Y=0\}+P\{X=1, Y=1\}\\&=P\{X=0\}P\{Y=0\}+P\{X=1\}P\{Y=1\}\\&=\frac{1}{3}\times\frac{1}{3}+\frac{2}{3}\times\frac{2}{3}=\frac{5}{9}.\end{aligned}$$

解　应选(C).

【例 2】已知 (X, Y) 的分布律为

X	Y		
	1	2	3
1	$\frac{1}{6}$	$\frac{1}{9}$	$\frac{1}{18}$
2	$\frac{1}{3}$	$\frac{1}{a}$	$\frac{1}{b}$

则其中 a 与 b 是(　　).

(A) 唯一确定的，$a=\frac{9}{2}$，$b=9$

(B) 唯一确定的，a 与 b 均小于 1

(C) 不唯一确定，具有 $a+b=3ab$ 关系式

(D) 不唯一确定，具有 $a+b=\frac{1}{3}ab$ 关系式

分析 题中 X 和 Y 未设相互独立，而 $\sum\limits_{i,j}p_{ij}=1$，即 $\frac{1}{6}+\frac{1}{9}+\frac{1}{18}+\frac{1}{3}+\frac{1}{a}+\frac{1}{b}=1$，故 $a+b=\frac{1}{3}ab$.

解 应选(D).

【例 3】设二维随机变量 (X, Y) 的概率密度为 $f(x, y)=\begin{cases}1, & 0<x<1,\ 0<y<1\\ 0, & \text{其他}\end{cases}$，则概率 $P\{X<0.5, Y<0.6\}$ 为(　　).

(A) 0.5　　(B) 0.3

(C) $\frac{7}{8}$　　(D) 0.4

分析 二维随机变量 (X, Y) 落在某区域内的概率可转化为二重积分来计算，即

$$P\{X<0.5, Y<0.6\}=\int_{-\infty}^{0.5}\int_{-\infty}^{0.6}f(x, y)=\int_{0}^{0.5}\int_{0}^{0.6}\mathrm{d}y=0.3.$$

解 应选(B).

【例 4】ξ，η 相互独立，且都服从区间 [0, 1] 上的均匀分布，则服从区间或区域上均匀分布的随机变量是(　　).

(A) (ξ, η)　　(B) $\xi+\eta$

(C) ξ^2　　(D) $\xi-\eta$

解 应选(A).

【例 5】设两个随机变量 X 与 Y 相互独立且同分布：$P\{X=-1\}=P\{Y=-1\}=\frac{1}{2}$，$P\{X=1\}=P\{Y=1\}=\frac{1}{2}$，则下列各式中成立的是(　　).

(A) $P\{X=Y\}=\frac{1}{2}$　　(B) $P\{X=Y\}=1$

(C) $P\{X+Y=0\}=\frac{1}{4}$　　(D) $P\{XY=1\}=\frac{1}{4}$

解 应选(A).

【例 6】设 $X_1\sim N(1, 2)$，$X_2\sim N(0, 3)$，$X_3\sim N(2, 1)$，且 X_1，X_2，X_3 独立，则 $P\{0\leqslant 2X_1+3X_2-X_3\leqslant 6\}=$(　　).

(A) 0.341 3　　(B) 0.841 3

(C) 0.341 2　　(D) 0.321 3

解 应选(A).

【例 7】设二维随机变量 (X,Y) 的分布律为

Y	X		
	x_1	x_2	x_3
y_1	a	$\frac{1}{9}$	c
y_2	$\frac{1}{9}$	b	$\frac{1}{3}$

若 X 与 Y 相互独立，则参数 a，b，c 的值为(　　).

(A) $a=\frac{2}{9}$，$b=\frac{1}{18}$，$c=\frac{1}{6}$　　(B) $a=\frac{1}{18}$，$b=\frac{2}{9}$，$c=\frac{1}{6}$

(C) $a=\frac{1}{18}$，$b=\frac{1}{6}$，$c=\frac{2}{9}$　　(D) $a=\frac{1}{18}$，$b=\frac{1}{6}$，$c=\frac{1}{9}$

解　应选(B).

(三)计算题

【例 1】在一箱子中装有 12 只开关，其中 2 只是次品，在其中取两次，每次任取一只，考虑两种实验：(1)放回抽样；(2)不放回抽样，我们定义随机变量 X，Y 如下：

$$X=\begin{cases}0, & \text{若第一次取出的是正品}\\ 1, & \text{若第一次取出的是次品}\end{cases};$$

$$Y=\begin{cases}0, & \text{若第二次取出的是正品}\\ 1, & \text{若第二次取出的是次品}\end{cases}.$$

试分别就(1)、(2)两种情况，写出 X 和 Y 的联合分布律.

解　(1)放回抽样，则

$P\{X=0,\ Y=0\}=\frac{10}{12}\cdot\frac{10}{12}=\frac{25}{36}$，　$P\{X=0,\ Y=1\}=\frac{10}{12}\cdot\frac{2}{12}=\frac{5}{36}$，

$P\{X=1,\ Y=0\}=\frac{2}{12}\cdot\frac{10}{12}=\frac{5}{36}$，　$P\{X=1,\ Y=1\}=\frac{2}{12}\cdot\frac{2}{12}=\frac{1}{36}$.

所以，(X,Y) 的分布律为

Y	X	
	0	1
0	$\frac{25}{36}$	$\frac{5}{36}$
1	$\frac{5}{36}$	$\frac{1}{36}$

(2)不放回抽样，则

$P\{X=0,\ Y=0\}=\frac{10}{12}\cdot\frac{9}{11}=\frac{15}{22}$，　$P\{X=0,\ Y=1\}=\frac{10}{12}\cdot\frac{2}{11}=\frac{5}{33}$，

$P\{X=1,\ Y=0\}=\frac{2}{12}\cdot\frac{10}{11}=\frac{5}{33}$，　$P\{X=1,\ Y=1\}=\frac{2}{12}\cdot\frac{1}{11}=\frac{1}{66}$.

所以，(X, Y) 的分布律为

Y	X	
	0	1
0	$\frac{15}{22}$	$\frac{5}{33}$
1	$\frac{5}{33}$	$\frac{1}{66}$

【例 2】一口袋中有 4 个球，它们依次标有数字 1，2，3，2，从这口袋中任取 1 个球后，不放回袋中，再从袋中任取 1 个球，以 X，Y 分别记第一，二次取得的球上标有的数字，求 (X, Y) 的分布律.

解　X，Y 的所有可能取值分别都是 1，2，3，则

$$P\{X=1, Y=1\}=P\{X=1\}P\{Y=1|X=1\}=\frac{1}{4}\times 0=0,$$

$$P\{X=1, Y=2\}=P\{X=1\}P\{Y=2|X=1\}=\frac{1}{4}\times\frac{2}{3}=\frac{1}{6},$$

$$P\{X=1, Y=3\}=P\{X=1\}P\{Y=3|X=1\}=\frac{1}{4}\times\frac{1}{3}=\frac{1}{12},$$

$$P\{X=2, Y=1\}=P\{X=2\}P\{Y=1|X=2\}=\frac{2}{4}\times\frac{1}{3}=\frac{1}{6},$$

$$P\{X=2, Y=2\}=P\{X=2\}P\{Y=2|X=2\}=\frac{2}{4}\times\frac{1}{3}=\frac{1}{6},$$

$$P\{X=2, Y=3\}=P\{X=2\}P\{Y=3|X=2\}=\frac{2}{4}\times\frac{1}{3}=\frac{1}{6},$$

$$P\{X=3, Y=1\}=P\{X=3\}P\{Y=1|X=3\}=\frac{1}{4}\times\frac{1}{3}=\frac{1}{12},$$

$$P\{X=3, Y=2\}=P\{X=3\}P\{Y=2|X=3\}=\frac{1}{4}\times\frac{2}{3}=\frac{1}{6},$$

$$P\{X=3, Y=3\}=P\{X=3\}P\{Y=3|X=3\}=\frac{1}{4}\times 0=0.$$

所以，(X, Y) 的分布律为

Y	X		
	1	2	3
1	0	$\frac{1}{6}$	X
0	1	p	$\frac{1}{3}$
$\frac{2}{3}$	$\frac{1}{12}$	$\frac{1}{6}$	0

【例 3】如果二维离散型随机变量 (X, Y) 的分布律为

X	Y		
	1	2	3
1	$\frac{1}{6}$	$\frac{1}{9}$	$\frac{1}{18}$
2	$\frac{1}{3}$	α	β

问 α, β 为何值时, X 与 Y 相互独立？试作出其边缘分布律.

分析　因为 X 与 Y 相互独立的充要条件为 $p_{ij}=p_{i\cdot}p_{\cdot j}$，$(i=1, 2; j=1, 2, 3)$，两个未知数 α, β 可由其中的两个等式：$p_{12}=p_{1\cdot}p_{\cdot 2}$，$p_{13}=p_{1\cdot}p_{\cdot 3}$ 联立解出．边缘分布律通过下面公式来求：$P\{X=x_i\}=\sum_{j=1}^{3}p_{ij}\triangleq p_{i\cdot}(i=1, 2)$，$P\{Y=y_j\}=\sum_{i=1}^{2}p_{ij}\triangleq p_{\cdot j}(j=1, 2, 3)$.

解　(X, Y) 的分布律的格式表为

X	Y			$p_{i\cdot}$
	1	2	3	
1	$\frac{1}{6}$	$\frac{1}{9}$	$\frac{1}{18}$	$p_{1\cdot}=\frac{1}{3}$
2	$\frac{1}{3}$	α	β	$p_{2\cdot}=\frac{1}{3}+\alpha+\beta$
$p_{\cdot j}$	$p_{\cdot 1}=\frac{1}{2}$	$p_{\cdot 2}=\frac{1}{9}+\alpha$	$p_{\cdot 3}=\frac{1}{18}+\beta$	

因为 X 与 Y 相互独立，有 $p_{12}=p_{1\cdot}p_{\cdot 2}$，$p_{13}=p_{1\cdot}p_{\cdot 3}$，得方程组 $\begin{cases}\frac{1}{9}=\frac{1}{3}\left(\frac{1}{9}+\alpha\right)\\ \frac{1}{18}=\frac{1}{3}\left(\frac{1}{18}+\beta\right)\end{cases}$. 所以，当 $\alpha=\frac{2}{9}$，$\beta=\frac{1}{9}$ 时, X 与 Y 相互独立.

X 的边缘分布律为

X	1	2
$p_{i\cdot}$	$\frac{1}{3}$	$\frac{1}{3}+\frac{2}{9}+\frac{1}{9}=\frac{2}{3}$

Y 的边缘分布律为

Y	1	2	3
$p_{\cdot j}$	$\frac{1}{2}$	$\frac{1}{9}+\frac{2}{9}=\frac{1}{3}$	$\frac{1}{18}+\frac{1}{9}=\frac{1}{6}$

【例 4】设随机变量 X 与 Y 相互独立，下表列出了二维随机变量 (X, Y) 的分布律及关于 X 和关于 Y 的边缘分布律中的部分数值，试将其余数值填入表中的空白处.

X	Y			$P\{X=x_i\}=p_{i\cdot}$
	y_1	y_2	y_3	
x_1		$\frac{1}{8}$		
x_2	$\frac{1}{8}$			
$P\{Y=y_j\}=p_{\cdot j}$	$\frac{1}{6}$			1

解　根据边缘分布和联合分布的关系，有

$p_{\cdot j}=P\{Y=y_j\}=P\{X=x_1, Y=y_j\}+P\{X=x_2, Y=y_j\}$,

$p_{i\cdot}=P\{X=x_i\}=P\{X=x_i, Y=y_1\}+P\{X=x_i, Y=y_2\}+P\{X=x_i, Y=y_3\}$,

容易计算出：

$$p_{11}=\frac{1}{6}-\frac{1}{8}=\frac{1}{24},\ p_{1\cdot}=\frac{p_{11}}{p_{\cdot 1}}=\frac{1}{4},\ p_{13}=p_{1\cdot}-p_{11}-p_{12}=\frac{1}{12},$$

$$p_{2\cdot}=\frac{p_{21}}{p_{\cdot 1}}=\frac{\frac{1}{8}}{\frac{1}{6}}=\frac{3}{4},\ p_{\cdot 2}=\frac{p_{12}}{p_{1\cdot}}=\frac{\frac{1}{8}}{\frac{1}{4}}=\frac{1}{2},\ p_{22}=p_{2\cdot}p_{\cdot 2}=\frac{3}{8},$$

$$p_{\cdot 3}=\frac{p_{13}}{p_{1\cdot}}=\frac{\frac{1}{12}}{\frac{1}{4}}=\frac{1}{3},\ p_{23}=p_{2\cdot}p_{\cdot 3}=\frac{1}{4}.$$

将相应数值填入表中得

X	Y			$P\{X=x_i\}=p_i$
	y_1	y_2	y_3	
x_1	$\frac{1}{24}$	$\frac{1}{8}$	$\frac{1}{12}$	$\frac{1}{4}$
x_2	$\frac{1}{8}$	$\frac{3}{8}$	$\frac{1}{4}$	$\frac{3}{4}$
$P\{Y=y_i\}=p_i$	$\frac{1}{6}$	$\frac{1}{2}$	$\frac{1}{3}$	1

注　本题已知部分边缘分布，反求联合分布，属于典型的逆向问题或反问题. 离散型的情形可以这样出题，连续型的情形也类似.

【例 5】设 (X, Y) 在以 $C(8, 8)$，$A(0, 8)$，$B(8, 0)$ 为顶点的三角形内服从均匀分布，求边缘概率密度.

解　设 $\triangle ABC$ 所在的区域为 G，则 (X, Y) 的概率密度 $f(x, y)$ 为

$$f(x, y)=\begin{cases}\frac{1}{32}, & (x, y)\in G\\ 0, & (x, y)\notin G\end{cases}.$$

故 $f_X(x)=\int_{-\infty}^{+\infty}f(x,\ y)\mathrm{d}y=\begin{cases}\int_{8-x}^{8}\frac{1}{32}\mathrm{d}y=\frac{1}{32}x, & 0<x<8\\ 0, & \text{其他}\end{cases}$.

由对称性得 $f_Y(y)=\begin{cases}\frac{1}{32}y, & 0<y<8\\ 0, & \text{其他}\end{cases}$.

【例 6】设 X 与 Y 相互独立，且知 X 在 $[0,\ 1]$ 上服从均匀分布，Y 服从 $\lambda=2$ 的指数分布，即 Y 的概率密度为 $f_Y(y)=\begin{cases}\frac{1}{2}\mathrm{e}^{-\frac{1}{2}y}, & y>0\\ 0, & y\leqslant 0\end{cases}$.

(1) 求 X 与 Y 的联合概率密度 $f(x,\ y)$；

(2) 对含 a 的二次方程 $a^2+2Xa+Y=0$，求出方程有实根的概率 p.

解　(1) 因 $f(x,\ y)=f_X(x)\cdot f_Y(y)$，其中

$$f_X(x)=\begin{cases}1, & 0\leqslant x\leqslant 1\\ 0, & \text{其他}\end{cases},\qquad f_Y(y)=\begin{cases}\frac{1}{2}\mathrm{e}^{-\frac{y}{2}}, & y>0\\ 0, & y\leqslant 0\end{cases}.$$

故 $f(x,\ y)=\begin{cases}\frac{1}{2}\mathrm{e}^{-\frac{y}{2}}, & 0\leqslant x\leqslant 1,\ y>0\\ 0, & \text{其他}\end{cases}$.

$$(2)p=P\{Y\leqslant X^2\}=\iint\limits_{y\leqslant x^2}f(x,\ y)\mathrm{d}x\mathrm{d}y=\iint\limits_{y\leqslant x^2}\frac{1}{2}\mathrm{e}^{-\frac{y}{2}}\mathrm{d}x\mathrm{d}y=\frac{1}{2}\int_0^1\mathrm{d}x\int_0^{x^2}\mathrm{e}^{-\frac{y}{2}}\mathrm{d}y$$

$$=\int_0^1-\left[\mathrm{e}^{-\frac{y}{2}}\right]\Big|_{y=0}^{y=x^2}\mathrm{d}x=\int_0^1\left(1-\mathrm{e}^{-\frac{x^2}{2}}\right)\mathrm{d}x=1-\sqrt{2\pi}\int_0^1\frac{1}{\sqrt{2\pi}}\mathrm{e}^{-\frac{x^2}{2}}\mathrm{d}x$$

$$=1-\sqrt{2\pi}\left[\Phi(1)-\Phi(0)\right].$$

其中 $\Phi(x)=\frac{1}{\sqrt{2\pi}}\int_{-\infty}^{x}\mathrm{e}^{-\frac{x^2}{2}}\mathrm{d}x$ 是高斯函数，由于 $\Phi(1)=0.841\,3$，$\Phi(0)=0.5$，$\sqrt{2\pi}\approx 2.506\,6$，故 $p\approx 1-2.506\,6(0.841\,3-0.5)\approx 0.144\,5$.

【例 7】设 X 与 Y 相互独立，且 X 与 Y 分别服从区间 $(-1,\ 1)$，$(0,\ 1)$ 内的均匀分布，求方程 $t^2+2Xt+Y=0$ 无实根的概率.

解　由题设可知，X 的概率密度为 $f_X(x)=\begin{cases}\frac{1}{2}, & -1<x<1\\ 0, & \text{其他}\end{cases}$，$Y$ 的概率密度为 $f_Y(y)=\begin{cases}1, & 0<y<1\\ 0, & \text{其他}\end{cases}$. 由 X 与 Y 相互独立，得 $(X,\ Y)$ 的概率密度为

$$f(x,\ y)=f_X(x)f_Y(y)=\begin{cases}\frac{1}{2}, & -1<x<1,\ 0<y<1\\ 0, & \text{其他}\end{cases}.$$

方程 $t^2+2Xt+Y=0$ 无实根 $\Leftrightarrow(2X)^2-4Y=4(X^2-Y)<0$. 于是，所求的概率为 $P\{Y>X^2\}=\int_{-1}^{1}\int_{x^2}^{1}\frac{1}{2}\mathrm{d}y=\frac{1}{2}\int_{-1}^{1}(1-x^2)\mathrm{d}x=\frac{2}{3}$.

【例 8】设 X 与 Y 相互独立，且均在区间 [0, 1] 上服从均匀分布，求 $Z=X+Y$ 的概率密度.

解 方法一 利用分布函数法.

X 与 Y 的概率密度分别为：$f_X(x)=\begin{cases}1, & 0\leqslant x\leqslant 1\\ 0, & \text{其他}\end{cases}$，$f_Y(y)=\begin{cases}1, & 0\leqslant y\leqslant 1\\ 0, & \text{其他}\end{cases}$.

因为 X 与 Y 相互独立，所以二维随机变量的概率密度为

$$f(x,y)=f_X(x)f_Y(y)=\begin{cases}1, & 0\leqslant x\leqslant 1,\ 0\leqslant y\leqslant 1\\ 0, & \text{其他}\end{cases}.$$

$Z=X+Y$ 的分布函数为 $F_Z(z)=\iint\limits_{x+y\leqslant z} f(x,y)\,\mathrm{d}x\mathrm{d}y$.

当 $z<0$ 时，区域 $x+y\leqslant z$ 与正方形区域 $0\leqslant x\leqslant 1$，$0\leqslant y\leqslant 1$ 没有公共部分，所以 $F_Z(z)=0$；

当 $0\leqslant z<1$ 时，区域 $x+y\leqslant z$ 与正方形区域 $0\leqslant x\leqslant 1$，$0\leqslant y\leqslant 1$ 的公共部分是三角形区域，所以 $F_Z(z)=\int_0^z \mathrm{d}x\int_0^{z-x}\mathrm{d}y=\frac{1}{2}z^2$；

当 $1\leqslant z\leqslant 2$ 时，$F_Z(z)=1-\int_{z-1}^1\mathrm{d}x\int_{z-1}^1\mathrm{d}y=1-\frac{1}{2}\left[1-(z-1)\right]^2=2z-1-\frac{1}{2}z^2$；

当 $z\geqslant 2$ 时，区域 $x+y\leqslant z$ 包含整个正方形区域 $0\leqslant x\leqslant 1$，$0\leqslant y\leqslant 1$，所以 $F_Z(z)=1$.

综合起来，有 $F_Z(z)=\begin{cases}0, & z<0\\ \frac{1}{2}z^2, & 0\leqslant z<1\\ 2z-1-\frac{1}{2}z^2, & 1\leqslant z<2\\ 1, & z\geqslant 2\end{cases}$.

于是 $Z=X+Y$ 的概率密度为 $f_Z(z)=F'_Z(z)=\begin{cases}z, & 0\leqslant z<1\\ 2-z, & 1\leqslant z<2.\\ 0, & \text{其他}\end{cases}$

方法二 直接用独立随机变量之和的卷积公式.

因为 X 与 Y 相互独立，故 $f_Z(z)=\int_{-\infty}^{+\infty}f_X(z-y)f_Y(y)\,\mathrm{d}y$，可分以下几种情况讨论：

当 $z<0$ 时，$z-y$ 与 y 至少有一个为负，被积函数为 0，所以 $f_Z(z)=0$；

当 $0\leqslant z<1$ 时，欲使被积函数非零，必须有 $0\leqslant z-y\leqslant 1$，$0\leqslant y\leqslant 1$，从而 $0\leqslant y\leqslant z$，所以 $f_Z(z)=\int_{-\infty}^{+\infty}f_X(z-y)f_Y(y)\,\mathrm{d}y=\int_0^z\mathrm{d}y=z$；

当 $1\leqslant z<2$ 时，欲使被积函数非零，必须有 $0\leqslant z-y\leqslant 1$，$0\leqslant y\leqslant 1$，从而 $z-1\leqslant y<1$，所以 $f_Z(z)=\int_{-\infty}^{+\infty}f_X(z-y)f_Y(y)\,\mathrm{d}y=\int_{z-1}^1\mathrm{d}y=2-z$；

当 $z \geqslant 2$ 时，$0 \leqslant z-y \leqslant 1$，$0 \leqslant y \leqslant 1$ 不可能同时满足，故 $f_Z(z)=0$.

综合起来，有 $f_Z(z)=\begin{cases} z, & 0 \leqslant z < 1 \\ 2-z, & 1 \leqslant z < 2. \\ 0, & 其他 \end{cases}$

(四)证明题

【例 1】设随机变量 X 与 Y 相互独立，且 $X \sim \pi(\lambda_1)$，$Y \sim \pi(\lambda_2)$（泊松分布），证明：$Z=X+Y \sim \pi(\lambda_1+\lambda_2)$.

证明　由于 X 与 Y 所有可能取值为非负整数，因此

$$\{Z=i\}=\{X=0,\ Y=i\} \cup \{X=1,\ Y=i-1\} \cup \cdots \cup \{X=i,\ Y=0\},$$

且知 $P\{X=K\}=\dfrac{\lambda_1^K}{K!}e^{-\lambda_1}(K=0,\ 1,\ 2,\ \cdots)$，$P\{Y=r\}=\dfrac{\lambda_2^r}{r!}e^{-\lambda_2}(r=0,\ 1,\ 2,\ \cdots)$.

由于 X 与 Y 相互独立，所以有

$$P\{Z=i\}=\sum_{K=0}^{i}P\{X=K,\ Y=i-K\}=\sum_{K=0}^{i}P\{X=K\}\cdot P\{Y=i-K\},$$

此为离散型随机变量的卷积．则

$$P\{Z=i\}=\sum_{K=0}^{i}\frac{\lambda_1^K e^{-\lambda_1}}{K!}\cdot\frac{\lambda_2^{i-K}e^{-\lambda_2}}{(i-K)!}=\sum_{K=0}^{i}\frac{\lambda_1^K\lambda_2^{i-K}}{K!(i-K)!}\cdot e^{-(\lambda_1+\lambda_2)}$$

$$=\sum_{k=0}^{i}\frac{\lambda_1^K\lambda_2^{i-K}i!}{K!(i-K)!}\cdot\frac{e^{-(\lambda_1+\lambda_2)}}{i!}.$$

注意到 $\sum\limits_{K=0}^{i}C_i^K\lambda_1^K\lambda_2^{i-K}=\sum\limits_{K=0}^{i}\dfrac{i!}{K!(i-K)!}\lambda_1^K\lambda_2^{i-K}=(\lambda_1+\lambda_2)^i$，可得

$$P\{Z=i\}=(\lambda_1+\lambda_2)^i\frac{e^{-(\lambda_1+\lambda_2)}}{i!}(i=0,\ 1,\ 2,\ \cdots).$$

故 $Z \sim \pi(\lambda_1+\lambda_2)$.

【例 2】设随机变量 X 与 Y 相互独立，且分别服从二项分布 $B(n,\ p)$ 和 $B(m,\ p)$，求证：$X+Y \sim B(n+m,\ p)$.

证明　$X+Y$ 的所有可能取值为 $0,\ 1,\ 2,\ \cdots,\ n+m$. 因为

$$\{X+Y=k\}=\{X=0,\ Y=k\} \cup \{X=1,\ Y=k-1\} \cup \cdots \cup \{X=k,\ Y=0\}$$

且上式中各事件互不相容，X 与 Y 相互独立，则

$$P\{X+Y=k\}=\sum_{i=0}^{k}P\{X=i,\ Y=k-i\}=\sum_{i=0}^{k}P\{X=i\}\cdot P\{Y=k-i\}$$

$$=\sum_{i=0}^{k}C_n^i p^i(1-p)^{n-i}C_m^{k-i}p^{k-i}(1-p)^{m-k+i}=\sum_{i=0}^{k}(C_n^iC_m^{k-i})p^k(1-p)^{n+m-k}$$

$$=p^k(1-p)^{n+m-k}\cdot\sum_{i=0}^{k}C_n^iC_m^{k-i}=C_{n+m}^k p^k(1-p)^{n+m-k}.$$

在上述计算过程中用到了公式：$\sum\limits_{i=0}^{k}C_n^iC_m^{k-i}=C_{n+m}^k$.

（这可由比较恒等式 $(1+x)^n(1+x)^m=(1+x)^{n+m}$ 两边 x^k 的系数得到．）

因此，$X+Y \sim B(n+m,\ p)$.

四、测验题及参考解答

测验题

(一) 填空题

1. 设随机变量 (X, Y) 的分布律为

Y	X	
	1	2
1	$\frac{1}{6}$	$\frac{1}{3}$
2	$\frac{1}{9}$	a
3	$\frac{1}{18}$	b

则 a，b 应满足的条件是________.

2. 设随机变量 (X, Y) 的分布律为

Y	X		
	1	2	3
-1	$\frac{2}{20}$	$\frac{2}{20}$	$\frac{4}{20}$
0	$\frac{1}{20}$	$\frac{1}{20}$	$\frac{2}{20}$
2	$\frac{2}{20}$	α	β

若 X，Y 独立，则 $\alpha =$ ________，$\beta =$ ________.

3. 设 (X, Y) 的分布律为

Y	X	
	0	1
0	0.56	0.14
1	0.24	0.06

则 $p_{12} =$ ________，$p_{1\cdot} =$ ________.

4. 设 X，Y 相互独立，且均服从正态分布 $N(0, \sigma^2)$，则 (X, Y) 的概率密度 $f(x, y) =$ ________.

5. 设二维随机变量 (X, Y) 在区域 G 上服从均匀分布，其中 G 是由曲线 $y = x^2$ 和 $y = x$ 所围成的区域，则 (X, Y) 的概率密度为 $\varphi(x, y) =$ ________.

6. 设 (X, Y) 的概率密度为 $\varphi(x, y)=\begin{cases}\dfrac{1}{2}, & 0 \leqslant x \leqslant 1,\ 0 \leqslant y \leqslant 2 \\ 0, & \text{其他}\end{cases}$，则 X 与 Y 中至少有一个小于 $\dfrac{1}{2}$ 的概率为________.

(二)计算题

1. 今有 5 件产品，其中 2 件是次品，3 件是正品，从这 5 件中依次取出 2 件，每次取 1 件，取出一件后再放回去，用 X，Y 分别表示每次取得的次品件数，求 (X, Y) 的分布律.

2. 设二维随机变量 (X, Y) 只能取下列各值：$(0, 0)$，$(-1, 1)$，$\left(-1, \dfrac{1}{3}\right)$，$(2, 0)$，且取这些值的概率依次是 $\dfrac{1}{6}$，$\dfrac{1}{3}$，$\dfrac{1}{12}$，$\dfrac{5}{12}$，求 (X, Y) 关于 X 和关于 Y 的边缘分布律.

3. 设平面区域 D 由曲线 $y=\dfrac{1}{x}$ 和直线 $y=0$，$x=1$，$x=\mathrm{e}^2$ 所围成，二维随机变量 (X, Y) 在区域 D 上服从均匀分布. 求 (X, Y) 关于 X 的边缘概率密度在 $x=2$ 处的值.

4. 设二维随机变量 (X, Y) 的概率密度为 $f(x, y)=\begin{cases}\mathrm{e}^{-y}, & y>x>0 \\ 0, & \text{其他}\end{cases}$，求 (X, Y) 关于 X 和关于 Y 的边缘概率密度.

5. 若 (X, Y) 的概率密度为 $f(x, y)=\begin{cases}Cxy^2, & 0<x<1,\ 0<y<1 \\ 0, & \text{其他}\end{cases}$，(1)求 C；(2)证明：X，Y 相互独立.

6. 设随机变量 (X, Y) 的分布律为

Y	X		
	-1	0	1
-1	1/8	1/8	1/8
0	1/8	0	1/8
1	1/8	1/8	1/8

(1)求 (X, Y) 关于 X 和关于 Y 的边缘分布律；(2)验证 X，Y 不是独立的.

7. 设随机变量 (X, Y) 的分布律为

Y	X	
	1	2
0	1/4	1/6
1	1/3	1/4

求：(1) (X, Y) 关于 X 和关于 Y 的边缘分布律；(2) $2X+Y$ 的分布律.

参考解答

(一)填空题

1. **分析** 本题考查联合分布律的特征性质．即(1) $p_{ij}\geqslant 0$；(2) $\sum\limits_i\sum\limits_j p_{ij}=1$.

由 $a\geqslant 0$，$b\geqslant 0$，$\frac{1}{6}+\frac{1}{9}+\frac{1}{18}+\frac{1}{3}+a+b=1$，可知 $a\geqslant 0$，$b\geqslant 0$，且 $a+b=\frac{1}{3}$.

解 应填 $a\geqslant 0$，$b\geqslant 0$ 且 $a+b=\frac{1}{3}$.

2. **分析** 本题可由分布律的特征性质及 X，Y 的独立性来确定 α，β 值.

由 $\frac{2}{20}+\frac{2}{20}+\frac{4}{20}+\frac{1}{20}+\frac{1}{20}+\frac{2}{20}+\frac{2}{20}+\alpha+\beta=1$，得 $\alpha+\beta=\frac{6}{20}$；又 $\left(\frac{2}{20}+\frac{1}{20}+\alpha\right)\left(\frac{2}{20}+\frac{2}{20}+\frac{4}{20}\right)=\frac{2}{20}$，故 $\alpha=\frac{2}{20}$，从而 $\beta=\frac{4}{20}$.

解 应填 $\frac{2}{20}$，$\frac{4}{20}$.

3. **分析** 本题是考查 p_{ij} 及 $p_{i\cdot}$ 的含义.

p_{12} —— X 取第一个值 0，Y 取第二个值 1 的概率；$p_{1\cdot}$ —— X 取第一个值 0 的概率.
由联合分布律可知：$p_{12}=0.24$，$p_{1\cdot}=0.56+0.24=0.8$.

解 应填 0.24，0.8.

4. **分析** 本题考查独立性的概念．即：若 X，Y 相互独立，则 $f(x,y)=f_X(x)f_Y(y)$.

本题中，
$$f(x,y)=f_X(x)f_Y(y)=\frac{1}{\sqrt{2\pi}}\mathrm{e}^{-\frac{x^2}{2\sigma^2}}\cdot\frac{1}{\sqrt{2\pi}}\mathrm{e}^{-\frac{y^2}{2\sigma^2}}$$
$$=\frac{1}{2\pi\cdot\sigma^2}\mathrm{e}^{-\frac{x^2+y^2}{2\sigma^2}},\quad -\infty<x<+\infty,\quad -\infty<y<+\infty.$$

解 应填 $\frac{1}{2\pi\cdot\sigma^2}\mathrm{e}^{-\frac{x^2+y^2}{2\sigma^2}}$，$-\infty<x<+\infty$，$-\infty<y<+\infty$.

5. **分析** 本题主要考查二维随机变量 (X,Y) 在区域 G 上服从均匀分布的概念.

因区域 G 的面积 $S=\int_0^1(x-x^2)\mathrm{d}x=\left(\frac{x^2}{2}-\frac{x^3}{3}\right)\Big|_0^1=\frac{1}{6}$；故 (X,Y) 的概率密度 $\varphi(x,y)=\begin{cases}\frac{1}{S}, & (x,y)\in G\\ 0, & \text{其他}\end{cases}=\begin{cases}6, & (x,y)\in G\\ 0, & \text{其他}\end{cases}$.

解 应填 $\begin{cases}6, & (x,y)\in G\\ 0, & \text{其他}\end{cases}$.

6. **分析** 本题是有关二维随机变量的概率的常规题型.

$$P\left(\left\{X<\frac{1}{2}\right\}\cup\left\{Y<\frac{1}{2}\right\}\right)=1-P\left\{X\geqslant\frac{1}{2},\ Y\geqslant\frac{1}{2}\right\}=1-\int_{\frac{1}{2}}^{+\infty}\int_{\frac{1}{2}}^{+\infty}\varphi(x,y)\mathrm{d}x\mathrm{d}y$$
$$=1-\int_{\frac{1}{2}}^{1}\int_{\frac{1}{2}}^{2}\frac{1}{2}\mathrm{d}x\mathrm{d}y=1-\frac{3}{8}=\frac{5}{8}.$$

解　应填 $\frac{5}{8}$.

(二)计算题

1. 分析　本题是求二维离散型随机变量的分布律的常规题型.

解　由于 X 和 Y 都只可能取 0，1 两个值，所以 (X, Y) 的可能取值为：(0，0)，(0，1)，(1，0)，(1，1). 又

$$P\{X=0,\ Y=0\}=\frac{3}{5}\cdot\frac{3}{5}=\frac{9}{25},\ P\{X=1,\ Y=0\}=\frac{2}{5}\cdot\frac{3}{5}=\frac{6}{25},$$

$$P\{X=0,\ Y=1\}=\frac{3}{5}\cdot\frac{2}{5}=\frac{6}{25},\ P\{X=1,\ Y=1\}=\frac{2}{5}\cdot\frac{2}{5}=\frac{4}{25}.$$

从而 (X, Y) 的分布律为

Y	X	
	0	1
0	9/25	6/25
1	6/25	4/25

2. 分析　本题是求二维离散型随机变量的边缘分布律的常规题型．只需牢记公式：

$$p_{i\cdot}=\sum_{j=1}^{\infty}p_{ij},\ i=1,\ 2,\ \cdots;\ p_{\cdot j}=\sum_{i=1}^{\infty}p_{ij},\ j=1,\ 2,\ \cdots.$$

解　由于 (X, Y) 的分布律为

Y	X		
	−1	0	2
0	0	1/6	5/12
1/3	1/12	0	0
1	1/3	0	0

所以，关于 X 的边缘分布律为

X	−1	0	2
p_k	5/12	2/12	5/12

关于 Y 的边缘分布律为

Y	0	1/3	1
p_k	7/12	1/12	4/12

3. 分析　本题是求二维连续型随机变量的边缘概率密度的常规题型．只需牢记公式：

$$f_X(x)=\int_{-\infty}^{+\infty}f(x,\ y)\mathrm{d}y,\ f_Y(y)=\int_{-\infty}^{+\infty}f(x,\ y)\mathrm{d}x.$$

解　设平面区域 D 的面积为 S_D，则 $S_D=\int_1^{e^2}\frac{1}{x}\mathrm{d}x=2$；

由于二维随机变量 (X, Y) 在区域 D 上服从均匀分布，因此 (X, Y) 的概率密度为

$$f(x,y)=\begin{cases}1/S_D, & (x,y)\in D\\ 0, & (x,y)\notin D\end{cases}=\begin{cases}1/2, & 1\leqslant x\leqslant e^2,\ 0\leqslant y\leqslant \dfrac{1}{x}.\\ 0, & 其他\end{cases}$$

所以 $f_X(x)=\int_{-\infty}^{+\infty}f(x,y)\mathrm{d}y=\int_0^{\frac{1}{x}}\frac{1}{2}\mathrm{d}y=\frac{1}{2x}(1\leqslant x\leqslant e^2)$. 从而 $f_X(2)=\frac{1}{4}$.

4. 分析 本题是求二维连续型随机变量的边缘概率密度、边缘分布函数的常规题型. 只需牢记公式:

$$f_X(x)=\int_{-\infty}^{+\infty}f(x,y)\mathrm{d}y,\ f_Y(y)=\int_{-\infty}^{+\infty}f(x,y)\mathrm{d}x.$$

$$F_X(x)=\int_{-\infty}^{x}f_X(t)\mathrm{d}t,\ F_Y(y)=\int_{-\infty}^{y}f_Y(t)\mathrm{d}t.$$

解 $f_X(x)=\int_{-\infty}^{+\infty}f(x,y)\mathrm{d}y=\begin{cases}\int_x^{+\infty}e^{-y}\mathrm{d}y, & x>0\\ 0, & x\leqslant 0\end{cases}=\begin{cases}e^{-x}, & x>0\\ 0, & x\leqslant 0\end{cases}.$

$f_Y(y)=\int_{-\infty}^{+\infty}f(x,y)\mathrm{d}x=\begin{cases}\int_0^{y}e^{-y}\mathrm{d}x, & y>0\\ 0, & y\leqslant 0\end{cases}=\begin{cases}ye^{-y}, & y>0\\ 0, & y\leqslant 0\end{cases}.$

5. 分析 本题先利用 $\int_{-\infty}^{+\infty}\int_{-\infty}^{+\infty}f(x,y)\mathrm{d}x\mathrm{d}y=1$ 确定出 C 值; 再验证 $f(x,y)=f_X(x)\cdot f_Y(y)$ 来证明 X 与 Y 相互独立.

解 (1)由 $\int_{-\infty}^{+\infty}\int_{-\infty}^{+\infty}f(x,y)\mathrm{d}x\mathrm{d}y=1$, 得 $\int_0^1\mathrm{d}x\int_0^1Cxy^2\mathrm{d}y=\int_0^1\frac{C}{3}x\mathrm{d}x=\frac{C}{6}=1$, 所以 $C=6$,

即 $f(x,y)=\begin{cases}6xy^2, & 0<x<1,\ 0<y<1\\ 0, & 其他\end{cases}.$

(2) $f_X(x)=\int_{-\infty}^{+\infty}f(x,y)\mathrm{d}y=\begin{cases}\int_0^1 6xy^2\mathrm{d}y, & 0<x<1\\ 0, & 其他\end{cases}=\begin{cases}2x, & 0<x<1\\ 0, & 其他\end{cases};$

$f_Y(y)=\int_{-\infty}^{+\infty}f(x,y)\mathrm{d}x=\begin{cases}\int_0^1 6xy^2\mathrm{d}x, & 0<y<1\\ 0, & 其他\end{cases}=\begin{cases}3y^2, & 0<y<1\\ 0, & 其他\end{cases};$

由 $f(x,y)=f_X(x)\cdot f_Y(y)$ 知: X 与 Y 相互独立.

6. 分析 本题涉及二维离散型随机变量的边缘分布律的求法. 只需牢记公式:

$$p_{i\cdot}=\sum_{j=1}^{\infty}p_{ij},\ i=1,2,\cdots;\ p_{\cdot j}=\sum_{i=1}^{\infty}p_{ij},\ j=1,2,\cdots.$$

而验证 X, Y 不独立, 只需验证有一个 $P\{X=x_i,Y=y_j\}\neq P\{X=x_i\}\cdot P\{Y=y_j\}$ 即可.

解 (1)关于 X 的边缘分布律为

X	-1	0	1
p_k	3/8	2/8	3/8

关于 Y 的边缘分布律为

Y	-1	0	1
p_k	3/8	2/8	3/8

(2)由于 $P\{X=1, Y=-1\}=\frac{1}{8}\neq\frac{3}{8}\cdot\frac{3}{8}=P\{X=1\}\cdot P\{Y=-1\}$，所以 X 与 Y 不独立.

7. 分析　本题涉及二维离散型随机变量的边缘分布律的求法．只需牢记公式：

$$p_{i\cdot}=\sum_{j=1}^{\infty}p_{ij},\ i=1,2,\cdots;\ p_{\cdot j}=\sum_{i=1}^{\infty}p_{ij},\ j=1,2,\cdots.$$

而求二维离散型随机变量的函数的分布律，只需用“倒表法”即可.

解　(1)关于 X 的边缘分布律为

X	1	2
p_k	7/12	5/12

关于 Y 的边缘分布律为

Y	0	1
p_k	5/12	7/12

(2)因

p_{ij}	1/4	1/3	1/6	1/4
(X, Y)	(1, 0)	(1, 1)	(2, 0)	(2, 1)
$2X+Y$	2	3	4	5

故 $2X+Y$ 的边缘分布律为

$2X+Y$	2	3	4	5
p_k	1/4	1/3	1/6	1/4

第九章

随机变量的数字特征

随机变量的分布函数能够完整地描述随机变量的统计特性．但在实际应用中，求随机变量的分布函数并非易事．另外，有些问题的讨论往往又无须全面地考察随机变量的变化情况，因而不必求出它的分布函数，只要知道它的某些数字特征就可以了．有了这些数字特征，虽不能完整地描述它的统计规律，但已反映出随机变量某些方面的特性．本章将通过一些题目的分析使读者领略如何正确地使用和熟练地求出随机变量的一些主要的数字特征．

第九章
典型题解析

一、教学基本要求

(1)理解随机变量数字特征(数学期望、方差、标准差、协方差、相关系数)的概念；并会运用数字特征的基本性质计算具体分布的数字特征．

(2)掌握常用分布的数字特征．

(3)能够根据随机变量 X 的概率分布求其函数 $g(X)$ 的数学期望 $E[g(X)]$．

(4)能够根据随机变量 X 和 Y 的联合概率分布求其函数 $g(X, Y)$ 的数学期望 $E[g(X, Y)]$．

二、内容提要

(一)数学期望

1．随机变量的数学期望

定义　设离散型随机变量 X 的分布律为

$$P\{X=x_k\}=p_k, \quad k=1, 2, \cdots.$$

若级数 $\sum\limits_{k=1}^{\infty} x_k p_k$ 绝对收敛，则称级数 $\sum\limits_{k=1}^{\infty} x_k p_k$ 的和为随机变量 X 的**数学期望**，记为 $E(X)$．即 $E(X)=\sum\limits_{k=1}^{\infty} x_k p_k$．

设连续型随机变量 X 的概率密度为 $f(x)$，若积分 $\int_{-\infty}^{\infty} xf(x)\mathrm{d}x$ 绝对收敛，则称积分 $\int_{-\infty}^{\infty} xf(x)\mathrm{d}x$ 的值为随机变量 X 的**数学期望**，记为 $E(X)$．即 $E(X)=\int_{-\infty}^{\infty} xf(x)\mathrm{d}x$.

数学期望简称**期望**，又称为**均值**.

数学期望 $E(X)$ 完全由随机变量 X 的概率分布所确定，若 X 服从某一分布也称 $E(X)$ 是这一分布的数学期望.

注　随机变量 X 的数学期望 $E(X)$ 是一个实数.

2. 随机变量的函数的数学期望

设 Y 是随机变量 X 的函数：$Y=g(X)$（g 是连续函数）.

（1）X 是离散型随机变量，它的分布律为 $P\{X=x_k\}=p_k$，$k=1,2,\cdots$，若 $\sum_{k=1}^{\infty} g(x_k)p_k$ 绝对收敛，则

$$E(Y)=E[g(X)]=\sum_{k=1}^{\infty} g(x_k)p_k.$$

（2）X 是连续型随机变量，它的概率密度为 $f(x)$．若 $\int_{-\infty}^{\infty} g(x)f(x)\mathrm{d}x$ 绝对收敛，则

$$E(Y)=E[g(X)]=\int_{-\infty}^{\infty} g(x)f(x)\mathrm{d}x.$$

上述结果还可以推广到两个或两个以上随机变量的函数的情况.

设 Z 是随机变量 X，Y 的函数 $Z=g(X,Y)$（g 为连续函数），那么，Z 是一个一维随机变量．若二维随机变量 (X,Y) 的概率密度为 $f(x,y)$，则

$$E(Z)=E[g(X,Y)]=\int_{-\infty}^{\infty}\int_{-\infty}^{\infty} g(x,y)f(x,y)\mathrm{d}x\mathrm{d}y,$$

这里设上式右边的积分绝对收敛．又若 (X,Y) 为离散型随机变量，其分布律为

$$P\{X=x_i,Y=y_j\}=p_{ij},\ i,j=1,2,\cdots,$$

则有

$$E(Z)=E[g(X,Y)]=\sum_{j=1}^{\infty}\sum_{i=1}^{\infty} g(x_i,y_j)p_{ij},$$

这里设上式右边的级数绝对收敛.

注　求随机变量的函数的数学期望，不一定要知道它的分布，只要知道作为自变量的随机变量的分布即可，若先求出随机变量的函数的分布，则求期望的问题，就化为求一维随机变量的期望问题了.

3. 数学期望的性质

数学期望具有几个重要性质（以下设所遇到的随机变量的数学期望存在）.

（1）设 C 是常数，则有 $E(C)=C$.

（2）设 X 是一个随机变量，C 是常数，则有 $E(CX)=CE(X)$.

（3）设 X，Y 是两个随机变量，则有 $E(X+Y)=E(X)+E(Y)$.

推论 1　设 $X_1,X_2,\cdots,X_n$ 是 n 个随机变量，$C_1,C_2,\cdots,C_n$ 是常数，则有

$$E\left(\sum_{i=1}^{n} C_iX_i\right)=\sum_{i=1}^{n} C_iE(X_i).$$

（4）设 X，Y 是两个相互独立的随机变量，则有 $E(XY)=E(X)E(Y)$.

推论 2 设 X_1，X_2，…，X_n 是 n 个相互独立的随机变量，则有

$$E\left(\prod_{i=1}^{n} X_i\right) = \prod_{i=1}^{n} E(X_i).$$

(二)方差

1. 定义

设 X 是一个随机变量，若 $E\{[X-E(X)]^2\}$ 存在，则称 $E\{[X-E(X)]^2\}$ 为 X 的方差，记为 $D(X)$，即

$$D(X) = E\{[X-E(X)]^2\}.$$

方差的算术平方根 $\sqrt{D(X)}$ 称为 X 的均方差或标准差，记为 $\sigma(X)$，$\sqrt{D(X)}$ 与 X 具有相同的量纲.

若 X 为离散型随机变量，其分布律为 $P\{X=x_k\}=p_k$，$k=1$，2，…，则有

$$D(X) = \sum_{k=1}^{\infty} [x_k - E(X)]^2 p_k.$$

若 X 为连续型随机变量，其概率密度为 $f(x)$，则有

$$D(X) = \int_{-\infty}^{\infty} [x - E(X)]^2 f(x)\,\mathrm{d}x.$$

注 一般按 $D(X) = E(X^2) - [E(X)]^2$ 计算方差.

2. 性质

方差具有以下重要性质(设所遇到的随机变量其方差存在).

(1)设 C 是常数，则有 $D(C)=0$.

(2)设 X 是随机变量，C 是常数，则有 $D(CX)=C^2D(X)$.

(3)设 X，Y 是两个随机变量，则有

$$D(X+Y) = D(X) + D(Y) + 2E\{[X-E(X)][Y-E(Y)]\}.$$

注 $D(X-Y) = D(X) + D(Y) - 2E\{[X-E(X)][Y-E(Y)]\}$.

特别地，若 X，Y 相互独立，则有 $D(X \pm Y) = D(X) + D(Y)$.

推论 3 设 X_1，X_2，…，X_n 是 n 个相互独立的随机变量，C_1，C_2，…，C_n 是常数，则有

$$D\left(\sum_{i=1}^{n} C_i X_i\right) = \sum_{i=1}^{n} C_i^2 D(X_i).$$

(4) $D(X)=0$ 的充要条件是 X 以概率 1 取常数 C，即 $P\{X=C\}=1$. 显然，这里 $C=E(X)$.

(三)协方差与相关系数

1. 定义

设 (X, Y) 是二维随机变量，若 $E\{[X-E(X)][Y-E(Y)]\}$ 存在，则称它为随机变量 X 与 Y 的协方差，记为 $\mathrm{Cov}(X, Y)$，即

$$\mathrm{Cov}(X, Y) = E\{[X-E(X)][Y-E(Y)]\}.$$

而

$$\rho_{XY} = \frac{\mathrm{Cov}(X, Y)}{\sqrt{D(X)}\sqrt{D(Y)}}$$

称为随机变量 X 与 Y 的相关系数，ρ_{XY} 是一个无量纲的量.

协方差又可写成

$$\mathrm{Cov}(X, Y) = E(XY) - E(X)E(Y).$$

按协方差的定义，方差的性质(4)就可写成

$$D(X+Y) = D(X) + D(Y) + 2\mathrm{Cov}(X, Y).$$

2. 性质

(1)协方差的性质如下：

① $\mathrm{Cov}(X, Y) = \mathrm{Cov}(Y, X)$，$\mathrm{Cov}(X, X) = D(X)$；

② $\mathrm{Cov}(aX + bY) = ab\mathrm{Cov}(X, Y)$，$a$，$b$ 是常数；

③ $\mathrm{Cov}(X_1 + X_2, Y) = \mathrm{Cov}(X_1, Y) + \mathrm{Cov}(X_2, Y)$.

(2)相关系数的性质如下：

① $|\rho_{XY}| \leqslant 1$；

② $|\rho_{XY}| = 1$ 的充要条件是，存在常数 a，b，使 $P\{Y = a + bX\} = 1$.

当 $\rho_{XY} = 0$，即 $\mathrm{Cov}(X, Y) = 0$ 时，称 X 与 Y 不相关.

注　若随机变量 X，Y 相互独立，则 $\rho_{XY} = 0$，即 X，Y 不相关. 然而，两个不相关的随机变量，却不一定是相互独立的.

二维正态随机变量 $(X, Y) \sim N(\mu_1, \mu_2, \sigma_2^1, \sigma_2^2, \rho)$，$X$ 和 Y 的相关系数 $\rho_{XY} = \rho$. 对于二维正态随机变量 (X, Y)，X 和 Y 相互独立的充要条件是参数 $\rho = 0$. 因此，对于二维正态随机变量 (X, Y) 而言，X 和 Y 不相关与 X 和 Y 相互独立是等价的.

(四)矩、协方差矩阵

设 X 和 Y 是随机变量，若 $E(X^k)(k=1, 2, \cdots)$ 存在，则称它为 X 的 **k 阶原点矩**，简称 **k 阶矩**.

若 $E\{[X - E(X)]^k\}$ $(k = 2, 3, \cdots)$ 存在，则称它为 X 的 **k 阶中心矩**.

若 $E(X^kY^l)$ $(k, l = 1, 2, \cdots)$ 存在，称它为 X 和 Y 的 **$k + l$ 阶混合矩**.

若 $E\{[X - E(X)]^k [Y - E(Y)]^l\}$ $(k, l = 1, 2, \cdots)$ 存在，称它为 X 和 Y 的 **$k + l$ 阶混合中心矩**.

设 n 维随机变量 $(X_1, X_2, \cdots, X_n)$ 的二阶混合中心矩

$$c_{ij} = \mathrm{Cov}(X_i, Y_j) = E\{[X_i - E(X_i)][X_j - E(X_j)]\}, \ (i, j = 1, 2, \cdots, n)$$

都存在，则称矩阵

$$\boldsymbol{C} = \begin{pmatrix} c_{11} & c_{12} & \cdots & c_{1n} \\ c_{21} & c_{22} & \cdots & c_{2n} \\ \vdots & \vdots & & \vdots \\ c_{n1} & c_{n2} & \cdots & c_{nn} \end{pmatrix}$$

为 n 维随机变量 $(X_1, X_2, \cdots, X_n)$ 的**协方差矩阵**. 它是一个对称矩阵.

三、典型题解析

(一)填空题

【例 1】设随机变量 X 服从参数为 λ 的泊松分布，且 $P\{X = 1\} = P\{X = 2\}$，则 $E(X) =$

________，$D(X)=$ ________.

分析 利用泊松分布之期望和方差的已知公式进行计算.

由题设可知，X 的分布律为 $P\{X=k\}=\dfrac{\lambda^k}{k!}e^{-\lambda}(\lambda>0)$.

又 $P\{X=1\}=P\{X=2\}$，即 $\dfrac{\lambda}{1!}e^{-\lambda}=\dfrac{\lambda^2}{2!}e^{-\lambda}$，$\lambda^2-2\lambda=0$，从而 $\lambda=0$(舍去)，$\lambda=2$. 故有 $E(X)=2$，$D(X)=2$.

解 应填 $\underline{2}$，$\underline{2}$.

【例 2】已知离散型随机变量 X 服从参数为 2 的泊松分布，即 $P\{X=k\}=\dfrac{2^k e^{-2}}{k!}$，$k=0$，1，2，…，则随机变量 $Z=3X-2$ 的数学期望 $E(Z)=$ ________.

解 应填 $\underline{4}$.

注 应当熟记常见分布的数字特征.

【例 3】设 X 是一个随机变量，其概率密度为 $f(x)=\begin{cases}1+x, & -1\leqslant x\leqslant 0\\ 1-x, & 0<x\leqslant 1\\ 0, & \text{其他}\end{cases}$，则方差 $D(X)=$ ________.

分析 X 为连续型随机变量，其方差的计算可根据定义求出 $E(X)$ 后，再利用公式 $D(X)=\int_{-\infty}^{\infty}[x-E(X)]^2 f(x)\,dx$ 即可.

因为 $$E(X)=\int_{-\infty}^{+\infty}xf(x)\,dx=\int_{-1}^{0}x(1+x)\,dx+\int_{0}^{1}x(1-x)=0,$$

故 $$D(X)=\int_{-\infty}^{+\infty}x^2f(x)\,dx=\int_{-1}^{0}x^2(1+x)\,dx+\int_{0}^{1}x^2(1-x)\,dx=\frac{1}{6}.$$

解 应填 $\underline{\dfrac{1}{6}}$.

【例 4】设随机变量 X_1，X_2，X_3 相互独立，其中 X_1 在 [0，6] 上服从均匀分布，X_2 服从正态分布 $N(0,2^2)$，X_3 服从参数为 $\lambda=3$ 的泊松分布，记 $Y=X_1-2X_2+3X_3$，则 $D(Y)=$ ________.

分析 利用常用分布的方差公式进行计算.

由题设知 $D(X_1)=\dfrac{(6-0)^2}{12}=3$，$D(X_2)=2^2=4$，$D(X_3)=3$，且 X_1，X_2，X_3 相互独立，因此 $D(Y)=D(X_1)+4D(X_2)+9D(X_3)=3+4\times4+9\times3=46$.

解 应填 $\underline{46}$.

【例 5】已知随机变量 $X\sim N(-3,1)$，$Y\sim N(2,1)$，且 X，Y 相互独立，设随机变量 $Z=X-2Y+7$，则 $Z\sim$ ________.

解 应填 $\underline{N(0,5)}$.

【例 6】设 X，Y 是两个相互独立且均服从正态分布 $N\left(0,\left(\dfrac{1}{\sqrt{2}}\right)^2\right)$ 的随机变量，则随机变量 $|X-Y|$ 的数学期望 $E(|X-Y|)=$ ________.

解　应填 $\sqrt{\dfrac{2}{\pi}}$.

注　本题直接按二维随机变量的函数求期望，则转化为二重积分

$$E(|\xi-\eta|)=\int_{-\infty}^{+\infty}\int_{-\infty}^{+\infty}|x-y|\cdot f(x,\ y)\,\mathrm{d}x\mathrm{d}y.$$

这样将使计算过程变得相当复杂．因此，二维随机变量的函数的数字特征的计算，若能化为一维随机变量的函数再求数字特征，往往比较方便.

【例 7】设随机变量 X 在区间 $[-1,\ 2]$ 上服从均匀分布，随机变量 $Y=\begin{cases}1, & X>0\\ 0, & X=0\\ -1, & X<0\end{cases}$，则方差 $D(Y)=$________.

解　应填 $\dfrac{8}{9}$.

【例 8】设一次试验成功的概率为 p，进行 100 次独立重复试验，当 $p=$________时，成功次数的标准差的值最大，其最大值为________.

分析　设 X 表示 100 次独立重复试验，则 X 服从二项分布，均值 $E(X)=100p$，标准差 $\sqrt{D(X)}=\sqrt{100p(1-p)}$．由于 $D(X)$ 与 $\sqrt{D(X)}$ 同时具有最大值，而 $D(X)=100p(1-p)$ 显然在 $p=\dfrac{1}{2}$ 时，取最大值．故 $p=\dfrac{1}{2}$ 时，$\sqrt{D(X)}$ 最大，且最大值为 5.

解　应填 $\dfrac{1}{2}$，5.

【例 9】已知连续型随机变量 X 的概率密度为 $f(x)=\dfrac{1}{\sqrt{\pi}}\mathrm{e}^{-x^2+2x-1}$，则 X 的数学期望为________，方差为________.

分析　本题考查正态分布的概率密度的标准形式及其期望与方差.

方法一　由于均值为 μ，方差为 σ^2 的正态分布的概率密度为 $\dfrac{1}{\sqrt{2\pi}\sigma}\mathrm{e}^{-\frac{(x-\mu)^2}{2\sigma^2}}$，因此把 $f(x)$ 变形为 $f(x)=\dfrac{1}{\sqrt{2\pi}\cdot\dfrac{1}{\sqrt{2}}}\exp\left\{-\dfrac{(x-1)^2}{2\cdot\left(1/\sqrt{2}\right)^2}\right\}$，从而有 $\mu=1$，$\sigma^2=\dfrac{1}{2}$.

方法二　按期望和方差的定义来求：

$$E(X)=\int_{-\infty}^{+\infty}xf(x)\,\mathrm{d}x=\frac{1}{\sqrt{\pi}}\int_{-\infty}^{+\infty}x\mathrm{e}^{-x^2+2x-1}\mathrm{d}x$$

$$=\frac{1}{\sqrt{\pi}}\int_{-\infty}^{+\infty}\mathrm{e}^{-(x-1)^2}\mathrm{d}x+\frac{1}{\sqrt{\pi}}\int_{-\infty}^{+\infty}(x-1)\mathrm{e}^{-(x-1)^2}\mathrm{d}x=1,$$

$$D(X)=\int_{-\infty}^{+\infty}(x-1)^2f(x)\,\mathrm{d}x=\int_{-\infty}^{+\infty}(x-1)^2\frac{1}{\sqrt{\pi}}\mathrm{e}^{-x^2+2x-1}\mathrm{d}x$$

$$\xlongequal{令 t=x-1}\frac{1}{\sqrt{\pi}}\int_{-\infty}^{+\infty}t^2\mathrm{e}^{-t^2}\mathrm{d}t\,\frac{分部}{积分}\,\frac{1}{\sqrt{2\pi}}\int_{-\infty}^{+\infty}\mathrm{e}^{-t^2}\mathrm{d}t=\frac{1}{2}.$$

解 应填 $\underline{1}$，$\underline{\dfrac{1}{2}}$.

注 对标准正态分布的概率密度有 $\int_{-\infty}^{+\infty}\dfrac{1}{\sqrt{2\pi}}e^{-\frac{t^2}{2}}dt=1$.

【例 10】 设二维随机变量 (X, Y) 在区域 $D=\{(x, y)\mid 0<x<1, |y|<x\}$ 内服从均匀分布，则 $Z=3X+2$ 的数学期望 $E(Z)=$ ________，方差 $D(Z)=$ ________.

分析 本题为求二维随机变量函数的期望与方差的典型题型，只要根据二维随机变量的概率密度及求期望和方差的公式即可得到答案.

因为 (X, Y) 概率密度为 $f(x, y)=\begin{cases}1, & 0<x<1, |y|<x\\ 0, & \text{其他}\end{cases}$，由二维随机变量函数的数学期望的计算公式，得

$$E(Z)=\int_{-\infty}^{+\infty}\int_{-\infty}^{+\infty}(3x+2)f(x, y)\,dxdy=\int_0^1 dx\int_{-x}^{x}(3x+2)\,dy=4,$$

$$D(Z)=E(X^2)-[E(X)]^2=\int_0^1 dx\int_{-x}^{x}(3x+2)^2dy-4^2=\frac{1}{2}.$$

解 应填 $\underline{4}$，$\underline{\dfrac{1}{2}}$.

【例 11】 设随机变量 X 和 Y 的相关系数为 0.9，若 $Z=X-0.4$，则 Y 与 Z 的相关系数为________.

分析 利用相关系数的计算公式即可.

因为

$$\begin{aligned}\text{Cov}(Y, Z)&=\text{Cov}(Y, X-0.4)=E[Y(X-0.4)]-E(Y)E(X-0.4)\\&=E(XY)-0.4E(Y)-E(X)E(Y)+0.4E(Y)\\&=E(XY)-E(X)E(Y)=\text{Cov}(X, Y),\end{aligned}$$

且 $D(Z)=D(X)$，于是 $\rho_{YZ}=\dfrac{\text{Cov}(Y, Z)}{\sqrt{D(Y)}\sqrt{D(Z)}}=\dfrac{\text{Cov}(X, Y)}{\sqrt{D(Y)}\sqrt{D(X)}}=\rho_{XY}=0.9$.

解 应填 $\underline{0.9}$.

注 注意运算公式 $D(X+a)=D(X)$，$\text{Cov}(X, Y+a)=\text{Cov}(X, Y)$.

【例 12】 设随机变量 X 和 Y 的相关系数为 0.5，$E(X)=E(Y)=E(X^2)=E(Y^2)=2$，则 $E[(X+Y)^2]=$ ________.

分析 利用期望与相关系数的公式进行计算即可.

因为 $E[(X+Y)^2]=E(X^2)+2E(XY)+E(Y^2)=4+2[\text{Cov}(X, Y)+E(X)\cdot E(Y)]$

$$=4+2\rho_{XY}\cdot\sqrt{D(X)}\cdot\sqrt{D(Y)}=4+2\times0.5\times2=6.$$

解 应填 $\underline{6}$.

注 注意运算公式 $\text{Cov}(X, Y)=E(XY)-E(X)\cdot E(Y)$，或反过来，有 $E(XY)=\text{Cov}(X, Y)+E(X)\cdot E(Y)$.

【例 13】 设随机变量 X 和 Y 的联合分布律为

X	Y		
	-1	0	1
0	0.07	0.18	0.15
1	0.08	0.32	0.20

则 X 和 Y 的相关系数 $\rho=$ ________.

分析　利用期望与相关系数的公式进行计算．由题设有

$$E(X)=(0.08+0.32+0.20)\times 1=0.6,$$
$$E(Y)=-1\times 0.15+0\times 0.5+1\times 0.35=0.2.$$

且 XY 的分布律为

XY	-1	0	1
p	0.08	0.72	0.20

于是 $E(XY)=-1\times 0.08+0\times 0.72+1\times 0.20=0.12$，从而

$$\mathrm{Cov}(X,Y)=E(XY)-E(X)\cdot E(Y)=0.12-0.6\times 0.2=0.$$

故相关系数 $\rho=\dfrac{\mathrm{Cov}(X,Y)}{\sqrt{D(X)}\sqrt{D(Y)}}=0.$

解　应填 $\underline{0}$.

【例 14】设随机变量 $X_{ij}(i,j=1,2,\cdots,n;\ n\geqslant 2)$ 独立同分布，$E(X_{ij})=2$，则行列式

$$Y=\begin{vmatrix} X_{11} & X_{12} & \cdots & X_{1n} \\ X_{21} & X_{22} & \cdots & X_{2n} \\ \vdots & \vdots & & \vdots \\ X_{n1} & X_{n2} & \cdots & X_{nn} \end{vmatrix}$$ 的数学期望 $E(Y)=$ ________.

分析　利用行列式的定义和独立同分布的数学期望的运算性质进行计算即可.

根据行列式的定义，有

$$Y=\sum_{p_1p_2\cdots p_n}(-1)^{t(p_1p_2\cdots p_n)}X_{1p_1}\cdot X_{2p_2}\cdot\cdots\cdot X_{np_n}.$$

式中 $p_1p_2\cdots p_n$ 为自然数 1，2，…，n 的一个排列，$\sum\limits_{p_1p_2\cdots p_n}$ 是对 1，2，…，n 的所有可能的排列求和；$t(p_1p_2\cdots p_n)$ 是排列 $p_1p_2\cdots p_n$ 的逆序数．又根据随机变量 $X_{ij}(i,j=1,2,\cdots,n)$ 的独立性，知

$$\begin{aligned}E[(-1)^{t(p_1p_2\cdots p_n)}X_{1p_1}\cdot X_{2p_2}\cdot\cdots\cdot X_{np_n}]&=(-1)^{t(p_1p_2\cdots p_n)}E(X_{1p_1})\cdot E(X_{2p_2})\cdot\cdots\cdot E(X_{np_n})\\&=(-1)^{t(p_1p_2\cdots p_n)}2^n.\end{aligned}$$

再注意到和式 $\sum\limits_{p_1p_2\cdots p_n}$ 中，各项符号 $(-1)^{t(p_1p_2\cdots p_n)}$ 是正、负的各一半，故

$$E(Y)=\sum_{p_1p_2\cdots p_n}(-1)^{t(p_1p_2\cdots p_n)}E(X_{1p_1}\cdot X_{2p_2}\cdot\cdots\cdot X_{np_n})=(-1)^{t(p_1p_2\cdots p_n)}2^n=0.$$

解　应填 $\underline{0}$.

注　本例综合考查概率统计和线性代数两门学科的知识.

(二)单项选择题

【例 1】设随机变量 $X_1,X_2,\cdots,X_n$ 相互独立，且 $E(X_i)$ 及 $D(X_i)(i=1,2,\cdots,n)$ 都

存在，又 c，k_1，k_2，…，k_n 为 $n+1$ 个任意常数，则下面的等式中错误的是(　　).

(A) $E\left(\sum_{i=1}^{n}k_iX_i+c\right)=\sum_{i=1}^{n}k_iE(X_i)+c$　　(B) $D\left(\sum_{i=1}^{n}k_iX_i+c\right)=\sum_{i=1}^{n}k_iD(X_i)$

(C) $E\left(\prod_{i=1}^{n}k_iX_i\right)=\prod_{i=1}^{n}k_iE(X_i)$　　(D) $D\left[\sum_{i=1}^{n}(-1)^iX_i+c\right]=\sum_{i=1}^{n}D(X_i)$

分析　利用随机变量的期望和方差的运算性质进行推导即可.

因为 X_1，X_2，…，X_n 是 n 个相互独立的随机变量，k_1，k_2，…，k_n 是常数，则有

$$E\left(\sum_{i=1}^{n}k_iX_i\right)=\sum_{i=1}^{n}k_iE(X_i)，D\left(\sum_{i=1}^{n}k_iX_i\right)=\sum_{i=1}^{n}k_i^2D(X_i).$$

解　应选(B).

【例 2】设随机变量 X 和 Y 都服从正态分布，且它们不相关，则(　　).

(A) X 与 Y 一定独立　　(B) (X,Y) 服从二维正态分布

(C) X 与 Y 未必独立　　(D) $X+Y$ 服从一维正态分布

分析　本例考查正态分布的性质以及二维正态分布与一维正态分布之间的关系．只有 (X,Y) 服从二维正态分布时，不相关与独立才是等价的.

本例仅仅已知 X 和 Y 服从正态分布，因此，由它们不相关推不出 X 与 Y 一定独立，排除(A)；若 X 和 Y 都服从正态分布且相互独立，则 (X,Y) 服从二维正态分布，但题设并不知道 X，Y 是否独立，排除(B)；同样要求 X 与 Y 相互独立时，才能推出 $X+Y$ 服从一维正态分布，可排除(D). 故正确选项为(C).

解　应选(C).

注　①若 X 与 Y 均服从正态分布且相互独立，则 (X,Y) 服从二维正态分布.

②若 X 与 Y 均服从正态分布且相互独立，则 $aX+bY$ 服从一维正态分布.

③若 (X,Y) 服从二维正态分布，则 X 与 Y 相互独立 $\Leftrightarrow$ X 与 Y 不相关.

【例 3】设随机变量 X 和 Y 的方差存在且不等于 0，则 $D(X+Y)=D(X)+D(Y)$ 是 X 和 Y 的(　　).

(A)不相关的充分条件，但不是必要条件

(B)独立的必要条件，但不是充分条件

(C)不相关的充分必要条件

(D)独立的充分必要条件

解　应选(C).

注　两随机变量相关系数为 0 是它们相互独立的必要而非充分条件.

【例 4】将一枚硬币重复掷 n 次，以 X 和 Y 分别表示正面向上和反面向上的次数，则 X 和 Y 的相关系数等于(　　).

(A) -1　　(B) 0　　(C) $\frac{1}{2}$　　(D) 1

解　应选(A).

注　由 $Y=n-X$ 得到相关系数为-1，也可直接计算，因为

$$\begin{aligned}\mathrm{Cov}(X,Y)&=\mathrm{Cov}(X,n-X)=E[X(n-X)]-E(X)\cdot E(n-X)\\&=nE(X)-E(X^2)-nE(X)+[E(X)]^2=-D(X),\end{aligned}$$

所以相关系数为

$$\rho_{XY}=\frac{\mathrm{Cov}(X,\ Y)}{\sqrt{D(X)}\sqrt{D(Y)}}=\frac{-D(X)}{\sqrt{D(X)}\sqrt{D(n-X)}}=\frac{-D(X)}{\sqrt{D(X)}\sqrt{D(X)}}=-1.$$

本例若先求 X 和 Y 的分布律，再求协方差 $\mathrm{Cov}(X,\ Y)$ 和方差 $D(X)$，$D(Y)$，则计算过程是相当复杂的．不过，可使用一个技巧，即取 $n=1$，可方便地求出相关系数为 -1，因此答案即为(A)．因为对一般的 n 成立，所以对具体的 $n=1$ 更应该成立，这是在做选择题时，可采用的一个方法.

【例 5】对于任意两个随机变量 X 和 Y，若 $E(XY)=E(X)\cdot E(Y)$，则(　　).

(A) $D(XY)=D(X)\cdot D(Y)$　　(B) $D(X+Y)=D(X)+D(Y)$

(C) X 和 Y 独立　　(D) X 和 Y 不独立

分析　本题考查两随机变量是不相关的有关等价命题.

因为 X 与 Y 不相关$\Leftrightarrow\rho_{XY}=0\Leftrightarrow\mathrm{Cov}(X,\ Y)=0\Leftrightarrow E(XY)=E(X)\cdot E(Y)$

$$\Leftrightarrow D(X+Y)=D(X)+D(Y).$$

由此易知(B)为正确答案．事实上：

$$\begin{aligned}D(X+Y)&=E[X+Y-E(X)-E(Y)]^2=E\{[X-E(X)]+[Y-E(Y)]\}^2\\&=D(X)+D(Y)+2[E(XY)-E(X)\cdot E(Y)]=D(X)+D(Y).\end{aligned}$$

解　应选(B).

【例 6】设随机变量 X 和 Y 独立同分布，记 $U=X-Y$，$V=X+Y$，则随机变量 U 与 V 必(　　).

(A)不独立　　(B)独立

(C)相关系数不为零　　(D)相关系数为零

分析　直接利用相关系数的定义进行计算即可.

$$\begin{aligned}\text{因 }\mathrm{Cov}(U,\ V)&=E\{[U-E(U)][V-E(V)]\}\\&=E\{[X-Y-E(X)+E(Y)][X+Y-E(X)-E(Y)]\}\\&=E[X-E(X)]^2-E[Y-E(Y)]^2,\end{aligned}$$

又 X 和 Y 同分布，则 $E[X-E(X)]^2=E[Y-E(Y)]^2$，即 $\mathrm{Cov}(X,\ Y)=0$，故(D)为正确答案.

解　应选(D).

【例 7】设二维随机变量 $(X,\ Y)$ 服从二维正态分布，则随机变量 $U=X+Y$ 与 $V=X-Y$ 相关的充分必要条件为(　　).

(A) $E(X)=E(Y)$

(B) $E(X^2)-[E(X)]^2=E(Y^2)-[E(Y)]^2$

(C) $E(X^2)=E(Y^2)$

(D) $E(X^2)+[E(X)]^2=E(Y^2)+[E(Y)]^2$

解　应选(B).

(三)计算题

【例 1】设随机变量 X 的分布律为

X	-2	0	2
p_k	0.4	0.3	0.3

求 $E(X)$，$E(X^2)$，$E(3X^2+5)$.

分析 本题给出了离散型随机变量 X 的分布律，直接按定义 $E(X)=\sum_{k=1}^{\infty}x_kp_k$ 求其数学期望，再按公式 $E(Y)=E[g(X)]=\sum_{k=1}^{\infty}g(x_k)p_k$ 求其函数的数学期望.

解 $E(X)=(-2)\times0.4+0\times0.3+2\times0.3=-0.2$，

$E(X^2)=(-2)^2\times0.4+0^2\times0.3+2^2\times0.3=2.8$，

$E(3X^2+5)=[3\times(-2)^2+5]\times0.4+[3\times0^2+5]\times0.3+[3\times2^2+5]\times0.3=13.4$.

或可由期望的性质 $E(3X^2+5)=3E(X^2)+5=3\times2.8+5=13.4$ 求得.

【例 2】一汽车沿一街道行驶，需要通过 3 个均设有红绿信号灯的路口，每个信号灯为红或绿与其他信号灯为红或绿相互独立，且红绿两种信号显示的时间相等，以 X 表示该汽车首次遇到红灯前已通过的路口的个数.

(1)求 X 的概率分布；

(2)求 $E\left(\dfrac{1}{1+X}\right)$.

解 (1)显然 X 为离散型随机变量，且 X 的可能取值为 0，1，2，3. 问题归结为求概率 $P\{X=i\}$，$i=0$，1，2，3.

以 $A_i(i=1,2,3)$ 表示事件{汽车在第 i 个路口首次遇到红灯}，则 $P(A_i)=P(\overline{A}_i)=\dfrac{1}{2}$，$i=1$，2，3，且 A_1，A_2，A_3 相互独立.

$$P\{X=0\}=P(A_1)=\frac{1}{2},$$

$$P\{X=1\}=P(\overline{A}_1\cdot A_2)=P(\overline{A}_1)\cdot P(A_2)=\frac{1}{4},$$

$$P\{X=2\}=P(\overline{A}_1\cdot\overline{A}_2\cdot A_3)=P(\overline{A}_1)\cdot P(\overline{A}_2)\cdot P(A_3)=\frac{1}{8},$$

$$P\{X=3\}=P(\overline{A}_1\cdot\overline{A}_2\cdot\overline{A}_3)=P(\overline{A}_1)\cdot P(\overline{A}_2)\cdot P(\overline{A}_3)=\frac{1}{8}.$$

(2) $E\left(\dfrac{1}{1+X}\right)=1\times\dfrac{1}{2}+\dfrac{1}{2}\times\dfrac{1}{4}+\dfrac{1}{3}\times\dfrac{1}{8}+\dfrac{1}{4}\times\dfrac{1}{8}=\dfrac{67}{96}$.

【例 3】设随机变量 X，Y 的概率密度分别为

$$f_X(x)=\begin{cases}2e^{-2x}, & x>0\\ 0, & x\leqslant0\end{cases},\ f_Y(y)=\begin{cases}4e^{-4y}, & y>0\\ 0, & y\leqslant0\end{cases}.$$

(1)求 $E(X+Y)$，$E(2X-3Y^2)$；

(2)又设 X，Y 相互独立，求 $E(XY)$.

分析 给出随机变量 X，Y 的概率密度，可利用数学期望的性质进行计算.

解 (1) $E(X+Y)=E(X)+E(Y)$

$$=\int_0^{+\infty}2xe^{-2x}dx+\int_0^{+\infty}4ye^{-4y}dy=-\int_0^{+\infty}xd(e^{-2x})-\int_0^{+\infty}yd(e^{-4y})$$

$$=-xe^{-2x}\Big|_0^{+\infty}+\int_0^{+\infty}e^{-2x}dx-ye^{-4y}\Big|_0^{+\infty}+\int_0^{+\infty}e^{-4y}dy=\frac{3}{4}.$$

$$E(2X-3Y^2)=2E(X)-3E(Y^2)=2\int_0^{+\infty}2xe^{-2x}dx-3\int_0^{+\infty}4y^2e^{-4y}dy=\frac{5}{8}.$$

(2) $E(XY)=E(X)\cdot E(Y)=\int_0^{+\infty}2xe^{-2x}dx\cdot\int_0^{+\infty}4ye^{-4y}dy=\frac{1}{8}.$

【例 4】设随机变量 (X, Y) 具有概率密度：

$$f(x, y)=\begin{cases}\frac{1}{8}(x+y), & 0\leqslant x\leqslant 2, 0\leqslant y\leqslant 2\\ 0, & 其他\end{cases},$$

求 $E(X)$，$E(Y)$，$\mathrm{Cov}(X, Y)$，ρ_{XY}，$D(X+Y)$.

分析　这是一个常规题型．给出二维随机变量 (X, Y) 的概率密度 $f(x, y)$，利用公式 $E(X)=\int_{-\infty}^{\infty}\int_{-\infty}^{\infty}xf(x, y)\,dxdy$；$E(Y)=\int_{-\infty}^{\infty}\int_{-\infty}^{\infty}yf(x, y)\,dxdy$.

解　$E(X)=\int_{-\infty}^{+\infty}\int_{-\infty}^{+\infty}xf(x, y)\,dxdy=\int_0^2 dx\int_0^2\frac{1}{8}x(x+y)dy=\frac{7}{6}$,

同理　$E(Y)=\int_0^2 dx\int_0^2\frac{1}{8}y(x+y)dy=\frac{7}{6}$,

$$E(XY)=\int_0^2 dx\int_0^2\frac{1}{8}xy(x+y)dy=\frac{4}{3},$$

$$\mathrm{Cov}(X, Y)=E(XY)-E(X)E(Y)=\frac{4}{3}-\frac{7}{6}\times\frac{7}{6}=-\frac{1}{36},$$

$E(X^2)=\int_0^2 dx\int_0^2\frac{1}{8}x^2(x+y)dy=\frac{5}{3}$，同理 $E(Y^2)=\frac{5}{3}$.

$D(X)=E(X^2)-[E(X)]^2=\frac{5}{3}-\frac{49}{36}=\frac{11}{36}$. 同理 $D(Y)=\frac{11}{36}$,

所以 $\rho_{XY}=\frac{\mathrm{Cov}(X, Y)}{\sqrt{D(X)}\cdot\sqrt{D(Y)}}=\frac{-1/36}{11/36}=-\frac{1}{11}.$

$$D(X+Y)=D(X)+D(Y)+2\mathrm{Cov}(X, Y)=\frac{11}{36}+\frac{11}{36}-2\times\frac{1}{36}=\frac{5}{9}.$$

【例 5】设随机变量 X 与 Y 独立，且 X 服从均值为 1、标准差(均方差)为 $\sqrt{2}$ 的正态分布，而 Y 服从标准正态分布，试求随机变量 $Z=2X-Y+3$ 的概率密度.

解　因为 $E(Z)=2E(X)-E(Y)+3=5$，$D(Z)=2^2\cdot D(X)+D(Y)=9$. 由独立正态随机变量的线性组合仍服从正态分布，可知 Z 服从正态分布．因此其概率密度为

$$f_Z(z)=\frac{1}{3\sqrt{2\pi}}e^{-\frac{(z-5)^2}{18}}.$$

注　本例考查相互独立且均服从正态分布的随机变量函数的性质：若 X_1，X_2，…，X_n 相互独立，且 $X_i\sim N(\mu_i, \sigma_i^2)$，$i=1, 2, \cdots, n$，则

$$\sum_{i=1}^n k_iX_i\sim N\left(\sum_{i=1}^n k_i\mu_i, \sum_{i=1}^n k_i^2\sigma_i^2\right).$$

【例 6】设两个随机变量 X，Y 相互独立，且都服从均值为 0、方差为 $\frac{1}{2}$ 的正态分布，求随机变量 $|X-Y|$ 的方差.

解 令 $Z=X-Y$，由于 X，Y 相互独立且均服从正态分布，因此 Z 也服从正态分布，且 $E(Z)=E(X)-E(Y)=0$，$D(Z)=D(X)+D(Y)=1$，于是 $Z=X-Y\sim N(0,1)$.

$$D(|X-Y|)=D(|Z|)=E(|Z|^2)-[E(|Z|)]^2=E(Z^2)-[E(|Z|)]^2$$
$$=D(Z)+[E(Z)]^2-[E(|Z|)]^2=1-[E(|Z|)]^2.$$

而 $E(|Z|)=\int_{-\infty}^{+\infty}|z|\cdot\frac{1}{\sqrt{2\pi}}e^{-\frac{z^2}{2}}dz=\frac{2}{\sqrt{2\pi}}\int_0^{+\infty}ze^{-\frac{z^2}{2}}dz=\sqrt{\frac{2}{\pi}}$. 故 $D(|X-Y|)=1-\frac{2}{\pi}$.

【例 7】假设一部机器在一天内发生故障的概率为 0.2，机器发生故障时全天停止工作，若一周 5 个工作日里无故障，可获利润 10 万元；发生一次故障仍可获利润 5 万元；发生两次故障所获利润 0 元；发生三次或三次以上故障就要亏损 2 万元．求一周内期望利润是多少?

解 以 X 表示一周 5 天内机器发生故障的天数，则 X 服从参数为 (5, 0.2) 的二项分布：$P\{X=k\}=C_5^k0.2^k\cdot0.8^{5-k}(k=0,1,2,3,4,5)$，则

$P\{X=0\}=0.8^5=0.328$,

$P\{X=1\}=C_5^1 0.2\cdot0.8^4=0.410$,

$P\{X=2\}=C_5^2 0.2^2\cdot0.8^3=0.205$,

$P\{X\geqslant3\}=1-P\{X=0\}-P\{X=1\}-P\{X=2\}=0.057$.

以 Y 表示所获利润，则

$$Y=f(X)=\begin{cases}10, & X=0\\ 5, & X=1\\ 0, & X=2\\ -2, & X\geqslant3\end{cases}.$$

故 $E(Y)=10\times0.328+5\times0.410+0\times0.205-2\times0.057=5.216$(万元).

【例 8】若有 n 把看上去样子相同的钥匙，其中只有一把能打开门锁，用它们试开门锁．设取到每只钥匙是等可能的．若每把钥匙试开一次后除去．试用下面两种方法求试开次数 X 的数学期望．(1)写出 X 的分布律；(2)不写出 X 的分布律.

解 (1) X 的可能取值为 1，2，…，n，则易知

$$P\{X=i\}=\frac{n-1}{n}\cdot\frac{n-2}{n-1}\cdots\frac{1}{n-i+1}=\frac{1}{n}.$$

故 X 的分布律为

X	1	2	…	n
p_k	$\frac{1}{n}$	$\frac{1}{n}$	…	$\frac{1}{n}$

所以 $E(X)=\frac{1}{n}+\frac{1}{n}\times2+\cdots+\frac{1}{n}\times n=\frac{n+1}{2}$.

(2)设第 j 把钥匙能打开门上的锁，把第一次抽取看成第一轮，则第一次抽取后剩下 $n-1$ 把钥匙，以此类推．设

$$e(i)=\begin{cases}1, & 第\ i\ 轮抽到第\ j\ 把钥匙\\ 0, & 第\ i\ 轮没抽到第\ j\ 把钥匙\end{cases}.$$

则 $P\{e(i)=1\}=\dfrac{C_{n-i+1}^{1}}{n}=\dfrac{n-i+1}{n}$. 所以 $E(X)=\sum\limits_{i=1}^{n}\dfrac{n-i+1}{n}\times 1=\dfrac{n+1}{2}$.

【例 9】一台设备由三大部件构成，在设备运转中各部件需要调整的概率相应为 0.10, 0.20 和 0.30. 假设各种部件的状态相互独立，以 X 表示同时需要调整的部件数，试求 X 的分布律、数学律期望 $E(X)$ 和方差 $D(X)$.

解　方法一　设 $A_i=\{部件\ i\ 需要调整\}$，$i=1,2,3$，则

$$P(A_1)=0.1,\ P(A_2)=0.2,\ P(A_3)=0.3.$$

易见，X 有四个可能值 0，1，2，3. 由于 A_1，A_2，A_3 独立，因此

$$P\{X=0\}=P(\overline{A}_1\overline{A}_2\overline{A}_3)=0.9\times0.8\times0.7=0.504,$$

$$\begin{aligned}P\{X=1\}&=P(A_1\overline{A}_2\overline{A}_3)+P(\overline{A}_1A_2\overline{A}_3)+P(\overline{A}_1\overline{A}_2A_3)\\&=0.1\times0.8\times0.7+0.9\times0.2\times0.7+0.9\times0.8\times0.3=0.398,\end{aligned}$$

$$\begin{aligned}P\{X=2\}&=P(A_1A_2\overline{A}_3)+P(A_1\overline{A}_2A_3)+P(\overline{A}_1A_2A_3)\\&=0.1\times0.2\times0.7+0.1\times0.8\times0.3+0.9\times0.2\times0.3=0.092,\end{aligned}$$

$$P\{X=3\}=P(A_1A_2A_3)=0.1\times0.2\times0.3=0.006.$$

于是 X 的分布律为

X	0	1	2	3
p_k	0.504	0.398	0.092	0.006

$$E(X)=0\times0.504+1\times0.398+2\times0.092+3\times0.006=0.6.$$

$$\begin{aligned}D(X)&=E(X^2)-[E(X)]^2\\&=0^2\times0.504+1^2\times0.398+2^2\times0.092+3^2\times0.006-(0.6)^2=0.46.\end{aligned}$$

方法二　考虑随机变量 $X_i=\begin{cases}1, & 若\ A_i\ 出现\\ 0, & 若\ A_i\ 不出现\end{cases}$，$i=1,2,3$，易见

$$E(X_i)=P(A_i),\ D(X_i)=P(A_i)[1-P(A_i)],\ X=X_1+X_2+X_3,$$

且 X_1，X_2，X_3 独立，故 $E(X)=0.1+0.2+0.3=0.6$，$D(X)=0.1\times0.9+0.2\times0.8+0.3\times0.7=0.46$.

注　方法一思路直观，容易想到，但计算复杂；方法二借助独立性及运算性质，思路巧妙，计算简便.

【例 10】一商店经销某种商品，每周进货的数量 X 与顾客对该种商品的需求量 Y 是相互独立的随机变量，且都服从区间 [10, 20] 上的均匀分布，商店每售出一单位商品可得利润 1 000 元；若需求量超过了进货量，商店可从其他商店调剂供应，这时每单位商品获利润为 500 元. 试计算此商店经销该种商品每周所得利润的期望值.

解　设 Z 表示商店每周所得的利润，则

$$Z=\begin{cases}1\,000Y, & Y\leqslant X\\ 1\,000X+500(Y-X), & Y>X\end{cases}=\begin{cases}1\,000Y, & Y\leqslant X\\ 500(X+Y), & Y>X\end{cases}.$$

由题设，X 与 Y 是相互独立的，因此 X 与 Y 的联合概率密度为

$$f(x, y)=\begin{cases}\dfrac{1}{100}, & 10 \leqslant x \leqslant 20,\ 10 \leqslant y \leqslant 20 \\ 0, & \text{其他}\end{cases}.$$

所以
$$\begin{aligned}E(Z)&=\iint\limits_{y \leqslant x} 1\,000 y \times \frac{1}{100} \mathrm{d}x \mathrm{d}y+\iint\limits_{y>x} 500(x+y) \times \frac{1}{100} \mathrm{d}x \mathrm{d}y \\ &=10 \int_{10}^{20} \mathrm{d}y \int_{y}^{20} y \mathrm{d}x+5 \int_{10}^{20} \mathrm{d}y \int_{10}^{y}(x+y) \mathrm{d}x \\ &=10 \int_{10}^{20} y(20-y) \mathrm{d}y+5 \int_{10}^{20}\left(\frac{3}{2} y^{2}-10 y-50\right) \mathrm{d}y \\ &=\frac{20\,000}{3}+5 \times 1\,500 \approx 14\,166.67(\text{元}).\end{aligned}$$

【例 11】已知随机变量 X 和 Y 分别服从正态分布 $N(1,\ 3^2)$ 和 $N(0,\ 4^2)$，且 X 与 Y 的相关系数 $\rho_{XY}=-\dfrac{1}{2}$，设 $Z=\dfrac{X}{3}+\dfrac{Y}{2}$.

(1)求 Z 的数学期望 $E(Z)$ 和方差 $D(Z)$；

(2)求 X 与 Z 的相关系数 ρ_{XZ}；

(3)问 X 与 Z 是否相互独立？为什么？

分析 (1)求数学期望 $E(Z)$ 和方差 $D(Z)$，是常规题型；(2)求相关系数，关键是计算 X 和 Z 的协方差；(3)考查相关系数为零与相互独立是否等价，注意其前提是服从二维正态分布时才是等价的.

解 (1)由数学期望的运算性质，有 $E(Z)=\dfrac{1}{3}E(X)+\dfrac{1}{2}E(Y)=\dfrac{1}{3}$. 又根据方差的运算性质，知

$$\begin{aligned}D(Z)&=\frac{1}{9}D(X)+\frac{1}{4}D(Y)+2\cdot\frac{1}{3}\cdot\frac{1}{2}\operatorname{Cov}(X,\ Y) \\ &=\frac{1}{9}\cdot 9+\frac{1}{4}\cdot 16+\frac{1}{3}\sqrt{D(X)}\sqrt{D(Y)}\rho_{XY} \\ &=\frac{1}{9}\cdot 9+\frac{1}{4}\cdot 16+\frac{1}{3}\times\left(-\frac{1}{2}\right)\times 3\times 4=3.\end{aligned}$$

(2)因为
$$\begin{aligned}\operatorname{Cov}(X,\ Z)&=\frac{1}{3}\operatorname{Cov}(X,\ X)+\frac{1}{2}\operatorname{Cov}(X,\ Y) \\ &=\frac{1}{3}D(X)+\frac{1}{2}\rho_{XY}\sqrt{D(X)}\cdot\sqrt{D(Y)} \\ &=\frac{1}{3}\cdot 9-\frac{1}{4}\cdot 3\cdot 4=0.\end{aligned}$$

所以 $\rho_{XZ}=\dfrac{\operatorname{Cov}(X,\ Z)}{\sqrt{D(X)}\sqrt{D(Z)}}=0$.

(3)因为 $(X,\ Z)$ 不一定服从二维正态分布，故由 $\rho_{XZ}=0$ 不能确定 X 与 Z 是否相互独立.

注 本题中 Z 是否服从正态分布是个未知数，即使 Z 服从正态分布，由 X 和 Z 均服从

正态分布，也不一定能导出 (X, Z) 服从二维正态分布，而只有在 (X, Z) 服从二维正态分布的前提下，$\rho_{XZ}=0$ 与 X、Z 相互独立才是等价的.

【例 12】设随机变量 X 的概率密度为 $f(x)=\frac{1}{2}e^{-|x|}$，$-\infty<x<+\infty$.

(1)求 X 的数学期望 $E(X)$ 和方差 $D(X)$；

(2)求 X 与 $|X|$ 的协方差，并问 X 与 $|X|$ 是否不相关？

(3)问 X 与 $|X|$ 是否相互独立？为什么？

解　(1)由于 X 的概率密度是偶函数，因此

$$E(X)=\int_{-\infty}^{+\infty}xf(x)\,dx=0,$$

$$D(X)=\int_{-\infty}^{+\infty}x^2f(x)\,dx=\int_{0}^{+\infty}x^2e^{-x}dx=2.$$

(2) $\mathrm{Cov}(X, |X|)=E(X|X|)-E(X)E(|X|)$

$$=E(X|X|)=\int_{-\infty}^{+\infty}x|x|f(x)\,dx=0.$$

可见 X 与 $|X|$ 不相关.

(3)对给定的 $0<a<+\infty$,，显然事件 $\{|X|<a\}$ 包含在事件 $\{X<a\}$ 内，且 $P\{X<a\}<1$，$P\{|X|<a\}>0$，故 $P\{X<a, |X|<a\}=P\{|X|<a\}$. 但 $P\{X<a\}\cdot P\{|X|<a\}<P\{|X|<a\}$，所以

$$P\{X<a, |X|<a\}\neq P\{X<a\}\cdot P\{|X|<a\},$$

因此 X 与 $|X|$ 不独立.

(四)证明题

【例 1】设随机变量 X 的分布律为 $P\left\{X=(-1)^{j+1}\frac{3^j}{j}\right\}=\frac{2}{3^j}$，$j=1, 2, \cdots$，说明 X 的数学期望不存在.

分析　本题考查离散型随机变量的数学期望存在的条件：级数 $\sum_{k=1}^{\infty}x_kp_k$ 绝对收敛.

证明　由于 $\sum_{j=1}^{\infty}|x_jp_j|=\sum_{j=1}^{\infty}\left|\frac{2}{3^j}x(-1)^{j+1}\frac{3^j}{j}\right|$

$$=\sum_{j=1}^{\infty}\left|(-1)^{j+1}\times\frac{2}{j}\right|=\sum_{j=1}^{\infty}\frac{2}{j}=+\infty.$$

因此级数 $\sum_{j=1}^{\infty}x_jp_j$ 非绝对收敛，故由定义可知 X 的数学期望不存在.

【例 2】证明任一事件 A 在一次试验中发生的次数的方差不大于 $\frac{1}{4}$.

证明　设一次试验中事件 A 发生的次数为 X，则 X 服从(0−1)分布，其分布律为

X	0	1
p	$1-p$	p

$$E(X)=0\times(1-p)+1\times p=p,$$
$$E(X^2)=0^2\times(1-p)+1^2\times p=p,$$

故 $$D(X)=E(X^2)-[E(X)]^2=p-p^2=\frac{1}{4}-\left(p-\frac{1}{2}\right)^2\leqslant\frac{1}{4}.$$

【例 3】证明：如果随机变量 X 与 Y 相互独立，则

$$D(XY)=D(X)D(Y)+[E(X)]^2D(Y)+[E(Y)]^2D(X).$$

分析 利用随机变量 X 与 Y 的相互独立性，求出相应的一些量，再作恒等变形即可.

证明 $E(XY)=E(X)E(Y)$，$E[(XY)^2]=E(X^2Y^2)=\int_{-\infty}^{+\infty}\int_{-\infty}^{+\infty}x^2y^2f(x,y)\,\mathrm{d}x\mathrm{d}y$. 因为 X 与 Y 相互独立，所以概率密度 $f(x,y)=f_X(x)f_Y(y)$. 于是有

$$\begin{aligned}E[(XY)^2]=E(X^2Y^2)&=\int_{-\infty}^{+\infty}\int_{-\infty}^{+\infty}x^2y^2f_X(x)f_Y(y)\,\mathrm{d}x\mathrm{d}y\\&=\int_{-\infty}^{+\infty}x^2f_X(x)\,\mathrm{d}x\int_{-\infty}^{+\infty}y^2f_Y(y)\,\mathrm{d}y=E(X^2)E(Y^2),\end{aligned}$$

$$\begin{aligned}D(XY)&=E[(XY)^2]-[E(XY)]^2=E(X^2)E(Y^2)-[E(X)E(Y)]^2\\&=\{D(X)+[E(X)]^2\}\{D(Y)+[E(Y)]^2\}-[E(X)]^2[E(Y)]^2\\&=D(X)D(Y)+D(X)[E(Y)]^2+[E(X)]^2D(Y)+0\\&=D(X)D(Y)+D(X)[E(Y)]^2+[E(X)]^2D(Y).\end{aligned}$$

【例 4】设 X 为随机变量，c 是常数，证明 $D(X)<E\{(X-c)^2\}$，对于 $c\neq E(X)$.（由于 $D(X)=E\{[X-E(X)]^2\}$，上式表明 $E\{(X-c)^2\}$ 当 $c=E(X)$ 时取到最小值.）

证明 $$\begin{aligned}E[(X-c)^2]&=E\{[X-(E(X)\pm\delta)]^2\}\\&=E\{X^2-2X[E(X)\pm\delta]+[E(X)\pm\delta]^2\}\\&=E\{X^2-2XE(X)\mp2X\delta+[E(X)]^2\pm2\delta E(X)+\delta^2\}\\&=E(X^2)-2[E(X)]^2\mp2E(X)\delta+[E(X)]^2\pm2\delta E(X)+\delta^2\\&=D(X)+\delta^2>D(X).\end{aligned}$$

故 $D(X)<E\{(X-c)^2\}$.

【例 5】设随机变量 (X,Y) 的分布律为

Y	X		
	-1	0	1
-1	$\frac{1}{8}$	$\frac{1}{8}$	$\frac{1}{8}$
0	$\frac{1}{8}$	0	$\frac{1}{8}$
1	$\frac{1}{8}$	$\frac{1}{8}$	$\frac{1}{8}$

试验证 X 和 Y 是不相关的，但 X 和 Y 不是相互独立的.

分析 （1）两个离散型随机变量 X、Y 是否独立，往往要从分布函数 $F(x,y)=F_x(x)F_y(y)$ 或分布律 $P\{X=x_i,Y=y_j\}=P\{X=x_i\}P\{Y=y_j\}$ 直接讨论，若有一点不满足定义则肯定不独立.

（2）随机变量 X 和 Y 不相关 $\Leftrightarrow\rho_{XY}=0\Leftrightarrow\mathrm{Cov}(X,Y)=0\Leftrightarrow E(XY)=E(X)\cdot E(Y)$.

证明　X 的分布律为

X	-1	0	1
p_k	$\frac{3}{8}$	$\frac{2}{8}$	$\frac{3}{8}$

Y 的分布律为

Y	-1	0	1
p_k	$\frac{3}{8}$	$\frac{2}{8}$	$\frac{3}{8}$

XY 的分布律为

XY	-1	0	1
p_k	$\frac{2}{8}$	$\frac{4}{8}$	$\frac{2}{8}$

所以 $E(X)=-1\times\frac{3}{8}+1\times\frac{3}{8}=0$,

$E(Y)=-1\times\frac{3}{8}+1\times\frac{3}{8}=0$,

$E(XY)=1\times\frac{2}{8}-1\times\frac{2}{8}=0.$

故 $\rho_{XY}=\frac{\operatorname{Cov}(X,\ Y)}{\sqrt{D(X)}\cdot\sqrt{D(Y)}}=\frac{E\{[X-E(X)][Y-E(Y)]\}}{\sqrt{D(X)}\cdot\sqrt{D(Y)}}=\frac{E(XY)}{\sqrt{D(X)}\cdot\sqrt{D(Y)}}=0$. 即 X 和 Y 不相关．而 $p_{ij}\neq p_{i\cdot}\cdot p_{\cdot j}$，所以 X 和 Y 不是相互独立的.

【例 6】设二维随机变量 $(X,\ Y)$ 的概率密度为

$$f(x,\ y)=\begin{cases}\frac{1}{\pi}, & x^2+y^2\leqslant 1\\ 0, & \text{其他}\end{cases}.$$

试验证 X 和 Y 是不相关的，但 X 和 Y 不是相互独立的.

证明　因 $f_X(x)=\int_{-\infty}^{+\infty}f(x,\ y)\mathrm{d}y=\int_{-\sqrt{1-x^2}}^{\sqrt{1-x^2}}\frac{1}{\pi}\mathrm{d}y=\frac{2}{\pi}\sqrt{1-x^2}\,(-1\leqslant x\leqslant 1)$.

即 $f_X(x)=\begin{cases}\frac{2}{\pi}\sqrt{1-x^2}, & -1\leqslant x\leqslant 1\\ 0, & \text{其他}\end{cases}$. 同理，$f_Y(y)=\begin{cases}\frac{2}{\pi}\sqrt{1-y^2}, & -1\leqslant y\leqslant 1\\ 0, & \text{其他}\end{cases}$. 显然 $f(x,\ y)\neq f_X(x)f_Y(y)$，故 X 与 Y 不是相互独立的.

又 $E(X)=\int_{-\infty}^{+\infty}xf_X(x)\,\mathrm{d}x=\int_{-1}^{1}\frac{2}{\pi}x\sqrt{1-x^2}\,\mathrm{d}x=0$，同理，$E(Y)=0$，而

$$E(XY)=\int_{-\infty}^{+\infty}\int_{-\infty}^{+\infty}xyf(x,\ y)\,\mathrm{d}x\mathrm{d}y=\iint\limits_{x^2+y^2\leqslant 1}\frac{1}{\pi}xy\mathrm{d}x\mathrm{d}y=\frac{1}{\pi}\int_{-1}^{1}\mathrm{d}x\int_{-\sqrt{1-x^2}}^{\sqrt{1-x^2}}xy\mathrm{d}y=0.$$

所以

$$\rho_{XY}=\frac{\operatorname{Cov}(X,\ Y)}{\sqrt{D(X)}\sqrt{D(Y)}}=\frac{E(XY)-E(X)E(Y)}{\sqrt{D(X)}\sqrt{D(Y)}}=0.$$

故 X 与 Y 是不相关的.

【例 7】 设 A、B 是两随机事件；随机变量

$$X=\begin{cases}1, & A\text{出现}\\ -1, & A\text{不出现}\end{cases},\quad Y=\begin{cases}1, & B\text{出现}\\ -1, & B\text{不出现}\end{cases},$$

试证明随机变量 X 和 Y 不相关的充分必要条件是 A 与 B 相互独立.

证明 记 $P(A)=p_1$，$P(B)=p_2$，$P(AB)=p_{12}$. 由数学期望的定义，有

$$E(X)=P(A)-P(\overline{A})=2p_1-1,\ E(Y)=P(B)-P(\overline{B})=2p_2-1.$$

进一步求 $E(XY)$，由于 XY 只有两个可能值 1 和−1，因此

$$P\{XY=1\}=P(AB)+P(\overline{A}\,\overline{B})=2p_{12}-p_1-p_2+1,$$

$$P\{XY=-1\}=1-P\{XY=1\}=p_1+p_2-2p_{12},$$

于是 $E(XY)=P\{XY=1\}-P\{XY=-1\}=4p_{12}-2p_1-2p_2+1$. 从而

$$\mathrm{Cov}(X,\ Y)=E(XY)-E(X)\cdot E(Y)=4p_{12}-4p_1p_2.$$

可见，$\mathrm{Cov}(X,\ Y)=0\Leftrightarrow p_{12}=p_1p_2$，即 $P(AB)=P(A)P(B)$，也即 X 和 Y 不相关的充分必要条件是 A 与 B 相互独立.

注 本例考查了随机事件的独立性、随机变量的函数及其分布、随机变量的数字特征等概率论中的主要知识点，是一个很好的综合题.

四、测验题及参考解答

测验题

(一) 填空题

1. 设随机变量 X 的分布律为

X	−1	0	2	3
p_k	1/8	1/4	3/8	1/4

则 $E(X)=$ ________, $E(X^2)=$ ________, $D(X)=$ ________.

2. 设随机变量 $X\sim B(n,\ p)$，则 $E(X)=$ ________；若 $X\sim N(\mu,\ \sigma^2)$，则 $E(X)=$ ________.

3. 设 $X\sim P(\lambda)$（或 $X\sim \pi(\lambda)$），则 $E(X)=$ ________, $D(X)=$ ________.

4. 设 $X\sim N(\mu,\ \sigma^2)$，且 $Z=\dfrac{X-\mu}{\sigma}$，则 $Z\sim$ ________.

5. 设随机变量 X，Y 相互独立，且 $E(X)=E(Y)=0$，$D(X)=D(Y)=1$，则 $E[(X+Y)^2]=$ ________.

6. 设 X 表示 10 次独立重复射击命中目标的次数，每次射中目标的概率为 0.4，则 X^2 的数学期望 $E(X^2)=$ ________.

7. 设随机变量 X 服从参数为 1 的指数分布，则数学期望 $E(X+\mathrm{e}^{-2X})=$ ________.

8. 设随机变量 X 服从参数为 λ 的泊松分布，且 $E[(X-1)(X-2)]=1$，则 $\lambda=$ ________.

9. 已知离散型随机变量 X 的可能取值为 -1，0，1，$E(X)=0.1$，$E(X^2)=0.9$. 则 $P\{X=-1\}=$ ________，$P\{X=0\}=$ ________，$P\{X-1\}=$ ________.

10. 掷 12 颗骰子，则出现的点数之和的数学期望 $E(X)=$ ________，方差 $D(X)=$ ________.

(二)单项选择题

1. 设 X 在(1，2)上服从均匀分布，则下列结论中正确的是(　　).

(A)$E(X)=\dfrac{3}{12}$　　(B)$D(X)=\dfrac{3}{2}$　　(C)$E(X)=\dfrac{1}{2}$　　(D)$D(X)=\dfrac{1}{12}$

2. 设 X 是一随机变量，$E(X)=\mu$，$D(X)=\sigma^2$(μ，$\sigma>0$ 常数)，则对任意常 c，必有(　　).

(A)$E[(X-c)^2]=E(X^2)-c^2$　　(B)$E[(X-c)^2]=E[(X-\mu)^2]$

(C)$E[(X-c)^2]<E[(X-\mu)^2]$　　(D)$E[(X-c)^2]\geqslant E[(X-\mu)^2]$

3. 设两个相互独立的随机变量 X 和 Y 的方差分别为 4 和 2，则随机变量 $3X-2Y$ 的方差是(　　).

(A)8　　(B)16　　(C)28　　(D)44

4. 设 X 的数学期望与方差均存在，则下列结论中正确的是(　　).

(A)$E(X^2)\geqslant 0$　　(B)$D(X^2)>0$

(C)$E(X)\geqslant 0$　　(D)$D(X)>E(X)$

5. 若随机变量 X 与 Y 独立，且 $X\sim N(1,6)$，$Y\sim N(1,2)$，则 $Z=X-Y\sim$(　　).

(A)$N(0,\sqrt{4})$　　(B)$N(0,4)$　　(C)$N(0,8)$　　(D)$N(0,\sqrt{8})$

6. 若已知随机变量 X 服从二项分布，且 $E(X)=2.4$，$D(X)=1.44$，则二项分布的参数 n，p 的值为(　　).

(A)$n=4$，$p=0.6$　　(B)$n=6$，$p=0.4$

(C)$n=8$，$p=0.3$　　(D)$n=24$，$p=0.1$

(三)计算题

1. 一批零件中有九件合格品与三件次品，安装机器时从这批零件中任取一件，如果取出的废品不再放回，求在取得合格品以前已取出的废品数的数学期望.

2. 现有五把钥匙，其中两把能打开房门，每次从中任取一把试开房门，试用后不放回，直到打开房门时为止．求：(1)试开次数 X 的分布律；(2)三次能打开房门的概率；(3)平均试开次数.

3. 设随机变量 X 的概率密度为 $f(x)=\dfrac{1}{2}e^{-|x|}$，$-\infty<x<+\infty$. 求 $E(X)$，$E(X^2)$.

4. 设随机变量 X 的概率密度为 $f(x)=\begin{cases}\dfrac{1}{\pi\sqrt{1-x^2}}, & |x|<1\\ 0, & |x|\geqslant 1\end{cases}$，求 $E(X)$，$D(X)$.

5. 设随机变量 X 的概率密度为 $f(x)=\begin{cases}ce^{-x}, & |x|<1\\ 0, & |x|\geqslant 1\end{cases}$，求：(1)$c$ 的值；

(2) $P\{-1<X<1\}$；(3) $E(X)$.

6. 设随机变量 X 和 Y 相互独立，其概率密度分别为 $f_X(x)=\begin{cases}2x, & 0\leqslant x\leqslant 1\\ 0, & \text{其他}\end{cases}$，$f_Y(y)=\begin{cases}e^{-(y-5)}, & y>5\\ 0, & y\leqslant 5\end{cases}$. 求 $E(XY)$.

参考解答

(一) 填空题

1. 分析 本题是计算随机变量数字特征的常规题型，只需按公式直接计算即可.

$$E(X)=(-1)\times\frac{1}{8}+0\times\frac{1}{4}+2\times\frac{3}{8}+3\times\frac{1}{4}=\frac{11}{8},$$

$$E(X^2)=(-1)^2\times\frac{1}{8}+0^2\times\frac{1}{4}+2^2\times\frac{3}{8}+3^2\times\frac{1}{4}=\frac{31}{8},$$

$$D(X)=E(X^2)-[E(X)]^2=\frac{31}{8}-\left(\frac{11}{8}\right)^2=\frac{127}{64}.$$

解 应填 $\underline{\frac{11}{8}}$，$\underline{\frac{31}{8}}$，$\underline{\frac{127}{64}}$.

2. 分析 本题考查两个常用分布：二项分布和正态分布的数字特征.

若 $X\sim B(n,p)$，则 $E(X)=np$；若 $X\sim N(\mu,\sigma^2)$，则 $E(X)=\mu$.

解 应填 $\underline{np}$；$\underline{\mu}$.

3. 分析 本题考查泊松分布的数字特征.

若 $X\sim P(\lambda)$（或 $X\sim \pi(\lambda)$），则 $E(X)=\lambda$，$D(X)=\lambda$.

解 应填 $\underline{\lambda}$，$\underline{\lambda}$.

4. 分析 本题考查服从正态分布的随机变量的中心化问题.

若 $X\sim N(\mu,\sigma^2)$，则 $Z=\dfrac{X-\mu}{\sigma}\sim N(0,1)$.

解 应填 $\underline{N(0,1)}$.

5. 分析 本题考查随机变量的数字特征计算问题. 只需利用计算公式及独立性即可.

$$\begin{aligned}E[(X+Y)^2]&=D(X+Y)+[E(X+Y)]^2\\&=D(X)+D(Y)+[E(X)+E(Y)]^2=1+1+(0+0)2=2.\end{aligned}$$

解 应填 $\underline{2}$.

6. 分析 若先求出 X 的分布律，再按定义求期望 $E(X^2)$，则相当复杂. 由于 X 是熟知的二项分布，可根据其数字特征直接由公式 $E(X^2)=D(X)+[E(X)]^2$ 导出结论.

由题设知，X 服从 $n=10$，$p=0.4$ 的二项分布，因此有

$$E(X)=np=4,\ D(X)=np(1-p)=2.4,$$

故
$$E(X^2)=D(X)+[E(X)]^2=2.4+4^2=18.4.$$

解 应填 $\underline{18.4}$.

7. 分析 本题为求随机变量函数的数学期望的典型题型，只要根据指数分布的概率密度及求期望的公式即可得到答案.

因为随机变量 X 服从指数分布，它的概率密度为 $f(x)=\begin{cases}e^{-x} & (x\geqslant 0)\\ 0 & (x<0)\end{cases}$，故

$$E(X+e^{-2X})=E(X)+E(e^{-2X})=1+\int_{-\infty}^{+\infty}e^{-2x}f(x)\,dx$$
$$=1+\int_{0}^{+\infty}e^{-2x}\cdot e^{-x}dx=1+\frac{1}{3}=\frac{4}{3}.$$

解　应填 $\underline{\frac{4}{3}}$.

8. 分析　利用泊松分布之期望和方差的已知公式进行计算.

由于 X 服从参数为 λ 的泊松分布，因此有 $E(X)=\lambda$，$D(X)=\lambda$. 于是

$$E[(X-1)(X-2)]=E(X^2)-3E(X)+2=D(X)+[E(X)]^2-3E(X)+2$$
$$=\lambda+\lambda^2-3\lambda+2=1.$$

解得 $\lambda=1$.

解　应填 $\underline{1}$.

9. 分析　本题是反求分布律的常规题型.

设 $P\{X=-1\}=p_1$，$P\{X=0\}=p_2$，$P\{X=1\}=p_3$，则

$$p_1+p_2+p_3=1,$$

又

$$E(X)=(-1)\times p_1+0\times p_2+1\times p_3=p_3-p_1,$$
$$E(X^2)=(-1)^2\times p_1+0^2\times p_2+1^2\times p_3=p_1+p_3=0.9,$$

解得 $p_1=0.4$，$p_2=0.1$，$p_3=0.5$.

解　应填 $\underline{0.4}$，$\underline{0.1}$，$\underline{0.5}$.

10. 分析　本题的关键是将点数之和这个随机变量分解为 12 个简单随机变量的和的形式，这是一个重要的解题技巧，应掌握.

设 X 为出现的点数之和，$X_i(i=1,2,\cdots,12)$ 为第 i 颗骰子出现的点数，则 $X=\sum_{i=1}^{12}X_i$，且 X_1，X_2，…，X_{12} 相互独立；又 $X_i(i=1,2,\cdots,12)$ 的分布律为

X_i	1	2	3	4	5	6
p_k	1/6	1/6	1/6	1/6	1/6	1/6

所以 $E(X_i)=\frac{7}{2}$，$E(X_i^2)=\frac{91}{6}$，$D(X)=E(X_i^2)-[E(X_i)]^2=\frac{35}{12}$.

从而 $E(X)=\sum_{i=1}^{12}E(X_i)=\frac{7}{2}\times 12=42$，$D(X)=\sum_{i=1}^{12}D(X_i)=\frac{35}{12}\times 12=35$.

解　应填 $\underline{42}$，$\underline{35}$.

(二) 单项选择题

1. 分析　本题考查均匀分布的数字特征.

若 $X\sim U(a,b)$，则 $E(X)=\frac{a+b}{2}$，$D(X)=\frac{(b-a)^2}{12}$.

本题中，$E(X)=\frac{1+2}{2}=\frac{3}{2}$，$D(X)=\frac{(2-1)^2}{12}=\frac{1}{12}$.

解　应选(D).

2. 分析 本题是计算随机变量数学期望的常规题型.

$$\begin{aligned}E[(X-c)^2] &= E\{[X-\mu]+(\mu-c)\}^2\\ &= E[(X-\mu)^2+(\mu-c)^2+2(X-\mu)(\mu-c)]\\ &= E[(X-\mu)^2]+(\mu-c)^2+2[E(X)-\mu](\mu-c)\\ &= E[(X-\mu)^2]+(\mu-c)^2 \geqslant E[(X-\mu)^2]\end{aligned}$$

解 应选(D).

3. 分析 本题是计算随机变量方差的常规题型.

若 X 与 Y 相互独立，则 $D(aX+bY)=a^2D(X)+b^2D(Y)$.

本题中 $D(3X-2Y)=3^2D(X)+(-2)^2D(Y)=9\times 4+4\times 2=44$.

解 应选(D).

4. 分析 本题考查随机变量数字特征的性质.

因 $E(X^2)=D(X)+[E(X)]^2\geqslant 0$.

当 $X=C$（C 为常数）时, $D(X^2)=D(C^2)=0$，故(B)不正确.

(C)、(D)显然不正确.

解 应选(A).

5. 分析 本题考查独立的正态随机变量的线性组合的一个重要性质：有限个独立的正态随机变量的线性组合仍服从正态分布.

故本题中：$Z=X-Y$ 服从正态分布，且 $E(Z)=E(X)-E(Y)=1-1=0$，$D(Z)=D(X)+D(Y)=6+2=8$；即 $Z\sim N(0,\ 8)$.

解 应选(C).

6. 分析 本题考查二项分布的数字特征.

由题设 $X\sim B(n,\ p)$，又 $E(X)=np=2.4$，$D(X)=np(1-p)=1.44$，解得 $p=0.4$，$n=6$.

解 应选(B).

(三)计算题

1. 解 设 X 为在取到合格品以前已取出的废品数，则 X 的所有可能取值为 0，1，2，3，且

$$P\{X=0\}=\frac{C_9^1}{C_{12}^1}=\frac{3}{4},$$

$$P\{X=1\}=\frac{C_3^1}{C_{12}^1}\cdot\frac{C_9^1}{C_{11}^1}=\frac{3}{12}\cdot\frac{9}{11}=\frac{9}{44},$$

$$P\{X=2\}=\frac{3}{12}\cdot\frac{2}{11}\cdot\frac{9}{10}=\frac{9}{220},$$

$$P\{X=3\}=\frac{3}{12}\cdot\frac{2}{11}\cdot\frac{1}{10}\cdot\frac{9}{9}=\frac{1}{220},$$

所以 $E(X)=0\times\frac{3}{4}+1\times\frac{9}{44}+2\times\frac{9}{220}+3\times\frac{1}{220}=\frac{3}{10}=0.3$.

2. (1) X 的所有可能取值为 1，2，3，4，且

$$P\{X=1\}=\frac{2}{5},\ P\{X=2\}=\frac{3}{5}\times\frac{2}{4}=\frac{3}{10},$$

$$P\{X=3\}=\frac{3}{5}\times\frac{2}{4}\times\frac{2}{3}=\frac{2}{10},\ P\{X=4\}=\frac{3}{5}\times\frac{2}{4}\times\frac{1}{3}\times\frac{2}{2}=\frac{1}{10}.$$

所以，X 的分布律为

X	1	2	3	4
p_k	4/10	3/10	2/10	1/10

(2) $P\{X\leqslant 3\}=P\{X=1\}+P\{X=2\}+P\{X=3\}=\frac{2}{5}+\frac{3}{10}+\frac{2}{10}=\frac{9}{10}.$

(3) $E(X)=1\times\frac{4}{10}+2\times\frac{3}{10}+3\times\frac{2}{10}+4\times\frac{1}{10}=2.$

3. 解　$E(X)=\int_{-\infty}^{+\infty}xf(x)\mathrm{d}x=\int_{-\infty}^{+\infty}x\cdot\frac{1}{2}\mathrm{e}^{-|x|}\mathrm{d}x=0.$

$$E(X^2)=\int_{-\infty}^{+\infty}x^2f(x)\mathrm{d}x=\int_{-\infty}^{+\infty}x^2\cdot\frac{1}{2}\mathrm{e}^{-|x|}\mathrm{d}x=\int_0^{+\infty}x^3\mathrm{e}^{-x}\mathrm{d}x=\Gamma(3)=2!=2.$$

注　$\Gamma(s+1)=\int_0^{+\infty}x^s\mathrm{e}^{-x}\mathrm{d}x$，$(s>0)$；$\Gamma(n+1)=n!$，$(n\in\mathbf{N}^+)$.（应记住）

4. 解　$E(X)=\int_{-\infty}^{+\infty}xf(x)\mathrm{d}x=\int_{-1}^{1}\frac{x}{\pi\sqrt{1-x^2}}\mathrm{d}x=0.$

$$D(X)=\int_{-\infty}^{+\infty}[x-E(X)]^2f(x)\mathrm{d}x=\int_{-\infty}^{+\infty}x^2f(x)\mathrm{d}x=\int_{-1}^{1}\frac{x^2}{\pi\sqrt{1-x^2}}\mathrm{d}x$$

$$=\frac{2}{\pi}\left[\int_0^1\frac{1}{\sqrt{1-x^2}}\mathrm{d}x-\int_0^1\sqrt{1-x^2}\,\mathrm{d}x\right]=\frac{2}{\pi}\left[\arcsin x\Big|_0^1-\frac{\pi}{4}\right]=\frac{1}{2}.$$

5. 解　(1) 由 $\int_{-\infty}^{+\infty}f(x)\mathrm{d}x=1$，得 $\int_0^{+\infty}c\mathrm{e}^{-x}\mathrm{d}x=-c\mathrm{e}^{-x}\Big|_0^{+\infty}=c=1$，所以 $c=1$.

(2) $P\{-1<X<1\}=\int_{-1}^{1}f(x)\mathrm{d}x=\int_{-1}^{0}0\mathrm{d}x+\int_0^1\mathrm{e}^{-x}\mathrm{d}x=-\mathrm{e}^{-x}\Big|_0^1=1-\mathrm{e}^{-1}.$

(3) $E(X)=\int_{-\infty}^{+\infty}xf(x)\mathrm{d}x=\int_0^{+\infty}x\mathrm{e}^{-x}\mathrm{d}x=\Gamma(2)=1.$

6. 解　$E(X)=\int_{-\infty}^{+\infty}xf_X(x)\mathrm{d}x=\int_0^1 2x^2\mathrm{d}x=\frac{2}{3}x^3\Big|_0^1=\frac{2}{3}.$

$$E(Y)=\int_{-\infty}^{+\infty}yf_Y(y)\mathrm{d}y=\int_5^{+\infty}y\mathrm{e}^{-(y-5)}\mathrm{d}y=-y\mathrm{e}^{-(y-5)}\Big|_5^{+\infty}+\int_5^{+\infty}\mathrm{e}^{-(y-5)}\mathrm{d}y=5+1=6.$$

由 X 和 Y 相互独立，得 $E(XY)=E(X)E(Y)=\frac{2}{3}\times 6=4.$

第十章

大数定律及中心极限定理

极限定理是概率论的基本理论之一，也是概率论中最重要的理论结果.尤为重要的是被称为"大数定律"和"中心极限定理"的那些定理．人们认为概率论的真正历史应该从出现伯努利大数定律时刻算起，因为概率论的第一篇论文是伯努利于 1713 年发表的，正是在这篇文章里建立了概率论极限定理——大数定律中的第一个.

第十章
典型题解析

通常把叙述在什么条件下，一个随机变量的算术平均(按某种意义)收敛于所希望的平均值的定理归为大数定律. 中心极限定理，则是关于确定在什么条件下，大量随机变量之和具有近似正态的概率分布. 只有通过极限定理的讨论之后，才能了解概率论全貌.

一、教学基本要求

(1)了解切比雪夫不等式.

(2)了解切比雪夫大数定理、伯努利大数定律和辛钦大数定律(独立同分布随机变量的大数定律)成立的条件及结论.

(3)了解独立同分布的中心极限定理和棣莫弗-拉普拉斯定理(二项分布以正态分布为极限分布)的应用条件和结论，并会用相关定理近似计算有关随机事件的概率.

二、内容提要

(一)依概率收敛

1. 定义

设 Y_1，Y_2，…，Y_n，… 是一个随机变量序列，a 是一个常数．若对于任意正数 ε，有

$$\lim_{n\to\infty} P\{|Y_n - a| < \varepsilon\} = 1,$$

则称序列 Y_1，Y_2，…，Y_n，… **依概率收敛于 a**. 记为 $Y_n \xrightarrow{P} a$.

2. 性质

依概率收敛的序列具有性质：

设 $X_n \xrightarrow{P} a$，$Y_n \xrightarrow{P} b$，又设函数 $g(x, y)$ 在点 (a, b) 处连续，则

$$g(X_n, Y_n) \xrightarrow{P} g(a, b).$$

(二) 切比雪夫不等式

设随机变量 X 具有数学期望 $E(X)=\mu$，方差 $D(X)=\sigma^2$，则对于任意正数 ε，不等式

$$P\{|X-\mu| \geqslant \varepsilon\} \leqslant \frac{\sigma^2}{\varepsilon^2}$$

成立.

(三) 大数定律

定理 1(切比雪夫大数定律)　设随机变量 X_1，X_2，…，X_n，… 相互独立，且具有相同的数学期望和方差：$E(X_k)=\mu$，$D(X_k)=\sigma^2(k=1, 2, \cdots)$. n 个随机变量的算术平均值 $\overline{X}=\frac{1}{n}\sum_{k=1}^{n} X_k$，则对于任意正数 ε，有

$$\lim_{n\to\infty} P\{|\overline{X}-\mu| < \varepsilon\} = \lim_{n\to\infty} P\left\{\left|\frac{1}{n}\sum_{k=1}^{n} X_k - \mu\right| < \varepsilon\right\} = 1.$$

定理 2(伯努利大数定律)　设 n_A 是 n 次独立重复试验中事件 A 发生的次数，p 是事件 A 在每次试验中发生的概率，则对于任意正数 $\varepsilon > 0$，有

$$\lim_{n\to\infty} P\left\{\left|\frac{n_A}{n} - p\right| < \varepsilon\right\} = 1,$$

或

$$\lim_{n\to\infty} P\left\{\left|\frac{n_A}{n} - p\right| \geqslant \varepsilon\right\} = 0.$$

定理 3(辛钦大数定律)　设随机变量 X_1，X_2，…，X_n，… 相互独立，服从同一分布，且具有数学期望 $E(X_k)=\mu(k=1, 2, \cdots)$，则对于任意正数 ε，有

$$\lim_{n\to\infty} P\left\{\left|\frac{1}{n}\sum_{k=1}^{n} X_k - \mu\right| < \varepsilon\right\} = 1.$$

(四) 中心极限定理

定理 4(独立同分布的中心极限定理)　设随机变量 X_1，X_2，…，X_n，… 相互独立，服从同一分布，且具有数学期望和方差：$E(X_k)=\mu$，$D(X_k)=\sigma^2 > 0(k=1, 2, \cdots)$，则随机变量之和 $\sum_{k=1}^{n} X_k$ 的标准化变量

$$Y_n = \frac{\sum_{k=1}^{n} X_k - E\left(\sum_{k=1}^{n} X_k\right)}{\sqrt{D\left(\sum_{k=1}^{n} X_k\right)}} = \frac{\sum_{k=1}^{n} X_k - n\mu}{\sqrt{n}\sigma}$$

的分布函数 $F_n(x)$ 对于任意 x，满足

$$\lim_{n\to\infty}F_n(x)=\lim_{n\to\infty}P\left\{\frac{\sum_{k=1}^{n}X_k-n\mu}{\sqrt{n}\sigma}\leqslant x\right\}=\int_{-\infty}^{x}\frac{1}{\sqrt{2\pi}}\mathrm{e}^{-t^2/2}\mathrm{d}t=\Phi(x).$$

定理 5(李雅普诺夫定理) 设随机变量 X_1, X_2, …, X_n, … 相互独立，它们具有数学期望和方差：$E(X_k)=\mu_k$，$D(X_k)=\sigma_k^2>0(k=1,2,\cdots)$，记 $B_n^2=\sum_{k=1}^{n}\sigma_k^2$. 若存在正数 δ，使得当 $n\to\infty$ 时，

$$\frac{1}{B_n^{2+\delta}}\sum_{k=1}^{n}E(|X_k-\mu_k|^{2+\delta})\to 0,$$

则随机变量之和 $\sum_{k=1}^{n}X_k$ 的标准化变量

$$Z_n=\frac{\sum_{k=1}^{n}X_k-E\left(\sum_{k=1}^{n}X_k\right)}{\sqrt{D\left(\sum_{k=1}^{n}X_k\right)}}=\frac{\sum_{k=1}^{n}X_k-\sum_{k=1}^{n}\mu_k}{B_n}$$

的分布函数 $F_n(x)$ 对于任意 x，满足

$$\lim_{n\to\infty}F_n(x)=\lim_{n\to\infty}P\left\{\frac{\sum_{k=1}^{n}X_k-\sum_{k=1}^{n}\mu_k}{B_n}\leqslant x\right\}=\int_{-\infty}^{x}\frac{1}{\sqrt{2\pi}}\mathrm{e}^{-t^2/2}\mathrm{d}t=\Phi(x).$$

定理 6(棣莫弗-拉普拉斯定理) 设随机变量 $\eta_n(n=1,2,\cdots)$ 服从参数为 n，$p(0<p<1)$ 的二项分布，则对于任意 x，有

$$\lim_{n\to\infty}P\left\{\frac{\eta_n-np}{\sqrt{np(1-p)}}\leqslant x\right\}=\int_{-\infty}^{x}\frac{1}{\sqrt{2\pi}}\mathrm{e}^{-t^2/2}\mathrm{d}t=\Phi(x).$$

三、典型题解析

(一)填空题

【例 1】设随机变量 X 和 Y 的数学期望都是 2，方差分别为 1 和 4，而相关系数为 0.5，则根据切比雪夫不等式，有 $P\{|X-Y|\geqslant 6\}\leqslant$ ________.

分析 根据切比雪夫不等式 $P\{|Z-E(Z)|\geqslant\varepsilon\}\leqslant\frac{D(Z)}{\varepsilon^2}$ 知，只需求出 $Z=X-Y$ 的期望和方差即可. 令 $Z=X-Y$，则

$$E(Z)=E(X)-E(Y)=0,$$

$$\begin{aligned}D(Z)&=D(X-Y)=D(X)+D(Y)-2\mathrm{Cov}(X,Y)\\&=1+4-2\times0.5\times\sqrt{D(X)}\sqrt{D(Y)}=3,\end{aligned}$$

于是有
$$P\{|X-Y|\geqslant 6\}=P\{|Z-E(Z)|\geqslant 6\}\leqslant\frac{D(Z)}{6^2}=\frac{3}{6^2}=\frac{1}{12}.$$

解 应填 $\frac{1}{12}$.

【例 2】设 X_1，X_2，…，X_n 是 n 个相互独立同分布的随机变量，$E(X_i)=\mu$，$D(X_i)=8(i=1,2,\cdots,n)$. 对于 $\overline{X}=\frac{1}{n}\sum_{i=1}^{n}X_i$，写出所满足的切比雪夫不等式________，并估计 $P\{|\overline{X}-\mu|<4\}\geqslant$ ________.

解 应填 $P\{|\overline{X}-\mu|\geqslant\varepsilon\}\leqslant\frac{8}{n\varepsilon^2}$，$1-\frac{1}{2n}$.

【例 3】设随机变量 X 的数学期望 $E(X)=\mu$，$D(X)=\sigma^2$，则由切比雪夫不等式，有 $P\{|X-\mu|\geqslant 3\sigma\}\leqslant$ ________.

分析 本题考查切比雪夫不等式 $P\{|X-E(X)|\geqslant\varepsilon\}\leqslant\frac{D(X)}{\varepsilon^2}$. 令 $\varepsilon=3\sigma$，则由切比雪夫不等式，有 $P\{|X-\mu|\geqslant 3\sigma\}\leqslant\frac{\sigma^2}{3^2\sigma^2}=\frac{1}{9}$.

解 应填 $\frac{1}{9}$.

注 本题直接考查切比雪夫不等式，没有什么技巧可言，但这种考查比较孤立的知识点正是填空题命题的思想所在，可考查是否真正全面掌握了大纲要求的内容.

【例 4】设总体 X 服从参数为 2 的指数分布，X_1，X_2，…，X_n 为来自总体 X 的简单随机样本，则当 $n\to\infty$ 时，$Y_n=\frac{1}{n}\sum_{i=1}^{n}X_i^2$ 依概率收敛于________.

解 应填 $\frac{1}{2}$.

注 X 服从参数为 θ 的指数分布，其概率密度为 $f(x)=\begin{cases}\frac{1}{\theta}e^{-\frac{x}{\theta}}, & x>0\\ 0, & x\leqslant 0\end{cases}$，其数学期望与方差分别为 $E(X)=\theta$，$D(X)=\theta^2$.

【例 5】设 X_n 表示 n 次独立重复试验中事件 A 出现的次数，p 是事件 A 在每次试验中出现的概率，则 $P\{a<X_n\leqslant b\}\approx$ ________.

解 应填 $\int_{\frac{a-np}{\sqrt{npq}}}^{\frac{b-np}{\sqrt{npq}}}\frac{1}{\sqrt{2\pi}}e^{-\frac{t^2}{2}}dt$.

【例 6】设 X_1，X_2，… 为相互独立的随机变量序列，且 $X_i(i=1,2,\cdots)$ 服从参数为 λ 的泊松分布，则 $\lim\limits_{n\to\infty}P\left\{\frac{\sum_{i=1}^{n}X_i-n\lambda}{\sqrt{n\lambda}}\leqslant x\right\}=$ ________.

解 应填 $\int_{-\infty}^{x}\frac{1}{\sqrt{2\pi}}e^{-\frac{t^2}{2}}dt$.

(二)单项选择题

【例 1】设 X_1，X_2，… 为相互独立具有相同分布的随机变量序列，且 $X_i(i=1,2,\cdots)$ 服从参数为 $\frac{1}{2}$ 的指数分布，则下列结论中正确的是(　　).

(A) $\lim\limits_{n\to\infty} P\left\{\dfrac{\sum\limits_{i=1}^{n} X_i - n}{\sqrt{n}} \leqslant x\right\} = \Phi(x)$

(B) $\lim\limits_{n\to\infty} P\left\{\dfrac{2\sum\limits_{i=1}^{n} X_i - n}{\sqrt{n}} \leqslant x\right\} = \Phi(x)$

(C) $\lim\limits_{n\to\infty} P\left\{\dfrac{\sum\limits_{i=1}^{n} X_i - 2}{2\sqrt{n}} \leqslant x\right\} = \Phi(x)$

(D) $\lim\limits_{n\to\infty} P\left\{\dfrac{\sum\limits_{i=1}^{n} X_i - 2}{\sqrt{2n}} \leqslant x\right\} = \Phi(x)$

解 应选(B).

【例 2】设随机变量 X_1，X_2，…，X_n 相互独立，$S_n = X_1 + X_2 + \cdots + X_n$，则根据独立同分布的中心极限定理，当 n 充分大时，S_n 近似服从正态分布，只要 X_1，X_2，…，X_n (　　).

(A)有相同的数学期望　　(C)有相同的方差

(B)服从同一指数分布　　(D)服从同一离散型分布

分析 独立同分布的中心极限定理成立的条件之一是，具有相同的、有限的数学期望和非零方差，而选项(A)、(B)和(D)都未能全面指出这些条件，故选(C).

解 应选(C).

【例 3】设随机变量 X_1，X_2，…，X_n，… 是独立同分布的随机变量，其分布函数为 $F(x) = a + \dfrac{1}{\pi}\arctan\dfrac{x}{b}$　$(b \neq 0)$，则辛钦大数定律对此序列(　　).

(A)适用

(B)当常数 a，b 取适当数值时适用

(C)不适用

(D)无法判别

分析 辛钦大数定律成立的条件是：随机变量 X 的数学期望存在，即 $\int_{-\infty}^{+\infty}\left|x\dfrac{\mathrm{d}[F(x)]}{\mathrm{d}x}\right|\mathrm{d}x$ 收敛.

由于 $\dfrac{\mathrm{d}}{\mathrm{d}x}F(x) = \dfrac{b}{\pi(b^2+x^2)}$，从而

$$\int_{-\infty}^{+\infty}\left|x\frac{\mathrm{d}[F(x)]}{\mathrm{d}x}\right|\mathrm{d}x = \int_{-\infty}^{+\infty}\frac{|b||x|}{\pi(b^2+x^2)}\mathrm{d}x = \frac{2|b|}{\pi}\int_{0}^{+\infty}\frac{x}{b^2+x^2}\mathrm{d}x$$

$$= \frac{|b|}{\pi}\lim_{A\to+\infty}\int_0^A\frac{\mathrm{d}(b^2+x^2)}{b^2+x^2} = \frac{|b|}{\pi}\lim_{A\to+\infty}\ln\left(1+\frac{A^2}{b^2}\right) = +\infty.$$

即辛钦大数定律不适用．故选(C).

解 应选(C).

(三)计算题

【例 1】设有独立随机变量序列 X_1，X_2，…，X_n，… 具有如下分布律：

X_n	$-na$	0	na
p	$\frac{1}{2n^2}$	$1-\frac{1}{n^2}$	$\frac{1}{2n^2}$

问是否满足切比雪夫大数定律?

分析　本题考查切比雪夫大数定律的使用条件．由题设知独立性条件是满足的，故只须考虑 X_n 的方差有限且有公共上界即可.

解　由题设知独立性条件是满足的．因为

$$E(X_n)=-na\times\frac{1}{2n^2}+0\times\left(1-\frac{1}{n^2}\right)+na\times\frac{1}{2n^2}=0,$$

$E(X_n^2)=n^2a^2\times\frac{1}{n^2}+0\times\left(1-\frac{1}{n^2}\right)=a^2$，故 X_n 的方差为

$$D(X_n)=E(X_n^2)-[E(X_n)]^2=a^2,$$

即 X_n 的方差有限且有公共上界，从而切比雪夫大数定律条件全部满足.

【例 2】甲、乙两个戏院在竞争 1 000 名观众，假定每个观众随机地选择一个戏院，且观众之间的选择是彼此独立的，问每个戏院应设有多个座位才能保证因缺少座位而使观众离去的概率小于 1%?

分析　本题是中心极限定理的一个简单应用．因为两个戏院同等，故只需考虑甲戏院即可.

解　假定甲戏院需要设 M 个座位，并定义 X_i 为

$$X_i=\begin{cases}1, & \text{若第 } i \text{ 个观众选择甲戏院}\\ 0, & \text{若第 } i \text{ 个观众选择乙戏院}\end{cases}(i=1,2,\cdots,1\,000).$$

依题意有 $P\{X_i=1\}=P\{X_i=0\}=\frac{1}{2}$，且 $X_1, X_2, \cdots, X_{1\,000}$ 相互独立，不难看出 $X_i(i=1,2,\cdots,1\,000)$ 也是同分布的，用 X 表示选择甲戏院观众的总人数，则 $X\sim b(1\,000, 0.5)$，观众因缺少座位而离去的事件为 $\{X>M\}$．因此考虑 $P\{X\leqslant M\}\geqslant 99\%$.

因为 $\mu=E(X_i)=\frac{1}{2}$，$\sigma^2=D(X_i)=E(X_i^2)-[E(X_i)]^2=\frac{1}{2}-\frac{1}{4}=\frac{1}{4}(i=1,2,\cdots,1\,000)$，应用独立同分布中心极限定理得

$$P\{X\leqslant M\}=P\left\{\sum_{i=1}^{n}X_i\leqslant M\right\}=P\left\{\frac{\sum_{i=1}^{n}X_i-\frac{1}{2}\times 1\,000}{\frac{1}{2}\times\sqrt{1\,000}}\leqslant\frac{M-\frac{1}{2}\times 1\,000}{\frac{1}{2}\times\sqrt{1\,000}}\right\}$$

$$\approx\Phi\left(\frac{M-500}{5\sqrt{10}}\right)\geqslant 99\%,$$

查表知：$\Phi(2.33)=0.990\,1$．由分布函数的单调不减性知 $\frac{M-500}{5\sqrt{10}}\geqslant 2.33$．解得

$$M\geqslant 2.33\times 5\sqrt{10}+500\approx 537.$$

可见每个戏院应设 537 个以上的座位，才能保证因缺少座位而离去的概率小于 1%.

【例 3】某车间有 200 台车床，在生产过程中需要检修、调换刀具、变换位置、调换工件等，常需停车．设开工率为 0.6，并设每台车床的工作是独立的，且在开工时需电力 1 kW,

问应该供应该车间多少电力才能以 99.9%的概率保证不会因供电不足而影响生产?

解 用 X 表示工作的机床台数, 则 $X \sim b(200,\ 0.6)$. 设要向该车间供电 N kW, 那么 N 应满足: $P\{X \leqslant N\} \geqslant 0.999$. 由棣莫弗-拉普拉斯定理得

$$P\{X \leqslant N\} = P\{0 < X \leqslant N\} = P\left\{\frac{0 - np}{\sqrt{npq}} < \frac{X - np}{\sqrt{npq}} \leqslant \frac{N - np}{\sqrt{npq}}\right\}$$

$$\approx \Phi\left(\frac{N - np}{\sqrt{npq}}\right) - \Phi\left(-\frac{np}{\sqrt{npq}}\right) = \Phi\left(\frac{N - 200 \times 0.6}{\sqrt{200 \times 0.6 \times 0.4}}\right) - \Phi\left(-\frac{200 \times 0.6}{\sqrt{200 \times 0.6 \times 0.4}}\right)$$

$$= \Phi\left(\frac{N - 120}{\sqrt{48}}\right) - \Phi\left(-\frac{120}{\sqrt{48}}\right) \approx \Phi\left(\frac{N - 120}{\sqrt{48}}\right) \geqslant 0.999.$$

查表得: $\Phi(3.1) = 0.999$, 所以 $\dfrac{N - 120}{\sqrt{48}} \geqslant 3.1$. 解得 $N \geqslant 120 + 3.1 \times \sqrt{48} = 141$. 即应该供应 141 kW 的电力才能保证以 99.9%的概率不会因为供电不足而影响生产.

【例 4】(1)一复杂的系统由 100 个相互独立起作用的部件组成. 在整个运行期间每个部件损坏的概率为 0.10. 为了使整个系统起作用, 必须至少有 85 个部件正常工作, 求整个系统起作用的概率.

(2)一复杂的系统由 n 个相互独立起作用的部件所组成. 每个部件的可靠性为 0.90, 且必须至少有 80%的部件工作才能使整个系统正常运行, 问 n 至少为多大时才能使系统的可靠性不低于 0.95?

解 (1)设 $X_i = \begin{cases} 1, & \text{第 } i \text{ 个部件正常工作} \\ 0, & \text{第 } i \text{ 个部件损坏} \end{cases}$ $(i = 1,\ 2,\ \cdots,\ 100)$, 则 $X_1,\ X_2,\ \cdots,\ X_{100}$ 独立且均服从二项分布, 即 $X_i \sim b(1,\ 0.9)\ (i = 1,\ 2,\ \cdots,\ 100)$. 记 $X = \sum\limits_{i=1}^{100} X_i$, 则 X 表示系统中正常工作的部件数, 要求概率 $P\left\{\dfrac{X}{100} \geqslant 0.85\right\}$. 由于 $X \sim b(100,\ 0.9)$, 由棣莫弗-拉普拉斯定理得

$$P\left\{\frac{X}{100} \geqslant 0.85\right\} = P\{X \geqslant 85\} = 1 - P\{X < 85\}$$

$$= 1 - P\left\{\frac{X - 100 \times 0.9}{\sqrt{100 \times 0.9 \times 0.1}} \leqslant \frac{85 - 100 \times 0.9}{\sqrt{100 \times 0.9 \times 0.1}}\right\}$$

$$\approx 1 - \Phi\left(\frac{-5}{10 \times 0.3}\right) = 1 - \Phi\left(\frac{-5}{3}\right) = 1 - 1 + \Phi\left(\frac{-5}{3}\right) = \Phi\left(\frac{5}{3}\right) = 0.9525.$$

即整个系统起作用的概率 0.952 5.

(2)要求 n, 使 $P\left\{\dfrac{X}{n} \geqslant 0.8\right\} \geqslant 0.95$, 由棣莫弗-拉普拉斯定理得

$$P\left\{\frac{X}{n} \geqslant 0.8\right\} = P\{X \geqslant n \times 0.8\} = 1 - P\{X < 0.8n\}$$

$$= 1 - P\left\{\frac{X - n \times 0.9}{\sqrt{n \times 0.9 \times 0.1}} < \frac{0.8n - n \times 0.9}{\sqrt{n \times 0.9 \times 0.1}}\right\}$$

$$\approx 1 - \Phi\left(-\frac{0.1n}{0.3\sqrt{n}}\right) = \Phi\left(\frac{\sqrt{n}}{3}\right) \geqslant 0.95,$$

所以 $\frac{\sqrt{n}}{3} \geqslant 1.64$，$n \geqslant 9 \times 1.64^2 = 24.21$. 故当 n 至少为 25 时，才能保证系统的可靠性不低于 0.95.

【例 5】一生产线生产的产品成箱包装，每箱的质量是随机的．假设每箱平均质量为 50 kg，标准差为 5 kg. 若用最大载重量为 5 t 的汽车承运，试利用中心极限定理说明每辆车最多可以装多少箱，才能保障不超载的概率大于 0.977.（$\Phi(2) = 0.977$，其中 $\Phi(x)$ 是标准正态分布函数．）

解　设 $X_i(i = 1, 2, \cdots, n)$ 是装运的第 i 箱的质量(单位：kg)，n 是所求箱数．由题设可以将 $X_1, X_2, \cdots, X_n$ 视为独立同分布的随机变量，而 n 箱的总质量

$$S_n = X_1 + X_2 + \cdots + X_n$$

是独立同分布随机变量之和.

由题设有 $E(X_i) = 50$，$\sqrt{D(X_i)} = 5$；$E(S_n) = 50n$，$\sqrt{D(S_n)} = 5\sqrt{n}$（单位：kg).

根据独立同分布的中心极限定理可知，S_n 近似服从正态分布 $N(50n, 25n)$．而箱数 n 根据下述条件确定：

$$P\{S_n \leqslant 5\,000\} = P\left\{\frac{S_n - 50n}{5\sqrt{n}} \leqslant \frac{5\,000 - 50n}{5\sqrt{n}}\right\} \approx \Phi\left(\frac{1\,000 - 10n}{\sqrt{n}}\right) > 0.977 = \Phi(2).$$

由此得 $\frac{1\,000 - 10n}{\sqrt{n}} > 2$. 从而 $n < 98.019\,9$，即最多可以装 98 箱.

注　独立同分布的中心极限定理关键是掌握其基本思想，而不应只记住其公式．事实上，其核心结论是：独立同分布随机变量的和的极限分布是正态分布，且正态分布的期望与方差可直接通过其和式进行计算．得到正态分布后，再通过标准化计算概率则是常规问题.

(四) 证明题

【例 1】假设 $X_1, X_2, \cdots, X_n$ 是来自总体 X 的简单随机样本；已知 $E(X^k) = a_k(k = 1, 2, 3, 4)$．证明：当 n 充分大时，随机变量 $Z_n = \frac{1}{n}\sum_{i=1}^{n} X_i^2$ 近似服从正态分布，并指出其分布参数.

分析　利用中心极限定理证明即可，关键在于计算 Z_n 的期望与方差.

证明　依题意 $X_1, X_2, \cdots, X_n$ 独立同分布，可见 $X_1^2, X_2^2, \cdots, X_n^2$ 也独立同分布.

由 $E(X^k) = a_k(k = 1, 2, 3, 4)$，有

$$E(X_i^2) = a_2,\ D(X_i^2) = E(X_i^4) - [E(X_i^2)]^2 = a_4 - a_2^2,$$

$$E(Z_n) = \frac{1}{n}\sum_{i=1}^{n} E(X_i^2) = a_2,\ D(Z_n) = \frac{1}{n^2}\sum_{i=1}^{n} D(X_i^2) = \frac{1}{n}(a_4 - a_2^2).$$

因此，根据中心极限定理，知 $U_n = \frac{Z_n - a_2}{\sqrt{\frac{a_4 - a_2^2}{n}}}$ 的极限分布是标准正态分布，即当 n 充分大时，Z_n 近似服从参数为 a_2，$\frac{a_4 - a_2^2}{n}$ 的正态分布.

【例 2】(泊松定理) 如果事件 A 在第 i 次试验中发生的概率等于 $p_i(i=1, 2, \cdots, n, \cdots)$，$m$ 表示事件 A 在 n 次独立试验中发生的次数，证明：对于任何正数 ε，恒有

$$\lim_{n\to\infty}P\left\{\left|\frac{m}{n}-\frac{1}{n}\sum_{i=1}^{n}p_i\right|<\varepsilon\right\}=1.$$

分析 观察结论，容易联想到切比雪夫大数定律.

证明 设在第 i 次试验中 A 发生的次数为 $X_i(i=1, 2, \cdots, n, \cdots)$，则 X_i 服从(0-1)分布，故 $E(X_i)=p_i$，$D(X_i)=p_i(1-p_i)\ (i=1, 2, \cdots, n, \cdots)$. 因为

$$(p_i-q_i)^2=(p_i+q_i)^2-4p_iq_i=1-4p_iq_i\geqslant 0,$$

所以 $D(X_i)=p_iq_i\leqslant\frac{1}{4}(i=1, 2, \cdots, n, \cdots)$. 于是，由切比雪夫大数定律，对任给的 $\varepsilon>0$，有

$$\lim_{n\to\infty}P\left\{\left|\frac{1}{n}\sum_{i=1}^{n}X_i-\frac{1}{n}\sum_{i=1}^{n}p_i\right|<\varepsilon\right\}=1.$$

即

$$\lim_{n\to\infty}P\left\{\left|\frac{m}{n}-\frac{1}{n}\sum_{i=1}^{n}p_i\right|<\varepsilon\right\}=1.$$

注 当 n 充分大时，A 发生的频率 $\frac{m}{n}$ 稳定于它的概率平均值 $\frac{1}{n}\sum_{i=1}^{n}p_i$.

【例 3】(马尔柯夫定理) 如果随机变量序列 $X_1, X_2, \cdots, X_n, \cdots$ 满足条件

$$\lim_{n\to\infty}\frac{1}{n^2}D\left(\sum_{i=1}^{n}X_i\right)=0,$$

则对于任何正数 $\varepsilon>0$，恒有

$$\lim_{n\to\infty}P\left\{\left|\frac{1}{n}\sum_{i=1}^{n}X_i-\frac{1}{n}\sum_{i=1}^{n}E(X_i)\right|<\varepsilon\right\}=1.$$

证明 令 $X=\frac{1}{n}\sum_{i=1}^{n}X_i$，则

$$E(X)=E\left(\frac{1}{n}\sum_{i=1}^{n}X_i\right)=\frac{1}{n}\sum_{i=1}^{n}E(X_i),\ D(X)=D\left(\frac{1}{n}\sum_{i=1}^{n}X_i\right)=\frac{1}{n^2}D\left(\sum_{i=1}^{n}X_i\right),$$

由切比雪夫不等式知，对任何给定的 $\varepsilon>0$，有

$$P\{|X-E(X)|<\varepsilon\}\geqslant 1-\frac{D(X)}{\varepsilon^2}$$

因为

$$\lim_{n\to\infty}D(X)=\lim_{n\to\infty}\frac{1}{n^2}D\left(\sum_{i=1}^{n}X_i\right)=0,$$

所以，当 $n\to\infty$ 时，有 $\lim\limits_{n\to\infty}P\{|X-E(X)|<\varepsilon\}\geqslant 1$，由于概率不可能大于 1，故有 $\lim\limits_{n\to\infty}P\{|X-E(X)|<\varepsilon\}=1$，即 $\lim\limits_{n\to\infty}P\left\{\left|\frac{1}{n}\sum_{i=1}^{n}X_i-\frac{1}{n}\sum_{i=1}^{n}E(X_i)\right|<\varepsilon\right\}=1$.

四、测验题及参考解答

测验题

(一)填空题

1. 设独立随机变量 X_i 服从泊松分布，即 $X_i \sim \pi(\lambda)$，$\overline{X} = \frac{1}{n}\sum_{i=1}^{n} X_i$，则 $P\{\overline{X} < x\} =$ ________.

2. 随机变量 X 的数学期望 $E(X) = 100$，方差 $D(X) = 10$，则由切比雪夫不等式，有 $P\{80 < X < 120\} =$ ________.

3. 设随机变量 X 的方差为 2，则根据切比雪夫不等式，有 $P\{|X - E(X)| \geqslant 2\} \leqslant$ ________.

(二)计算题

1. 设 X_1，X_2，…，X_{50} 是相互独立的随机变量，且它们都服从参数为 0.02 的泊松分布，记 $X = X_1 + X_2 + \cdots + X_{50}$，试计算 $P\{X \geqslant 2\}$.

2. 每次射击中，命中目标的炮弹数的数学期望为 2，均方差为 1.5，求在 100 次射击中有 180~220 发炮弹命中目标的概率.

3. 某种电子器件的寿命具有数学期望 μ（未知），方差 $\sigma^2 = 400$. 为了估计 μ，随机地取 n 只这种器件，在时刻 $t = 0$ 投入测试(设测试是相互独立的)直到失效，测得其寿命为 X_1，X_2，…，X_n，以 $\overline{X} = \frac{1}{n}\sum_{k=1}^{n} X_k$ 作为 μ 的估计，为了使 $P\{|\overline{X} - \mu| < 1\} \geqslant 0.95$，问 n 至少为多少?

4. 计算器在进行加法时，将每个加数舍入最靠近它的整数．设所有舍入误差是独立的且在 $(-0.5, 0.5)$ 内服从均匀分布.

(1)若将 1 500 个数相加，问误差总和的绝对值超过 15 的概率是多少?

(2)最多可有几个数相加使得误差总和的绝对值小于 10 的概率不小于 0.90?

(三)证明题

设随机变量 X 的概率密度为 $f(x) = \begin{cases} \dfrac{x^m}{m!}e^{-x}, & x > 0 \\ 0, & x \leqslant 0 \end{cases}$，其中 m 为正整数，试利用切比雪夫不等式证明：$P\{0 < X < 2(m+1)\} \geqslant \frac{m}{m+1}$.

参考解答

(一)填空题

1. **分析**　因 $X_i \sim \pi(\lambda)$，有 $E(X_i) = D(X_i) = \lambda$，所以

$$P\{\overline{X}<x\}=P\left\{\frac{1}{n}\sum_{i=1}^{n}X_i<x\right\}=P\left\{\sum_{i=1}^{n}X_i<nx\right\}=P\left\{\frac{\sum_{i=1}^{n}X_i-n\lambda}{\sqrt{D\left(\sum_{i=1}^{n}X_i\right)}}<\frac{nx-n\lambda}{\sqrt{D\left(\sum_{i=1}^{n}X_i\right)}}\right\}$$

$$=P\left\{\frac{\sum_{i=1}^{n}X_i-n\lambda}{\sqrt{n\lambda}}<\frac{\sqrt{n}(x-\lambda)}{\sqrt{\lambda}}\right\}\approx\Phi\left[\frac{\sqrt{n}(x-\lambda)}{\sqrt{\lambda}}\right].$$

解 应填 $\underline{\Phi\left[\frac{\sqrt{n}(x-\lambda)}{\sqrt{\lambda}}\right]}$.

2. 分析 由切比雪夫不等式，有

$$P\{80<X<120\}=P\{|X-100|<20\}\geqslant 1-\frac{10}{20^2}=0.975.$$

解 应填 $\underline{0.975}$.

3. 分析 本题考查切比雪夫不等式 $P\{|X-E(X)|\geqslant\varepsilon\}\leqslant\frac{D(X)}{\varepsilon^2}$.

根据切比雪夫不等式，有 $P\{|X-E(X)|\geqslant 2\}\leqslant\frac{D(X)}{2^2}=\frac{1}{2}$.

解 应填 $\underline{\frac{1}{2}}$.

(二)计算题

1. 分析 本题考查存在有限数学期望和方差的独立随机变量序列服从中心极限定理的情况.

解 由于 X_i 服从参数为 $\lambda=0.02$ 的泊松分布，故 $E(X_i)=\lambda=0.02$，$D(X_i)=\lambda=0.02$. 由中心极限定理知

$$P\{X\geqslant 2\}=P\left\{\sum_{i=1}^{50}X_i\geqslant 2\right\}=1-P\left\{\sum_{i=1}^{50}X_i<2\right\}$$

$$=1-P\left\{\frac{\sum_{i=1}^{50}X_i-0.02\times 50}{\sqrt{0.02\times 50}}<\frac{2-0.02\times 50}{\sqrt{0.02\times 50}}\right\}$$

$$\approx 1-\Phi\left(\frac{2-0.02\times 50}{\sqrt{0.02\times 50}}\right)=1-\Phi(1)=1-0.841\ 3=0.158\ 7.$$

2. 解 设第 i 次射击中命中目标的炮弹数为 X_i. 由题意知：$E(X_i)=2$，$D(X_i)=1.5^2$，$i=1,2,3,\cdots,100$. 要求 $P\left\{180<\sum_{i=1}^{100}X_i<220\right\}$. 因为

$$E\left(\sum_{i=1}^{100}X_i\right)=\sum_{i=1}^{100}E(X_i)=\sum_{i=1}^{100}2=200,$$

$$D\left(\sum_{i=1}^{100}X_i\right)=\sum_{i=1}^{100}D(X_i)=\sum_{i=1}^{100}1.5^2=225,$$

故所求概率为

$$P\left\{180<\sum_{i=1}^{100}X_i<220\right\}=P\left\{\frac{180-200}{\sqrt{225}}<\frac{\sum\limits_{i=1}^{100}X_i-200}{\sqrt{225}}<\frac{220-200}{\sqrt{225}}\right\}$$

$$\approx\Phi\left(\frac{20}{15}\right)-\Phi\left(\frac{-20}{15}\right)=2\Phi\left(\frac{20}{15}\right)-1=2\times 0.9082-1=0.8164.$$

3. 解　由独立同分布的中心极限定理知，$\dfrac{\overline{X}-\mu}{\sigma/\sqrt{n}}=\dfrac{(\overline{X}-\mu)}{20/\sqrt{n}}$ 近似地服从 $N(0,1)$，又

$$P\{|\overline{X}-\mu|<1\}=P\left\{\left|\frac{\overline{X}-\mu}{20/\sqrt{n}}\right|\leqslant\frac{\sqrt{n}}{20}\right\}=\Phi\left(\frac{\sqrt{n}}{20}\right)-\Phi\left(-\frac{\sqrt{n}}{20}\right)=2\Phi\left(\frac{\sqrt{n}}{20}\right)-1,$$

要使 $P\{|\overline{X}-\mu|<1\}\geqslant 0.95$，即 $2\Phi\left(\dfrac{\sqrt{n}}{20}\right)-1\geqslant 0.95$，$\Phi\left(\dfrac{\sqrt{n}}{20}\right)\geqslant 0.975$，$\dfrac{\sqrt{n}}{20}\geqslant 1.96$，解得 $n\geqslant 1\,536.64$，n 至少为 1 537.

4. 解　设每个加数的舍入误差为 $X_i(i=1,2,\cdots,1\,500)$，由题设知 X_i 独立同分布，且在 $(-0.5,0.5)$ 内服从均匀分布，从而

$$E(X_i)=\frac{-0.5+0.5}{2}=0,\ D(X_i)=\frac{(0.5+0.5)^2}{12}=\frac{1}{12}.$$

(1) 记 $X=\sum\limits_{i=1}^{1\,500}X_i$，由独立同分布的中心极限定理，有 $\dfrac{X-1\,500\times 0}{\sqrt{1\,500}\times\sqrt{\dfrac{1}{12}}}$ 近似地服从 $N(0,1)$，从而

$$P\{|X|>15\}=1-P\{|X|\leqslant 15\}=1-P\left\{\frac{-15}{\sqrt{125}}\leqslant\frac{X}{\sqrt{125}}\leqslant\frac{15}{\sqrt{125}}\right\}$$

$$=1-\Phi\left(\frac{15}{\sqrt{125}}\right)+\Phi\left(-\frac{15}{\sqrt{125}}\right)=2-2\Phi(1.34)$$

$$=2-2\times 0.9099=0.1802.$$

即误差总和的绝对值超过 15 的概率约为 0.180 2.

(2) 记 $X_n=\sum\limits_{i=1}^{n}X_i$，要使 $P\{|X_n|<10\}\geqslant 0.90$. 由独立同分布的中心极限定理，近似地有

$$P\{|X_n|<10\}=P\{-10<X_n<10\}=P\left\{\frac{-10}{\sqrt{n/12}}<\frac{X_n}{\sqrt{n/12}}<\frac{10}{\sqrt{n/12}}\right\}$$

$$=\Phi\left(\frac{10}{\sqrt{n/12}}\right)-\Phi\left(-\frac{10}{\sqrt{n/12}}\right)=2\Phi\left(\frac{10}{\sqrt{n/12}}\right)-1\geqslant 0.90.$$

即 $\Phi\left(\dfrac{10}{\sqrt{n/12}}\right)\geqslant 0.95$. 查表得 $\dfrac{10}{\sqrt{n/12}}\approx 1.645$，故 $n\approx 443$. 即有 443 个数相加使得误差总和的绝对值小于 10 的概率不小于 0.90.

(三) 证明题

证明　注意到 $P\{0<X<2(m+1)\}=P\{|X-(m+1)|<(m+1)\}$，取 $\varepsilon=m+1$，

比较切比雪夫不等式：

$$E(X)=\int_{-\infty}^{+\infty}xf(x)\,\mathrm{d}x=\int_{0}^{+\infty}x\cdot\frac{x^m}{m!}\mathrm{e}^{-x}\mathrm{d}x=\frac{1}{m!}\int_{0}^{+\infty}x^{m+1}\mathrm{e}^{-x}\mathrm{d}x$$

$$=\frac{1}{m!}\int_{0}^{+\infty}x^{(m+2)-1}\mathrm{e}^{-x}\mathrm{d}x=\frac{\Gamma(m+2)}{m!}=\frac{(m+1)!}{m!}=m+1,$$

$$E(X^2)=\int_{-\infty}^{+\infty}x^2f(x)\,\mathrm{d}x=\int_{0}^{+\infty}x^2\cdot\frac{x^m}{m!}\mathrm{e}^{-x}\mathrm{d}x=\frac{1}{m!}\Gamma(m+3)$$

$$=\frac{(m+2)!}{m!}=(m+2)(m+1),$$

$$D(x)=E(X^2)-[E(X)]^2=m+1.$$

由切比雪夫不等式，对于任给的 $\varepsilon>0$，有 $P\{|X-E(X)|<\varepsilon\}\geqslant 1-\frac{D(X)}{\varepsilon^2}$，取 $\varepsilon=m+1$，则得 $P\{|X-(m+1)|<(m+1)\}\geqslant 1-\frac{m+1}{(m+1)^2}=\frac{m}{m+1}$，即 $P\{0<X<2(m+1)\}\geqslant\frac{m}{m+1}$.

第十一章

样本及抽样分布

本章将介绍数理统计中的一些基本概念，如总体、个体、简单随机样本、统计量等，着重介绍几个常用统计量及抽样分布．统计量的分布称为抽样分布，它是统计推断方法的重要基础，最常见的有χ^2分布、t分布和F分布．这三个分布既是本章的重点，也是难点，在各类考试中出现的频率也较高，要熟练掌握这三大分布的定义、条件.

第十一章
典型题解析

本章的重点内容是三大分布及正态总体的样本均值与样本方差的分布.

一、教学基本要求

(1)理解总体、简单随机样本、统计量、样本均值、样本方差、样本矩的概念.

(2)了解χ^2分布，t分布和F分布的概念及性质，了解分位数的概念并会查表计算.

(3)了解正态总体的某些常用抽样分布.

二、内容提要

(一)总体和样本

1. 总体与个体

定义1 在数理统计中，将研究对象的某项数量指标的取值的全体称为总体，总体中的每一个元素称为个体．通常用一个随机变量表示总体.

2. 样本

定义2 设X是具有分布函数F的随机变量，若X_1，X_2，…，X_n是具有同一分布函数F的、相互独立的随机变量，则称X_1，X_2，…，X_n为从分布函数F(或总体F、或总体X)得到的容量为n的简单随机样本，简称样本，它们的观察值x_1，x_2，…，x_n称为样本值.

3. 样本的联合分布

(1)若总体 X 为一个连续型随机变量，概率密度为 $f(x)$，则样本 $(X_1, X_2, \cdots, X_n)$ 的概率密度为

$$f(x_1, x_2, \cdots, x_n)=\prod_{i=1}^{n} f(x_i).$$

(2)若总体 X 为一个离散型随机变量，分布律为 $P\{X=x\}=P(x)$，则样本 $(X_1, X_2, \cdots, X_n)$ 的分布律为

$$f(x_1, x_2, \cdots, x_n)=\prod_{i=1}^{n} P\{X_i=x_i\}.$$

(二)统计量与常用统计量

1. 统计量

定义 3 设 $X_1, X_2, \cdots, X_n$ 为来自总体 X 的一个样本，$g(X_1, X_2, \cdots, X_n)$ 是 $X_1, X_2, \cdots, X_n$ 的函数，若 g 是连续函数且 g 中不含任何未知参数，则称 $g(X_1, X_2, \cdots, X_n)$ 是一**统计量**.

2. 常用统计量

(1)样本均值：$\overline{X}=\dfrac{1}{n}\sum_{i=1}^{n} X_i$.

(2)样本方差：$S^2=\dfrac{1}{n-1}\sum_{i=1}^{n}(X_i-\overline{X})^2=\dfrac{1}{n-1}\left[\sum_{i=1}^{n} X_i^2-n\overline{X}^2\right]$.

(3)样本标准差：$S=\sqrt{S^2}=\sqrt{\dfrac{1}{n-1}\sum_{i=1}^{n}(X_i-\overline{X})^2}$.

(4)样本 k 阶(原点)矩：$A_k=\dfrac{1}{n}\sum_{i=1}^{n} X_i^k$，$k=1, 2, \cdots$.

(5)样本 k 阶中心矩：$B_k=\dfrac{1}{n}\sum_{i=1}^{n}(X_i-\overline{X})^k$，$k=1, 2, \cdots$.

3. 结论

设 $X_1, X_2, \cdots, X_n$ 为来自总体 X(不论 X 服从什么分布，只要它的均值和方差存在)的样本，且 $E(X)=\mu$，$D(X)=\sigma^2$，则有：

(1) $E(\overline{X})=\mu$，$D(\overline{X})=\dfrac{\sigma^2}{n}$;

(2) $E(S^2)=\sigma^2$.

(三)抽样分布

1.χ^2 分布

1)定义

设随机变量 $X_1, X_2, \cdots, X_n$ 相互独立，且 $X_i \sim N(0, 1)$，$i=1, 2, \cdots, n$，则称**随机变量**

$$\chi^2=X_2^1+X_2^2+\cdots+X_n^2$$

服从自由度为 n 的χ^2 **分布**，记为$\chi^2 \sim \chi^2(n)$.

$\chi^2(n)$ 分布的概率密度为$f(y)=\begin{cases}\dfrac{1}{2^{n/2}\Gamma(n/2)}y^{\frac{n}{2}-1}\mathrm{e}^{-\frac{y}{2}}, & y>0\\ 0, & 其他\end{cases}$.

2)性质

(1)可加性. 设$\chi_2^1 \sim \chi_2^1(n_1)$，$\chi_2^2 \sim \chi_2^2(n_2)$，且$\chi_2^1$与$\chi_2^2$相互独立，则$\chi_2^1+\chi_2^2 \sim \chi^2(n_1+n_2)$.

(2)期望与方差. 若$\chi^2 \sim \chi^2(n)$，则 $E(\chi^2)=n$，$D(\chi^2)=2n$.

(3)设$\chi^2 \sim \chi^2(n)$，则 $\lim\limits_{n\to\infty}P\left\{\dfrac{\chi^2-n}{\sqrt{2n}}\leqslant x\right\}=\Phi(x)$.

(4)$\chi_\alpha^2(n)\approx\dfrac{1}{2}(Z_\alpha+\sqrt{2n-1})^2$，其中$\chi_\alpha^2(n)$表示$\chi^2$分布的上 α 分位点，Z_α 表示标准正态分布的上 α 分位点.

2. t 分布

1)定义

设 $X \sim N(0,1)$，$Y \sim \chi^2(n)$，并且 X 与 Y 独立，则称**随机变量**

$$t=\frac{X}{\sqrt{Y/n}}$$

服从自由度为 n 的 t **分布**，记为 $t \sim t(n)$. t 分布的概率密度为

$$h(t)=\frac{\Gamma\left(\frac{n+1}{2}\right)}{\sqrt{n\pi}\ \Gamma\left(\frac{n}{2}\right)}\left(1+\frac{t^2}{n}\right)^{-\frac{n+1}{2}},\quad -\infty<t<+\infty.$$

2)性质

(1) $\lim\limits_{n\to\infty}h(t)=\dfrac{1}{\sqrt{2\pi}}\mathrm{e}^{-\frac{t^2}{2}}$.

(2) $t_{1-\alpha}(n)=-t_\alpha(n)$.

3. F 分布

1)定义

设 $U \sim \chi^2(n_1)$，$V \sim \chi^2(n_2)$，**且** U **与** V **独立，则称随机变量**

$$F=\frac{U/n_1}{V/n_1}$$

服从自由度为 (n_1, n_2) 的 F 分布，记为 $F \sim F(n_1, n_2)$.

F 分布的概率密度为

$$\varphi(y)=\begin{cases}\dfrac{\Gamma\left(\frac{n_1+n_2}{2}\right)}{\Gamma\left(\frac{n_1}{2}\right)\ \Gamma\left(\frac{n_2}{2}\right)}\left(\dfrac{n_1}{n_2}\right)^{\frac{n_1}{2}}y^{\frac{n_1}{2}-1}\left(1+\dfrac{n_1y}{n_2}\right)^{-\frac{n_1+n_2}{2}}, & y>0\\ 0, & y\leqslant 0\end{cases}.$$

2)性质

(1)若 $F \sim F(n_1, n_2)$，则 $\frac{1}{F} \sim F(n_2, n_1)$.

(2) $F_{1-\alpha}(n_1, n_2) = \frac{1}{F_\alpha(n_2, n_1)}$.

4. 正态总体的样本均值与样本方差的分布

定理1 设 $X_1, X_2, \cdots, X_n$ 是来自正态总体 $N(\mu, \sigma^2)$ 的样本，$\overline{X}$ 和 S^2 分别是样本均值和样本方差，则有：

(1) $\overline{X} \sim N\left(\mu, \frac{\sigma^2}{n}\right)$；

(2) $\frac{\overline{X}-\mu}{\sigma}\sqrt{n} \sim N(0, 1)$；

(3) $\frac{(n-1)S^2}{\sigma^2} = \frac{\sum_{i=1}^{n}(X_i - \overline{X})^2}{\sigma^2} \sim \chi^2(n-1)$；

(4) $\overline{X}$ 和 S^2 独立；

(5) $\frac{\overline{X}-\mu}{S/\sqrt{n}} \sim t(n-1)$.

定理2 设 $X_1, X_2, \cdots, X_n$ 与 $Y_1, Y_2, \cdots, Y_n$ 分别是来自正态总体 $N(\mu_1, \sigma_1^2)$ 和 $N(\mu_2, \sigma_2^2)$ 的样本，且两样本相互独立．设 $\overline{X} = \frac{1}{n_1}\sum_{i=1}^{n_1} X_i$，$\overline{Y} = \frac{1}{n_2}\sum_{i=1}^{n_2} Y_i$ 分别是这两个样本的均值；$S_1^2 = \frac{1}{n_1-1}\sum_{i=1}^{n_1}(X_i - \overline{X})^2$，$S_2^2 = \frac{1}{n_2-1}\sum_{i=1}^{n_2}(Y_i - \overline{Y})^2$ 分别是这两个样本的样本方差，则有：

(1) $\frac{S_2^1/S_2^2}{\sigma_2^1/\sigma_2^2} \sim F(n_1-1, n_2-1)$；

(2)当 $\sigma_2^1 = \sigma_2^2 = \sigma^2$ 时，$\frac{(\overline{X}-\overline{Y})-(\mu_1-\mu_2)}{S_w\sqrt{\frac{1}{n_1}+\frac{1}{n_2}}} \sim t(n_1+n_2-2)$，其中 $S_w = \sqrt{S^2}$，$S_w^2 = \frac{(n_1-1)S_2^1+(n_2-1)S_2^2}{n_1+n_2-2}$.

三、典型题解析

(一)填空题

【例1】在天平上重复称量一重为 a 的物品，假设各次称量结果相互独立且服从正态分布

$N(a,\ 0.2^2)$. 若以 $\overline{X_n}$ 表示 n 次称量结果的算术平均值，则为使 $P\{|\overline{X}_n - a| < 0.1\} \geq 0.95$，$n$ 的最小值应不小于自然数________.

解　应填 $\underline{16}$.

【例 2】设总体 $X \sim \chi^2(n)$，X_1，X_2，…，X_{10} 是来自总体 X 的样本，则 $E(\overline{X}) =$________，$D(\overline{X}) =$________，$E(S^2) =$________.

解　应填 $\underline{n}$，$\underline{\dfrac{n}{5}}$，$\underline{2n}$.

【例 3】设总体 X 服从正态分布 $N(0,\ 2^2)$，X_1，X_2，…，X_{15} 是来自 X 的简单随机样本，则随机变量 $Y = \dfrac{X_2^1 + \cdots + X_{10}^2}{2(X_{11}^2 + \cdots X_{15}^2)}$ 服从________分布，参数为________.

解　应填 $\underline{F}$，$\underline{(10,\ 5)}$.

【例 4】设 X_1，X_2，X_3，X_4 是来自正态总体 $N(0,\ 2^2)$ 的简单随机样本，统计量 X 为

$$X = a(X_1 - 2X_2)^2 + b(3X_3 - 4X_4)^2,$$

则当 $a =$________，$b =$________时，统计量 X 服从 χ^2 分布.

解　应填 $\underline{\dfrac{1}{20}}$，$\underline{\dfrac{1}{100}}$.

(二) 单项选择题

【例 1】设 X_1，X_2，…，X_n 是来自总体 X 的简单随机样本，则样本方差 $S^2 =$(　　).

(A) $\dfrac{1}{n-1}\sum\limits_{i=1}^{n}(X_i - nX)^2$　　(B) $\dfrac{1}{n-1}\sum\limits_{i=1}^{n}(X_i - n\overline{X})^2$

(C) $\dfrac{1}{n-1}\sum\limits_{i=1}^{n}(X_i - X)^2$　　(D) $S^2 = \dfrac{1}{n-1}\sum\limits_{i=1}^{n}(X_i - \overline{X})^2$

解　应选 (D).

【例 2】设随机变量 $X \sim t(n)(n > 1)$，$Y = \dfrac{1}{X^2}$，则(　　).

(A) $Y \sim \chi^2(n)$　　(B) $Y \sim \chi^2(n-1)$

(C) $Y \sim F(n,\ 1)$　　(D) $Y \sim F(1,\ n)$

解　应选 (C).

【例 3】设 X_1，X_2，…，X_n 是来自正态总体 $N(\mu,\ \sigma^2)$ 的简单随机样本，$\overline{X}$ 是样本均值，记

$$S_1^2 = \frac{1}{n}\sum_{i=1}^{n}(X_i - \mu)^2,\quad S_2^2 = \frac{1}{n}\sum_{i=1}^{n}(X_i - \overline{X})^2,$$

$$S_3^2 = \frac{1}{n-1}\sum_{i=1}^{n}(X_i - \mu)^2,\quad S_4^2 = \frac{1}{n-1}\sum_{i=1}^{n}(X_i - \overline{X})^2.$$

则服从自由度为 $n-1$ 的 t 分布的随机变量是(　　).

(A) $T = \dfrac{\overline{X} - \mu}{S_1/\sqrt{n-1}}$　　(B) $T = \dfrac{\overline{X} - \mu}{S_2/\sqrt{n-1}}$

(C) $T=\dfrac{\overline{X}-\mu}{S_3/\sqrt{n-1}}$　　　　(D) $T=\dfrac{\overline{X}-\mu}{S_4/\sqrt{n-1}}$

解　应选(B).

【例 4】设 $X_1, X_2, \cdots, X_n, X_{n+1}, \cdots, X_{n+m}$ 是来自正态总体 $N(0, \sigma^2)$ 的容量为 $n+m$ 样本，则统计量 $V=\dfrac{m\sum\limits_{i=1}^{n}X_i^2}{n\sum\limits_{i=n+1}^{n+m}X_i^2}$ 服从分布(　　).

(A) $F(m, n)$　　　　(B) $F(m-1, n-1)$

(C) $F(n, m)$　　　　(D) $F(n-1, m-1)$

解　应选(C).

【例 5】设 $X_1, X_2, \cdots, X_8$ 和 $Y_1, Y_2, \cdots, Y_{10}$ 分别是来自两个正态总体 $N(-1, 2^2)$ 和 $N(2, 5)$ 的样本，且相互独立，S_1^2 和 S_2^2 分别是两个样本的样本方差，则服从 $F(7, 9)$ 的统计量是(　　).

(A) $\dfrac{2S_1^2}{5S_2^2}$　　　　(B) $\dfrac{4S_2^2}{5S_1^2}$

(C) $\dfrac{5S_1^2}{2S_2^2}$　　　　(D) $\dfrac{5S_1^2}{4S_2^2}$

解　应选 (D).

(三)计算题

【例 1】在总体 $N(52, 6.3^2)$ 中随机抽取一容量为 36 的样本，求样本均值 $\overline{X}$ 落在 50.8~53.8 之间的概率.

解　$\overline{X}$ 为样本均值，则有 $\overline{X}\sim N\left(52, \dfrac{6.3^2}{36}\right)$，即 $\dfrac{\overline{X}-52}{6.3/6}\sim N(0, 1)$. 从而有

$$P\{50.8<\overline{X}<53.8\}=\Phi\left(\frac{53.8-52}{6.3/6}\right)-\Phi\left(\frac{50.8-52}{6.3/6}\right)$$

$$=\Phi\left(\frac{12}{7}\right)-\Phi\left(-\frac{8}{7}\right)=\Phi\left(\frac{12}{7}\right)+\Phi\left(\frac{8}{7}\right)-1=0.8293.$$

【例 2】设总体 X 服从正态分布 $N(\mu, \sigma^2)$，从该总体中抽取简单随机样本 $X_1, X_2, \cdots, X_{2n}$ ($n\geqslant 2$)，其样本均值为 $\overline{X}=\dfrac{1}{2n}\sum\limits_{i=1}^{2n}X_i$，求统计量 $Y=\sum\limits_{i=1}^{n}(X_i+X_{n+i}-2\overline{X})^2$ 的数学期望 $E(Y)$.

解　$$Y=\sum_{i=1}^{n}(X_i+X_{n+i}-2\overline{X})^2=\sum_{i=1}^{n}\left[(X_i-\overline{X_1})+(X_{n+i}-\overline{X_2})\right]^2$$

$$=\sum_{i=1}^{n}\left[(X_i-\overline{X_1})^2+2(X_i-\overline{X_1})(X_{n+i}-\overline{X_2})+(X_{n+i}-\overline{X_2})^2\right],$$

$$E(Y)=E\left[\sum_{i=1}^{n}(X_i-\overline{X_1})^2\right]+E\left[\sum_{i=1}^{n}(X_{n+i}-\overline{X_2})^2\right]+2\sum_{i=1}^{n}E\left[(X_i-\overline{X_1})(X_{n+i}-\overline{X_2})\right].$$

由 $X_i-\overline{X_1}$ 与 $X_{n+i}-\overline{X_2}$ 独立，$E[(X_i-\overline{X_1})(X_{n+i}-\overline{X_2})]=E(X_i-\overline{X_1})\cdot E(X_{n+i}-\overline{X_2})=0$，于是 $E(Y)=(n-1)\sigma^2+(n-1)\sigma^2+0=2(n-1)\sigma^2$.

【例 3】设总体 $X\sim N(0,1)$，从总体中抽取一个容量为 6 的样本 $X_1, X_2, \cdots, X_6$，设 $Y=(X_1+X_2+X_3)^2+(X_4+X_5+X_6)^2$，试确定常数 C，使 CY 服从 χ^2 分布.

解　方法一　由已知，$X_i\sim N(0,1)$，$i=1, 2, \cdots, 6$. 从而 $X_1+X_2+X_3\sim N(0,3)$，$\dfrac{X_1+X_2+X_3}{\sqrt{3}}\sim N(0,1)$. 于是 $\left(\dfrac{X_1+X_2+X_3}{\sqrt{3}}\right)^2\sim\chi^2(1)$.

类似地，有 $\left(\dfrac{X_4+X_4+X_5}{\sqrt{3}}\right)^2\sim\chi^2(1)$. 由 χ^2 分布的可加性，得

$$\frac{1}{3}Y=\left(\frac{X_1+X_2+X_3}{\sqrt{3}}\right)^2+\left(\frac{X_4+X_4+X_5}{\sqrt{3}}\right)^2\sim\chi^2(2).$$

故 $C=\dfrac{1}{3}$.

方法二　因 CY 服从 χ^2 分布，则由 χ^2 分布的定义，应有 $\sqrt{C}(X_1+X_2+X_3)\sim N(0,1)$. 从而

$$D[\sqrt{C}(X_1+X_2+X_3)]=C[D(X_1)+D(X_2)+D(X_3)]=1.$$

即 $3C=1$，$C=\dfrac{1}{3}$.

(四)证明题

【例 1】设 $X_1, X_2, \cdots, X_9$ 是来自正态总体 X 的简单随机样本，且

$$Y_1=\frac{1}{6}(X_1+\cdots+X_6),\ Y_2=\frac{1}{3}(X_7+X_8+X_9),$$

$$S^2=\frac{1}{2}\sum_{i=7}^{9}(X_i-Y_2)^2,\ Z=\frac{\sqrt{2}(Y_1-Y_2)}{S}.$$

证明：统计量 Z 服从自由度为 2 的 t 分布.

证明　设 $X\sim N(\mu,\sigma^2)$，则 $X_i\sim N(\mu,\sigma^2)$，$i=1, 2, \cdots, 9$. 且 $Y_1\sim N\left(\mu,\dfrac{\sigma^2}{6}\right)$，$Y_2\sim N\left(\mu,\dfrac{\sigma^2}{3}\right)$，$Y_1$ 与 Y_2 独立. 于是，$Y_1-Y_2\sim N\left(0,\dfrac{\sigma^2}{2}\right)$，从而 $\dfrac{Y_1-Y_2}{\sigma/\sqrt{2}}\sim N(0,1)$. 又由正态总体下样本方差的性质，有 $\dfrac{2S^2}{\sigma^2}\sim\chi^2(2)$. 由 Y_1，Y_2，S^2 相互独立，可见 Y_1-Y_2 与 S^2 独立，由 t 分布定义，知 $Z=\dfrac{\sqrt{2}(Y_1-Y_2)}{S}=\dfrac{\dfrac{Y_1-Y_2}{\sigma/\sqrt{2}}}{\sqrt{\dfrac{2S^2}{\sigma^2}/2}}\sim t(2)$.

【例 2】设 $X_1, X_2, \cdots, X_n, X_{n+1}$ 是来自正态总体 $N(\mu,\sigma^2)$ 的简单随机样本，$\overline{X}=$

$\frac{1}{n}\sum_{i=1}^{n}X_i$，$S^2=\frac{1}{n-1}\sum_{i=1}^{n}(X_i-\overline{X})^2$，证明：统计量 $Y=\frac{X_{n+1}-\overline{X}}{S}\sqrt{\frac{n}{n+1}}$ 服从的分布是 $t(n-1)$.

证明 因 $X_1,X_2,\cdots,X_n,X_{n+1}$ 是来自正态总体 $N(\mu,\sigma^2)$ 的样本，则有 $X_{n+1}\sim N(\mu,\sigma^2)$，$\overline{X}\sim N\left(\mu,\frac{\sigma^2}{n}\right)$，$\frac{(n-1)S^2}{\sigma^2}\sim\chi^2(n-1)$，且 X_{n+1} 与 $\overline{X}$ 独立．由相互独立的正态分布的随机变量的线性组合仍为正态分布，且

$$E(X_{n+1}-\overline{X})=0,\ D(X_{n+1}-\overline{X})=\sigma^2+\frac{\sigma^2}{n}=\frac{(n+1)}{n}\sigma^2.$$

则 $X_{n+1}-\overline{X}\sim N\left(0,\frac{(n+1)}{n}\sigma^2\right)$，即 $\frac{X_{n+1}-\overline{X}}{\sigma}\sqrt{\frac{n}{n+1}}\sim N(0,1)$．又 $X_{n+1}-\overline{X}$ 与 S^2 独立，由 t 分布的定义，$Y=\frac{X_{n+1}-\overline{X}}{S}\sqrt{\frac{n}{n+1}}=\frac{\frac{X_{n+1}-\overline{X}}{\sigma}\sqrt{\frac{n}{n+1}}}{\sqrt{\frac{(n-1)S^2}{\sigma^2}/(n-1)}}\sim t(n-1)$.

四、测验题及参考解答

测验题

(一)填空题

1. 设随机变量 $X_1,X_2,\cdots,X_n$ 相互独立，且 $X_i\sim N(0,1)(i=1,2,\cdots,n)$，则 $\chi^2=X_1^2+X_2^2+\cdots+X_n^2$ 服从________分布.

2. 已知总体 $X\sim\chi^2(2)$，$Y\sim\chi^2(3)$，且 X 与 Y 独立，则 $X+Y$ 服从________分布.

3. 设 $X_1,X_2,\cdots,X_n$ 是总体 X 的样本，$X\sim N(\mu,\sigma^2)$，则 $\frac{\overline{X}-\mu}{S}\sqrt{n}$ 服从________分布.

4. 设随机变量 X 和 Y 相互独立，且均服从正态分布 $N(0,3^2)$，$X_1,X_2,\cdots,X_9$ 和 $Y_1,Y_2,\cdots,Y_9$ 是总体 X 和 Y 的简单随机样本，则统计量 $U=\frac{X_1+X_2+\cdots+X_9}{\sqrt{Y_1^2+Y_2^2+\cdots+Y_9^2}}$ 服从________分布，参数为________.

(二)单项选择题

1. 设 $X_1,X_2,\cdots,X_n$ 是来自正态总体 $N(\mu,\sigma^2)$ 的简单随机样本，其中 μ 未知，σ^2 已知，则下面不是统计量的是(　　).

(A) $\overline{X}=\frac{1}{n}\sum_{i=1}^{n}X_i$　　　　(B) $S^2=\frac{1}{n-1}\sum_{i=1}^{n}(X_i-\overline{X})^2$

(C) $\frac{1}{\sigma^2}\sum_{i=1}^{n}(X_i-\overline{X})^2$　　(D) $\frac{1}{n}\sum_{i=1}^{n}(X_i-\mu)^2$

2. 设 $X_1, X_2, \cdots, X_n$ 是取自总体 $X \sim N(\mu, \sigma^2)$ 的样本，则 $\overline{X}=\frac{1}{n}\sum_{i=1}^{n}X_i$ 服从分布(　　).

(A) $N\left(\mu, \frac{\sigma^2}{n}\right)$　　(B) $N(\mu, \sigma^2)$

(C) $N(0, 1)$　　(D) $N(n\mu, n\sigma^2)$

3. 设随机变量 X 和 Y 都服从标准正态分布，则(　　).

(A) $X+Y$ 服从正态分布　　(B) X^2+Y^2 服从 χ^2 分布

(C) X^2 和 Y^2 都服从 χ^2 分布　　(D) X^2/Y^2 服从 F 分布

4. 设 $(X_1, X_2, \cdots, X_n)$ 及 $(Y_1, Y_2, \cdots, Y_m)$ 分别为来自两个独立的正态总体 $N(\mu_1, \sigma^2)$ 及 $N(\mu_2, \sigma^2)$ 的两个样本，其样本(无偏)方差分别为 S_1^2 及 S_2^2，则统计量 $F=\frac{S_1^2}{S_2^2}$ 服从 F 分布的自由度为(　　).

(A) $(n-1, m-1)$　　(B) (n, m)

(C) $(n+1, m+1)$　　(D) $(m-1, n-1)$

5. 样本 $X_1, X_2, \cdots, X_n$ 取自标准正态分布 $N(0, 1)$ 的总体 X，$\overline{X}$ 及 S^2 分别为样本的平均值及无偏方差，则以下结果不成立的是(　　).

(A) $X_i \sim N(0, 1)(1 \leqslant i \leqslant n)$　　(B) $\overline{X} \sim N(0, 1)$

(C) $\frac{\sqrt{n}\,\overline{X}}{S} \sim t(n-1)$　　(D) $\sum_{i=1}^{n}X_i^2 \sim \chi^2(n)$

(三) 计算题

1. 设总体 X 的概率密度 $f(x)=\begin{cases}2x, & 0<x<1\\ 0, & \text{其他}\end{cases}$，且 $X_1, X_2, \cdots, X_{10}$ 是总体 X 的样本，$\overline{X}=\frac{1}{10}\sum_{i=1}^{10}X_i$，求 $E(\overline{X})$, $D(\overline{X})$.

2. 从正态总体 $N(3.4, 6^2)$ 中抽取容量为 n 的样本，如果要求其样本均值位于区间 $(1.4, 5.4)$ 内的概率不小于 0.95，问样本容量 n 至少应取多大?

参考解答

(一) 填空题

1. 分析　本题考查一个重要的统计量的分布.

$$\chi^2=X_1^2+X_2^2+\cdots+X_n^2 \sim \chi^2(n).$$

解　应填 $\underline{\chi^2(n)}$.

2. 分析　本题考查 χ^2 分布的一个重要性质——可加性.

$$X+Y \sim \chi^2(2+3)=\chi^2(5).$$

解　应填 $\underline{\chi^2(5)}$.

3. **分析** 本题考查正态总体样本均值 $\overline{X}$ 的分布.

$$\frac{\overline{X}-\mu}{S}\sqrt{n}=\frac{\overline{X}-\mu}{S/\sqrt{n}}\sim t(n-1).$$

解 应填 $\underline{t(n-1)}$.

4. **分析** 本题考查一个重要的统计量——t 统计量的分布.

由 $X_i\sim N(0,3^2)$，$i=1,2,\cdots,9$，知 $X_1+X_2+\cdots+X_9\sim N(0,9^2)$，所以 $\dfrac{X_1+X_2+\cdots+X_9}{9}\sim N(0,1)$.

由 $Y_i\sim N(0,3^2)$，$i=1,2,\cdots,9$，知 $\dfrac{Y_i}{3}\sim N(0,1)$，$i=1,2,\cdots,9$.

所以 $\left(\dfrac{Y_1}{3}\right)^2+\left(\dfrac{Y_2}{3}\right)^2+\cdots+\left(\dfrac{Y_9}{3}\right)^2=\dfrac{Y_1^2+Y_2^2+\cdots+Y_9^2}{9}\sim\chi^2(9)$.

又 $\dfrac{X_1+X_2+\cdots+X_9}{9}$ 与 $\dfrac{Y_1^2+Y_2^2+\cdots+Y_9^2}{9}$ 相互独立.

从而 $U=\dfrac{X_1+X_2+\cdots+X_9}{\sqrt{Y_1^2+Y_2^2+\cdots+Y_9^2}}=\dfrac{(X_1+X_2+\cdots+X_9)/9}{\sqrt{\left(\dfrac{Y_1^2+Y_2^2+\cdots+Y_9^2}{9}\right)/9}}\sim t(9)$.

解 应填 $\underline{t,\ 9}$.

(二)单项选择题

1. **分析** 本题考查统计量的概念．显然 (A)、(B)、(C) 均为统计量.

解 应选 (D).

2. **分析** 本题考查正态总体样本均值 $\overline{X}$ 的分布．显然 $\overline{X}=\dfrac{1}{n}\sum\limits_{i=1}^{n}X_i\sim N\left(\mu,\dfrac{\sigma^2}{n}\right)$.

解 应选 (A).

3. **分析** 本题考查几个重要的统计量的分布.

事实上，由条件可知 $X^2\sim\chi^2(1)$，$Y^2\sim\chi^2(1)$，故应选 (C)．而 (A)、(B)、(D) 只有在 X 与 Y 独立的条件下才正确，且此时 $X+Y\sim N(0,2)$，$X^2+Y^2\sim\chi^2(2)$，$\dfrac{X^2}{Y^2}\sim F(1,1)$. 但本题没有 X 与 Y 独立的条件.

解 应选 (C).

4. **分析** 本题考查一个重要的统计量——F 统计量的分布.

因 $\dfrac{(n-1)S_1^2}{\sigma^2}\sim\chi^2(n-1)$，$\dfrac{(m-1)S_2^2}{\sigma^2}\sim\chi^2(m-1)$；且 $\dfrac{(n-1)S_1^2}{\sigma^2}$ 与 $\dfrac{(m-1)S_2^2}{\sigma^2}$ 独立；所以

$$F=\frac{S_1^2}{S_2^2}=\frac{\dfrac{(n-1)S_1^2}{\sigma^2}\Big/(n-1)}{\dfrac{(m-1)S_2^2}{\sigma^2}\Big/(m-1)}\sim F(n-1,m-1).$$

解　应选(A).

5. 分析　本题考查正态总体样本均值 $\overline{X}$、样本方差 S^2 的分布. 显然(A)、(C)、(D)均正确；而 $\overline{X} \sim N\left(0, \dfrac{1}{n}\right)$，故(B)不正确.

解　应选(B).

(三)计算题

1. 分析　本题考查样本均值的期望和方差的结论. $E(\overline{X}) = E(X)$，$D(\overline{X}) = \dfrac{D(X)}{n}$.

解　由已知，$E(X) = \int_{-\infty}^{\infty} xf(x)\mathrm{d}x = \int_0^1 2x\mathrm{d}x = \dfrac{2}{3}$，故 $E(\overline{X}) = E(X) = \dfrac{2}{3}$；再由 $E(X^2) = \int_0^1 x^2 \cdot 2x\mathrm{d}x = \dfrac{1}{2}$，可得 $D(X) = E(X^2) - [E(X)]^2 = \dfrac{1}{2} - \dfrac{4}{9} = \dfrac{1}{18}$，故 $D(\overline{X}) = \dfrac{1}{10}D(X) = \dfrac{1}{180}$.

2. 分析　本题考查正态总体样本均值 $\overline{X}$ 的分布.

解　由 $X \sim N(3.4, 6^2)$，知 $\overline{X} \sim N\left(3.4, \dfrac{6^2}{n}\right)$；故

$$P\{1.4 < \overline{X} < 5.4\} = P\{|\overline{X} - 3.4| < 2\} = P\left\{\left|\frac{\overline{X} - 3.4}{6/\sqrt{n}}\right| < \frac{2\sqrt{n}}{6}\right\}$$
$$= 2\Phi\left(\frac{\sqrt{n}}{3}\right) - 1 \geqslant 0.95,$$

得 $\Phi\left(\dfrac{\sqrt{n}}{3}\right) \geqslant 0.975 = \Phi(1.96)$，所以 $\dfrac{\sqrt{n}}{3} \geqslant 1.96$，即 $n \geqslant (1.96 \times 3)^2 \approx 34.57$；故 n 至少应取35.

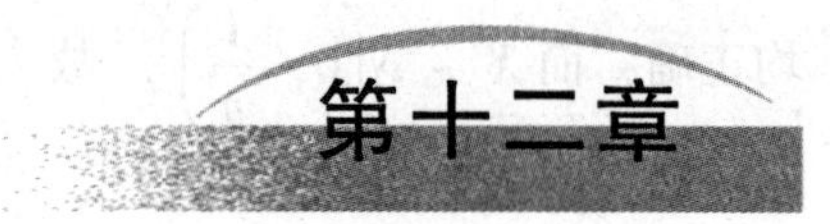

第十二章 参数估计

统计推断的基本问题可以分为两大类，一类是参数估计问题，另一类是假设检验问题．本章介绍参数估计问题．参数估计分为点估计和区间估计．在点估计中，矩估计法和最大似然估计法是常用的两种方法，要熟练掌握．由于对同一个未知参数可采用不同的估计量，因而给出了评定估计量好坏的标准．对区间估计，主要介绍正态总体均值与方差的区间估计．

第十二章
典型题解析

本章的重点内容是矩估计法和最大似然估计法，以及单个正态总体下均值与方差的区间估计．

一、教学基本要求

(1)理解参数的点估计、估计量、估计值的概念．

(2)掌握矩估计法和最大似然估计法．

(3)了解估计量的评选标准，会验证估计量的无偏性．

(4)了解区间估计、置信区间、置信度的概念，会求单个正态总体的均值和方差的置信区间，会求两个正态总体均值差和方差比的置信区间．

二、内容提要

(一)参数的点估计

1. 估计量与估计值

设总体 X 的分布函数 $F(x;\ \theta)$ 的形式为已知，θ 是待估参数，$X_1,\ X_2,\ \cdots,\ X_n$ 是 X 的一个样本，$x_1,\ x_2,\ \cdots,\ x_n$ 是相应的一个样本值．点估计问题就是要构造一个适当的统计量 $\hat{\theta}(X_1,\ X_2,\ \cdots,\ X_n)$，用其观察值 $\hat{\theta}(x_1,\ x_2,\ \cdots,\ x_n)$ 来估计未知参数 θ. 称 $\hat{\theta}(X_1,$

$X_2, \cdots, X_n)$ 为 θ 的估计量，$\hat{\theta}(x_1, x_2, \cdots, x_n)$ 为 θ 的估计值.

2. 矩估计法

矩估计法的基本思想是用样本原点矩去估计总体原点矩.

设总体 X 的概率分布中含有 m 个未知参数 $\theta_1, \theta_2, \cdots, \theta_m$，总体的 k 阶原点矩为 $\mu_k = E(X^k)$，样本的 k 阶原点矩为 $A_k = \frac{1}{n}\sum_{i=1}^{n} X_i^k$. 若 $\mu_k = \mu_k(\theta_1, \theta_2, \cdots, \theta_m)$，令

$$\mu_k(\theta_1, \theta_2, \cdots, \theta_m) = \frac{1}{n}\sum_{i=1}^{n} X_i^k,\ k = 1, 2, \cdots, m.$$

这是一个含有 m 个未知参数 $\theta_1, \theta_2, \cdots, \theta_m$，$m$ 个方程的联立方程组，解为

$$\begin{cases} \hat{\theta}_1 = \theta_1(X_1, X_2, \cdots, X_n) \\ \hat{\theta}_2 = \theta_2(X_1, X_2, \cdots, X_n) \\ \quad\vdots \\ \hat{\theta}_m = \theta_m(X_1, X_2, \cdots, X_n) \end{cases}.$$

这就是参数 $\theta_1, \theta_2, \cdots, \theta_m$ 的矩估计量.

注　常见的是 $m = 1, 2$ 的情形.

(1) 当总体中只有一个未知参数 θ 时，令 $E(X) = \frac{1}{n}\sum_{i=1}^{n} X_i$，即 $E(X) = \overline{X}$.

(2) 当总体中含有两个未知参数 θ_1, θ_2 时，则令 $\begin{cases} E(X) = \overline{X} \\ E(X^2) = \frac{1}{n}\sum_{i=1}^{n} X_i^2 \end{cases}$ 即可.

3. 最大似然估计法

1) 似然函数

设总体 X 为连续型随机变量，概率密度为 $f(x, \theta)$，$\theta \in \Theta$，则似然函数为 $L(\theta) = L(x_1, x_2, \cdots, x_n; \theta) = \prod_{i=1}^{n} f(x_i, \theta)$，即样本的概率密度.

设总体 X 为离散型随机变量，分布律为 $p(x, \theta)$，$\theta \in \Theta$，则似然函数为 $L(\theta) = L(x_1, x_2, \cdots, x_n; \theta) = \prod_{i=1}^{n} p(x_i, \theta)$，即样本的分布律.

2) 最大似然估计

若有 $\hat{\theta}(x_1, x_2, \cdots, x_n)$，使得 $L(x_1, x_2, \cdots, x_n; \hat{\theta}) = \max_{\theta \in \Theta} L(x_1, x_2, \cdots, x_n; \theta)$，则称 $\hat{\theta}(x_1, x_2, \cdots, x_n)$ 为 θ 的最大似然估计值，$\hat{\theta}(X_1, X_2, \cdots, X_n)$ 为 θ 的最大似然估计量.

3) 似然方程

似然方程有两种形式：$\frac{\mathrm{d}}{\mathrm{d}\theta} L = 0$，或 $\frac{\mathrm{d}}{\mathrm{d}\theta} \ln L = 0$.

一般，最大似然估计可通过解似然方程得到；若似然方程无解，则可根据最大似然估计

法的原理找到.

注 以上方法也适用于含有两个或多个未知参数的情形，所不同的是似然方程中要对参数求偏导数，得到的是似然方程组.

4. 估计量的评选标准

1)无偏性

若估计量 $\hat{\theta}(X_1, X_2, \cdots, X_n)$ 的数学期望存在，且对于任意的 $\theta \in \Theta$，有 $E(\hat{\theta})=\theta$，则称 $\hat{\theta}$ 是 θ 的无偏估计量.

2)有效性

设 $\hat{\theta}_1(X_1, X_2, \cdots, X_n)$ 与 $\hat{\theta}_2(X_1, X_2, \cdots, X_n)$ 都是 θ 的无偏估计量，若有 $D(\hat{\theta}_1) < D(\hat{\theta}_2)$，则称 $\hat{\theta}_1$ 比 $\hat{\theta}_2$ 有效.

3)一致性(相合性)

设 $\hat{\theta}(X_1, X_2, \cdots, X_n)$ 为参数 θ 的估计量，若对于任意的 $\theta \in \Theta$，当 $n \to \infty$ 时，$\hat{\theta}(X_1, X_2, \cdots, X_n)$ 依概率收敛于 θ，则称 $\hat{\theta}$ 为 θ 的一致估计量(相合估计量).

(二)参数的区间估计

1. 置信区间与置信度

设总体 X 的概率分布中含有一个未知参数 θ，$\theta \in \Theta$，对于给定的 α ($0<\alpha<1$)，由样本 $X_1, X_2, \cdots, X_n$ 确定的两个统计量 $\theta_1(X_1, X_2, \cdots, X_n)$ 和 $\theta_2(X_1, X_2, \cdots, X_n)$ 满足

$$P\{\theta_1(X_1, X_2, \cdots X_n) < \theta < \theta_2(X_1, X_2, \cdots X_n)\} = 1-\alpha,$$

则称随机区间 (θ_1, θ_2) 是 θ 的置信度为 $1-\alpha$ 的置信区间，θ_1 和 θ_2 分别称为置信下限和置信上限.

2. 正态总体 $N(\mu, \sigma^2)$ 的均值 μ 的区间估计

(1) σ^2 已知，采用的函数及其分布为

$$\frac{\overline{X}-\mu}{\sigma/\sqrt{n}} \sim N(0, 1),$$

μ 的置信度为 $1-\alpha$ 的置信区间为 $\left(\overline{X}-\frac{\sigma}{\sqrt{n}}Z_{\alpha/2}, \overline{X}+\frac{\sigma}{\sqrt{n}}Z_{\alpha/2}\right)$，其中 $Z_{\alpha/2}$ 满足 $\Phi(Z_{\alpha/2}) = 1-\frac{\alpha}{2}$.

(2) σ^2 未知，采用的函数及其分布为

$$T=\frac{\overline{X}-\mu}{S/\sqrt{n}} \sim t(n-1),$$

μ 的置信度为 $1-\alpha$ 的置信区间为 $\left(\overline{X}-\frac{S}{\sqrt{n}}t_{\alpha/2}(n-1), \overline{X}+\frac{S}{\sqrt{n}}t_{\alpha/2}(n-1)\right)$，其中 $t_{\alpha/2}(n-1)$ 满足 $P\{T \leqslant t_{\alpha/2}(n-1)\} = 1-\frac{\alpha}{2}$.

3. 正态总体 $N(\mu, \sigma^2)$ 的方差 σ^2 的区间估计

(1) μ 已知，采用的函数及其分布为

$$\chi^2 = \frac{1}{\sigma^2}\sum_{i=1}^{n}(X_i - \mu)^2 \sim \chi^2(n),$$

σ^2 的置信度为 $1-\alpha$ 的置信区间为 $\left(\dfrac{\sum\limits_{i=1}^{n}(X_i-\mu)^2}{\chi^2_{\alpha/2}(n)}, \dfrac{\sum\limits_{i=1}^{n}(X_i-\mu)^2}{\chi^2_{1-\alpha/2}(n)}\right)$，其中 $\chi^2_{\alpha/2}(n)$，$\chi^2_{1-\alpha/2}(n)$ 满足 $P\{\chi^2 > \chi^2_{\alpha/2}(n)\} = P\{\chi^2 < \chi^2_{1-\alpha/2}(n)\} = \dfrac{\alpha}{2}$.

(2) μ 未知，采用的函数及其分布为

$$\chi^2 = \frac{(n-1)S^2}{\sigma^2} = \frac{1}{\sigma^2}\sum_{i=1}^{n}(X_i - \overline{X})^2 \sim \chi^2(n-1),$$

σ^2 的置信度为 $1-\alpha$ 的置信区间为 $\left(\dfrac{(n-1)S^2}{\chi^2_{\alpha/2}(n-1)}, \dfrac{(n-1)S^2}{\chi^2_{1-\alpha/2}(n-1)}\right)$，其中 $\chi^2_{\alpha/2}(n-1)$，$\chi^2_{1-\alpha/2}(n-1)$ 满足 $P\{\chi^2 > \chi^2_{\alpha/2}(n-1)\} = P\{\chi^2 < \chi^2_{1-\alpha/2}(n-1)\} = \dfrac{\alpha}{2}$.

4. 两个正态总体均值差的区间估计

设 $X \sim N(\mu_1, \sigma_1^2)$，$Y \sim N(\mu_2, \sigma_2^2)$，$X$ 与 Y 独立，$X_1, X_2, \cdots, X_{n_1}$ 与 $Y_1, Y_2, \cdots, Y_{n_2}$ 分别为取自总体 X 和 Y 的样本，且 $\overline{X}$ 与 $\overline{Y}$ 分别为两个总体的样本均值，S_1^2 与 S_2^2 分别为两个总体的样本方差，求 $\mu_1 - \mu_2$ 的置信区间.

(1) σ_1^2，σ_2^2 已知，采用的函数及其分布为

$$\frac{\overline{X} - \overline{Y} - (\mu_1 - \mu_2)}{\sqrt{\dfrac{\sigma_1^2}{n_1} + \dfrac{\sigma_2^2}{n_2}}} \sim N(0, 1),$$

$\mu_1 - \mu_2$ 的置信度为 $1-\alpha$ 的置信区间为 $\left(\overline{X} - \overline{Y} - Z_{\alpha/2}\sqrt{\dfrac{\sigma_1^2}{n_1} + \dfrac{\sigma_2^2}{n_2}}, \overline{X} - \overline{Y} + Z_{\alpha/2}\sqrt{\dfrac{\sigma_1^2}{n_1} + \dfrac{\sigma_2^2}{n_2}}\right)$.

(2) $\sigma_1^2 = \sigma_2^2 = \sigma^2$，但 σ^2 未知，采用的函数及其分布为

$$\frac{\overline{X} - \overline{Y} - (\mu_1 - \mu_2)}{S_w\sqrt{\dfrac{1}{n_1} + \dfrac{1}{n_2}}} \sim t(n_1 + n_2 - 2),$$

$\mu_1 - \mu_2$ 的置信度为 $1-\alpha$ 的置信区间为

$$\left(\overline{X} - \overline{Y} - t_{\alpha/2}(n_1 + n_2 - 2)S_w\sqrt{\frac{1}{n_1} + \frac{1}{n_2}}, \overline{X} - \overline{Y} + t_{\alpha/2}(n_1 + n_2 - 2)S_w\sqrt{\frac{1}{n_1} + \frac{1}{n_2}}\right),$$

其中 $S_w^2 = \dfrac{(n_1 - 1)S_1^2 + (n_2 - 1)S_2^2}{n_1 + n_2 - 2}$，$S_w = \sqrt{S_w^2}$.

5. 两个正态总体方差比的区间估计

设 μ_1，μ_2 未知，采用的函数及其分布为 $\dfrac{S_1^2/S_2^2}{\sigma_1^2/\sigma_2^2} \sim F(n_1 - 1, n_2 - 1)$. σ_1^2/σ_2^2 的置信度为

$1-\alpha$ 的置信区间为 $\left(\dfrac{S_1^2}{S_2^2}\dfrac{1}{F_{\alpha/2}(n_1-1,\ n_2-1)},\ \dfrac{S_1^2}{S_2^2}\dfrac{1}{F_{1-\alpha/2}(n_1-1,\ n_2-1)}\right)$. 其中，$F_{\alpha/2}(n_1-1,$ $n_2-1)$，$F_{1-\alpha/2}(n_1-1,\ n_2-1)$ 满足

$$P\{F>F_{\alpha/2}(n_1-1,\ n_2-1)\}=P\{F<F_{1-\alpha/2}(n_1-1,\ n_2-1)\}=\frac{\alpha}{2}.$$

三、典型题解析

(一) 填空题

【例 1】 设总体 X 的概率密度为 $f(x,\ \theta)=\begin{cases}\theta(1-x)\ \theta-1, & 0\leqslant x\leqslant 1\\ 0, & \text{其他}\end{cases}$，则未知参数 θ 的矩估计量为________.

分析 本题中只有一个未知参数，利用矩估计法，令 $E(X)=\overline{X}$，即可得到参数 θ 的矩估计量.

总体 X 的数学期望

$$E(X)=\int_{-\infty}^{+\infty}xf(x,\ \theta)\mathrm{d}x=\int_0^1 x\theta\,(1-x)^{\theta-1}\mathrm{d}x=-x\,(1-x)^{\theta}\Big|_0^1+\int_0^1(1-x)^{\theta}\mathrm{d}x$$

$$=-\frac{1}{\theta+1}(1-x)^{\theta+1}\Big|_0^1=\frac{1}{\theta+1}.$$

令 $\dfrac{1}{\theta+1}=\overline{X}$，得参数 θ 的矩估计量为 $\hat{\theta}=\dfrac{1}{\overline{X}}-1$.

解 应填 $\underline{\hat{\theta}=\dfrac{1}{\overline{X}}-1}$.

【例 2】 设总体 X 的概率密度为 $f(x,\ \theta)=\begin{cases}\mathrm{e}^{-(x-\theta)}, & x\geqslant 0\\ 0, & x<0\end{cases}$，$X_1$，$X_2$，…，$X_n$ 为来自总体 X 的样本，则未知参数 θ 的矩估计量为________.

解 应填 $\underline{\hat{\theta}=\overline{X}-1}$.

【例 3】 设总体 X 的概率密度为 $f(x,\ \theta)=\begin{cases}\dfrac{2x}{3\theta^2}, & 0<x<2\theta\\ 0, & \text{其他}\end{cases}$，其中 θ 是未知参数，X_1，X_2，…，X_n 为来自总体 X 的简单随机样本，若 $c\sum\limits_{i=1}^{n}X_i^2$ 是 θ^2 的无偏估计量，则 $c=$________.

分析 由已知条件，应有 $E(c\sum\limits_{i=1}^{n}X_i^2)=\theta^2$，而 $E(X_i^2)=E(X^2)$，又 $E(X^2)=\int_{\theta}^{2\theta}x^2\cdot\dfrac{2x}{3\theta^2}\mathrm{d}x=$ $\dfrac{2}{3\theta^2}\int_{\theta}^{2\theta}x^3\mathrm{d}x=\dfrac{2}{3\theta^2}\dfrac{1}{4}x^4\Big|_{\theta}^{2\theta}=\dfrac{1}{6\theta^2}\cdot 15\theta^4=\dfrac{5}{2}\theta^2$，则有

$$E(c\sum_{i=1}^{n}X_i^2)=c\sum_{i=1}^{n}(X_i^2)=c\cdot n\cdot\frac{5}{2}\theta^2=\theta^2,$$

从而可得 $c=\dfrac{2}{5n}$.

解　应填 $\underline{\dfrac{2}{5n}}$.

【例 4】设 X_1，X_2，…，X_n 是总体 $N(\mu,\ \sigma^2)$ 的一个样本，为使 $C\sum\limits_{i=1}^{n-1}(X_{i+1}-X_i)^2$ 是 σ^2 的无偏估计量，则 $C=$________.

解　应填 $\underline{\dfrac{1}{2(n-1)}}$.

【例 5】设有来自正态总体 $N(\mu,\ 0.9^2)$ 的容量为 9 的简单随机样本，计算得样本均值 $\overline{X}=5$，则未知参数 μ 的置信度为 0.95 的置信区间为________.

解　应填 $\underline{(4.412,\ 5.588)}$.

【例 6】设 x_1，x_2，…，x_n 为来自正态总体 $N(\mu,\ \sigma^2)$ 的简单随机样本值，样本均值 $\overline{x}=9.5$，参数 μ 的置信度为 0.95 的双侧置信区间的置信上限为 10.8，则 μ 的置信度为 0.95 的双侧置信区间为________.

解　应填 $\underline{(8.2,\ 10.8)}$.

（二）单项选择题

【例 1】设总体 X 的概率分布为 $P\{X=1\}=\dfrac{1-\theta}{2}$，$P\{X=2\}=P\{X=3\}=\dfrac{1+\theta}{4}$，利用来自总体的样本值 1，3，2，2，1，3，1，2，可得 θ 的最大似然估计值为（　　）.

(A) $\dfrac{1}{4}$　　(B) $\dfrac{3}{8}$　　(C) $\dfrac{1}{2}$　　(D) $\dfrac{5}{2}$

分析　由似然函数 $L(\theta)$ 的基本定义，得

$L(\theta)=P\{X_1=x_1,\ X_2=x_2,\ \cdots,\ X_n=x_n\}=P\{X_1=x_1\}P\{X_2=x_2\}\cdots P\{X_n=x_n\}$，则有

$L(\theta)=\left(\dfrac{1-\theta}{2}\right)^3\left(\dfrac{1+\theta}{4}\right)^5$，取对数 $\ln L(\theta)=3\ln\left(\dfrac{1-\theta}{2}\right)+5\ln\left(\dfrac{1+\theta}{4}\right)$.

求导得 $\dfrac{\mathrm{d}[\ln L(\theta)]}{\mathrm{d}\theta}=\dfrac{3}{1-\theta}+\dfrac{5}{1+\theta}=0$，得 $\theta=\dfrac{1}{4}$.

解　应选(A).

【例 2】设 $(X_1,\ Y_1)$，$(X_2,\ Y_2)$，…，$(X_n,\ Y_n)$ 为来自总体 $N(\mu_1,\ \mu_2;\ \sigma_1^2,\ \sigma_2^2;\ \rho)$ 的简单随机样本，令 $\theta=\mu_1-\mu_2$，$\overline{X}=\dfrac{1}{n}\sum\limits_{i=1}^{n}X_i$，$\overline{Y}=\dfrac{1}{n}\sum\limits_{i=1}^{n}Y_i$，$\hat{\theta}=\overline{X}-\overline{Y}$，则（　　）.

(A) $\hat{\theta}$ 是 θ 的无偏估计量，$D(\hat{\theta})=\dfrac{\sigma_1^2+\sigma_2^2}{n}$

(B) $\hat{\theta}$ 不是 θ 的无偏估计量，$D(\hat{\theta})=\dfrac{\sigma_1^2+\sigma_2^2}{n}$

(C) $\hat{\theta}$ 是 θ 的无偏估计量，$D(\hat{\theta})=\dfrac{\sigma_1^2+\sigma_2^2-2\rho\sigma_1\sigma_2}{n}$

(D) $\hat{\theta}$ 不是 θ 的无偏估计量, $D(\hat{\theta})=\dfrac{\sigma_1^2+\sigma_2^2-2\rho\sigma_1\sigma_2}{n}$

解 应选(C).

【**例3**】设 n 个随机变量 $X_1, X_2, \cdots, X_n$ 相互独立且同分布, $D(X_1)=\sigma^2$, $\overline{X}=\dfrac{1}{n}\sum\limits_{i=1}^{n}X_i$, $S^2=\dfrac{1}{n-1}\sum\limits_{i=1}^{n}(X_i-\overline{X})^2$, 则(　　).

(A) S 是 σ 的无偏估计量　　(B) S 是 σ 的极大似然估计量

(C) S 是 σ 的一致估计量　　(D) S 与 $\overline{X}$ 相互独立

解 应选(C).

【**例4**】设总体 X 服从正态分布 $N(\mu, \sigma^2)$, μ 为已知常数, $X_1, X_2, \cdots, X_n$ 是来自总体 X 的一个简单随机样本, 为使 $\hat{\sigma}=\dfrac{c}{n}\sum\limits_{i=1}^{n}|X_i-\mu|$ 是 σ 的无偏估计量, 则 c 的值为(　　).

(A) $\dfrac{1}{\sqrt{2\pi}}$　　(B) $\sqrt{2\pi}$

(C) $\sqrt{\dfrac{2}{\pi}}$　　(D) $\sqrt{\dfrac{\pi}{2}}$

解 应选(D).

【**例5**】设随机变量 X 服从正态分布 $N(0, 1)$, 对于给定的 $\alpha\in(0, 1)$, 数 u_α 满足 $P\{X>u_\alpha\}=\alpha$, 若 $P\{|X|<x\}=\alpha$, 则 x 等于(　　).

(A) $u_{\frac{\alpha}{2}}$　　(B) $u_{1-\frac{\alpha}{2}}$　　(C) $u_{\frac{1-\alpha}{2}}$　　(D) $u_{1-\alpha}$

分析 由已知, X 服从标准正态分布 $N(0, 1)$, 且 $P\{|X|<x\}=\alpha$, 即 $P\{|X|>x\}=1-\alpha$.

从而由对称性可得 $P\{X>x\}=\dfrac{1-\alpha}{2}$. 对照 u_α 满足的关系式 $P\{X>u_\alpha\}=\alpha$, 得 $x=u_{\frac{1-\alpha}{2}}$.

解 应选(C).

【**例6**】设总体 $X\sim N(\mu, \sigma^2)$, 其中 σ^2 已知, 则总体均值 μ 的置信区间长度 L 与置信度 $1-\alpha$ 的关系是(　　).

(A)当 $1-\alpha$ 缩小时, L 缩短　　(B)当 $1-\alpha$ 缩小时, L 增大

(C)当 $1-\alpha$ 缩小时, L 不变　　(D)以上说法都不对

分析 σ^2 已知时, μ 的置信度为 $1-\alpha$ 的置信区间为 $\left(\overline{X}-\dfrac{\sigma}{\sqrt{n}}Z_{\alpha/2}, \overline{X}+\dfrac{\sigma}{\sqrt{n}}Z_{\alpha/2}\right)$, 其区间长度 $L=2Z_{\alpha/2}\dfrac{\sigma}{\sqrt{n}}$, 当 $1-\alpha$ 缩小时, α 增大, $Z_{\alpha/2}$ 减小, 而 σ, n 不变, 故 L 缩短.

解 应选(A).

(三)计算题

【**例1**】设随机变量总体 X 的概率密度为 $f(x, \theta)=\dfrac{1}{2\sigma}e^{-\frac{|x|}{\sigma}}$, $-\infty<x<+\infty$, $\sigma>0$,

X_1，X_2，…，X_n 为来自 X 的样本，求参数 σ 的最大似然估计值.

解　似然函数为 $L(\sigma)=\prod_{i=1}^{n}\frac{1}{2\sigma}e^{-\frac{|x_i|}{\sigma}}=(2\sigma)^{-n}e^{-\frac{1}{\sigma}\sum_{i=1}^{n}|x_i|}$.

两边取对数得 $\ln L(\sigma)=-n\ln(2\sigma)-\frac{1}{\sigma}\sum_{i=1}^{n}|x_i|$.

似然方程为 $\frac{d[\ln L(\sigma)]}{d\sigma}=-\frac{n}{\sigma}+\frac{1}{\sigma^2}\sum_{i=1}^{n}|x_i|=0$，求得 σ 的最大似然估计值为 $\hat{\sigma}=\frac{1}{n}\sum_{i=1}^{n}|x_i|$.

【例 2】设 X_1，X_2，…，X_n 为来自参数为 λ 的泊松分布总体 X 的简单随机样本，求 λ 的最大似然估计量.

解　X 的分布律为 $P\{X=x\}=\frac{\lambda^x}{x!}e^{-\lambda}$，$x=0$，1，2，….

似然函数 $L(\lambda)=\prod_{i=1}^{n}P\{X=x_i\}=\prod_{i=1}^{n}\frac{\lambda^{x_i}}{x_i!}e^{-\lambda}=\frac{\lambda^{\sum_{i=1}^{n}x_i}}{x_1!x_2!\cdots x_n!}e^{-n\lambda}$.

取对数得 $\ln L(\lambda)=\ln\frac{\lambda^{\sum_{i=1}^{n}x_i}}{x_1!x_2!\cdots x_n!}e^{-n\lambda}=\ln\lambda\sum_{i=1}^{n}x_i-\ln x_1!x_2!\cdots x_n!+\ln e^{-n\lambda}$

$$=\left(\sum_{i=1}^{n}x_i\right)\ln\lambda-\ln x_1!x_2!\cdots x_n!-n\lambda,$$

求导，列出对数似然方程得 $\frac{d[\ln L(\lambda)]}{d\lambda}=\frac{\sum_{i=1}^{n}x_i}{\lambda}-n=0$.

求得 λ 的最大似然估计值为 $\hat{\lambda}=\frac{\sum_{i=1}^{n}x_i}{n}=\bar{x}$，从而 λ 的最大似然估计量为 $\hat{\lambda}=\frac{\sum_{i=1}^{n}X_i}{n}=\bar{X}$.

【例 3】设总体 X 服从二项分布 $b(N,p)$，N 已知，X_1，X_2，…，X_n 是来自 X 的样本，则 p^2 的最大似然估计量为________.

解　因总体 X 服从二项分布 $b(N,p)$，故 X 的分布律为

$$P\{X=x\}=C_N^x p^x(1-p)^{N-x},\ x=0,1,\cdots,N.$$

似然函数 $L(p^2)=\prod_{i=1}^{n}P\{X=x_i\}=\prod_{i=1}^{n}C_N^{x_i}p^{x_i}(1-p)^{N-x_i}$

$$=p^{\sum_{i=1}^{n}x_i}(1-p)^{nN-\sum_{i=1}^{n}x_i}\prod_{i=1}^{n}C_N^{x_i}.$$

取对数得 $\ln L(p^2)=(\sum_{i=1}^{n}x_i)\ln p+(nN-\sum_{i=1}^{n}x_i)\ln(1-p)+\ln\prod_{i=1}^{n}C_N^{x_i}$

$$=\frac{1}{2}(\sum_{i=1}^{n}x_i)\ln p^2+(nN-\sum_{i=1}^{n}x_i)\ln(1-\sqrt{p^2})+\ln\prod_{i=1}^{n}C_N^{x_i}.$$

求导得

$$\frac{\mathrm{d}[\ln L(p^2)]}{\mathrm{d}p^2}=\frac{1}{2}(\sum_{i=1}^{n}x_i)\frac{1}{p^2}+(nN-\sum_{i=1}^{n}x_i)\frac{-\frac{1}{2}\frac{1}{\sqrt{p^2}}}{1-\sqrt{p^2}}$$

$$=\frac{1}{2}(\sum_{i=1}^{n}x_i)\frac{1}{p^2}-\frac{1}{2}(nN-\sum_{i=1}^{n}x_i)\frac{1}{p(1-p)},$$

列似然方程 $(\sum_{i=1}^{n}x_i)\frac{1}{p^2}-(nN-\sum_{i=1}^{n}x_i)\frac{1}{p(1-p)}=0$，解得 $p^2=\left(\frac{\bar{x}}{N}\right)^2$，故最大似然估计量为 $\hat{p}^2=\left(\frac{\bar{X}}{N}\right)^2$.

【例 4】设总体 X 的概率密度为 $f(x)=\begin{cases}\frac{6x}{\theta^3}(\theta-x), & 0<x<\theta\\ 0, & \text{其他}\end{cases}$，$X_1$，$X_2$，…，$X_n$ 是取自总体 X 的简单随机样本.

(1)求 θ 的矩估计量 $\hat{\theta}$;

(2)求 $\hat{\theta}$ 的方差 $D(\hat{\theta})$;

(3)讨论 $\hat{\theta}$ 的无偏性和相合性(一致性).

解 (1) $E(X)=\int_{-\infty}^{+\infty}xf(x)\mathrm{d}x=\int_0^{\theta}\frac{6x^2}{\theta^3}(\theta-x)\mathrm{d}x=\frac{\theta}{2}$. 令 $E(X)=\bar{X}$，即 $\frac{\theta}{2}=\bar{X}$，得 θ 的矩估计量为 $\hat{\theta}=2\bar{X}$.

(2) $D(\hat{\theta})=D(2\bar{X})=4D(\bar{X})=4\frac{D(X)}{n}$. 又

$$E(X^2)=\int_{-\infty}^{+\infty}x^2f(x)\mathrm{d}x=\int_0^{\theta}\frac{6x^3}{\theta^3}(\theta-x)\mathrm{d}x=\frac{3\theta^2}{10},$$

于是 $D(X)=E(X^2)-[E(X)]^2=\frac{3\theta^2}{10}-\frac{\theta^2}{4}=\frac{\theta^2}{20}$. 从而 $D(\hat{\theta})=\frac{\theta^2}{5n}$. 因

$$E(\hat{\theta})=E(2\bar{X})=2E(\bar{X})=2E(X)=2\times\frac{\theta}{2}=\theta,$$

故 $\hat{\theta}=2\bar{X}$ 为 θ 的无偏估计量. 又 $\bar{X}=\frac{1}{n}\sum_{i=1}^{n}X_i\xrightarrow{P}E(X)$，则 $\hat{\theta}=2\bar{X}\xrightarrow{P}2E(X)=\theta$，故 $\hat{\theta}=2\bar{X}$ 为 θ 的一致估计量.

【例 5】设总体 X 的概率密度为 $f(x,\theta)=\begin{cases}\frac{1}{1-\theta}, & 0<x<1\\ 0, & \text{其他}\end{cases}$，其中 θ 为未知参数，X_1，X_2，…，X_n 为来自该总体的简单随机样本.

(1)求 θ 的矩估计量;

(2)求 θ 的最大似然估计量.

解　(1) $E(X)=\int_{-\infty}^{+\infty}xf(x,\ \theta)\,\mathrm{d}x=\int_{0}^{1}x\frac{1}{1-\theta}\mathrm{d}x=\frac{1+\theta}{2}$，令 $E(X)=\overline{X}$，即 $\frac{1+\theta}{2}=\overline{X}$，解得 θ 的矩估计量为 $\hat{\theta}=2\overline{X}-1$.

(2)似然函数 $L(\theta)=\prod_{i=1}^{n}f(x_i,\ \theta)$.

当 $\theta\leqslant x_i\leqslant 1$ 时，$L(\theta)=\prod_{i=1}^{n}\frac{1}{1-\theta}=\left(\frac{1}{1-\theta}\right)^n$，$\ln L(\theta)=-n\ln(1-\theta)$，从而 $\frac{\mathrm{d}[\ln L(\theta)]}{\mathrm{d}\theta}=\frac{n}{1-\theta}$，$L(\theta)$ 单调增加，无驻点，可根据最大似然估计法的定义求得.

由于 $\theta\leqslant x_i(i=1,\ 2,\ \cdots,\ n)$，即 $\theta\leqslant\min\{x_i\}$，因此 θ 的最大值为 $\min\{x_i\}$，此时 $L(\theta)$ 达最大值，故 θ 的最大似然估计量为 $\hat{\theta}=\min\{x_i\}$.

【例 6】设 $\hat{\theta}_1$，$\hat{\theta}_2$ 是参数 θ 的两个相互独立的无偏估计量，已知 $D(\hat{\theta}_1)=3D(\hat{\theta}_2)$. 试确定常数 k_1，k_2，使 $k_1\hat{\theta}_1+k_2\hat{\theta}_2$ 是 θ 的无偏估计量，并且使 $k_1\hat{\theta}_1+k_2\hat{\theta}_2$ 的方差最小.

分析　本题是个综合题目，由题中的两个条件来确定其中的两个常数 k_1，k_2.

解　因 $E(\hat{\theta}_1)=E(\hat{\theta}_2)=\theta$，$E(k_1\hat{\theta}_1+k_2\hat{\theta}_2)=(k_1+k_2)\theta=\theta$，所以 $k_1+k_2=1$.

又 $D(k_1\hat{\theta}_1+k_2\hat{\theta}_2)=k_1^2D(\hat{\theta}_1)+k_2^2D(\hat{\theta}_2)=(3k_1^2+k_2^2)D(\hat{\theta}_2)$，要此方差最小，只要 $3k_1^2+k_2^2$ 最小.

记 $F=3k_1^2+k_2^2$，因 $k_1+k_2=1$，所以 $k_2=1-k_1$，从而 $F=3k_1^2+(1-k_1)^2=4k_1^2-2k_1+1$. 令 $F'_{k_1}=8k_1-2=0$，得 $k_1=\frac{1}{4}$，$k_2=\frac{3}{4}$.

即 $k_1=\frac{1}{4}$，$k_2=\frac{3}{4}$ 时，F 值最小，即 $D(k_1\hat{\theta}_1+k_2\hat{\theta}_2)$ 最小.

【例 7】设 0.50，1.25，0.80，2.00 是来自总体 X 的简单随机样本值. 已知 $Y=\ln X$ 服从正态分布 $N(\mu,\ 1)$，求：

(1) X 的数学期望 $E(X)$ (记 $E(X)$ 为 b)；

(2) μ 的置信度为 0.95 的置信区间；

(3)利用上述结果求 b 的置信度为 0.95 的置信区间.

解　(1) Y 的概率密度为 $f(y)=\frac{1}{\sqrt{2\pi}}\mathrm{e}^{-\frac{(y-\mu)^2}{2}}$，$-\infty<y<+\infty$，于是

$$E(X)=E(\mathrm{e}^Y)=\int_{-\infty}^{+\infty}\mathrm{e}^yf(y)\,\mathrm{d}y=\int_{-\infty}^{+\infty}\mathrm{e}^y\frac{1}{\sqrt{2\pi}}\mathrm{e}^{-\frac{(y-\mu)^2}{2}}\mathrm{d}y=\frac{1}{\sqrt{2\pi}}\int_{-\infty}^{+\infty}\mathrm{e}^y\mathrm{e}^{-\frac{(y-\mu)^2}{2}}\mathrm{d}y.$$

令 $t=y-\mu$，则 $E(X)=\frac{1}{\sqrt{2\pi}}\int_{-\infty}^{+\infty}\mathrm{e}^{t+\mu}\mathrm{e}^{-\frac{t^2}{2}}\mathrm{d}t=\frac{\mathrm{e}^{\mu+\frac{1}{2}}}{\sqrt{2\pi}}\int_{-\infty}^{+\infty}\mathrm{e}^{-\frac{(t-1)^2}{2}}\mathrm{d}t=\mathrm{e}^{\mu+\frac{1}{2}}$.

(2) 总体 $Y\sim N(\mu,\ 1)$. 方差已知，均值 μ 的置信度为 $1-\alpha$ 的置信区间为 $\left(\overline{Y}-\frac{\sigma}{\sqrt{n}}Z_{\alpha/2},\ \overline{Y}+\frac{\sigma}{\sqrt{n}}Z_{\alpha/2}\right)$. 由 $1-\alpha=0.95$，$\alpha=0.05$，$Z_{\alpha/2}=1.96$. 且 $n=4$，$\sigma=1$，$\overline{Y}=\frac{1}{4}(\ln 0.5+\ln 1.25+\ln 0.80+\ln 2.00)=\frac{1}{4}\ln 1=0$. 故

$$\overline{Y}-\frac{\sigma}{\sqrt{n}}Z_{\alpha/2}=0-\frac{1}{\sqrt{4}}1.96=-0.98,\ \overline{Y}+\frac{\sigma}{\sqrt{n}}Z_{\alpha/2}=0+\frac{1}{\sqrt{4}}1.96=0.98.$$

μ 的置信区间为 $(-0.98,\ 0.98)$.

(3) $b=\mathrm{e}^{\mu+\frac{1}{2}}$，而 e^x 是严格递增的，由 $P\{-0.98<\mu<0.98\}=0.95$ 得

$$P\left\{-0.98+\frac{1}{2}<\mu+\frac{1}{2}<0.98+\frac{1}{2}\right\}=0.95,$$

$$P\{\mathrm{e}^{-0.98+\frac{1}{2}}<\mathrm{e}^{\mu+\frac{1}{2}}<\mathrm{e}^{0.98+\frac{1}{2}}\}=0.95.$$

于是 b 的置信度为0.95的置信区间为 $(\mathrm{e}^{-0.48},\ \mathrm{e}^{1.48})$.

【例8】对某种型号飞机的飞行速度进行15次试验，测得最大飞行速度如下：422.2，417.2，425.6，420.3，425.8，423.1，418.7，428.2，438.3，434.0，412.3，431.5，413.5，441.3，423.0.

根据长期经验，最大飞行速度可以认为是服从正态分布的.

(1)对置信水平 $\alpha=0.05$，求最大飞行速度期望值的置信区间；

(2)求最大飞行速度方差的置信度为0.95的置信区间.

解 设最大飞行速度为 X，则 $X\sim N(\mu,\ \sigma^2)$，其中 μ，σ^2 均未知.

(1) σ^2 未知，μ 的置信度为 $1-\alpha$ 的置信区间为 $\left(\overline{x}-\frac{s}{\sqrt{n}}t_{\alpha/2}(n-1),\ \overline{x}+\frac{s}{\sqrt{n}}t_{\alpha/2}(n-1)\right)$.

由样本值计算得 $\overline{x}=\frac{1}{15}\sum\limits_{i=1}^{15}x_i=425.047$，$s^2=\frac{1}{14}\sum\limits_{i=1}^{15}(x_i-\overline{x})^2=\frac{1}{14}\times 1\,006.34$. 对 $\alpha=0.05$，查 t 分布表得 $t_{0.025}(14)=2.145$，于是

$$\overline{x}-\frac{s}{\sqrt{n}}t_{\alpha/2}(n-1)=425.047-2.145\times\sqrt{\frac{1\,006.34}{14\times 15}}=420.351,$$

$$\overline{x}+\frac{s}{\sqrt{n}}t_{\alpha/2}(n-1)=425.047+2.145\times\sqrt{\frac{1\,006.34}{14\times 15}}=429.743.$$

故 μ 的置信度为0.95的置信区间为 $(420.351,\ 429.743)$.

(2) μ 未知，σ^2 的置信度为 $1-\alpha$ 的置信区间为 $\left(\frac{(n-1)s^2}{\chi^2_{\alpha/2}(n-1)},\ \frac{(n-1)s^2}{\chi^2_{1-\alpha/2}(n-1)}\right)$，对 $\alpha=0.05$，查 χ^2 分布表得 $\chi^2_{0.025}(14)=26.1$，$\chi^2_{0.975}(14)=5.63$. 于是

$$\frac{(n-1)s^2}{\chi^2_{0.025}(n-1)}=\frac{1\,006.34}{26.1}=38.557,\ \frac{(n-1)s^2}{\chi^2_{0.975}(n-1)}=\frac{1\,006.34}{5.63}=178.746.$$

故 σ^2 的置信度为0.95的置信区间为 $(38.557,\ 178.746)$.

四、测验题及参考解答

测验题

(一)填空题

1. 设总体 X 在区间 $[0,\ \theta]$ 上服从均匀分布，则未知参数 θ 的矩估计量为________.

2. 设总体 X 以等概率 $\frac{1}{\theta}$ 取值 1，2，…，θ，则未知参数 θ 的矩估计量为________.

3. 设 X_1，X_2，…，X_n 是来自正态总体 $N(\mu, \sigma^2)$ 的简单随机样本，σ^2 已知，则参数 μ 的置信水平为 $1-\alpha$ 的置信区间为________.

(二)单项选择题

1. 样本 X_1，X_2，…，X_n 来自总体 $N(\mu, \sigma^2)$，则总体方差 σ^2 的无偏估计量为(　　).

(A) $S_1^2 = \frac{1}{n-1}\sum_{i=1}^{n}(X_i - \overline{X})^2$　　(B) $S_2^2 = \frac{1}{n-2}\sum_{i=1}^{n}(X_i - \overline{X})^2$

(C) $S_3^2 = \frac{1}{n}\sum_{i=1}^{n}(X_i - \overline{X})^2$　　(D) $S_4^2 = \frac{1}{n+1}\sum_{i=1}^{n}(X_i - \overline{X})^2$

2. 设 X_1，X_2 是来自正态总体 $N(\mu, 2)$ 的容量为 2 的样本，下列四个估计量中最优的是

(A) $\hat{\mu}_1 = \frac{1}{4}X_1 + \frac{3}{4}X_2$　　(B) $\hat{\mu}_2 = \frac{2}{5}X_1 + \frac{3}{5}X_2$

(C) $\hat{\mu}_3 = \frac{1}{2}X_1 + \frac{1}{2}X_2$　　(D) $\hat{\mu}_4 = \frac{4}{7}X_1 + \frac{3}{7}X_2$

3. 设 X_1，X_2，…，X_n 是来自正态总体 $N(\mu, \sigma^2)$ 的简单随机样本，σ^2 未知，$\overline{X}$ 是样本均值，$S^2 = \frac{1}{n-1}\sum_{i=1}^{n}(X_i - \overline{X})^2$. 若用 $\left(\overline{X} - k\frac{S}{\sqrt{n}},\ \overline{X} + k\frac{S}{\sqrt{n}}\right)$ 作为 μ 的置信度为 $1-\alpha$ 的置信区间，则 k 应取分位数(　　).

(A) $u_{1-\frac{\alpha}{2}} = 1.96$，或 t 分布的分位数　　(B) $t_{1-\alpha}(n-1)$

(C) $t_{1-\alpha}$　　(D) $t_{\frac{\alpha}{2}}(n-1)$

(三)计算题

1. 设 X_1，X_2，…，X_n 是总体 X 的样本，X 的概率密度为 $(x, \lambda) = \begin{cases} \lambda e^{-\lambda x}, & x > 0 \\ 0, & x \leqslant 0 \end{cases}$，求参数 λ 的最大似然估计量.

2. 某工厂生产的一批滚珠，其直径服从正态分布，并且 $\sigma^2 = 0.05$，今从中抽取八个，测得的直径分别为 14.7、15.1、14.8、14.9、15.2、14.4、14.6、15.1，求直径均值的置信度为 95% 的置信区间.

3. 设总体 X 的概率密度为 $f(x) = \begin{cases} (\theta+1)x^{\theta}, & 0 < x < 1 \\ 0, & 其他 \end{cases}$，其中 $\theta > -1$ 是未知参数，x_1，x_2，…，x_n 是来自总体 X 的一个容量为 n 的简单随机样本值，分别用矩估计法和最大似然估计法求 θ 的估计量.

4. 总体 X 具有如下分布律.

X	1	2	3
p_k	θ^2	$2\theta(1-\theta)$	$(1-\theta)^2$

其中 $\theta(0 < \theta < 1)$ 是未知参数，已知取得样本值 $x_1 = 1$，$x_2 = 2$，$x_3 = 1$. 试求 θ 的矩估计

值和最大似然估计值.

(四) 证明题

设 X_1, X_2, …, X_n 是总体 X 的样本, 试证 $T=\sum_{i=1}^{n} a_iX_i(a_i\geqslant 0)$ 是总体均值 μ 的无偏估计量, 其中 $\sum_{i=1}^{n} a_i=1$.

参考解答

(一) 填空题

1. 分析 本题中只有一个未知参数, 用矩估计法, 令 $E(X)=\overline{X}$ 即可.

由已知, X 在区间 $[0, \theta]$ 上服从均匀分布, 则 X 的数学期望 $E(X)=\dfrac{\theta}{2}$.

令 $E(X)=\overline{X}$, 即 $\dfrac{\theta}{2}=\overline{X}$, 得 $\theta=2\overline{X}$. 故参数 θ 的矩估计量为 $\hat{\theta}=2\overline{X}$.

解 应填 $\underline{\hat{\theta}=2\overline{X}}$.

2. 分析 由已知, X 为离散型随机变量, 数学期望为

$$E(X)=1\times\frac{1}{\theta}+2\times\frac{1}{\theta}+\cdots+\theta\times\frac{1}{\theta}=\frac{1}{\theta}(1+2+\cdots+\theta)=\frac{1+\theta}{2}.$$

另 $E(X)=\overline{X}$, 即 $\dfrac{1+\theta}{2}=\overline{X}$, 得 θ 的矩估计量为 $\hat{\theta}=2\overline{X}-1$.

解 应填 $\underline{\hat{\theta}=2\overline{X}-1}$.

3. 分析 方差已知的情况下, 参数 μ 的置信水平为 $1-\alpha$ 置信区间为

$$\left(\overline{X}-\frac{\sigma}{\sqrt{n}}Z_{\alpha/2},\ \overline{X}+\frac{\sigma}{\sqrt{n}}Z_{\alpha/2}\right).$$

解 应填 $\underline{\left(\overline{X}-\dfrac{\sigma}{\sqrt{n}}Z_{\alpha/2},\ \overline{X}+\dfrac{\sigma}{\sqrt{n}}Z_{\alpha/2}\right)}$.

(二) 单项选择题

1. 分析 本题考查无偏估计量的概念.

因 $E(S_1^2)=E\left[\dfrac{1}{n-1}\sum_{i=1}^{n}(X_i-\overline{X})^2\right]=D(X)=\sigma^2$, 故应选 (A).

解 应选(A).

2. 分析 四个选项中所给的估计量均为无偏估计量, 要寻找最优估计量, 即比较这四个估计量的方差, 寻找最有效的估计量.

因 X_1, X_2 为样本, 则 X_1, X_2 相互独立, 且有 $D(X_1)=D(X_2)=D(X)$. 再由方差的性质, 得

$$D(\hat{\mu}_1)=\frac{1}{16}D(X_1)+\frac{9}{16}D(X_2)=\frac{10}{16}D(X),$$

$$D(\hat{\mu}_2)=\frac{4}{25}D(X_1)+\frac{9}{25}D(X_2)=\frac{13}{25}D(X),$$

$$D(\hat{\mu}_3)=\frac{1}{4}D(X_1)+\frac{1}{4}D(X_2)=\frac{1}{2}D(X),$$

$$D(\hat{\mu}_4)=\frac{16}{49}D(X_1)+\frac{9}{49}D(X_2)=\frac{25}{49}D(X).$$

可见 $\hat{\mu}_3=\frac{1}{2}X_1+\frac{1}{2}X_2$ 的方差最小，即最有效．应选(C)．

解　应选(C)．

3. **分析**　本题考查正态总体样本均值 $\overline{X}$ 的置信区间的结论．方差未知的情况下，μ 的置信水平为 $1-\alpha$ 的置信区间为 $\left(\overline{X}-t_{\frac{\alpha}{2}}(n-1)\frac{s}{\sqrt{n}},\ \overline{X}+t_{\frac{\alpha}{2}}(n-1)\frac{s}{\sqrt{n}}\right)$，应选(D)．

解　应选(D)．

(三)计算题

1. **解**　似然函数 $L(\lambda)=\prod\limits_{i=1}^{n}f(x_i,\ \lambda)=\lambda e^{-\lambda x_1}\lambda e^{-\lambda x_2}\cdots\lambda e^{-\lambda x_n}=\lambda^n e^{-\lambda\sum\limits_{i=1}^{n}\frac{1}{x}}$.

取对数 $\ln L(\lambda)=n\ln\lambda-\lambda\sum\limits_{i=1}^{n}x_i$，求导，列出对数似然方程：

$$\frac{d[\ln L(\lambda)]}{d\lambda}=\frac{n}{\lambda}-\sum_{i=1}^{n}x_i=0,$$

求得 λ 的最大似然估计值为 $\hat{\lambda}=\dfrac{n}{\sum\limits_{i=1}^{n}x_i}=\dfrac{1}{\bar{x}}$，从而 λ 的最大似然估计量为

$$\hat{\lambda}=\frac{n}{\sum\limits_{i=1}^{n}X_i}=\frac{1}{\overline{X}}.$$

2. **解**　$1-\alpha=0.95$，$\alpha=0.05$，$z_{\frac{\alpha}{2}}=z_{0.025}=1.96$，

$$\bar{x}=\frac{1}{8}\times(14.7+15.1+\cdots+15.1)=14.85,$$

故置信区间为 $\left(14.85-\frac{\sqrt{0.05}}{\sqrt{8}}\times1.96,\ 14.85+\frac{\sqrt{0.05}}{\sqrt{8}}\times1.96\right)$，即(14.70，15.01)．

3. **解**　(1)矩估计法．总体 X 的数学期望为

$$E(X)=\int_{-\infty}^{+\infty}xf(x)dx=\int_{0}^{1}(\theta+1)x^{\theta+1}dx=\frac{\theta+1}{\theta+2},$$

令 $E(X)=\overline{X}$，即 $\frac{\theta+1}{\theta+2}=\overline{X}$，解得 θ 的矩估计量为 $\hat{\theta}=\dfrac{2\overline{X}-1}{1-\overline{X}}$.

(2)最大似然估计法．似然函数为

$$L(\theta)=\prod_{i=1}^{n}f(x_i)=\prod_{i=1}^{n}(\theta+1)x_i^{\theta}=(\theta+1)^n\prod_{i=1}^{n}x_i^{\theta}=(\theta+1)^n\left(\prod_{i=1}^{n}x_i\right)^{\theta},$$

$$(0<x_i<1,\ i=1,\cdots,n).$$

取对数 $\ln L(\theta)=n\ln(\theta+1)+\theta\ln\prod_{i=1}^{n}x_i=n\ln(\theta+1)+\theta\sum_{i=1}^{n}\ln x_i$. 求导，得似然方程为

$$\frac{\mathrm{d}[\ln L(\theta)]}{\mathrm{d}\theta}=\frac{n}{\theta+1}+\sum_{i=1}^{n}\ln x_i=0,$$

解得 θ 的最大似然估计值为 $\hat{\theta}=-1-\dfrac{n}{\sum_{i=1}^{n}\ln x_i}$. 从而 θ 的最大似然估计量为 $\hat{\theta}=-1-\dfrac{n}{\sum_{i=1}^{n}\ln X_i}$.

4. 解 (1)因 $E(X)=1\times\theta^2+2\times2\theta(1-\theta)+3\times(1-\theta)^2=3-2\theta$,

$$\bar{x}=\frac{1}{3}\sum_{i=1}^{3}x_i=\frac{1+2+1}{3}=\frac{4}{3}.$$

令 $E(X)=\bar{x}$，得 $3-2\theta=\dfrac{4}{3}$. 解得 θ 的矩估计值为 $\hat{\theta}=\dfrac{5}{6}$.

(2)似然函数为 $L(\theta)=\theta^2\cdot2\theta(1-\theta)\cdot\theta^2=2\theta^5(1-\theta)$. 则 $\ln L(\theta)=\ln2+5\ln\theta+\ln(1-\theta)$，令 $\dfrac{\mathrm{d}[\ln L(\theta)]}{\mathrm{d}\theta}=\dfrac{5}{\theta}-\dfrac{1}{1-\theta}=0$. 解得 θ 的最大似然估计值为 $\hat{\theta}=\dfrac{5}{6}$.

(四)证明题

证明 因 $E(T)=E\left(\sum_{i=1}^{n}a_iX_i\right)=\sum_{i=1}^{n}E(a_iX_i)=\sum_{i=1}^{n}a_iE(X_i)=\sum_{i=1}^{n}a_i\mu=\mu\sum_{i=1}^{n}a_i=\mu$.

所以，$T=\sum_{i=1}^{n}a_iX_i(a_i\geqslant0)$ 是 μ 的无偏估计量.

假设检验

统计推断的另一类重要问题是假设检验问题．在总体的分布函数完全未知或只了解其形式，但不知其参数的情况下，为了推断总体的某些未知特性，提出关于总体的某些假设，然后根据样本所提供的信息，对提出的假设作出接受或拒绝的决策，假设检验就是作出这一决策的过程．假设检验的原理是小概率原理.

本章的重点内容是单个正态总体情况下均值与方差的假设检验.

一、教学基本要求

(1) 理解显著性检验的基本思想，掌握假设检验的基本步骤.

(2) 了解假设检验可能产生的两类错误.

(3) 了解单个和两个正态总体的均值和方差的假设检验.

二、内容提要

(一) 假设检验的一般步骤

(1) 根据给定问题提出原假设 H_0 与备择假设 H_1.

(2) 选取适当的统计量，并在原假设 H_0 成立的条件下确定该统计量的分布.

(3) 给定显著性水平 α，确定检验的拒绝域.

(4) 根据样本观察值计算统计量的观察值，并由此作出拒绝或接受 H_0 的判断.

(二) 两类错误及其概率

统计推断是由样本推断总体，结论并不能保证绝对准确，只能以较大概率来保证其可靠性.

当 H_0 本身为真时，由样本值作出拒绝 H_0 的判断，这是犯第一类错误，称之为"弃真"，

其概率记为α，则$\alpha=P\{$拒绝假设$H_0|H_0$为真$\}$.

当H_0本身不真时，由样本值作出接受H_0的判断，这是犯第二类错误，称之为“取伪”，其概率记为β，则$\beta=P\{$接受假设$H_0|H_0$不真$\}$.

其中，犯第一类错误的概率α即为显著性水平，犯第二类错误的概率β的大小要视具体情况而定．当样本容量n固定时，α减小，则β增加；β减小，则α增加．若想同时减小α，β的值，只有增大样本容量n.

(三)正态总体参数的假设检验

关于单个正态总体和两个正态总体的未知参数的假设检验见下表.

检验参数	条件	H_0	H_1	统计量	临界值k	分布	检验法
μ	方差已知	$\mu=\mu_0$	$\mu\neq\mu_0$	$z=\frac{\overline{X}-\mu_0}{\sigma_0}\sqrt{n}$	$P\{\|z\|\geqslant z_{\frac{\alpha}{2}}\}=\alpha$	$N(0,1)$	$z-$检验法
			$\mu>\mu_0$		$P\{\|z\|\geqslant z_{\alpha}\}=\alpha$		
		$\mu_1=\mu_2$	$\mu_1\neq\mu_2$ $\mu_1>\mu_2$	$z=\frac{\overline{X}-\overline{Y}}{\sqrt{\frac{\sigma_1^2}{n_1}+\frac{\sigma_2^2}{n_2}}}$	$P\{\|z\|\geqslant z_{\frac{\alpha}{2}}\}=\alpha$ $P\{\|z\|\geqslant z_{\alpha}\}=\alpha$		
	方差未知	$\mu=\mu_0$	$\mu\neq\mu_0$ $\mu>\mu_0$	$t=\frac{\overline{X}-\mu_0}{S}\sqrt{n}$	$P\{\|t\|\geqslant t_{\frac{\alpha}{2}}(n-1)\}=\alpha$ $P\{\|t\|\geqslant t_{\alpha}(n-1)\}=\alpha$	$t(n-1)$	$t-$检验法
		$\mu_1=\mu_2$ $\sigma_1^2=\sigma_2^2$	$\mu_1\neq\mu_2$ $\mu_1>\mu_2$	$t=\frac{\overline{X}-\overline{Y}}{S_w\sqrt{\frac{1}{n_1}+\frac{1}{n_2}}}$ $S_w=\frac{(n_1-1)S_1^2+(n_2-1)S_2^2}{n_1+n_2-2}$	$P\{\|t\|\geqslant t_{\frac{\alpha}{2}}(n_1+n_2-2)\}=\alpha$ $P\{\|t\|\geqslant t_{\alpha}(n_1+n_2-2)\}=\alpha$	$t(n_1+n_2-2)$	
σ^2		$\sigma^2=\sigma_0^2$	$\sigma^2\neq\sigma_0^2$	$\chi^2=\frac{(n-1)S^2}{\sigma_0^2}$	$P\{\chi^2\leqslant\chi^2_{1-\frac{\alpha}{2}}(n-1)\}=$ $P\{\chi^2\geqslant\chi^2_{\frac{\alpha}{2}}(n-1)\}=\frac{\alpha}{2}$	$\chi^2(n-1)$	χ^2-检验法
			$\sigma^2>\sigma_0^2$		$P\{\chi^2\geqslant\chi^2_{\alpha}(n-1)\}=\alpha$		
		$\sigma_1^2=\sigma_2^2$	$\sigma_1^2\neq\sigma_2^2$	$F=\frac{S_1^2}{S_2^2}$	$P\{F\leqslant F_{1-\frac{\alpha}{2}}(n_1-1,n_2-1)\}=$ $P\{F\geqslant F_{\frac{\alpha}{2}}(n_1-1,n_2-1)\}=\frac{\alpha}{2}$	$F(n_1-1,n_2-1)$	$F-$检验法
			$\sigma_1^2>\sigma_2^2$		$P\{F\geqslant F_{\alpha}(n_1-1,n_2-1)\}=\alpha$		

三、典型题解析

(一)填空题

【例1】设X_1，X_2，…，X_n是来自正态总体$N(\mu,\sigma^2)$的简单随机样本，其中参数μ，σ^2未知，记$\overline{X}=\frac{1}{n}\sum_{i=1}^{n}X_i$，$Q^2=\sum_{i=1}^{n}(X_i-\overline{X})^2$. 则用$t-$检验法检验假设$H_0$：$\mu=0$，$H_1$：$\mu\neq0$时使用的统计量为________.

分析 当方差 σ^2 未知时，检验假设 H_0：$\mu=\mu_0$，H_1：$\mu\neq\mu_0$，使用的统计量为 $t=\dfrac{\overline{X}-\mu_0}{S/\sqrt{n}}$. 其中，$S^2=\dfrac{1}{n-1}\sum\limits_{i=1}^{n}(X_i-\overline{X})^2=\dfrac{1}{n-1}Q^2$. 当 H_0 为真时，$t=\dfrac{\overline{X}-\mu_0}{S/\sqrt{n}}\sim t(n-1)$.

本题中，$\mu_0=0$，从而 $t=\dfrac{\overline{X}-\mu_0}{S/\sqrt{n}}=\dfrac{\overline{X}-0}{Q/\sqrt{n(n-1)}}=\dfrac{\overline{X}}{Q}\sqrt{n(n-1)}$.

解 应填 $\underline{t=\dfrac{\overline{X}}{Q}\sqrt{n(n-1)}}$.

【例 2】设总体 $X\sim N(\mu_0,\sigma^2)$，μ_0 为已知常数，$X_1, X_2, \cdots, X_n$ 是来自 X 的样本，则检验假设 H_0：$\sigma^2={\sigma_0}^2$，H_1：$\sigma^2\neq{\sigma_0}^2$ 的统计量是________；当 H_0 成立时，服从________分布.

分析 总体 $X\sim N(\mu_0,\sigma^2)$，μ_0 已知，检验 H_0：$\sigma^2={\sigma_0}^2$，H_1：$\sigma^2\neq{\sigma_0}^2$，所用的统计量为 $\chi^2=\dfrac{\sum\limits_{i=1}^{n}(X_i-\mu_0)^2}{{\sigma_0}^2}$. 当 H_0 为真时，$\chi^2=\dfrac{\sum\limits_{i=1}^{n}(X_i-\mu_0)^2}{{\sigma_0}^2}\sim\chi^2(n)$.

解 应填 $\underline{\chi^2=\dfrac{\sum\limits_{i=1}^{n}(X_i-\mu_0)^2}{{\sigma_0}^2}}$，$\underline{\chi^2(n)}$.

【例 3】设 $X\sim N(\mu_1,\sigma^2)$，$Y\sim N(\mu_2,\sigma^2)$，X，Y 相互独立，其中 μ_1，μ_2 未知，σ^2 已知，$X_1, X_2, \cdots, X_{n_1}$，$Y_1, Y_2, \cdots, Y_{n_2}$ 分别为来自总体 X，Y 的样本，对假设 H_0：$\mu_1-\mu_2=\delta$；H_1：$\mu_1-\mu_2\neq\delta$ 进行检验时，通常采用的统计量是________，它服从________分布.

分析 本题为两个正态总体的情形，当方差 σ^2 已知时，检验假设 H_0：$\mu_1-\mu_2=\delta$，H_1：$\mu_1-\mu_2\neq\delta$，采用的统计量是 $z=\dfrac{\overline{X}-\overline{Y}-\delta}{\sigma\sqrt{\dfrac{1}{n_1}+\dfrac{1}{n_2}}}$，在 H_0 成立时，$z\sim N(0,1)$.

解 应填 $\underline{Z=\dfrac{\overline{X}-\overline{Y}-\delta}{\sigma\sqrt{\dfrac{1}{n_1}+\dfrac{1}{n_2}}}}$，$\underline{N(0,1)}$.

(二)单项选择题

【例 1】设总体 $X\sim N(\mu,\sigma^2)$，其中 σ^2 已知，μ 未知，统计假设取为 H_0：$\mu=\mu_0$，H_1：$\mu\neq\mu_0$ 若用 z-检验法进行检验，则在显著性水平 α 之下，拒绝域是(　　).

(A) $|z|>z_{\frac{\alpha}{2}}$　　(B) $|z|\geqslant z_{\frac{\alpha}{2}}$　　(C) $|z|<z_{\frac{\alpha}{2}}$　　(D) $|z|\leqslant z_{\frac{\alpha}{2}}$

$\left(\text{其中 } z_{\frac{\alpha}{2}} \text{ 满足关系式：} \Phi(z_{\frac{\alpha}{2}})=1-\dfrac{\alpha}{2}.\right)$

分析 对正态总体 $N(\mu,\sigma^2)$，在方差 σ^2 已知时，检验假设 H_0：$\mu=\mu_0$，H_1：$\mu\neq\mu_0$，采用统计量 $z=\dfrac{\overline{X}-\mu_0}{\sigma/\sqrt{n}}$.

当 H_0 为真时，z 服从标准正态分布 $N(0,\ 1)$，选取小概率事件为 $P\{|z| \geqslant z_{\frac{\alpha}{2}}\} = \alpha$，从而拒绝域为：$|z| \geqslant z_{\frac{\alpha}{2}}$，故选(B).

解 应选(B).

【例 2】设总体 X 服从正态分布 $N(\mu,\ \sigma^2)$，X_1，X_2，…，X_n 是来自总体 X 的简单随机样本，据此样本检验假设 H_0：$\mu = \mu_0$，H_1：$\mu \neq \mu_0$，则(　　).

(A)如果在检验水平 $\alpha = 0.05$ 下拒绝 H_0，那么在检验水平 $\alpha = 0.01$ 下必拒绝 H_0

(B)如果在检验水平 $\alpha = 0.05$ 下拒绝 H_0，那么在检验水平 $\alpha = 0.01$ 下必接受 H_0

(C)如果在检验水平 $\alpha = 0.05$ 下接受 H_0，那么在检验水平 $\alpha = 0.01$ 下必拒绝 H_0

(D)如果在检验水平 $\alpha = 0.05$ 下接受 H_0，那么在检验水平 $\alpha = 0.01$ 下必接受 H_0

分析 总体 $X \sim N(\mu,\ \sigma^2)$，σ^2 未知，对 μ 进行假设检验，采用的统计量及分布为 $t = \dfrac{\overline{X} - \mu_0}{S/\sqrt{n}} \sim t(n-1)$，拒绝域为 $|t| \geqslant t_{\frac{\alpha}{2}}(n-1)$，接受域为 $|t| < t_{\frac{\alpha}{2}}(n-1)$. 当 α 变小时，$t_{\frac{\alpha}{2}}(n-1)$ 增大，从而有结论：如果在检验水平 $\alpha = 0.05$ 下拒绝 H_0，那么在检验水平 $\alpha = 0.01$ 下可能拒绝也可能接受 H_0；如果在检验水平 $\alpha = 0.05$ 下接受 H_0，那么在检验水平 $\alpha = 0.01$ 下必接受 H_0. 故选(D).

解 应选(D).

【例 3】设 X_1，X_2，…，X_{16} 是来自总体 $N(\mu,\ 4)$ 的简单随机样本，考虑假设检验问题 H_0：$\mu_0 \leqslant 10$，H_1：$\mu_0 > 10$. $\Phi(x)$ 表示标准正态分布函数，若该检验问题的拒绝域为 $W = \{\overline{X} \geqslant 11\}$，其中 $\overline{X} = \dfrac{1}{16}\sum_{i=1}^{16} x_i$，则 $\mu = 11.5$ 时，该检验犯第二类错误的概率为(　　).

(A) $1 - \Phi(0.5)$　　(B) $1 - \Phi(1)$

(C) $1 - \Phi(1.5)$　　(D) $1 - \Phi(2)$

解 应选(B).

【例 4】已知总体 $X \sim N(\mu,\ 1)$，X_1，X_2，…，X_n 为取自 X 的样本，S 为样本标准差，检验 H_0：$\mu = \mu_0$，H_1：$\mu \neq \mu_0$（μ_0 为已知数），所用统计量应是(　　).

(A) $z = (\overline{X} - \mu_0)/\sqrt{n}$　　(B) $z = \dfrac{(\overline{X} - \mu_0)\sqrt{n}}{S}$

(C) $z = (\overline{X} - \mu_0)\sqrt{n}$　　(D) $z = \dfrac{(\overline{X} - \mu_0)}{S\sqrt{n}}$

分析 总体 $X \sim N(\mu,\ 1)$，方差已知，对均值检验，所用的统计量应为 $z = \dfrac{(\overline{X} - \mu_0)}{\sigma/\sqrt{n}}$，其中 $\sigma = 1$，则 $z = \dfrac{(\overline{X} - \mu_0)}{\sigma/\sqrt{n}} = \dfrac{(\overline{X} - \mu_0)}{1/\sqrt{n}} = (\overline{X} - \mu_0)\sqrt{n}$.

解 应选(C).

(三)计算题

【例 1】已知某炼铁厂的铁水含碳量在正常情况下服从正态分布 $N(4.55,\ 0.108^2)$. 现在测了 5 炉铁水，其含碳量分别为 4.28，4.40，4.42，4.35，4.37. 问：若标准差不变，总体

平均值有无显著变化？($\alpha = 0.05$)

分析　本题中，铁水含碳量在正常情况下有均值 $\mu_0 = 4.55$，$\sigma^2 = 0.108^2$. 现已知 σ^2 不变，检验均值是否仍为 $\mu_0 = 4.55$.

解　设 X 为铁水含碳量，则 $X \sim N(\mu, \sigma^2)$. H_0：$\mu = \mu_0 = 4.55$，H_1：$\mu \neq \mu_0$.

采用统计量 $z = \dfrac{\overline{X} - \mu_0}{\sigma/\sqrt{n}}$，拒绝域为：$|z| \geqslant z_{\frac{\alpha}{2}}$. 计算样本均值

$$\overline{X} = \frac{1}{5}(4.28 + 4.40 + 4.42 + 4.35 + 4.37) = 4.364,$$

$$z = \frac{\overline{X} - \mu_0}{\sigma/\sqrt{n}} = \frac{4.364 - 4.55}{0.108/\sqrt{5}} = -3.85,$$

$\alpha = 0.05$，$1 - \dfrac{\alpha}{2} = 0.975$，由 $\Phi(z_{\frac{\alpha}{2}}) = 1 - \dfrac{\alpha}{2} = 0.975$，得 $z_{\frac{\alpha}{2}} = 1.96$. 因 $|z| = 3.85 > z_{\frac{\alpha}{2}} = 1.96$，拒绝 H_0，即认为含碳量有显著变化.

【例 2】 设某次考试的学生成绩服从正态分布，从中随机地抽取 36 位考生的成绩，算得平均值为 66.5，标准差为 15 分，问在显著水平 0.05 下，是否可以认为这次考试全体考生的平均成绩为 70 分，并给出检验过程.

解　设该次考试的考生成绩为 X，则 $X \sim N(\mu, \sigma^2)$，其中 μ，σ^2 未知.

本题是在显著性水平 $\alpha = 0.05$ 下，检验假设 H_0：$\mu = 70$，H_1：$\mu \neq 70$.

当方差 σ^2 未知时，对 μ 检验，用 t-检验法，统计量为

$$t = \frac{\overline{X} - \mu_0}{S/\sqrt{n}} \sim t(n-1)，\quad 拒绝域为\ |t| \geqslant t_{1-\frac{\alpha}{2}}(n-1).$$

其中，$t_{1-\frac{\alpha}{2}}(n-1)$ 满足：$P\{t \leqslant t_{1-\frac{\alpha}{2}}(n-1)\} = 1 - \dfrac{\alpha}{2}$. 由 $n = 36$，$\overline{X} = 66.5$，$S = 15$，算得

$|t| = \left|\dfrac{66.5 - 70}{15/\sqrt{36}}\right| = \dfrac{|66.5 - 70|}{15}\sqrt{36} = 1.4$. 对 $n - 1 = 35$，$\alpha = 0.05$，$1 - \dfrac{\alpha}{2} = 0.975$，有 $P\{t \leqslant t_{1-\frac{\alpha}{2}}(35)\} = 0.975$. 从而 $t_{1-\frac{\alpha}{2}}(n-1) = t_{0.975}(35) = 2.0301$，于是有 $|t| < t_{1-\frac{\alpha}{2}}(n-1)$，故接受假设 H_0，即可以认为这次考试全体考生的平均成绩为 70 分.

注　关于假设检验的问题，要了解什么情况下，对哪个参数检验，所用的统计量及其分布，拒绝域是什么. 一般是根据所给的样本值，算出统计量的值，看是否落在拒绝域内即可. 这里值得注意的是否定域中临界值的选取，不能硬背检验表中的结论，而要根据题中所示的分布表的具体情况来确定临界值.

【例 3】 已知维尼纶纤度在正常条件下服从正态分布，方差为 0.048^2. 某日抽取 5 根纤维，测得其纤度为 1.32，1.55，1.36，1.40，1.44. 问：这一天纤度总体标准差是否正常？($\alpha = 0.05$)

解　设维尼纶纤度为 X，则 $X \sim N(\mu, \sigma^2)$，其中 μ 未知，检验假设

$$H_0：\sigma^2 = 0.048^2，H_1：\sigma^2 \neq 0.048^2.$$

采用统计量 $\chi^2 = \dfrac{(n-1)S^2}{{\sigma_0}^2} = \dfrac{\sum\limits_{i=1}^{n}(X_i - \overline{X})^2}{\sigma_0^2}$，其中 ${\sigma_0}^2 = 0.048^2$.

当 H_0 为真时, $\chi^2 \sim \chi^2(n-1)$, 拒绝域为 $\chi^2 \leqslant \chi^2_{1-\frac{\alpha}{2}}(n-1)$ 或 $\chi^2 \geqslant \chi^2_{\frac{\alpha}{2}}(n-1)$.

计算样本均值 $\overline{X} = \frac{1}{5}(1.32 + 1.55 + 1.36 + 1.40 + 1.44) = 1.414$, 则

$$(n-1)S^2 = \sum_{i=1}^{n}(X_i - \overline{X})^2 = \sum_{i=1}^{5} X_i^2 - 5\overline{X}^2 = 10.0281 - 5 \times 1.414^2 = 0.03112,$$

$$\chi^2 = \frac{(n-1)S^2}{{\sigma_0}^2} = \frac{0.03112}{0.048^2} = 13.5.$$

对 $\alpha = 0.05$, 自由度 $n-1=4$, 查 χ^2 分布表, 得

$$\chi^2_{\frac{\alpha}{2}}(n-1) = \chi^2_{0.025}(4) = 11.1,\ \chi^2_{1-\frac{\alpha}{2}}(n-1) = \chi^2_{0.975}(4) = 0.484.$$

因为 $\chi^2 = 13.5 > \chi^2_{0.025}(4) = 11.1$, 样本值落在拒绝域内, 故拒绝假设 H_0, 即认为这一天的纤度有显著变化.

【例 4】设从正态总体中 $N(\mu, 3^2)$ 中抽取容量为 n 的样本 $X_1, X_2, \cdots, X_n$, 问 n 不能超过多少才能在 $\overline{X} = 21$ 的条件下接受假设 H_0: $\mu = 21.5$, H_1: $\mu \neq 21.5(\alpha = 0.05)$.

解 正态总体下, 方差已知, 检验假设 H_0: $\mu = 21.5$, H_1: $\mu \neq 21.5$.

采用统计量 $z = \dfrac{\overline{X} - \mu_0}{\sigma/\sqrt{n}}$, 拒绝域为: $|z| \geqslant z_{\frac{\alpha}{2}}$, 接受域为 $|z| < z_{\frac{\alpha}{2}}$.

由已知, $\overline{X} = 21$, $\mu_0 = 21.5$, $\sigma = 3$, 则 $|z| = \left|\dfrac{21-21.5}{3}\sqrt{n}\right| = \dfrac{0.5}{3}\sqrt{n}$. 对 $\alpha = 0.05$, 有 $z_{\frac{\alpha}{2}} = 1.96$. 由题中条件, 样本值应落在接受域中, 故有 $\dfrac{0.5}{3}\sqrt{n} < 1.96$, $\sqrt{n} < 1.96 \times 6 = 11.76$, $n < 138.3$, 即 n 不能超过 138.

【例 5】某香烟厂生产两种香烟, 独立地随机抽取容量大小相同的烟叶标本, 测量尼古丁含量的毫克数, 实验室分别做了六次测定, 数据如下:

甲 25 28 23 26 29 22.

乙 28 23 30 25 21 27.

试问: 这两种香烟的尼古丁含量有无显著差异? 给定 $\alpha = 0.05$, 假定尼古丁含量服从正态分布且具有公共方差.

解 设甲、乙厂香烟的尼古丁含量分别为 X, Y, 则 $X \sim N(\mu_1, \sigma^2)$, $Y \sim N(\mu_2, \sigma^2)$, 其中 σ^2 未知, 检验假设 H_0: $\mu_1 = \mu_2$, H_1: $\mu_1 \neq \mu_2$.

统计量 $t = \dfrac{\overline{X} - \overline{Y}}{S_w\sqrt{\dfrac{1}{n_1} + \dfrac{1}{n_2}}} \sim t(n_1 + n_2 - 2)$, 其中 $S_w = \sqrt{\dfrac{(n_1-1)S_1^2 + (n_2-1)S_2^2}{n_1 + n_2 - 2}}$.

计算样本均值 $\overline{X} = \dfrac{1}{6}\sum\limits_{i=1}^{6} X_i = 25.5$, $\overline{Y} = \dfrac{1}{6}\sum\limits_{i=1}^{6} Y_i = 25.67$,

$$S_1^2 = \frac{1}{n_1 - 1}\sum_{i=1}^{n_1}(X_i - \overline{X})^2 = \frac{1}{5}\sum_{i=1}^{6}(X_i - 25.5)^2 = 7.5,$$

$$S_2^2 = \frac{1}{n_2 - 1}\sum_{i=1}^{n_2}(Y_i - \overline{Y})^2 = \frac{1}{5}\sum_{i=1}^{6}(Y_i - 25.67)^2 = 11.07,$$

$$S_w = \sqrt{\frac{(n_1-1)S_1^2+(n_2-1)S_2^2}{n_1+n_2-2}} = \sqrt{\frac{5(S_1^2+S_2^2)}{10}} = 3.05,$$

得 t - 统计量的值 $|t| = \left|\dfrac{25.5-25.67}{3.05\sqrt{\dfrac{1}{6}+\dfrac{1}{6}}}\right| = 0.099$. 查 t 分布表得 $t_{\frac{\alpha}{2}}(n_1+n_2-2) = t_{0.025}(10) =$ 2.228 1. 可见 $|t| < t_{\frac{\alpha}{2}}(n_1+n_2-2)$，落在接受域内，故接受原假设 H_0，即认为两种香烟的尼古丁含量无显著差异.

四、测验题及参考解答

测验题

(一)填空题

1. z -检验法和 t -检验法都是关于________的假设检验，当________已知时，用 z -检验法，当________未知时，用 t -检验法.

2. 设总体 $X \sim N(\mu, \sigma^2)$，待检验的原假设 H_0：$\sigma^2 = {\sigma_0}^2$，对于给定的显著性水平 α，如果拒绝域为 $(\chi_\alpha^2(n-1), +\infty)$，则相应的备择假设 H_1：________；若拒绝域为 $(0, \chi_{1-\frac{\alpha}{2}}^2(n-1)) \cup (\chi_{\frac{\alpha}{2}}^2(n-1), +\infty)$，则相应的备择假设 H_1：________.

3. 设总体 X 和 Y 相互独立，且 $X \sim N(\mu_1, \sigma_1^2)$，$Y \sim N(\mu_2, \sigma_2^2)$，$\mu_1$，$\mu_2$，$\sigma_1^2$，$\sigma_2^2$ 均未知，分别从 X 和 Y 得到容量为 n_1 和 n_2 的样本，其样本均值分别是 $\overline{X}$ 和 $\overline{Y}$，样本方差分别是 S_1^2 和 S_2^2，对假设 H_0：$\sigma_1^2 = \sigma_2^2$，H_1：$\sigma_1^2 \neq \sigma_2^2$ 进行假设检验时，通常采用的统计量是________，其自由度是________.

(二)计算题

1. 某台机器加工某种零件，规定零件长度为 100 cm，标准差不得超过 2 cm. 每天定时检查机器的运行情况，某日抽取 10 个零件，测得平均长度 $\overline{X} = 101$ cm，样本标准差 $S =$ 2 cm，设加工的零件长度服从正态分布，问该日机器工作状态是否正常？($\alpha = 0.05$)

2. 下面列出的是某厂随机选取的 20 只部件的装配时间：9.8，10.4，10.6，9.6，9.7，9.9，10.9，11.1，9.6，10.2，10.3，9.6，9.9，11.2，10.6，9.8，10.5，10.1，10.5，9.7，设装配时间的总体服从正态分布，是否可以认为装配时间的均值显著大于 10?

3. 某苗圃采用两种育苗方案做杨树的育苗试验，在两组育苗试验中，已知苗高的标准差分别为 $\sigma_1 = 20$，$\sigma_2 = 18$，各取 60 株苗作为试验样本，求出苗高的平均数为 $\overline{X_1} = 59.34$，$\overline{X_2} = 49.16$，试以 95%的可靠性估计两种试验方案对平均苗高的影响(设苗高服从正态分布).

4. 设总体 $X \sim N(\mu, 5^2)$，在 $\alpha = 0.05$ 的水平上检验 H_0：$\mu = 0$，H_1：$\mu \neq 0$，如果所选取的拒绝域 $R = \{|\overline{X}| \geqslant 1.96\}$，问样本容量 n 应取多大?

参考解答

(一)填空题

1. 解 应填正态总体均值，总体方差，总体方差.

2. 分析 正态总体下，对方差进行检验，用χ^2 检验法．如果拒绝域为 $(\chi_{\alpha}^2(n-1), +\infty)$，则属于单侧检验中的右侧检验，故对应的备择假设为 H_1：$\sigma^2>\sigma_0{}^2$；若拒绝域为 $(0, \chi_{1-\frac{\alpha}{2}}^2(n-1)) \cup (\chi_{\frac{\alpha}{2}}^2(n-1), +\infty)$，则属于双侧检验，相应的备则假设为 H_1：$\sigma^2 \neq \sigma_0{}^2$.

解 应填 $\sigma^2>\sigma_0{}^2$；$\sigma^2 \neq \sigma_0{}^2$.

3. 分析 两个正态总体，$X \sim N(\mu_1, \sigma_1^2)$，$Y \sim N(\mu_2, \sigma_2^2)$，均值未知，检验方差是否相同，采用的统计量为 $F=\dfrac{S_1^2}{S_2^2}$，它服从分布 $F(n_1-1, n_2-1)$.

解 应填 $F=\dfrac{S_1^2}{S_2^2}$，n_1-1，n_2-1.

(二)计算题

1. 解 设零件长度为X，则 $X \sim N(\mu, \sigma^2)$，其中μ，σ^2 未知．下面分别对均值和方差进行检验.

(1)检验假设 H_{01}：$\mu=\mu_0=100$，H_{11}：$\mu \neq \mu_0=100$. 方差未知，采用统计量 $t=\dfrac{\overline{X}-\mu_0}{S/\sqrt{n}} \sim t(n-1)$，拒绝域为 $|t| \geqslant t_{\frac{\alpha}{2}}(n-1)$. 对 $\overline{X}=101$ cm，$S=2$ cm，$n=10$，计算得 $t=\dfrac{101-100}{2/\sqrt{10}}=1.5811$. $\alpha=0.05$，查t-分布表得$t_{0.025}(9)=2.2622$. 因 $|t|=1.5811<2.2622$，接受假设 H_{01}，即认为$\mu=100$.

(2)检验假设 H_{02}：$\sigma^2 \leqslant \sigma_0^2=2^2$，$H_{12}$：$\sigma^2>\sigma_0^2=2^2$. 均值未知，采用统计量$\chi^2=\dfrac{(n-1)S^2}{\sigma_0{}^2}=\dfrac{\sum\limits_{i=1}^{n}(X_i-\overline{X})^2}{\sigma_0^2} \sim \chi^2(n-1)$. 这是单侧检验问题，拒绝域为$\chi^2 \geqslant \chi_{\alpha}^2(n-1)$.

算得$\chi^2=\dfrac{(n-1)S^2}{\sigma_0^2}=\dfrac{9 \times 2^2}{2^2}=9$. 对$\alpha=0.05$，查$\chi^2$分布表得$\chi_{0.05}^2(9)=16.9$，落在接受域中，故接受假设 H_{02}，即认为$\sigma^2 \leqslant \sigma_0^2=2^2$. 由(1)和(2)可认为该日机器工作状态正常.

2. 分析 根据本题的要求，要检验总体的均值是否大于 10，则可设 H_0：$\mu>10$，H_1：$\mu \leqslant 10$，这属于单侧检验问题．方差未知，对均值检验，仍然用t-检验法，但拒绝域为：$t \leqslant -t_{\alpha}(n-1)$.

解 设总体 $X \sim N(\mu, \sigma^2)$，检验假设 H_0：$\mu>10$，H_1：$\mu \leqslant 10$. 方差σ^2未知，统计量 $t=\dfrac{\overline{X}-\mu_0}{S/\sqrt{n}} \sim t(n-1)$. 经计算，$\overline{X}=\dfrac{1}{20}\sum\limits_{i=1}^{20} X_i=10.2$，$S^2=\dfrac{1}{19}\sum\limits_{i=1}^{20}(X_i-\overline{X})^2=0.26$，$S=0.51$，

$t=\dfrac{10.2-10}{0.51/\sqrt{20}}=1.7537$. 对 $\alpha=0.05$，$n-1=19$，查表得 $t_{\alpha}(n-1)=1.7291$. 于是 $t=1.7537>-t_{\alpha}(n-1)=-1.7291$，故接受 H_0，即认为装配时间的均值显著大于 10.

3. 分析　本题中，两个正态总体的均方差 σ_1，σ_2 已知，检验均值 μ_1，μ_2 是否相同，选用统计量 $z=\dfrac{\mu_1-\mu_2}{\sqrt{\dfrac{\sigma_1^2}{n_1}+\dfrac{\sigma_2^2}{n_2}}}$，其分布为标准正态分布，拒绝域为 $|z|\geqslant z_{\frac{\alpha}{2}}$. 由题中要求，$1-\alpha=0.95$，从而 $\alpha=0.05$.

解　设两组试验的苗高为 X，Y. $X\sim N(\mu_1,\sigma_1^2)$，$Y\sim N(\mu_2,\sigma_2^2)$，其中 σ_1^2，σ_2^2 已知，检验假设 H_0：$\mu_1=\mu_2$，H_1：$\mu_1\neq\mu_2$. 统计量 $z=\dfrac{\mu_1-\mu_2}{\sqrt{\dfrac{\sigma_1^2}{n_1}+\dfrac{\sigma_2^2}{n_2}}}\sim N(0,1)$. 利用所给数据求得 $z=\dfrac{\mu_1-\mu_2}{\sqrt{\dfrac{\sigma_1^2}{n_1}+\dfrac{\sigma_2^2}{n_2}}}=\dfrac{\mu_1-\mu_2}{\sqrt{\dfrac{\sigma_1^2+\sigma_2^2}{n}}}=\dfrac{59.34-49.16}{\sqrt{400+324}}\sqrt{60}=2.93$，对 $\alpha=0.05$，查标准正态分布表得临界值 $z_{\frac{\alpha}{2}}=1.96$. 因 $|z|>z_{\frac{\alpha}{2}}$，落在拒绝域内，故拒绝 H_0，即认为两种试验方案对平均苗高有显著影响.

4. 分析　本题属假设检验的逆问题：已知拒绝域，要求确定样本容量 n. 由题设条件，正态总体下，已知方差，对均值检验，选用统计量 $z=\dfrac{\overline{X}-\mu_0}{\sigma/\sqrt{n}}\sim N(0,1)$，对双侧检验，拒绝域应为 $|z|\geqslant z_{\frac{\alpha}{2}}$，再比较题中所给的拒绝域，即可求出样本容量 n.

解　总体 $X\sim N(\mu,5^2)$，检验假设 H_0：$\mu=0$，H_1：$\mu\neq 0$. 选用统计量 $z=\dfrac{\overline{X}-\mu_0}{\sigma/\sqrt{n}}$，拒绝域为 $|z|\geqslant z_{\frac{\alpha}{2}}$. 由 $\mu_0=0$，$\sigma=5$，则 $z=\dfrac{\overline{X}-\mu_0}{\sigma/\sqrt{n}}=\dfrac{\overline{X}}{5/\sqrt{n}}$，对 $\alpha=0.05$，$z_{\frac{\alpha}{2}}=1.96$，于是拒绝域应为 $\left|\dfrac{\overline{X}}{5/\sqrt{n}}\right|\geqslant 1.96$，即 $|\overline{X}|\geqslant 1.96\times 5/\sqrt{n}$. 比较题中所给条件，有 $\dfrac{5}{\sqrt{n}}=1$，从而 $n=25$.

概率论与数理统计模拟试题及参考解答

概率论与数理统计模拟试题

(一)填空题

1. 设A，B为随机事件，$P(A)=0.7$，$P(A-B)=0.3$，则$P(\overline{AB})=$________.

2. 随机变量X服从正态分布$N(\mu,\ \sigma^2)$，且二次方程$y^2+4y+X=0$有实根的概率为$\frac{1}{2}$，则$\mu=$________.

3. 设X，Y是两个相互独立的随机变量，X在区间(0，1)内服从均匀分布，Y的概率密度为$f_Y(y)=\begin{cases}\frac{1}{2}e^{-\frac{y}{2}}, & y>0\\ 0, & y\leqslant 0\end{cases}$，则$X$和$Y$的联合概率密度$f(x,\ y)=$________.

4. 设总体$X\sim\chi^2(9)$，X_1，X_2，…，X_n是来自X的样本，则样本均值$\overline{X}=\frac{1}{n}\sum\limits_{i=1}^{n}X_i$的方差$D(\overline{X})=$________.

(二)单项选择题

1. 设A，B，C为随机事件，$P(ABC)=0$，且$0<P(C)<1$，则一定有(　　).

(A)$P(ABC)=P(A)P(B)P(C)$

(B)$P(A\cup B\mid C)=P(A\mid C)+P(B\mid C)$

(C)$P(A\cup B\cup C)=P(A)+P(B)+P(C)$

(D)$P(A\cup B\mid \overline{C})=P(A\mid \overline{C})+P(B\mid \overline{C})$

2. 已知随机变量X的概率密度为$f_X(x)$，令$Y=\frac{1}{2}X$，则Y的概率密度$f_Y(y)$为(　　).

(A)$2f_X(2y)$　　(B)$\frac{1}{2}f_X(2y)$

(C)$\frac{1}{2}f_X\left(\frac{y}{2}\right)$　　(D)$2f_X\left(\frac{y}{2}\right)$

3. 已知随机变量X与Y相互独立，且X在区间(-2，4)内服从均匀分布，Y服从参数为3的泊松分布，则$E(XY)=$(　　).

(A)1　　(B)3　　(C)9　　(D)27

4. 设X_1，X_2，X_3是来自总体$X\sim N(\mu,\ \sigma^2)$的一个样本，下列μ的估计量中最优的是(　　).

(A)$\hat{\mu}_1=\frac{1}{4}(X_1+2X_2+X_3)$　　(B)$\hat{\mu}_2=\frac{1}{3}(X_1+X_2+X_3)$

(C) $\hat{\mu}_3 = \frac{1}{5}(X_1 + 3X_2 + X_3)$　　(D) $\hat{\mu}_4 = \frac{1}{5}(2X_1 + 2X_2 + X_3)$

(三)计算题

1. 有甲、乙两箱同种类的零件，甲箱装50只，其中10只一等品；乙箱装30只，其中18只一等品．今从甲箱中任取一只零件放入乙箱中，再从乙箱中任意取一只零件，问取到一等品的概率.

2. 设X，Y在区域G内服从均匀分布，G由直线$\frac{x}{2}+y=1$及x轴，y轴围成，求：

(1) (X, Y)的概率密度；

(2)关于X和关于Y的边缘概率密度；

(3) $P\{X \leqslant Y\}$.

3. 在一箱子中装有12件产品，其中2件是次品，在其中任取两次，每次任取一只，不再放回，X，Y分别表示每次取得的次品件数.

(1)求(X, Y)的分布律；

(2)若$Z=2X-Y$，求$E(Z)$.

4. 设总体X的概率密度为$f(x, \theta)=\begin{cases}\theta(^{1}-x)\ \theta-1, & 0 \leqslant x \leqslant 1, \\ 0, & \text{其他},\end{cases}$ X_1，X_2，…，X_n是容量为n的样本，试求θ的最大似然估计量.

(四)证明题

设总体$X \sim N(0, 1)$，X_1，X_2，…，X_5是来自总体容量为5的样本，设$Y=\frac{c(X_1+X_2)}{(X_3^2+X_4^2+X_5{}^2)^{\frac{1}{2}}}$. 试证明：当常数$c=\sqrt{\frac{3}{2}}$时，$Y$服从$t$分布.

参考解答

(一)填空题

1. **分析**　由题意知$P(A-B)=P(A-AB)=P(A)-P(AB)=0.3$，

则$P(AB)=P(A)-0.3=0.4$，那么$P(\overline{AB})=1-P(AB)=1-0.4=0.6$.

解　应填$\underline{0.6}$.

2. **分析**　因为二次方程$y^2+4y+X=0$有实根，则$\Delta=4^2-4X \geqslant 0$，即$X \leqslant 4$.

由$P\{X \leqslant 4\}=P\left\{\frac{X-\mu}{\sigma} \leqslant \frac{4-\mu}{\sigma}\right\}=\Phi\left(\frac{4-\mu}{\sigma}\right)=\frac{1}{2}$，于是$\frac{4-\mu}{\sigma}=0$，从而$\mu=4$.

解　应填$\underline{4}$.

3. **分析**　因X在区间$(0, 1)$上服从均匀分布，所以X的概率密度为

$$f_X(x)=\begin{cases}1, & 0<x<1 \\ 0, & \text{其他}\end{cases}.$$

由于X，Y相互独立，所以X和Y的联合概率密度为

$$f(x, y)=f_X(x)f_Y(y)=\begin{cases}\frac{1}{2}\mathrm{e}^{-\frac{y}{2}}, & 0<x<1,\ y>0 \\ 0, & \text{其他}\end{cases}.$$

解 应填 $\begin{cases}\frac{1}{2}e^{-\frac{y}{2}}, & 0<x<1,\ y>0\\ 0, & \text{其他}\end{cases}$.

4. 分析 因为 $X\sim\chi^2(9)$，所以 $D(X)=18$. 又因为 $D(\overline{X})=\frac{D(X)}{n}$，所以 $D(\overline{X})=\frac{18}{n}$.

解 应填 $\frac{18}{n}$.

(二)单项选择题

1. 分析 选项(B)由条件概率定义，有 $P(A\cup B\mid C)=\frac{P[C\cap(A\cup B)]}{P(C)}=\frac{P(AC\cup BC)}{P(C)}$.

又因为 $P(ABC)=0$，从而 $P(AC\cup BC)=P(AC)+P(BC)$，所以

$$P(A\cup B\mid C)=\frac{P(AC)+P(BC)}{P(C)}=\frac{P(AC)}{P(C)}+\frac{P(BC)}{P(C)}=P(A\mid C)+P(B\mid C).$$

解 应选(B).

2. 分析 若设 Y 的概率密度为 $f_Y(y)$，分布函数为 $F_Y(y)$，则

$$F_Y(y)=P\{Y\leqslant y\}=P\left\{\frac{1}{2}X\leqslant y\right\}=P\{X\leqslant 2y\}=F_X(2y).$$

上式左右两边对 y 求导，可得 $f_Y(y)=2f_X(2y)$.

解 应选(A).

3. 分析 因为 $X\sim U(-2,4)$，所以由均匀分布的期望公式得 $E(X)=\frac{4-2}{2}=1$.

又 $Y\sim P(3)$，于是有 $E(Y)=3$. 根据假设 X 与 Y 相互独立，从而 $E(XY)=E(X)E(Y)=3$.

解 应选(B).

4. 分析 因为 $E(\hat{\mu}_1)=E\left[\frac{1}{4}(X_1+2X_2+X_3)\right]=\frac{1}{4}\sum_{i=1}^{3}E(X_i)=\frac{1}{4}\times 4\mu=\mu$，所以 $\hat{\mu}_1$ 为 μ 的无偏估计量. 同理可得，$\hat{\mu}_2$，$\hat{\mu}_3$，$\hat{\mu}_4$ 均为 μ 的无偏估计量. 要寻找最优估计量，即比较这四个估计量的方差，寻找最有效的估计量.

因为 X_1，X_2，X_3 为样本，则 X_1，X_2，X_3 相互独立，且有 $D(X_i)=\sigma^2$，$i=1,2,3$. 再由方差性质，得

$$D(\hat{\mu}_1)=\frac{1}{16}D(X_1)+\frac{4}{16}D(X_2)+\frac{1}{16}D(X_3)=\frac{3}{8}\sigma^2$$

$$D(\hat{\mu}_2)=\frac{1}{9}D(X_1)+\frac{1}{9}D(X_2)+\frac{1}{9}D(X_3)=\frac{1}{3}\sigma^2$$

$$D(\hat{\mu}_3)=\frac{1}{25}D(X_1)+\frac{9}{25}D(X_2)+\frac{1}{25}D(X_3)=\frac{11}{25}\sigma^2$$

$$D(\hat{\mu}_4)=\frac{4}{25}D(X_1)+\frac{4}{25}D(X_2)+\frac{1}{25}D(X_3)=\frac{9}{25}\sigma^2$$

可见 $\hat{\mu}_2$ 的方差最小，即最有效.

解 应选(B).

(三)计算题

1. 解 设 A =“从乙箱取到一等品”，B =“从甲箱取出的是一等品”.

由题设知 $P(B)=\frac{1}{5}$，$P(\overline{B})=\frac{4}{5}$，$P(A\mid B)=\frac{19}{31}$，$P(A\mid \overline{B})=\frac{18}{31}$.

由全概率公式得

$$P(A)=P(B)P(A\mid B)+P(\overline{B})P(A\mid \overline{B})$$
$$=\frac{1}{5}\times\frac{19}{31}+\frac{4}{5}\times\frac{18}{31}=\frac{91}{155}\approx 0.587.$$

2. 解 (1) G 的面积 $S=\frac{1}{2}\times 2\times 1=1$，所以

$$f(x,y)=\begin{cases}1, & (x,y)\in G\\ 0, & 其他\end{cases}.$$

(2) $$f_X(x)=\int_{-\infty}^{+\infty}f(x,y)\mathrm{d}y=\begin{cases}\int_0^{1-\frac{x}{2}}1\mathrm{d}y, & 0<x<2\\ 0, & 其他\end{cases}=\begin{cases}1-\frac{x}{2}, & 0<x<2\\ 0, & 其他\end{cases}.$$

$$f_Y(y)=\int_{-\infty}^{+\infty}f(x,y)\mathrm{d}x=\begin{cases}\int_0^{2(1-y)}1\mathrm{d}x, & 0<y<1\\ 0, & 其他\end{cases}=\begin{cases}2(1-y), & 0<y<1\\ 0, & 其他\end{cases}.$$

(3) $P\{X\leqslant Y\}=\iint\limits_{x\leqslant y}f(x,y)\mathrm{d}x\mathrm{d}y=\int_0^{\frac{2}{3}}\mathrm{d}x\int_0^{1-\frac{x}{2}}\mathrm{d}y=\frac{1}{3}.$

3. 解 (1) (X,Y) 的可能取值分别为 $(0,0)$，$(0,1)$，$(1,0)$，$(1,1)$. 则

$$P\{X=0,Y=0\}=\frac{10\times 9}{12\times 11}=\frac{45}{66},$$

$$P\{X=0,Y=1\}=\frac{10\times 2}{12\times 11}=\frac{10}{66},$$

$$P\{X=1,Y=0\}=\frac{2\times 10}{12\times 11}=\frac{10}{66},$$

$$P\{X=1,Y=1\}=\frac{2\times 1}{12\times 11}=\frac{1}{66}.$$

(X,Y) 的分布律为

Y	X	
	0	1
0	$\frac{45}{66}$	$\frac{10}{66}$
1	$\frac{10}{66}$	$\frac{1}{66}$

(2) $Z=2X-Y$ 的所有可能取值为 -1，0，1，2，Z 的分布律为

Z	-1	0	1	2
p_k	$\frac{10}{66}$	$\frac{45}{66}$	$\frac{1}{66}$	$\frac{10}{66}$

$$E(Z)=(-1)\times\frac{10}{66}+0\times\frac{45}{66}+1\times\frac{1}{66}+2\times\frac{10}{66}=\frac{1}{6}.$$

4. 解 似然函数为 $L(\theta)=\prod_{i=1}^{n}\theta(1-x_i)^{\theta-1}=\theta^n\left[\prod_{i}^{n}(1-x_i)\right]^{\theta-1}$，$(0\leqslant x_i\leqslant 1,\ i=1,2,\cdots,n)$.

对数似然函数为 $\ln L(\theta)=n\ln\theta+(\theta-1)\sum_{i=1}^{n}\ln(1-x_i)$.

对 θ 求导得 $\frac{\mathrm{d}[\ln L(\theta)]}{\mathrm{d}\theta}=\frac{n}{\theta}+\sum_{i=1}^{n}\ln(1-x_i)$. 令 $\frac{\mathrm{d}[\ln L(\theta)]}{\mathrm{d}\theta}=0$，$\theta$ 的最大似然估计值为 $\hat{\theta}=-\frac{n}{\sum_{i=1}^{n}\ln(1-x_i)}$，$\theta$ 的最大似然估计量为 $\hat{\theta}=-\frac{n}{\sum_{i=1}^{n}\ln(1-X_i)}$.

(四) 证明题

证明 因为 $X_1,X_2,\cdots,X_5$ 是来自总体 $N(0,1)$ 的样本，所以 $X_1+X_2\sim N(0,2)$，即有 $\frac{X_1+X_2}{\sqrt{2}}\sim N(0,1)$. 而 $X_3^2+X_4^2+X_5^2\sim\chi^2(3)$，且 $\frac{X_1+X_2}{\sqrt{2}}$ 与 $X_3^2+X_4^2+X_5^2$ 相互独立，于是

$$\frac{(X_1+X_2)/\sqrt{2}}{\sqrt{\frac{X_3^2+X_4^2+X_5^2}{3}}}=\sqrt{\frac{3}{2}}\frac{X_1+X_2}{(X_3^2+X_4^2+X_5^2)^{\frac{1}{2}}}\sim t(3).$$

故当 $c=\sqrt{\frac{3}{2}}$ 时，Y 服从 t 分布.

参 考 文 献

[1]同济大学数学系. 线性代数[M]. 6 版. 北京：高等教育出版社，2020.

[2]盛骤，谢式千，潘承毅. 概率论与数理统计[M]. 4 版. 北京：高等教育出版社，2020.

[3]徐建平，蒋福民，范麟馨，等. 硕士研究生入学考试数学复习与解题指南[M]. 上海：同济大学出版社，2005.

[4]刘斌. 全国硕士研究生入学统一考试历届考题名家解析及预测[M]. 西安：世界图书出版西安公司，2003.